高等职业教育农业农村部"十三五"规划教材
"十三五"江苏省高等学校重点教材

U0273562

无土栽培技术

WUTU ZAIPEI JISHU

第二版

颜志明　主编

中国农业出版社
北　京

内容简介

无土栽培技术

本教材以无土栽培基本原理和方法为基础，采用工作过程系统化课程设计理念，将无土栽培技术分为认识无土栽培、无土栽培植物生理基础、营养液配制及管理技术、无土栽培固体基质、无土育苗技术、无土栽培生产设施建造及管理、无土栽培保护设施及环境调控、无土栽培生产实例、植物工厂、家庭园艺无土栽培技术应用等10个项目。每个项目设置若干任务。每个任务选择无土栽培经典案例和当前最先进的技术做介绍，选择典型工作流程及方法，引导学生进行理论学习及技能训练；设置拓展任务，使学生在完整、综合性的行动中进行思考和学习，达到熟悉理论、掌握技能的目的。

本教材内容丰富、资料翔实，按照工学结合理念，做到理论与实践结合，实用性、针对性和操作性强，可作为高等职业院校的教材，也可作为相关农业企业及农技推广部门等技术人员的培训材料和工具书。

第二版

编审人员名单

主　编　颜志明

副主编　刘建平　贾思振　王喜艳　张　瑜

编　者（以姓氏笔画为序）

王全智　王其传　王喜艳　王媛花

冯英娜　刘建平　李永金　张　更

张　瑜　张成尧　孟晓慧　钟　华

贾思振　曹维荣　解振强　颜志明

薛明珂

审　稿　胡晓辉

第二版前言

本教材根据《国家职业教育改革实施方案》《关于职业院校专业人才培养方案制订与实施工作的指导意见》《职业教育提质培优行动计划（2020—2023）》《关于推动现代职业教育高质量发展的意见》等有关文件精神对教材改革提出的具体要求，在中国农业出版社的组织下，由高等职业院校教师和行业、企业一线专家等共同编写完成。教材内容符合高等职业教育种植类专业学生的特点，遵循学生认知和发展规律，将现代职业教育"以学生为中心，以能力为本位，以行业需求为导向"的教育新理念融入其中，充分展现了新时代职业教育改革方向。

全教材分为 10 个项目，从无土栽培基本原理和方法到家庭园艺无土栽培技术应用，体现了理论与实践应用充分结合，实用性、针对性和操作性强的特点。此外，本教材在保留上一版教材编写思路的基础上，还具有以下特色：

一是旗帜鲜明，坚持正确的政治方向，积极培育和践行社会主义核心价值观，坚持把立德树人作为根本任务，注重课程思政与专业知识的有机结合，践行新时代、新形势下高校"三全育人"工作，培养能担当民族复兴大任的时代新农人。

二是教材内容根据无土栽培职业岗位群的职业能力要求来确定，坚持"理论适度够用，突出职业技能，加强实践环节"的原则，融入专业领域的新知识、新技术、新工艺、新技能，实施"任务"课程结构编写模式，包括学习目标、任务实施、项目小结、技能训练和拓展任务等，使学生在完整、综合性的行动中学会思考、掌握技能，践行高等职业教育培养高素质技术技能人才的理念。

三是丰富了教材配套数字资源，使教材内容呈现方式更为多样化，充分调动学生的学习兴趣。本教材在编排上对重要知识点、技能点配套了视频、动画等数字资源，以深入浅出、形象生动、通俗易懂的方式展示教学信息，尽可能地满足培养高素质农业技术类人才的需要。

本教材由颜志明（江苏农林职业技术学院）担任主编，刘建平（潍坊职业学院）、贾思振（江苏农林职业技术学院）、王喜艳（辽宁生态工程职业学院）、张瑜（黑龙江农业职业技术学院）担任副主编。参加编写的还有钟华（贵州农业职业学院）、冯英娜（江苏农林职业技术学院）、曹维荣（辽宁职业学院）、王媛花（江苏农林职业技术学院）、李永金（青海农牧科技职业学院）、薛明珂（杨凌职业技术学院）、王全智（江苏农林职业技术学院）、解振强（江苏农林职业技术学院）、张更（江苏农林职业技术学院）、孟晓慧（江苏农林职业技术学院）、王其传（淮安柴米河农业科技股份有限公司）、张成尧（中关村国科现代农业产业科技创新研究院）。编写具体分工如下：颜志明负责教材总体设计并编写项目一；钟华编写项目二；刘建平编写项目三；王喜艳编写项目四；张瑜编写项目五；冯英娜编写项目六；贾思振、张成尧编写项目七；曹维荣、王其传编写项目八中的任务一、任务二、任务三；王全智、解振强编写项目八中的任务四；薛明珂编写项目八中的任务五；李永金编写项目九；王媛花编写项目十；张更、孟晓慧负责数字资源的建设和课程思政元素的挖掘与融入。本教材承蒙胡晓辉（西北农林科技大学）教授审稿。本教材的出版得到了"第二批国家级职业教育教学创新团队课题研究项目（项目编号：ZH2021100201）"和"江苏高校'青蓝'工程"的资助。

本教材在修订过程中参考、借鉴和引用了部分文献资料，对相关作者一并表示衷心的感谢！限于编者水平，加之时间仓促，教材中的不妥或疏漏之处在所难免，敬请读者批评指正。

编　者

2022 年 3 月

第一版前言

　　本教材按照高等职业教育的要求，坚持"理论适度够用，突出职业技能，加强实践环节"的原则，突出高职高专职业教育基于工作过程的系统化课程设计理念，在编写形式上实施了"任务"课程结构，即"项目—任务"。全教材分为10个项目，以适应高职高专实行工学结合人才培养模式的要求。教材内容根据无土栽培职业岗位群的职业能力要求来确定，包括项目介绍、学习目标、学前准备、任务实施、项目小结、技能训练和拓展任务等。教材重点突出基础理论知识、基本实践知识、基本方法和技能。学习内容充分体现了工作过程和学习行动的整体性，使学生在完整、综合的行动中，达到学会学习、学会工作，培养方法能力的目的。教材内容丰富、资料翔实，按照工学结合理念，做到理论与实践结合，实用性、针对性和操作性强。

　　本教材由颜志明（江苏农林职业技术学院）任主编，刘建平（潍坊职业学院）、贾思振（江苏农林职业技术学院）、王喜艳（辽宁水利职业学院）、张瑜（黑龙江农业职业技术学院）任副主编。参加编写的还有钟华（贵州农业职业学院）、冯英娜（江苏农林职业技术学院）、曹维荣（辽宁职业学院）、王媛花（江苏农林职业技术学院）、李永金（青海畜牧兽医职业技术学院）、王全智（江苏农林职业技术学院）、解振强（江苏农林职业技术学院）。具体编写分工如下：项目一由颜志明编写；项目二由钟华编写；项目三由刘建平编写；项目四由王喜艳编写；项目五由张瑜编写；项目六由冯英娜编写；项目七由贾思振编写；项目八中，任务一、二、三由曹维荣牵头编写；项目八中，任务四由王全智、解振强编写；项目八中，任务五由李永金编写；项目九由李永金编写；项目十由王媛花编写。全书由颜志明统稿。

　　由于编者水平有限，不足之处在所难免，敬请读者批评改正。

编　者

2017 年 3 月

目录

项目一　认识无土栽培

学习目标

◆ 知识目标
- 掌握无土栽培技术的概念、类型、特点及其在生产中的应用。
- 了解无土栽培技术发展过程、现状及趋势。

◆ 技能目标
- 学会查阅相关资料，熟悉无土栽培技术的概念、类型、特点及其在生产中的应用。

任务实施

任务一　无土栽培及其分类

一、无土栽培的概念

无土栽培（soilless culture）是指不用天然土壤栽培作物，而将作物栽培在营养液或基质中，由营养液代替天然土壤向作物提供水分、养分等生长条件，使作物能够正常生长并完成其整个生命周期的种植方式。简言之，无土栽培就是不用天然土壤来种植植物的方法。由于无土栽培使用营养液的时间较早且较长，因此早期又把无土栽培称为营养液栽培（nutri-culture）、溶液栽培（solution culture）、水培（hydroponics）等。

国际无土栽培学会（International Society of Soilless Culture，ISOSC）的定义：凡是不用天然土壤，使用或不使用基质，而利用含有植物生长发育所必需的元素的营养液来提供营养，并可使得植物能够正常地完成整个生命周期的方法，统称为无土栽培。

二、无土栽培的类型

无土栽培从早期的实验室研究开始至今已有 160 多年的历史。它从实验室走向大规模的商品化生产应用过程中，已从 19 世纪中期德国科学家萨克斯（Sachs）和克诺普（Knop）的无土栽培基本模式，发展到目前种类繁多的无土栽培类型和方法（图 1 - 1）。不同的研究者从不同的角度进行分类，有的根据基质的形态分类，有的依照基质的种类分类，有的根据装置的形状分类等，其结果各不相同，要进行科学、详细的分类比较困难，现在大多数人从植物根系生长环境是否有固体基质的存在而分为非固体基质栽培和固体基质栽培两种类型。在这两大类型中，又根据固定植物根系的材料种类和栽培技术方法等进一步划分。

图 1-1 无土栽培方法分类

1. 非固体基质栽培 非固体基质栽培又称营养液栽培。它是指植物根系生长过程中没有使用固体基质来固定根系，根系生长在营养液或含有营养的潮湿空气中，根际环境中除了育苗过程采用固体基质外，一般不用固体基质。若根系生长在营养液中则称为水培，若根系生长在由营养液组成的潮湿空气中则称为雾培。水培又根据营养液液层深浅分为多种类型。

（1）营养液膜技术。营养液膜技术（Nutrient Film Technique，NFT）是指营养液的液层在 1～2 cm 浅层流动。营养液膜技术的设施包括种植槽、贮液池、营养液循环流动装置和一些辅助设施（图 1-2）。

此技术的优点：

① 设施投资少，施工容易、方便。NFT 的种植槽多用轻质的塑料薄膜制成或用波纹瓦拼接而成，设施结构轻便、简单，安装容易，便于拆卸，投资成本低。

② 液层浅且流动。营养液液层较浅，作物根系部分浸在浅层营养液中，部分暴露于种植槽内的湿气中，并且浅层的营养液循环流动，可以较好地解决根系呼吸对氧的需求。

③ 易于实现生产过程的自动化管理。

此技术的缺点：

① NFT 的设施虽然投资少，施工容易，但由于其耐用性差，后续的投资较大，维修较频繁。

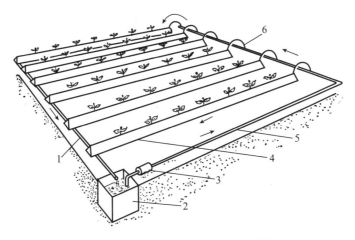

图 1-2　营养液膜水培设施组成示意（单位：cm）

1. 回流管　2. 贮液池　3. 泵　4. 种植槽　5. 供液主管　6. 供液支管

② NFT 液层浅和间歇供液较好地解决了根系需氧问题，但根际环境稳定性差，对管理人员的技术水平和设备的性能要求较高。

③ 要使管理工作既精细又不繁重，势必要采用自动控制装置，从而需增加设备和投资，推广面受到限制。

④ NFT 为封闭的循环系统，一旦发生根系病害，较容易在整个系统中传播、蔓延。因此，在使用前对设施的清洗和消毒的要求较高。

（2）深液流水培技术。深液流水培技术（Deep Flow Technique，DFT）是指营养液液层深度在 5～6 cm 的深液流水培技术。此法液温稳定，不怕停电停水，适用于亚热带、热带地区推广应用（图 1-3）。

深液流栽培
设施建造

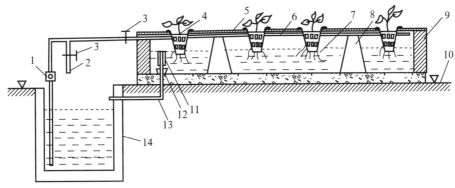

图 1-3　深液流水培设施组成

1. 水泵　2. 增氧支管　3. 流量调节阀　4. 定植杯　5. 定植板　6. 供液管　7. 营养液
8. 支承墩　9. 种植槽　10. 地面　11. 液层控制管　12. 橡皮管　13. 回流管　14. 贮液池

此技术的优点：

① 悬挂栽培。植株悬挂于定植板，一部分根系插入营养液，一部分根系在营养液面和定植板之间的空隙中气生，有半水培半气培的性质，较易解决根系的水气矛盾。

② 液层深。根系伸展到较深的液层中，单株占液量较多。由于液量多而深，营养液的浓度（包括总盐分、各养分）、溶存氧、酸碱度、温度以及水分等都不易发生急剧变动，为

根系提供了一个较稳定的生长环境。这是深液流水培的突出优点。

③ 营养液循环流动。营养液循环流动能增加营养液中的溶存氧；消除根表有害代谢产物（最明显的是生理酸碱性）的局部累积；消除根表与根外营养液的养分浓度差，使养分能及时送到根表，更充分地满足植物生长的需要；促使因沉淀而失效的营养物重新溶解，以阻止缺素症的发生。所以，即使是栽培沼泽性植物或能形成氧气输导组织的植物，也有必要使营养液循环流动。

④ 适宜栽培的作物种类多。除块根、块茎类作物之外，几乎所有的果菜类和叶菜类都可栽培。

此技术的缺点：初期投资较大。

（3）浮板毛管水培技术。浮板毛管水培技术（Floating Capillary Hydroponics，FCH）是指营养液液层深度在5～6 cm，在营养液中放置一块上铺无纺布的泡沫塑料，植物的根系生长在湿润的无纺布上的水培技术。此项技术在番茄、黄瓜、洋香瓜、结球生菜等蔬菜上广泛应用。FCH设施包括种植槽、地下贮液池、循环管道和控制系统4个部分。除种植槽以外，其他3个部分的设施基本与NFT相同（图1-4）。

浮板毛管水培技术

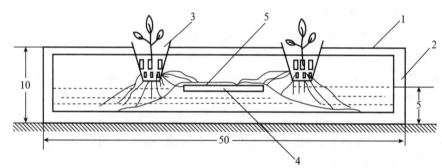

图1-4 浮板毛管栽培种植槽横切面示意（单位：cm）

1. 定植板 2. 种植槽 3. 定植杯 4. 浮板 5. 无纺布

此技术的优点：

① 采用栽培床内设浮板湿毡的分根技术，为培养湿气根创造丰氧环境，解决水气矛盾。

② 采用较长的水平栽培床贮存大量的营养液，确保停电时肥水供给充足和稳定；冬天用电热线在栽培床内加温，夏季用深井水降温，确保根际温湿度的稳定。

③ 设备投资省，耗电少，安装操控治理方便。该设施由栽培床、贮液池、循环系统和控制系统4个部分组成，营养液由定时器控制水泵，通过管道空气混合器流经栽培床再回到贮液池，全封闭式的营养液循环受外界环境条件影响变化小，根际温湿度变化小，适合各种植物生长。

（4）雾培。雾培（aeroponic）是指植物根系悬空在一个容器中，由水泵通过容器内部喷头，每隔一段时间将营养液从喷头中以雾状形式喷洒到植物根系表面，以满足植物生长所需的无土栽培方法。雾培又分为喷雾培和半喷雾培两种，前者即雾培，后者是植物根系一部分在营养液层，而另一部分生长在雾状营养液空间中。

此技术的优点：

① 可很好地解决根系氧气的供应问题，几乎不会出现由于根系缺氧而生长不良的现象。

② 养分及水分的利用率高，养分供应快速而有效。

③ 可充分利用温室内的空间，提高单位面积的种植数量和产量。温室空间的利用要比传统的平面式栽培提高 2～3 倍。

④ 易实现栽培管理的自动化。

此技术的缺点：

① 生产设备投资较大，设备的可靠性要求高，否则易造成喷头堵塞、喷雾不均匀、雾滴过大等问题。

② 在种植过程中营养液的浓度和组成易产生较大幅度的变化，因此管理技术要求较高。

③ 在短时间停电的情况下，喷雾装置就不能运转，很容易造成对植物的伤害。

④ 作为一个封闭的系统，如果控制不当，根系病害易于传播、蔓延。

2. 固体基质栽培 固体基质无土栽培简称基质培。它是指植物根系生长在以各种各样天然或人工合成材料作为基质的环境中，利用这些基质来固定根系并保持和供应营养和氧气的方法。固体基质具有支持固定植物根系，保持并供应植物营养，使植物生长处于稳定协调的水、气、肥的根际环境条件下，正常地完成生命周期的作用。基质培可以很好地协调根际环境的水、气矛盾，且投资较小，便于就地取材进行生产，主要分为有机基质栽培和无机基质栽培。

（1）有机基质栽培。主要有泥炭培、锯木屑培、秸秆基质培、稻壳熏炭培、椰糠培。

（2）无机基质栽培。主要有沙培、珍珠岩培、砾培、岩棉培、蛭石培、塑料泡沫培、陶粒培等，一般将基质装入塑料袋或栽培槽内种植作物，这种方法有一定的缓冲能力，使用安全。

任务二　无土栽培的发展历史及现状

一、无土栽培前期探索阶段

无土栽培的研究可以追溯到 19 世纪中叶。1840 年，德国化学家李比希（J. V. Liebig）提出了植物以矿物质作为营养的"矿质营养学说"，为科学的无土栽培奠定了理论基础。1842 年，德国科学家卫格曼（Wiegmann）和波斯托罗夫（Postolof）证实了李比希的矿质营养学说，使用白金（铂）坩埚，用石英砂和白金碎屑作基质支撑植物，并加入溶有硝酸铵和植物灰分浸提液的蒸馏水栽培获得成功，建立了营养液栽培的雏形。

1859 年，萨克斯（Sachs）对石英砂栽培植物用的营养液进行了研究，1865 年他和克诺普（Knop）一起设计了一种水培装置，以无机化合物硝酸钾（KNO_3）、硝酸钙 [$Ca(NO_3)_2$]、磷酸二氢钾（KH_2PO_4）、硫酸镁（$MgSO_4$）、氯化铁（$FeCl_3$）作为营养源给植物提供碳（C）、氢（H）、氧（O）、氮（N）、磷（P）、钾（K）、钙（Ca）、镁（Mg）、硫（S）、铁（Fe）10 种营养元素，并总结出了许多水培过程的管理方法。这种利用含有矿质元素的溶液（即营养液）种植植物的方法被称为水培（water culture），该方法至今仍在许多科学研究领域中应用。萨克斯和克若普因此也成为现代无土栽培技术的先驱者。此后，随着现代化学科学和生物科学的发展，许多科学家对营养液进行了深入的研究，提出了很多营养液配方。美国科学家霍格兰（Hoagland）和阿农（Arnon）在 1938—1940 年，通过试验研究阐明了营养液中添加微量元素的必要性，并发表了标准营养液配方。至今，该营养液配方仍是各国植物生理学研究常用的配方。

二、无土栽培生产应用时期

1929年，美国加利福尼亚大学的格里克（Gericke）教授首次建立了商业性的无土栽培体系。他在装有营养液的种植槽上方放置一个木板，底部由金属网做成的定植框依次装入麻袋片、锯木和蛭石等固体基质以固定、支撑植物，并保持根系在黑暗的环境中生长。将番茄定植在基质中，随着植株的生长，根系伸长后穿过金属网而漂浮于种植植物的营养液吸收水分和养分，培育出7.5 m高的番茄，单株收果14.5 kg。这标志着蔬菜无土栽培实用化时期的开端。无土栽培开始由实验走向生产，格里克用营养液还成功地栽培出萝卜、胡萝卜、马铃薯及一些花卉和果树等，成为第一个把植物生理学实验采用的无土栽培技术引入商业化生产的科学家，以后逐渐在黄瓜、番茄中推广开来。该技术最先服务于军事，如第二次世界大战期间，美国在太平洋中部的威克岛上建立蔬菜无土栽培生产基地，供应士兵食用，后来美国又试验成功沙培、砾培技术。无土栽培很快传到了欧洲和亚洲，在有些国家逐渐得到应用，但由于应用时间短、规模小、技术尚不完备，属生产的起步阶段。20世纪五六十年代以后开始进入实际应用阶段，在美国、日本、意大利、法国、英国、荷兰、西班牙、丹麦、瑞典等国家都得到迅速的应用和发展。

20世纪70年代以后，由于营养液膜技术和岩棉培技术的发展，世界上商业化的蔬菜和花卉无土栽培生产逐渐走俏。进入80年代以后，科学技术的迅速发展推动了无土栽培生产的机械化和自动化生产。

三、无土栽培目前在我国的发展现状以及未来发展方向

1. 我国无土栽培发展现状　20世纪70年代，山东农业大学首先开始无土栽培生产试验，1975年开始用蛭石栽培西瓜、黄瓜、番茄等，均获成功。1985年，我国成立了第一个无土栽培学术组织——中国农业工程学会无土栽培学术委员会，1992年年会上决定改名为"中国农业工程学会设施园艺工程专业委员会"，并且随后进行了无土栽培技术系统的研究和技术的推广应用。随着进口的温室及无土栽培设施相继投产，以及绿色食品、无公害或有机果蔬越来越受到人们的青睐，全国各地的蔬菜无土栽培也随之蓬勃兴起。1990年，无土栽培面积增长到15 hm^2。1995年无土栽培的面积发展到50 hm^2，2000年无土栽培的面积达100 hm^{2}左右，2005年无土栽培的总面积约为315 hm^2。近几年，我国无土栽培进入迅速发展阶段，无土栽培的面积和栽培技术水平都得到空前的提高。我国从事无土栽培技术研究的部门和单位除研制不同类型的栽培装置外，重点研究营养液膜栽培和不同材料基质培的配套技术，并在全国普及推广，使我国的无土栽培从试验研究阶段进入商品化生产时期，获得一批具有中国自主知识产权的农业高新技术，使国外的先进实用技术实现国产化。无土栽培的植物也扩大到蔬菜、花卉，以及西瓜、甜瓜及草莓等20多种水果，但绝大部分用于蔬菜生产。

我国无土栽培方式主要是有机生态型基质培，还有基质袋培、立体培、岩棉培等形式。使用固体基质的营养液栽培具有性能稳定、设备简单、投资少、管理容易及不易传染根系病害等优点。近期使用的基质主要有岩棉、泥炭、椰糠、沙、蛭石、珍珠岩及锯木屑等。现已证明，岩棉和泥炭是较好的基质，但我国的农用岩棉尚在试用阶段，多数靠进口，成本较

高。岩棉是一种用多种岩石熔融在一起形成岩浆，然后喷成丝状，冷却后稍微压缩而成的疏松多孔的固体基质，因岩棉制作过程是在高温条件下进行的，故经过高温消毒，不含病毒和其他有机物。我国应用的无土栽培的系统主要包括有机生态型无土栽培、浮板毛管法水培技术系统、温室自动化调控系统、营养液成分自动检测系统、鲁SC型栽培系统等。果菜类主要采用配备滴灌设施的基质栽培，叶菜类主要采用配备营养液循环系统的营养液栽培。

2. 我国无土栽培发展趋势 无土栽培具有十分诱人的广阔前景，但其技术要求严、设施装备投入高，受生产、消费、资金、技术等方面因素的影响很大。在欧盟国家，温室蔬菜、水果和花卉生产中，已有80％采用无土栽培方式。且发达国家多实现了采用计算机实施自动测量和自动控制。先进的无土栽培技术可以较好地保护环境，生产出绿色食品。我国农业虽然发展了几千年，但始终受制于自然，靠天吃饭。特别是我国资源短缺，耕地减少的趋势已难以逆转，且产出率与发达国家相比差距较大。纵观国内外无土栽培的现状，无土栽培技术已由试验阶段进入生产应用阶段，其关键技术也日臻完善，发展速度将会加快。世界上的无土栽培技术发展有两种趋势：一种是高投资、高技术、高效益类型，如荷兰、日本、美国等发达国家，无土栽培生产实现了高度机械化，其温室环境、营养液调配、生产程序控制完全由计算机调控；另一种趋势是以发展中国家为主，尤其是以中国为代表，根据本国的国情和经济技术条件就地取材，手工操作，采用简易的设备。

近年来我国的无土栽培蓬勃发展，各地结合当地实际进行研究试验，在推广应用中走出一条实用可行的具有中国特色的无土栽培之路。总体看，南方以广东为代表，以深液流水培为主；东南沿海长江流域以江浙沪为代表，以浮板毛管、营养液膜技术为主；北方广大地区由于水质硬度较高，水培难度较大，以基质栽培为主；无土栽培面积最大的新疆戈壁滩，主要推广鲁SC型改良而成的沙培技术。立体栽培能充分利用空间和太阳能，土地利用率提高3～5倍，单位面积产量提高2～3倍，节约土地资源和水资源，提高生产效益。目前，全国有机生态型无土栽培的推广面积超过无土栽培总面积的60％。虽然我国无土栽培技术的应用起步较晚，无土栽培技术水平总体处于初级阶段，但我国是一个具有巨大发展潜力的发展中国家，无土栽培的兴起将使农业、林业生产及开发进入一个新的发展阶段。无土栽培技术具有十分广阔的发展前景。

任务三 无土栽培的特点

一、无土栽培的优点

1. 高产优质，商品率高 由于无土栽培可以通过人工调控来尽量满足作物的生长需要，使其单产高于土耕栽培。同时，无土栽培可以周年生产，年产量高。而且无土栽培的蔬菜体积大、质量优。据报道，无土栽培可使番茄维生素C的含量提高30％。

2. 提高土地和空间利用率 无土栽培可以使不宜耕种农作物的地方，如盐碱地、荒山、废弃地、岛屿等土地得到充分利用，尤其可以解决温室、大棚多年连作病虫害的增加、土壤次生盐碱化加重等问题。同时，利用温室的立体空间优势可以增加单位产量，增加农民收入。

3. 省时、省工、省力，资源利用率高 无土栽培技术在一次性投入后，可免去中耕、施肥、除草等繁重劳动，产量产值高，劳动生产率高。

二、无土栽培中应该注意的问题

1. 基质的来源、处理和消毒　目前应用基质种类较多，来源不同，理化性质不统一，使用时需要进行配比、消毒，且用后基质的处理和消毒也很麻烦。这些在一定程度上限制了基质培的应用。

2. 病害防治　水培法因营养液循环流动，病菌传播速度快，一旦感染病菌就有导致全军覆没的危险。因此，必须加强对营养液消毒设备以及有效防治药剂的研究。

3. 温室环境的调控　我国现阶段主要是利用普通的塑料温室和日光温室进行蔬菜无土栽培，无配套的温室调控设备，温室环境调控水平低。引进先进国家的设备成本太高。因此，通过引进、消化、吸收，尽快研究和开发出适合我国国情的蔬菜无土栽培系统是发展的重点。

4. 专用品种的选育　现在几乎没有专门适用于无土栽培的蔬菜品种。由于无土栽培的特殊性，迫切需要抗根系病害、耐低温、耐弱光、优质、丰产且适用于无土栽培的专用品种。

5. 无土栽培对生产者的素质要求很高　生产者要掌握农业生产技术，还要掌握好蔬菜的生理生化知识及机械电子方面的技术。我国目前掌握这些技术且又从事无土栽培的专业人员很少。因此，涉农院校及一些农业科研单位应加强专业技术人员的培训，同时做好技术推广工作，以提高生产效率。

思政天地

　　2021年，脱贫攻坚剧《山海情》的热播让我们了解了20世纪90年代黄河岸边那段种植菌草、固沙防沙的历史。剧中带领宁夏百姓攻坚克难、脱贫致富的凌教授的原型，就是我们今天要讲述的主人公——全国优秀共产党员、全国脱贫攻坚先进个人、菌草技术发明人、国家菌草工程技术研究中心首席科学家林占熺教授。

　　1996年，党中央作出推进东西部对口协作的战略部署，其中确定福建对口帮扶宁夏，共同推进宁夏扶贫工作。1997年，菌草技术被国家列为闽宁对口扶贫协作项目。从此，林占熺作为闽宁对口扶贫协作援宁群体的一员，带领团队战风沙，斗严寒，开始了20多年的菌草扶贫之路。林占熺团队肯吃苦，勇创新，常年奋战在科技扶贫第一线，从"窑洞种菇"试验成功到带领宁夏菇农年增收6 000元到智力援疆、对口帮扶重庆三峡库区、科技援藏，林占熺团队在长期扶贫实践中形成了"创新路上敢为先、攻坚克难勇向前"的精神，菌草技术也被推广至全国31个省份506个县（市、区），增加了农民的收入，提高了成千上万农民的生活质量。不起眼的小草，却可以治理风沙、养菇致富。2020年，中共中央宣传部授予以林占熺等为代表的闽宁协作援宁群体"时代楷模"称号。2021年2月，在全国脱贫攻坚总结表彰大会上林占熺获评全国脱贫攻坚先进个人。

（根据相关报道整理改编而成）

📗 项目小结

【重点难点】

（1）通过当地无土栽培调查方案的制订、实地考察及考察报告的撰写过程，认识到无土栽培是一种不用土壤而用营养液或固体基质加营养液栽培作物的种植技术。

（2）无土栽培的实质是营养液代替土壤，其理论基础是矿质营养学。无土栽培根据是否使用基质分为非固体基质培和固体基质培。非固体基质培又分为水培和雾培，固体基质培分为无机基质培和有机基质培。

（3）无土栽培具有高产优质，商品率高，提高土地和空间利用率，省时、省工、省力，能源利用率高等优点，但在实际应用中要规范化操作、标准化生产。

（4）无土栽培技术在高档园艺产品生产、观光农业、科普教育等方面具有广阔的应用前景。

【经验技巧总结】

（1）考察无土栽培的相关企业，熟悉各种类型的无土栽培设施。

（2）调查当地无土栽培的类型和生产实例，通过分析认清无土栽培的发展趋势。

技能训练

无土栽培类型的调查

一、目的要求

通过对本地区无土栽培类型的实地调查，结合观看影像资料和问题探究，掌握本地区主要无土栽培类型的结构特点、性能及应用，能够识别无土栽培设施的构造并做出合理评价。

二、计划内容

1. 实地调查 皮尺、钢卷尺、测角仪（坡度仪）等测量用具及铅笔、直尺等记录用具。

2. 资料及设备 不同无土栽培类型和结构的 PPT、光盘等图文影像资料及投影仪、电脑、VCD 等设备。

三、方法步骤

（1）调查本地无土栽培设施的类型和特点，观测各种类型无土栽培的场地选择、设施方位和整体规划情况。

（2）测量并记载不同无土栽培类型的结构规格、配套型号、性能特点和应用。

① 记录水培设施的种类、材料，种植槽的大小，定植板的规格，定植杯的型号，供液系统及储液池的容积，栽培作物种类，等等。

② 记录基质培的基质种类、设施结构及供液系统。

（3）调查记载不同无土栽培类型在本地区的主要栽培季节、栽培作物种类和品种、产量和质量、茬口安排及周年利用情况。

拓展任务

【复习思考题】

（1）什么是无土栽培？它与土壤栽培有何区别？

（2）无土栽培有哪些类型？水培和基质培的发展前景如何？

【案例分析】

无土栽培护航 2014 年世界种子大会

世界种子大会被誉为种业界的"奥林匹克"盛会，2014 年我国首次承办第 75 届世界种子大会，这是中国种业深化对外合作交流，融入世界种业格局的一次难得机遇。会议期间丰台品种展示基地采用无土栽培方式，集中展示了近年来国内外研发的具有国际水准的蔬菜及农作物新品种。

1. 栽培槽建造　栽培槽选用外观效果较好的聚苯板建造。栽培槽顶部宽 40 cm，垂直高度为 25 cm，底部呈 5 cm 深的楔形，槽长按照温室长度安置。

2. 栽培基质　底部楔形处铺陶粒以利于多余水分的散失和气体的贮存，陶粒上装入草炭、蛭石、珍珠岩配制的栽培基质，按照体积比混合均匀，其配比为草炭：蛭石：珍珠岩 = 3.0：1.0：0.5。混配后的基质 EC 值为 1.65 mS/cm，pH 7.26。

3. 展示品种　展示品种共计 128 个，其中樱桃番茄品种 22 个，大番茄品种 106 个（包括 58 个粉果品种和 48 个红果品种）。

4. 精细化管理技术

（1）育苗。采用 72 孔穴盘进行育苗，育苗基质按照体积比配制，其配方为：草炭：蛭石：珍珠岩：牛粪 = 3：1：1：1。参展品种于 2013 年 12 月 17 日播种，播种后白天温度保持在 25 ℃ 左右，夜间 13～16 ℃。根据秧苗长势采用 EC 值 1.63 mS/cm、pH 6.5 的营养液进行浇灌。

（2）定植。秧苗长至 6 片真叶，于 2014 年 2 月 16 日定植到栽培槽，槽内定植两行，株距 40 cm，温室内定植株数总计 14 464 株。

（3）定植后管理。

① 植株调整。参展品种均采用单干整枝，当植株长到 50 cm 时开始吊蔓，生长期内及时打掉侧枝，并进行两次打老叶作业，以利于通风透光，防止病害发生。

② 摘心。每株留 5 穗果，在最上部花序上留两片真叶，将生长点掐去。

③ 保花保果与疏花疏果。采用防落素处理花序。大果型番茄果留 3～4 个/穗，对畸形果和坐果过多的，及时采取疏果措施。樱桃番茄不进行疏果。

④ 营养液管理。在不同的生长发育阶段调整营养液配方，定植前用 EC 值 2.43 mS/cm 营养液浇透基质，定植后降低营养液浓度，改用 EC 值 2.24 mS/cm 营养液浇灌。当第 1 穗果核桃大时，增加各元素用量，促进果实膨大，第 1 穗果进入转色期改用 EC 值 2.07 mS/cm 营养液浇灌。根据植株长势和气候情况每日或隔日浇一次营养液，定植初期每次浇液量掌握在 300 mL/株左右。随着植株长大，蒸腾作用增强，逐渐加大浇液量，且营养液浓度也逐渐增加。从定植到 5 月 28 日 14 464 株总计浇液量为 700.4 t。基质理化性检测表明番茄生长前期其根际 EC 值处于较低状态，EC 值在 2 mS/cm 左右，随着营养液浓度的增加，番茄生长中期其根际 EC 值逐渐升高，EC 值达到 3 mS/cm 左右，番茄生长后期降低营养液浓度，其根际 EC 值随之降低。pH 维持在 6.0～6.7。

⑤ 气温管理。定植后 7 d 内提高室内温度，促进缓苗。白天室温控制在 30 ℃ 左右，夜间室温保持在 18～20 ℃。缓苗后白天室温控制在 25～28 ℃，夜间室温保持在 15 ℃ 左右。

⑥ 基质温度和湿度变化。生育期内基质温度和湿度调查表明：基质最低温度为 16.5 ℃，最高温度为 20.4 ℃，平均值为 18.24 ℃。基质相对含水量维持在 60% 左右，适宜番茄根系的生长发育。

⑦ 病虫害防治。温室内每隔 10~15 d 采用烟雾剂熏蒸，防止病虫害发生。

项目二　无土栽培植物生理基础

学习目标

◆ 知识目标
- 掌握实施无土栽培技术的植物生理知识。
- 了解实施无土栽培过程中植物生理变化与营养需求。

◆ 技能目标
- 学会查阅相关资料，熟悉植物生理特征、生长特性及其在无土栽培生产中的应用。
- 了解植物营养失调的诊断与防治方法。

任务实施

任务一　植物根系的构造和功能

一、植物根系的形态、类型及构造

根是植物长期演化过程中适应陆生生活的产物，是陆生植物重要的营养器官之一，也是植株从介质中吸收水分和矿质营养的主要器官。

种子萌发、胚发育成新一代的个体，其根、茎、叶分别来自胚根和胚芽等的发育和生长。植物的胚根一般稍后于胚芽突破种皮进一步生长，形成植株的主根。当主根生长到一定长度时，就会从内部侧向生出许多支根，称为侧根。侧根与主根往往形成一定角度，当侧根生长到一定长度时，又能生出新的次一级的侧根，这样的多次反复分支，形成整株植物的根系，以适应和满足植株的生长发育。

1. 根与根系的类型　根系的生长分布与植株地上部分的生长和发育状况有一定的相关性，植株的不同生长发育时期根系分布的深度不同。苗期根系浅，成株根系深，草本植物根系浅，木本植物根系深。农作物的根系大都分布于土壤的疏松耕作层，适度深耕可促进根系的发育、增加根系在土壤中分布的深度与广度，增加吸收面积，使作物获得高产。

（1）定根与不定根。随着主根的进一步生长，植株在主根的一定部位或植株的其他部位通常会产生许多新根，协调植株的生长。根据根的发生部位不同，可将根分为定根和不定根两大类。

定根指发育于植株特定部位的根。定根包括主根和侧根。主根来自胚根，侧根发生于主根的中柱鞘一定部位的细胞。许多植物除能产生定根外，还能从茎、叶、老根或胚轴上生出根来，这些根发生的位置不固定，都称为不定根。不定根也能不断地产生支根，即侧根。禾本科植物的种子萌发时形成的主根，存活期不长，主要由胚轴上或茎的基部节上所产生的不定根所替代。生产上的扦插、压条等营养繁殖技术就是利用枝条、叶、地下茎等能产生不定根的习性进行的。

（2）直根系与须根系。植株地下部分的根总称为根系，根系是在植株的生长发育过程中逐渐形成的。依据根系的组成特点，可将其分为直根系和须根系两类。直根系由明显发达的主根及其各级侧根组成。直根系由于主根发达，入土深，各级侧根次第短小，一般呈陀螺状分布，大多数双子叶植物的根系属于此种类型（图 2-1）。

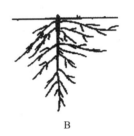

A   B

图 2-1　直根系和须根系示意
A. 须根系　B. 直根系

须根系主要由不定根及其侧根所组成，有的须根系全部由不定根及其侧根组成。须根系主根不发达，粗细长短相差不多，入土较浅，呈丛生状态，或似胡须样，故称为须根系，大多数单子叶植物属于此种类型。

2. 根的生长特性　在植物的生长发育过程中，由于不断地受到环境的刺激和诱导，其器官的生长总是向着这些刺激和诱导的方向，表现出植物特有的向性生长或向性运动。植物的向性生长是不可逆的运动过程。根的向性运动依外界因素的不同，主要包括向地性、向水性、向肥性和向气性等。

根的向地性指根具有向重力性生长的特性。现在普遍认为，根的向地性生长与根冠的结构有关。根的向水性指土壤中水分分布不均匀时，植物根趋向较湿地方生长的特性，这可能与根的吸收特性有关。根的向化性是指某些化学物质在植物周围分布不均匀而引起的生长，如作物根部朝向肥料较多的方向生长（向肥性）。而根的向气性主要是指根总是向着通透性较好的土壤生长，因为根与茎、叶一样需要进行呼吸作用，以利于形成其生长和代谢所需的能量。

3. 影响根发育的因素

（1）糖类。糖类为根系生长提供了能量来源。种子萌发后，胚根生长所需的糖类来自种子的胚乳或子叶。幼苗期植物根系生长所消耗的糖类来源于种子贮藏物以及光合作用的产物。随着植物的生长，种子贮藏糖类所起的作用越来越小。不同生长阶段的植物，每天的光合产物中平均有 25%～50%运输到根中，供根系新生组织的生长、维持生物量、吸收以及分泌等其他功能。在植株较小时，用于维持生物量的消耗较少，随着生长进行，用于维持生物量的消耗比例不断增加。

影响光合作用、光合产物运输和分配以及根系利用的各种因素都会影响根系的生长。与植物共生的微生物如根瘤菌和菌根真菌，也会与植物竞争，运到根中的糖类 15％～30％会被真菌利用。

（2）植物激素。植物激素是植物体内合成的对植物生长发育有显著作用的一类小分子化合物，包括吲哚类化合物、萜烯类、腺苷酸衍生物、类固醇、脂肪族烃类、类胡萝卜素及脂肪酸的衍生物。在植物个体发育过程中，种子发芽、营养生长、繁殖器官形成乃至整个成熟过程，都有植物激素的参与。

植物激素对根系生长发育具有重要的调节作用。对根系生长影响最大的是生长素和细胞分裂素。生长素主要在茎尖和幼叶中合成，可运输到根中，能够诱导次生根和不定根的形成。细胞分裂素主要在根尖合成，并通过木质部运往地上部，影响地上部的生长和发育。与生长素的作用相反，细胞分裂素抑制根系的生长，特别是侧根的生长。去掉主根的根尖后，次生根的形成大幅度增加就可以证明。因此，生长素和细胞分裂素在根伸长及侧根形成过程中起着重要调节作用。

（3）矿质养分。矿质养分供应对根系的生长、形态以及根系在土壤中的分布有不同影响。这种影响以氮最明显，磷、钾、镁以及其他养分缺乏也有影响。在适宜浓度范围内，增加供氮量可以促进地上部和根系的生长，但往往对地上部生长的促进作用大于对根系的影响，导致根冠比随施氮量的增加不断下降。

（4）pH。一般 pH 在 5.0～7.5 范围内，根系生长受到的影响不大。pH 过低或过高都可能影响根系的生长。如高 pH 对根系的直接影响可能与跨膜 pH 梯度、电势梯度以及细胞质膜上的质子-阴离子共运输有关。pH<5 时，许多植物的根系伸长也会受到抑制，这与许多因素如抑制质膜上的质子泵活性有关。

（5）温度。根系生长有最适宜的温度需求，并常常受环境低温（低于最适温度）或高温（高于最适温度）的影响。不同植物种类的最适温度不同。一般根生长的最适温度低于地上部的最适温度。低温（最适温度以下）对根典型的反应是使根系生长延迟，根系变得短而粗，特别是次生根的形成受抑制。低温条件下，植物地上部生长比根系生长受到的抑制更为严重，使根冠比增加，主要是因为根区低温会阻碍根系吸收和难以供应足够的养分给地上部，从而使地上部的生长受到阻碍。

二、无土栽培植物根系结构特点

从外观上来看，无土栽培植物根系细小，侧根数少，表面光滑，洁白或因自然光照射后形成叶绿体而呈绿色（同时也具有光合作用功能）；土壤栽培的植物有较多的侧根，根毛丰富，根表面受土壤颗粒的影响一般比较粗糙，原因如下：无土栽培植物是从营养液中直接吸收营养元素，根系营养吸收的表面积较大，根周围有充足的水分可以直接通过表皮细胞渗透到根内，而不必通过由根毛扩大吸水面积的方式来吸收水分，而水培植物气生根的根毛又为植物提供了足够的氧气。同时，由于水培根长期生长在水中，根的固着作用逐渐消失，所以通常水培植物根毛退化，洁白晶莹剔透。

土壤栽培的植物吸收营养是有缓冲性的，土壤中真菌、细菌和酶等的生理反应能释放出营养物质，所以土壤中的根系需要较多的侧根以及根毛去吸收营养元素。根毛是部分表皮细胞的外壁向外突起形成的，有较强的吸收水分及固着土壤的作用，但土培根在生长过程中不断与土壤摩擦，根毛脱落的同时又可再生。

无土栽培植物根系与土壤栽培的植物根系在显微结构上也有不同（表2-1）：无土栽培因水分供应充足，根系较长，根径显著变小，皮层细胞层数变少，细胞间隙增大，根皮层内一般会形成发达的通气组织；土壤栽培的植物的根因常受到土壤含水量的影响，肉质膨大，表面粗糙，皮层细胞小，中柱大。

表2-1 土壤栽培吊兰根系结构与水培吊兰的区别

（孔妤 等，2009. 土培和水培吊兰根系结构的观察）

根系结构	土壤栽培	水培
外观形态	肉质肥大，但根尖和根基处较细，侧根数多，根表面粗糙	相对细小，侧根数少，但长势好，根毛退化，根表面光滑莹白，质地柔软，根基及周围的侧根呈绿色
显微结构	根冠部含有较多含晶细胞和淀粉体。表皮细胞致密且有磨损，外皮层与之连接紧密且层数较多。根皮层细胞小且致密，细胞层数多，薄壁细胞小，间隙小。维管束辐射状排列，一般为12～13个，木质部多元型，髓所占的体积较大	根冠部几乎不存在含晶细胞，淀粉体较少。表皮细胞薄壁，细胞明显增大，气生根根毛清晰可见。根皮层细胞体积变大，薄壁细胞层数少，整个皮层区所占体积较大，细胞间隙大。维管束多为10个，木质部退化，髓清晰可见，但明显变小

三、植物根系的主要功能

1. 支持与固着作用 被子植物具有庞大的根系，其分布范围和入土深度与地上部分相应，以支持高大、分枝繁多的茎叶系统，并把它牢牢地固着在陆生环境中，以利于它们进行各自所承担的生理功能。

某些植物能从茎秆上或近地表的茎节上长出一些不定根，能起到支持植物直立生长的作用，称为支持根。这种现象可见于玉米、甘蔗、榕树等。一些木质藤本植物，如常春藤、凌霄、地锦等，在茎部能长出可依附于其他物体表面生长的一种不定根，称为攀缘根。借助于这些攀缘根，植株可以调整自己的空间位置，使细长柔弱的茎固着或攀缘其他物体向上生长，从而更好地生长发育。

无土栽培方式不同，根的支撑功能表现得不尽相同。例如，水培、雾培以及营养液膜技术等，根漂浮在营养液中或暴露在潮湿的空气中，因此其支撑作用不大，植株的固定和支撑靠人工措施实现；在基质栽培中，如沙培、砾培、蛭石以及岩棉等基质栽培法，根的支持与固着功能与在土壤栽培中一样重要。

2. 吸收与输导作用 植物体内所需要水和营养物质，除一部分由叶或幼嫩茎自空气中吸收外，大部分自介质中取得。根最主要的功能是从介质中吸收水分和溶解在水中的 CO_2、无机盐等。这主要靠根尖部位的根毛和幼嫩的表皮来完成。至于根尖以上的部分，常因表皮或外皮层细胞的栓质化，或木栓层的形成，而失去吸收功能。

植物的整个生命活动过程都离不开水，植物一生需要大量的水，如一株玉米一生要从土壤中吸收约 200 kg 水，生产 1 kg 稻谷需要 800 kg 水，全靠有完善的吸收和输导组织的根部吸收。根毛细胞和表皮细胞吸收的水分，经过根的皮层细胞依次向内传递，通过维管束鞘最后到达根的导管中，运往茎、叶等器官，为植物的生命活动和蒸腾作用利用。

无机盐类也是从土壤溶液中吸收的，如硫酸盐、磷酸盐和硝酸盐等，都是以离子状态被根所吸收。它们都是植物生活中不可缺少的，如氮、磷、钾等无机盐离子。

根吸收水和无机盐的同时还要对其进行输导。由根毛和表皮细胞吸收的水分和无机盐，通过根的维管组织输送到茎、叶，而叶所制造的有机养料经过茎输送到根，再经过根的维管组织输送到根的各部分，以维持根的生长和生活。

3. 合成与分泌作用 植物根系能进行许多复杂的生物化学反应，合成多种生物活性物质来调节植物的生长发育。实验证明，在根中能合成多种必需氨基酸、植物激素（细胞分裂素类）和植物碱等，对植物地上部的生长发育具有重要的调控作用（图 2-2）。

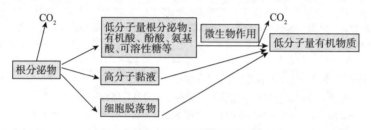

图 2-2　植物根分泌物组成

根能分泌近百种物质，包括糖类、氨基酸、有机酸、固醇、生物素等生长物质以及核苷酸、酶等。这些分泌物有的可以减少根在生长过程中与土壤的摩擦力，有的使根形成促进吸收的表面，有的对其他生物是生长刺激物或毒素，如寄生植物列当，其种子要在寄主根的分泌物刺激下才能萌发，而苦苣菜属、顶羽菊属的一些杂草的根能释放生长抑制物，使周围的植物死亡，而合欢和桃金娘具有浓郁香味的根则对豌豆和蚕豆的生长有促进作用，这就是异株克生现象。有的可抗病虫害，如抗根腐病的棉花根分泌物中有抑制该病菌生长的水氰酸，大蒜根系的分泌物大蒜素对多种细菌和真菌具有较强抑制作，万寿菊可分泌一种杀线虫的活性物质（α-三联噻吩）阻碍线虫发育或使线虫致死；有的植物能够分泌自毒物质，是形成作物忌连作的原因之一，如茄科作物等。

4. 储藏与繁殖作用 有些植物的根常肉质化，储藏大量营养物质，如萝卜、胡萝卜、甜菜及甘薯等。有些植物的根还有特殊的繁殖功能，能产生不定芽，如甘薯、枣等的根。

任务二　植物根系对水分的吸收

水是植物最原始的环境条件，是植物生命活动的根本需要，植物的个体发生和系统发育以及植物的体内和体外，都必须有足够的水存在，没有水就没有生命。在农业生产上，水是决定有无收成的重要因素之一，俗话说"有收无收在于水"，就是这个道理。

水在植物组织内有两种状态：结合水和自由水。自由水可直接参与生理代谢过程。自由水/结合水比值高时，植物代谢旺盛，生长速度快，但抗逆性差；反之，生长速度缓慢，抗逆性强。水分不仅是植物体原生质的主要成分，也是细胞内各种代谢反应的良好介质，同时水分作为反应原料参与光合、呼吸、有机物的合成与分解等多种代谢反应。足够的水分能使细胞维持一定的膨压，有利于细胞的分裂与伸长，保持植物的固有姿态。

一、植物根系的吸水机制

根系是植物吸水的主要器官。根系吸水主要在根尖进行。根尖中分生区、伸长区和根冠区三部分由于原生质浓厚，输导组织不发达，对水分移动阻力大，吸水能力较弱。根毛区输导组织发达，对水分的移动阻力小，其吸水能力最强。植物根系吸水主要有两种方式：主动吸水（依靠根压）和被动吸水（依靠蒸腾拉力）。

植物根系的生理活动使液流由根部上升的力量，称作根压。根压的存在可以从伤流和吐水这两种现象得以证明。在春天，将植物的茎在近地面处切去，就会从切口处流出汁液，称为伤流。在土壤水分充足、大气湿度较高、蒸腾较弱的温暖湿润的早晨，一些草木或木本植物的叶尖或叶缘处有水珠溢出的现象，称为吐水。伤流和吐水都由根压引起。由根压所引起的吸水与根系的代谢活动密切相关。因此，这种由根压引起的吸水过程，称为主动吸水。

当叶片蒸腾失水，叶细胞水势降低，从叶脉导管中吸收水分。同理，当叶脉导管失水后，水势也降低，就向枝条的导管中吸取水分，如此下去，由于叶脉、枝条、树干和根的导管互相连通，水势的降低很快就传递到根，引起根细胞内的水分向导管输送，因而根细胞的水势降低，最后就从环境中吸收水分，环境中的水分进入根部，就不断上升到叶。这种吸收完全是由蒸腾失水而产生的蒸腾拉力所引起的，对根系来说就是一个物理性的被动过程，只要蒸腾一停止，根系的这种吸水就停止或减弱，因此称被动吸水。被动吸水可以从被切除根系的枝条在水中得到证实。

二、植物根系的吸水过程

1. 植物主动吸水（根压） 根部导管四周的活细胞由于新陈代谢，不断向导管分泌无机盐和有机物，导管的水势下降，而附近活细胞的水势较高，所以水分不断流入导管。同理，较外层细胞的水分向内移动。由根压所产生的植物体内水分垂直输送距离仅 $10 \sim 20$ cm，最多不超过 30 cm，所以只靠根压作用不能作远距离输水。

2. 植物被动吸水（蒸腾拉力） 植物根细胞和地上部分叶片之间存在一个连续的水柱。水分运动速率受叶片和周围大气之间水势变化程度的调控。水在植物体内的运动可分为 3 个主要步骤：水由根际环境进入根皮层组织，并向木质部导管传送；水由根向叶输送；在叶片中水以气体分子形态释放到大气中。其过程为：叶片蒸腾时，气孔下腔附近的叶肉细胞因蒸腾失水而水势下降，所以能从旁边细胞取得水分。同理，旁边细胞又从另外一个细胞取得水分，如此下去，便从导管要水，最后根部就从环境吸收水分。

三、蒸腾作用与外界环境的关系

水分从植物的地上部以水蒸气状态向外界散失的过程称为蒸腾作用。蒸腾作用所产生的蒸腾拉力是植物吸收与传导水分的主要动力。如果没有这一动力，高大植株就不能获得水分。蒸腾是一个复杂的植物生理过程，是植物调节体内水分平衡的主要环节，是对变化环境的适应，与环境因子关系密切。影响植物蒸腾的各环境因子并不是孤立的，它们共同作用且相互影响。

1. 光照 光照是影响蒸腾作用的最主要的外界条件。光照可以提高叶面温度，叶片温度高于大气温度，使叶内外的蒸汽压差增大，蒸腾速率更快。此外，光照促使气孔开放，减少内部阻力，从而增强蒸腾作用。

2. 空气相对湿度 空气相对湿度增大时，叶内外蒸汽压差就变小，蒸腾变慢；反之，蒸腾加快。

3. 温度 当相对湿度相同时，温度越高，蒸汽压越大；当温度相同时，相对湿度越大，蒸汽压越大。叶片气孔下腔的相对湿度总是大于空气的相对湿度，叶片温度一般比气温高一些，厚叶更是显著，因此，当大气温度增加时，气孔下腔蒸汽压的增加量大于空气蒸汽压的增加量，所以叶内外的蒸汽压差增大，有利于水分从叶内逸出，蒸腾加强。

4. 风 微风能将气孔边的水蒸气吹走，补充一些相对湿度较低的空气，扩散层变薄或消失，外部扩散阻力减小，蒸腾就加快。强风可导致气孔关闭，使内部阻力加大，进而使蒸腾显著减弱。

任务三 植物根系与无土栽培生长环境的关系

根际是指受植物根系生长影响，在物理、化学和生物特性上不同于原土体的土壤微域，是植物、介质和微生物及其环境相互作用的中心，是植物和介质环境之间物质和能量交换最剧烈的区域，是各种养分和有害物质从无机环境进入生命系统参与食物链物质循环的必经通道和瓶颈。恶劣环境下的根际动态变化是植物对环境刺激响应的集中表现，植物根系释放的分泌物强烈地改变了根际的生物学和化学过程，不仅可以活化介质养分、提高介质养分资源的利用效率，还可以钝化根际中的有毒物质，免遭植物毒害，减少对食物链的污染。正因为如此，有关根际的研究一直是国内外环境生物学、植物学、植物生理学、土壤学、微生物学、生态学、遗传学和分子生物学联合研究的热点，是国际研究的前沿领域。

一、植物根际环境的特点

通过电子显微镜观察证实，植物根与介质之间有一黏液层，它是由新生根的根冠、根毛、表皮细胞分泌的黏液，根际微生物分泌物，脱落细胞的降解产物等组成的。此黏液层的厚度可达 $10\sim50~\mu m$，黏液层的外沿最先吸附介质中的黏粒，以后再伸展到介质孔隙中与介质相混合。黏液与介质混合层可以扩展到离根表 $1\sim4~mm$。黏液层具有亲水性，介质中的可溶性养分可以溶解于内而被根系吸收。黏液层中含有大量有机物质，是微生物繁殖生存的天然培养介质。

1. 根际 pH 根际 pH 的改变主要是由与植物根系养分吸收相偶联的质子和有机酸的分泌作用引起的。阴阳离子吸收不平衡是造成根际 pH 改变的主要原因，而引起阴阳离子吸收不平衡的因素包括：不同形态的氮肥、豆科植物的共生固氮作用、植物的营养状况以及植物种类和品种的差异等。在施用铵态氮肥或根系吸收的氮素以铵态氮为主时，植物为了维持细胞正常生长的 pH 和电荷平衡，根系分泌出质子，使根际 pH 下降；相反，在施用硝态氮肥或根系吸收硝态氮时，植物体内硝态氮的还原需要消耗质子，为了维持电荷平衡，根必须分泌出氢氧根离子（OH^-）或碳酸氢根离子（HCO_3^-），因而使根际 pH 升高。一些豆科植物通过根瘤进行固氮作用，将空气中的氮气（N_2）还原为铵根离子（NH_4^+）供植物吸收，从而导致根系分泌出质子，降低根际 pH。缺磷引起油菜和荞麦对阳离子的吸收量大于阴离子，于是根际 pH 降低。缺锌抑制硝态氮的吸收从而造成阳离子的吸收量大于阴离子，根际 pH 也降低。禾本科植物对氮肥形态的反应很敏感，吸收铵态氮时根际 pH 便下降，吸收硝态氮时根际 pH 则上升；对豆科植物而言，不论是吸收铵态氮还是硝态氮，根际 pH 都会下降。

影响根际 pH 变化的另一主要因素是植物种类和品种间的差异。生长在有效养分很低介质上的某些植物，长期的生态适应过程使其逐步进化，形成一些主动机制来改变根际环境，例如白羽扇豆在缺磷的介质上能形成大量的排根，并主动向根外分泌柠檬酸使根际环境酸化，同时柠檬酸又能螯合土壤中的钙、铁、铝等元素，从而提高磷的有效性。

根际 pH 也会影响根系的形态建成和生长速率，例如在酸性介质上根际酸化作用可能会引起根尖和次生根变黑的受损症状，使根的伸长速率和根毛生长受到抑制，甚至造成整个根细胞死亡，但在生长介质中加入钙盐症状就可消除。

2. 根际氧化还原电位（Eh） 由于根系介质环境是一个不均匀体系，加之生物活动，就能形成不同的微区域，这其中有的就可能出现氧化还原电位有差异的区域。对于旱生植物而言，根际的氧化还原电位低于非根际，这主要是根际微生物活动的结果。有研究表明，渍水条件下的水稻根际由于存在由叶片向根际输氧的组织，并有氧气从根中排出，使根际氧化还原电位高于非根际。试验结果表明，在锰胁迫下，番茄生长介质的氧化还原电位明显下降，根系分泌的活性还原性物质数量逐渐增加，这为锰元素的形态转化、还原溶解提供了物质条件。

根际微生物和根系呼吸作用消耗较多的氧气，可能会造成根际氧化还原电位下降，其结果使一些变价营养元素（如铁和锰）得以活化，甚至造成毒害（如锰）现象。在双子叶和非禾本科单子叶植物的根际，由于缺铁导致根系的还原能力增加，位于皮层细胞原生质膜上的还原酶受到低 pH 的强烈诱导，使铁的还原能力显著增加，不仅增加了铁的溶解度和移动性，同时也有利于它的还原和被吸收。另外，这种适应性反应也增加了根际铜和锰的还原，提高了缺铁植物体内这两种元素的含量。

3. 根际的营养环境 由于植物的吸收速率与介质中养分的移动性不同，使不同的营养物质在根际出现亏缺或积累，造成根际的营养分布不均匀。通过对影响根际营养状况的诸多因素进行分析，美国土壤学家巴伯（S. A. Barber）提出了营养生物有效性的概念，即将植物生长期间介质离子库中可移动到根表面并被吸收的营养称为有效营养。近年来，对养分在根际的形态转化、吸附和解吸、络合溶解等方面开展了广泛研究。结果表明，凡是以质流方式向根运输的养分，如 Cu^{2+}、Mg^{2+}、SO_4^{2-}、NO_3^- 等易于在根际积累，而其他大多数养分在根际是亏缺的，特别是 NH_4^+、$H_2PO_4^-$ 和金属微量元素，而且它们的亏缺范围也大小不等。例如，NH_4^+ 在水稻根际随离根表距离成亏缺的浓度梯度变化，离根表越近亏缺率越大，但其变化幅度随植株年龄、根部位和温度等变化而不同。而 K^+ 亏缺和积累的梯度变化与介质类型、钾供应状况和介质含水量有密切关系，其中介质含水量的影响最为显著，在介质水分含量低于持水量 70% 时，根际就出现 K^+ 亏缺；介质含水量高于此数值时，根际将出现 K^+ 积累。

二、植物根系生长与无土栽培环境的关系

植物的生长状况与根的生长发育状况密切相关，而根系的生长必然受到根际环境的影响。根际环境是植物与介质相互作用的结果，不同植物的根际环境有很大差别。随着农业生

产的发展，越来越显示出根际的物理、化学和生物环境与作物的生长发育、抗逆性和生产力的直接关系。在未来的农业生产中，合理调节根际微域环境对控制植物病害、实现优质高产具有重要意义。

1. 植物根系与根际温度的关系　温度条件是影响根系吸收的一个重要环境因素，它不仅影响根的吸收能力，还影响营养液中养分的有效性。不同的植物种类，其根系要求的温度条件也不一样。在一定的温度范围内，温度越高，根系吸水量越多，这是由于温度较高时，蒸腾作用强烈，导致植物吸水量增加（表2-2）。但是植物根系对温度的适应范围较窄，所以在生长发育期间给予根系适宜的温度对于水分和养分的吸收具有重要意义。如果根际温度过高，超过了适宜温度的上限，会造成根系呼吸过旺，不仅消耗大量糖分，而且O_2减少，CO_2增加，使根系的代谢紊乱，出现早衰，妨碍植物对水分和养分的吸收。反之，如果根际温度过低，则根系生长缓慢，吸收面积减小，并且低温时细胞原生质黏性增大，水分子不易透过根系组织而进入根内，同时低温也会使水分子本身的运动速度减慢，渗透作用降低，不利于水分和养分的吸收。

表 2-2　部分园艺植物适宜营养液温度范围

单位：℃

温度范围	10～12	12～15	15～18	20～25	25～30
植物名称	堇菜	蕨菜	莴苣	番茄	黄瓜
	郁金香	洋葱	马铃薯	芹菜	热带花木
	金合欢	草莓	胡萝卜	甜瓜	水芋
		含羞草	香豌豆	烟草	柑橘
		香石竹	唐菖蒲	蔷薇	
		仙客来	百合	秋海棠	
			水仙	非洲菊	
			风信子	百日草	
			鸢尾		
			菊花		

根际温度通过对植物根系生长的影响，从而进一步影响地上部分的生长。但由于品种、生长阶段和发育状况的不同，根际的适宜温度也并不相同，生产中应根据具体需要进行调整。

2. 植物根系与根际通气状况的关系　植物根际环境的通气状况与根系生长和养分吸收直接相关。呼吸作用需要消耗O_2，如果根际环境通气良好，则根系的主动吸收能力增强，对大多数作物而言，根际O_2含量在5%～10%时，根系生长良好；反之，根际环境通气不畅，O_2含量在0.5%～2%时，则根系生长速度缓慢，吸收水分和养分减少。此外，根际通气良好，还可以防止CO_2积累，有利于根系的生理代谢。尤其在无土栽培中，保证根际的通气状况良好和营养液中有充足的溶解态氧，是决定植物生长良好和获得高产优质的关键因素。

3. 植物根系与根际营养液浓度的关系　植物根系所吸收的水分是含有一定溶质的溶液，无论是固体基质栽培还是非固体基质栽培，营养液浓度都是影响根系吸收的因素之一。在一定范围内，随着溶液浓度的增加，根系吸收速率有所提高，这是由于离子被载体吸收运转尚未达到饱和状态。当被载体吸收的离子达到饱和以后，营养液的浓度再提高，根系吸收速率也不会增加。并且，介质溶液浓度过大，则水势较低，如果介质溶液的水势与植物根系细胞的水势相等，植物根系就不能从介质溶液中吸水；如果介质溶液的水势比根系细胞的水势还要低，反而会使植物体内原有的水分通过质膜反渗透到介质中，使植物出现生理失水导致萎蔫和死亡。因此，根际的营养液浓度切勿过低或过高，否则，一方面不利于经济用肥，另一方面也会影响植物对水分和养分的吸收。

4. 植物根系与根际 pH 的关系 根际的酸碱度直接影响根系对营养物质的吸收及养分的有效性，过酸或过碱都会引起根系蛋白质变性和酶的钝化。一般在酸性条件下，根吸收阴离子多些；在碱性条件下，根系吸收阳离子多于阴离子。对大多数植物而言，根际的适宜pH 为微酸性到中性之间，因为微酸性可提高磷素和铁、锰、锌、铜等微量元素的有效性；如果 pH 过低，则钾、钙、镁的有效性下降；pH 过高，则 Fe^{2+}、PO_3^-、Ca^{2+}、Mg^{2+}、Cu^{2+}、Zn^{2+} 等离子逐渐变为不溶状态，不利于植物的吸收。因此，保持营养液适宜的 pH 是无土栽培成功的根本保证。

根际 pH 的变化受植物种类、品种、施肥和其他环境状况等多种因素的影响。根际 pH 的大小不仅影响盐类的溶解度，同时影响植物细胞原生质膜对矿质盐类的透性，从而影响根系对矿质盐类的吸收。不适宜的根际 pH 还会影响根际微生物的活动。如酸性反应导致根瘤菌死亡，使其失去固氮能力；碱性反应促使反硝化细菌生长，使氮素发生损失，对植物营养不利（表 2-3）。

表 2-3 部分园艺作物生长的适宜 pH 范围

种类	适宜 pH	种类	适宜 pH	种类	适宜 pH
马铃薯	4.8~6.0	胡萝卜	5.6~7.0	文 竹	6.0~7.0
甘 薯	5.0~6.0	花 生	5.0~6.0	梅 花	6.0~7.5
南 瓜	5.5~6.8	百 合	5.0~6.5	杜 鹃	4.5~5.0
番 茄	6.0~7.0	仙客来	5.5~6.5	苹 果	6.0~8.0
黄 瓜	6.4~7.5	唐菖蒲	6.0~7.0	葡 萄	6.0~8.0
白 菜	7.0~7.4	小苍兰	6.0~6.5	柑 橘	5.0~7.0
甘 蓝	6.0~7.0	郁金香	7.0~7.5	山 楂	6.0~7.0
西 瓜	6.0~7.0	风信子	6.5~7.5	梨	5.6~7.2
甜 菜	7.0~7.5	水 仙	6.5~7.5	桃	5.2~6.5
青 梗	6.0~7.0	美人蕉	6.0~7.0	栗	5.5~6.5
洋 葱	6.4~7.5	非洲菊	5.5~6.5	枣	5.2~8.0
豌 豆	6.0~7.0	菊 花	6.5~7.5	柿	6.0~7.0
菜 豆	6.4~7.1	紫罗兰	5.5~7.0	杏	5.6~7.5
莴 苣	6.0~7.0	雏 菊	5.5~7.0	茶	4.0~5.0
萝 卜	5.0~7.3	石 竹	7.0~8.0		

5. 植物根系与根际有毒物质的关系 根际存在的有毒物质会对根系造成不同程度的伤害，从而降低根系吸收水分和养分的能力。

（1）硫化氢（H_2S）。硫化氢是细胞色素氧化酶的抑制剂，所以根系周围介质中硫化氢增多时，根的呼吸会明显受到抑制。因为钾、硅、磷酸的吸收需消耗较多的能量，而镁、钙的吸收与能量供应关系较小，从而表现出以下抑制顺序：K_2O、P_2O_5>SiO_2>NH_4^+、MnO>CaO、MgO。当介质的温度在 20 ℃以上、Eh≈0 V、含有较多未腐熟有机质时，反硫化细菌的产物（硫化氢）便会大量产生。

（2）某些有机酸。介质中的正丁酸、乙酸、甲酸等有毒的有机酸对根系吸收营养物质有抑制作用，严重时还可引起烂根。在有机质过多的根际环境中，随着温度的升高和有机质的分解，当 Eh=0.1 V 时就可生成上述有毒物质。

（3）过多的铁离子。铁参与植物体内许多氧化还原反应，是叶绿素形成必不可少的元素，在植物的生长发育过程中具有重要作用。但过多的铁会抑制根的伸长和细胞色素氧化酶的活性，并且妨碍植物对钾、磷、硅、锰等元素的吸收。

（4）重金属元素。重金属元素过量会引起缺绿症。例如，根际铜的吸附量大于非根际，过量的铜会使水稻因铁的吸收受阻而发生失绿。根际 Mn^{2+}、Zn^{2+}、Co^{2+}、Ni^{2+} 等过量也会引起植物同样的反应。

此外，植物根系分泌物中还包括一些毒素，主要是苯丙烷类、乙酰基类、类萜、甾类和生物碱等成分。这些毒素对植物的生长以及土壤微生物生长有抑制作用，可以通过轮作等措施加以克服。

三、植物根系与环境微生物

根际微生物是指聚居在植物根部，并以根的外渗物质和容易分解的死细胞为主要营养的一群微生物，其种类因植物类别、生长发育阶段和根际介质性质而异。作物"根际-微生物"系统可粗略概括为植物、有益微生物和有害微生物三者之间的相互作用。

根际微生物依靠根分泌物为其提供了能源，因此，根际微生物的数量比非根际可高出5～50 倍。植物的营养状况也从多方面影响着根际微生物的活性，而根际微生物活动反过来又制约着植物的生长发育及其对养分的活化和摄取能力。例如，缺铁或缺钾时，根际细菌数量均有所增加；施用铵态氮肥也有相同的趋势。根际环境条件对根际微生物的组成和活性也有明显影响。例如，供应铵态氮肥使根际土壤酸化，明显控制了由病原菌引起的小麦全蚀病。施用硝态氮肥可以直接抑制菌丝发育或间接促进根际细菌生长而抑制病原菌的蔓延。此外，施用铵态氮肥也可以增加根际土壤中某些有益元素（如硅）的溶解度，从而提高植物体内某些元素的含量，使表皮细胞壁加厚，蜡质层增加，增加植物对某些真菌病害，如粉霉病的抵御能力；同时也能提高其抗倒伏能力。根际微生物也可以通过改善根际营养状况来促进植物的生长发育。豆科植物-根瘤菌共生体和菌根植物共生体就是其中典型的例子。另外，微生物可以通过释放生长调节物质、铁载体和毒素影响植物的生长，从而间接地影响根际养分的有效性。

1. 根际微生物活动促进植物生长

（1）菌根。菌根是由真菌和植物根系所构成的共生的"根"。菌根的菌丝一端侵入植物根系，另一端延伸在介质中，从而使得寄主植物的根系不再是传统意义上单纯的根本身，而成为根系与真菌的复合体。按照菌根真菌在植物体内的着生部位和形态特征分为内生菌根、外生菌根和内外生菌根。菌根一方面扩大了根的吸收面积，另一方面菌丝还可分泌有机酸及多种酶类活化介质中的养分供植物吸收。

外生菌丝扩大根系养分吸收空间：由于介质对磷的吸附和固定，使磷在介质中的移动性很差，只能通过扩散到达根系表面。菌根菌丝至少可以延伸到根外 117 mm 远，将根系的吸收范围扩大了 60 倍，极大地扩展了根系的吸收范围；外生菌丝吸收的磷可占宿主植物吸磷总量的 90%。

菌根真菌分泌磷酸酶活化介质的有机磷。有机磷一般占介质全磷的 20%～50%，包括植酸盐、磷脂、核苷酸，磷酸根离子通过磷脂键与碳架相连。磷酸酶能够作用于磷脂键，降解有机磷。研究表明，在距离根表 3 mm 以内的根际范围存在一个非常明显的有机磷耗竭区，这是根系分泌的磷酸酶作用的结果；根际以外的有机磷则不能被植物利用。

菌根真菌可以促进植物吸收锌和铜。据研究，菌根真菌对植物锌、铜吸收量的贡献分别达 77% 和 62%。

（2）固氮菌。豆科作物的共生固氮作用是根瘤菌在豆科作物根瘤里建立的一种互助互利、共存共荣的关系。其固氮量占生物固氮量的 2/3 左右，可以说是最为重要的生物资源。根瘤菌在根瘤里能有效地固氮，既满足自己氮素营养的需要，又能供给植物。而豆科作物提供了根瘤菌适宜的生活环境和生长发育所需要的能源。豆科作物共生固氮量每年每公顷可在 75～150 kg，在适宜的条件下可达 300 kg/hm^2，根瘤菌在根瘤里固定的氮可满足豆科作物 1/3～1/2 的氮素需要。所以，豆科作物的共生固氮作用在农业生产上具有极为重要的意义。

（3）促生菌。植物根际促生细菌（简称 PGPR）是存在于根际内的一些对植物生长有促进和保护作用的微生物，它们主要包括假单胞菌属、芽孢杆菌属和固氮螺菌属的某些种，特别是某些自生固氮细菌和根际联合固氮细菌等。PGPR 对植物的促生作用是多种效应综合的结果，主要表现在改善植物根际的营养环境、产生多种生理活性物质刺激作物生长和对根际有害微生物的生物防治作用。近年来在小麦、甘蔗、甜玉米、水稻、棉花等作物的健康植株中都发现了有内生细菌和真菌。几十年来人们已将 PGPR 制成菌剂接种于小麦、水稻、玉米、甘蔗等禾本科作物，胡萝卜、黄瓜等蔬菜和甜菜、棉花、烟草等经济作物的根际，或用它们处理种子和马铃薯块茎等，都取得了显著的增产和生物防治效果。

2. 根系分泌物是根际微生物的重要营养和能量来源 植物生长期间，根系向根外不断分泌有机物质，这个过程称为根际沉积。根际沉积的碳氮化合物，除了调节植物对矿质营养的吸收以及植物对其他环境胁迫的抗逆性外，主要是维持根际环境内的微生物活性。一般情况下，植物光合产物的 28%～59% 转移到了地下部，其中有 4%～70% 通过分泌作用进入根系生长介质，这些分泌物是根际微生物的重要营养和能量来源，极大地影响着植物的根际微生态特征。有报道表明，根表和根际的微生物活度和数量从根际向非根际呈明显的递减趋势，这是由于距根越远，根系分泌物越少，供给微生物的能源物质也就越少。

根系分泌的有机化合物主要是糖类、有机酸、氨基酸、酶和维生素等，无机化合物主要是钙、钾、磷、硫等，它们是微生物的重要养料。根系分泌物为根际微生物提供碳源。在根际，微生物的数量尤其是细菌的数量大幅度提高，这种现象主要受植物年龄、种类及营养状况的影响。根系分泌物的种类、动态及量上的差异性是植物营养基因型差异的重要外在表现形式。不同植物拥有不同根际微生物区系。低分子质量有机酸是根系分泌物的主要成分，不同基因型植物分泌特定的有机酸，如油菜主要分泌柠檬酸和苹果酸，富钾植物籽粒苋主要分泌草酸等。不同种类的根际分泌物是形成不同根际微生态的主要原因。

3. 根际微生物与植物根系营养的竞争关系　根系分泌物为根际微生物的生长提供了能量物质，从而促进了微生物的活动，同时根系巨大的表面积也是微生物的寄存之处。反过来，微生物的活动又有助于基质中某些营养元素的有效化过程。但是，植物与微生物之间普遍存在营养竞争关系。植物和微生物的生长都需要氮、磷和微量元素等矿质营养，这些矿质营养是植物和微生物竞争的对象。例如，在使用未充分发酵腐熟的有机基质栽培作物时，往往由于发酵微生物的旺盛活动，吸收利用大量的氮元素，导致作物根系吸收不到充足的氮素，引起植株缺氮，产生黄化现象。

根际微生物的活动还可导致植物对钼、硫、钙等元素的吸收量减少。根际细菌对某些重要元素的固定还可严重影响植物的发育，如果树的小叶病、燕麦的灰斑病是由于细菌分别固定了锌和氧化锰的结果。

任务四　植物体所需营养元素

一种化学元素存在于植物体内，并不一定说明它是植物正常生长发育所必需的。由于土壤中有各种化学元素，用足够敏感的分析手段可以发现在各种植物体内已有70种以上的元素，这些元素中仅有一部分是维持植物正常生长发育所需要的，人们将之分为必需元素和有益元素。

植物的必需元素是指植物正常生长发育必不可少的营养元素。判断某元素是否是作物必需的，一般有3条标准，即不可缺少性、不可替代性和直接功能性。

（1）不可缺少性。这种化学元素对所有植物的生长发育是不可缺少的，缺少这种元素就不能完成其生命周期，对高等植物来说，即由种子萌发到再结出种子的过程。

（2）不可替代性。缺乏这种元素后，植物会表现出特有的症状，而且其他任何一种化学元素均不能代替其作用，只有补充这种元素后症状才能减轻或消失。

（3）直接功能性。这种元素必须是直接参与植物的新陈代谢，对植物起直接的营养作用，而不是改善环境的间接作用。

只有符合这3条标准的营养元素才能被确定为是植物必需的营养元素。到目前为止，已经确定为植物生长发育所必需的营养元素有16种，即碳（C）、氢（H）、氧（O）、氮（N）、磷（P）、硫（S）、钾（K）、镁（Mg）、钙（Ca）、铁（Fe）、锰（Mn）、锌（Zn）、铜（Cu）、硼（B）、钼（Mo）、氯（Cl）。

根据在作物体内的含量（干物质），16种作物必需营养元素又分为大量元素和微量元素。大量元素（干物质含量$\geq 0.01\%$）有碳（C）、氢（H）、氧（O）、氮（N）、磷（P）、硫（S）、钾（K）、镁（Mg）、钙（Ca）。微量元素（干物质含量$< 0.01\%$）有铁（Fe）、锰（Mn）、锌（Zn）、铜（Cu）、硼（B）、钼（Mo）、氯（Cl）。

随着科学技术特别是分析化学技术的发展，在16种必需营养元素之外，还有一类营养元素，它们对某些植物的生长发育具有良好的作用，或为某些植物在特定条件下所必需，但它们不是高等植物普遍所必需的，人们称之为有益元素，其主要包括硅（Si）、钛（Ti）、钴（Co）、硒（Se）、钠（Na）和镍（Ni）等。

通常植物所需的营养元素中，碳、氢、氧3种元素来自空气和水分。氮主要是植物通过根系从土壤中吸收，部分由根际微生物的联合固氮和根瘤菌的共生固氮从土壤空气中吸收，其他元素几乎全部来自土壤，而在无土栽培方式下，除碳、氢、氧外，其余全部由营养液提供，它们的主要生理功能如下。

一、大量元素

1. 碳（C） 碳、氢、氧作为植物的必需营养元素，它们积极参与体内的代谢活动主要体现在植物光合作用对 CO_2 的同化，碳、氢、氧以 CO_2 和 H_2O 的形式参与有机物的合成，并使太阳能转变为化学能。它们是光合作用必不可少的原料。

陆生植物光合作用所需的 CO_2 主要来自空气，空气中的 CO_2 的含量约为 0.03%。从植物光合作用的需要量来看，这一数值是比较低的。然而，空气的流动能使 CO_2 得到一定数量的补充。若使 CO_2 浓度提高到 0.1%，就能明显提高光合强度并增加作物产量。设施栽培采用无土栽培技术时，增施 CO_2 肥料是不可忽视的一项增产技术，尤其是在冬、春季为了保温，温室内经常通气不足，CO_2 浓度常低于 0.03%。生产实践中证明，使温室内 CO_2 浓度提高到 0.1% 时，只要其他生长因素配合得好，能使净光合率增加 50%，产量提高 20%～40%。可见，增施 CO_2 肥料是无土栽培的一项重要技术措施。

2. 氢（H） 氢和氧所形成的水，在植物体内有非常重要的作用。当水分充满细胞时，能使叶片与幼嫩部分挺展，使细胞原生质膨润，膜与酶等保持稳定，生化反应得以正常进行。水是植物体内的一切生化反应的最好介质，也是许多生化反应的参加者。

水是植物中氢的基本来源。它可自发电离产生质子，使细胞内质子维持在一定水平上，同时它的活性受许多因素的调节。在光合作用中，当 CO_2 还原为糖时，呼吸作用把有机物分解并放出能量，H^+ 对能量代谢有重要作用。氢在氧化还原反应中作为还原剂，H^+ 还是保持细胞内离子平衡和稳定 pH 所必需的。

在很多情况下，氢的重要作用是通过水分体现的。

3. 氧（O） 植物体内氧化还原作用中，大多数植物的氧来自 CO_2 和 H_2O。植物的呼吸作用产生的能量为植物吸收养分提供了充足的能源，氧是有氧呼吸所必需的。在其他很多方面都离不了能量，可以说没有能量就不能维持植物生命的一切活动。呼吸作用产生的中间代谢产物还直接影响植物体内各种物质的合成与转化。

作物吸收养分受供氧状况的影响。根系进行有氧呼吸时，可取得吸收养分时所需的能量。能量充足时，植物吸收养分量明显增加。缺氧不仅影响根细胞的有氧呼吸以及 ATP 的合成，导致根系吸收养分的能力下降，出现缺素症，而且会因乳酸积累或其他无氧酵解生成酸性代谢产物，而导致细胞质酸化。由于缺氧会抑制乳酸发酵，还会诱导乙醇的合成，造成根系腐烂。在无土栽培中，保持营养液有足够的溶氧量是关键的技术措施。

4. 氮（N） 植物需要多种营养元素，而氮素尤为重要。从世界范围看，在所有必需营养元素中，氮是限制植物生长和形成产量的首要因素。它对改善产品品质也有明显作用。植物最适生长所需的含氮量为植物干重的 2%～5%。植物的含氮量一般为干重的 0.3%～5%，其含量随不同作物种类、品种和植物器官而不同。氮是植物体内蛋白质、氨基酸、核酸、酶、叶绿素、维生素、生物碱、激素等的重要组成成分，主要以含氮化合物的形态存在，并发挥生理作用。

（1）蛋白质和氨基酸。在植物体内，氮的最重要作用就是组成蛋白质分子。蛋白质一般含氮 $16\%\sim18\%$，蛋白质氮占植株全氮的 $80\%\sim85\%$。蛋白质是细胞原生质的重要组成部分，在植物生长发育过程中，细胞分裂和新细胞的形成必须要有蛋白质。所以缺氮时，因新细胞的形成受阻，植物的生长发育延缓或停滞。氨基酸是蛋白质的组成成分，可溶性氨基氮约占植株全氮的 5%。当作物施氮过多时，在体内可能积累谷氨酰胺和天冬酰胺，它们是植物体内氮素贮藏和运输的化合物。

（2）核酸。核酸氮占植株全氮的 10% 左右。RNA 和 DNA 都是含氮化合物，是合成蛋白质、形成遗传物质的必要成分。

（3）酶。酶是生物催化剂，是功能蛋白。植物体内的各种代谢过程都必须有相应的酶参加，所以作物的氮素营养状况关系到体内各种物质和能量的转化过程。

（4）叶绿素。氮参与叶绿素的组成，叶绿素 A 和叶绿素 B 中都含有氮。叶绿素含量的多少直接影响光合作用的速率和光合产物的形成。作物缺氮时叶绿素含量下降，叶片黄化，光合作用强度减弱。

（5）其他。维生素（如维生素 B_1、维生素 B_2、维生素 B_6 等）、生物碱（如烟碱和茶碱等）和激素等化合物中都含有氮素，它们在植物体内数量很少，但对于调节某些生理过程起着重要作用。细胞分裂素是嘌呤或嘧啶的衍生物，是一种含氮环状化合物，可以促进植株侧芽的发生及果实的膨大。

根系吸收氮素的主要形态是 NO_3^- 和 NH_4^+。由于园艺作物大部分是喜硝作物，因此园艺作物对氮素吸收的主要形态为 NO_3^-，虽然 NH_4^+ 也可以被吸收利用，但 NH_4^+ 浓度太高对植株有毒害作用。低浓度的 NO_3^- 也可以被植物吸收，但浓度较高时对植物有害。某些可溶性有机氮化合物如氨基酸、酰胺、尿素也可被作物直接吸收，但所占比例很少。

5. 磷（P） 植物的全磷含量一般为其干物重的 $0.05\%\sim0.5\%$，其含量随植物种类、生育期、测定部位和环境条件的不同而不同。植物体内磷可分有机态磷和无机态磷，其中有机态磷占大多数，但受磷肥施用的影响。有机态磷占全磷量的 85% 左右，它以核酸、磷脂和植素等形态存在，在植物体内发挥着重要的生理作用。

（1）植物体中的含磷化合物。

① 核酸和蛋白质。核酸和蛋白质是保持细胞结构稳定、正常分裂、能量代谢和遗传所需的物质。

② 磷脂。植物体内有多种磷脂，是生物膜的构成物质。

③ 植素。植素是磷脂类化合物的一种，为肌醇六磷酸酯的钙镁盐。它的形成和积累有利于淀粉的合成。

④ ATP 和含磷酶。磷是植物体内许多高能化合物的成分，ATP 是其中之一。

磷还是许多酶的组成成分，如辅酶Ⅰ（NAD）、辅酶Ⅱ（NADP）、辅酶 A、黄素蛋白酶（FAD）和氨基转移酶中含有磷。因此，保证足够的磷素营养对调节生物体中呼吸作用、光合作用和氮代谢等生物化学过程有重要意义。

（2）积极参与植物体内代谢。

① 参与光合作用。磷参与光合磷酸化和光合作用暗反应 CO_2 的固定。

② 参与糖代谢。植物叶片中糖代谢及光合产物的运输均受磷的调控。

③ 氮代谢。磷是氮代谢过程中一些重要酶的组分，缺磷使氮素代谢明显受阻。

④ 脂肪代谢。脂肪合成过程中需要多种含磷化合物。此外，糖是合成脂肪的原料，而糖的合成、糖转化为甘油和脂肪酸的过程都需要磷，与脂肪代谢密切相关的辅酶 A 就是含磷的酶。

（3）提高作物抗逆性和适应能力。磷能提高原生质胶体的水合度和细胞结构的疏水度，使其维持胶体状态，并能增加原生质的黏度和弹性，因而增强了原生质抵抗脱水的能力，植株表现抗旱。另外，磷能提高体内可溶性糖和磷脂的含量，可溶性糖能使原生质的冰点降低，磷脂则能增强细胞对温度变化的适应性，从而增强作物的抗寒能力。施用磷肥能提高植物体内无机态磷酸盐的含量，其主要以磷酸二氢根和磷酸氢根的形态存在，它们常形成缓冲系统，使细胞内原生质具有抗酸碱变化的缓冲性。

植物根系以主动方式吸收磷酸盐。根的表皮细胞是植物积累磷酸盐的主要场所，磷酸盐通过共质体途径进入木质部导管，然后运往植株地上部。植物吸收磷酸盐与体内代谢关系密切，磷的吸收是需要能量的过程，增加营养液中氧分压和光照都能提高磷的吸收速率。植物对磷的吸收也受 pH 的影响，因为不同 pH 条件下营养液中 HPO_4^{2-}/$H_2PO_4^-$ 的比例是不相同的。当 pH<7 时，$H_2PO_4^-$ 所占比例大；当 pH>7 时，则 HPO_4^{2-} 所占比例大。

6. 钾（K） 钾是仅次于氮的植物需要量最大的矿质养分。植物生长的适宜需钾量是营养体、肉质果实和块茎干重的 2%～5%。喜钠植物对钾的需要会低得多，这是由于在细胞中 Na^+ 可以代替 K^+ 的作用。钾在植物体内的流动性很强，易于转移至地上部，并且有随植物生长中心转移而转移的特点。因此，植物能多次反复利用钾素营养。钾在植物体内不形成稳定的化合物，而呈离子状态存在，它主要是以可溶性无机盐形式存在于细胞中，或以 K^+ 形态吸附在原生质胶体表面。钾不仅在生物物理和生物化学方面有主要作用，而且对体内同化产物的运输、能量变化等有促进作用。

（1）促进光合作用、提高 CO_2 同化率。钾能促进叶绿素的合成，改善叶绿体的结构。钾在叶绿体内不仅能促进电子在类囊体膜上的传递，还能促进电子在线粒体内膜上的传递，从而明显提高 ATP 合成的数量。在 CO_2 同化的整个过程中都需要有钾参加，钾一方面提高了 ATP 合成的数量，为 CO_2 的同化提供了能量，另一方面降低了叶肉组织对 CO_2 的阻抗，因而能明显提高叶片对 CO_2 的同化。

（2）促进光合产物的运输。钾能促进光合产物向贮藏器官运输，增加"库"的贮存。

（3）促进蛋白质的合成。钾是氨基酰- tRNA 合成酶和多肽合成酶的活化剂，因而能促进蛋白质和谷胱甘肽的合成。当供钾不足时，植物体内蛋白质合成减少，可溶性氨基酸含量明显增加，且有时植物组织中原有的蛋白质也会分解，形成大量异常的含氮化合物，如腐胺、精胺等而导致胺中毒。

（4）参与细胞渗透调节作用。钾对调节植物细胞的水势有重要作用。植物对 K^+ 的吸收有高度选择性，因此钾能顺利进入植物细胞中，进入细胞内的钾不参加有机物的组成，而是以离子的状态累积在细胞质的溶胶和液泡中。K^+ 的累积能调节胶体的存在状态，也能调节细胞的水势，它是细胞中构成渗透势的重要无机成分。

（5）调节气孔运动。植物的气孔运动与渗透压、压力势有密切关系，植物体内积累大量的钾，能提高细胞的渗透势，增加膨压，使气孔增大。

（6）酶的活化剂。已知有 60 多种酶需要 1 价阳离子来活化，而其中 K^+ 是植物体内最有效的活化剂。这 60 多种酶大约可归纳为合成酶、氧化还原酶和转移酶三大类，它们都是植物体内极其重要的酶类。

（7）促进植物的抗逆性。在逆境条件下，K^+通过调节细胞内和组织中淀粉、糖类、可溶性蛋白以及各种阳离子的含量，提高细胞的渗透势和水势，提高植物抗旱性。钾能够促进纤维素和木质素的合成，因而使植物茎秆粗壮，抗倒伏能力增强。由于钾促使合成作用增强，使淀粉、蛋白质含量增加，而降低单糖、游离氨基酸等的含量，减少了病原生物的养分。因此，钾充足时，植物的抗病能力大为增强。例如，钾充足时，能减轻水稻纹枯病、白叶枯病、稻瘟病、赤枯病及玉米茎腐病、大小斑病的危害。

钾以K^+的形态被植物根系吸收。

7. 钙（Ca） 植物体内的含钙量为$0.1\%\sim5\%$，不同植物种类、部位和器官的含钙变幅很大。在植物细胞中，钙大部分分布于细胞壁上。细胞器内钙主要分布在液泡中，细胞质内较少。植物体内的钙有3种存在形式，即离子形式、盐的形式以及与有机物结合的形式。钙的生理生化功能十分重要。

（1）作为细胞结构组分。钙是细胞某些结构的组分，可稳定细胞膜、细胞壁，保持细胞的完整性。钙将生物膜表面的磷酸盐、磷酸酯与蛋白质基桥连接起来，提高膜结构的稳定性和疏水性，从而增强细胞膜对K^+、Na^+和Mg^{2+}等吸收的选择性，增强植物对环境胁迫的抗逆能力及防止早衰。植物中绝大部分的钙以构成果胶质的结构成分分布于细胞壁中。

（2）参与第二信使传递。钙能结合在钙调蛋白（CAM）上，对植物体内许多种关键酶起活化作用，并对细胞代谢有调节作用。钙调蛋白是一种由148个氨基酸组成的低分子质量多肽，对Ca^{2+}具有很强的选择性、亲和性，并能同4个Ca^{2+}结合，它能激活的酶有NAD激酶和Ca-ATP酶等。当无活性的钙调蛋白与Ca^{2+}结合成Ca-CAM复合体后，CAM因发生变构而被活化，活化的CAM与细胞分裂、细胞运动以及细胞中信息的传递有关，同时也与植物的光合作用、激素调节等有密切关系。

（3）调节渗透作用。在有液泡的叶细胞内，大部分Ca^{2+}存在于液泡中，它对液泡内阴、阳离子的平衡有重要贡献。在随硝酸还原而合成草酸盐的一些植物中，液泡中草酸钙的形成有助于维持液泡以及叶绿体中游离Ca^{2+}浓度处于较低的水平。由于草酸钙的溶解度很低，它的形成对细胞的渗透调节十分重要。

（4）具有酶促作用。Ca^{2+}对细胞膜上结合的酶（如Ca-ATP酶）非常重要。Ca-ATP酶的主要功能是参与离子和其他物质的跨膜运输。Ca^{2+}能提高α-淀粉酶和磷脂酶的活性，也能抑制蛋白激酶的活性。迄今为止，已发现钙可以同70多种蛋白质结合，不过细胞质中的Ca^{2+}与许多酶的亲和力很低。另外，由于细胞质中的Ca^{2+}浓度也低，因此细胞质中钙的酶促作用受到了限制。

钙主要以Ca^{2+}的形态被植物根系所吸收。

8. 镁（Mg） 植物体内的含镁量为$0.05\%\sim0.7\%$。在植物器官和组织中的含镁量不仅受植物种类和品种的影响，而且受植物生育时期和许多生态条件的影响。在正常植物的成熟叶片中，大约有10%的镁在核糖体中，其余的15%或呈游离态，或结合在各种需镁激化的酶上，或位于细胞中可被镁置换的阳离子结合部位（如蛋白质的各种配位基团，有机酸、氨基酸和细胞壁自由空间的阳离子交换部位）。当植物叶片中的镁含量低于0.2%时则可能缺镁。镁是2价阳离子，在吸收时其他阳离子如K^+、NH_4^+、Ca^{2+}、Mn^{2+}以及H^+均能显著降低Mg^{2+}的吸收速率。因此，由竞争性阳离子引起的缺镁现象普遍存在。镁的生理功能主要表现在以下几个方面。

（1）合成叶绿素并促进光合作用。镁作为叶绿素 A 和叶绿素 B 卟啉环的中心原子，在叶绿素合成和光合作用中起重要作用。镁对叶绿体中的光合磷酸化和羧化反应都有影响，如镁参与叶绿体基质中 1，5-二磷酸核酮糖羧化酶（RuBP 羧化酶）催化的羧化反应，而 RuBP 羧化酶的活性完全取决于 pH 和镁的浓度。

（2）合成蛋白质。镁作为核糖体亚单位联结的桥接元素，保证核糖体结构的稳定，为蛋白质合成提供场所。蛋白质合成中需要镁的过程还包括氨基酸的活化、多肽链的启动和多肽链的延长反应等。另外，活化 RNA 聚合酶也需要镁。由此可见，镁参与细胞核中 RNA 的合成。

（3）活化和调节酶促反应。植物体中一系列的酶促反应都需要镁或依赖镁进行调节。例如，镁在叶绿体基质中对 RuBP 起调控作用，镁能激活谷氨酰胺合成酶。

镁是以 Mg^{2+} 的形态被植物根系所吸收。

9. 硫（S） 植物体内的含硫量为 $0.1\% \sim 0.5\%$。植物体内的硫有无机硫酸盐（SO_4^{2-}）和有机含硫化合物两种形态。无机硫酸盐是组成蛋白质的必需成分，而有机含硫化合物主要是以含硫氨基酸及其化合物如胱氨酸、半胱氨酸、蛋氨酸和谷胱甘肽等存在于植物体的各器官中。硫在植物体内的主要生理作用如下。

（1）参与合成蛋白质。硫是含硫氨基酸的组分，因此是蛋白质不可缺少的组分。在多肽链中，两种含巯基（—SH）氨基酸可形成二硫化合键，它对于蛋白质的三级结构十分重要。正是由于二硫化合键的形成，才使蛋白质真正具有酶蛋白的功能。

（2）参与各种生化反应。硫作为辅酶 A（CoA）的组分而参与物质（糖和脂肪）代谢和能量代谢。硫是铁氧还蛋白、硫氧还蛋白和固氮酶（酸性可变硫原子）的组分，能够传递电子，因而在光合、固氮、硝态氮还原过程中发挥作用。硫作为谷胱甘肽和维生素 B_1 的成分参与氧化还原反应。硫作为巯基（—SH）的组分而起作用。一方面，—SH 是某些酶类的活性中心；另一方面，由于两个—SH 与二硫基—S—S—可相互转化，不仅参与氧化还原反应，而且具有稳定蛋白质空间结构的作用。

硫以 SO_4^{2-} 的形态被植物根系吸收。

二、微量元素

1. 硼（B） 植物体内硼的含量变幅很大，含量少的只有 2 mg/kg，含量多的可高达 100 mg/kg，分布不均匀。硼与铁、锰、锌、铜等微量元素不同，硼不是酶的组成成分，不以酶的方式参与生理作用。它也没有化合价的变化，不参与电子传递，也没有氧化还原的能力。但硼对植物具有某些特殊的营养功能。

（1）促进体内糖的运输和代谢。硼的重要营养功能之一是参与糖的运输，其原因是：合成含氮碱基的尿嘧啶需要硼，而尿嘧啶又是尿苷二磷酸葡萄糖（UIDPG）的前体物质之一，因而硼有利于蔗糖合成和糖的外运；硼直接作用于细胞膜，从而影响蔗糖的韧皮部装载；硼能以硼酸的形式与游离态的糖形成带负电性的复合体，因此容易透过质膜，促进糖的运输。

（2）作为细胞壁的成分。已经证明硼在植物细胞壁结构中具有重要作用，与果胶质连接，特别是在中胶层。细胞壁主要由多糖组成，如纤维素、半纤维素，并有少量糖蛋白、酶类、酚酯和以离子键或共价键结合的矿质元素。纤维素包埋在果胶质中，这些结构物质由富含羟脯氨酸的交联糖蛋连接，这是主要的细胞壁蛋白。在次生壁生长过程中，细胞壁被木质素和木栓质加固。硼用来交联两个分子的称为鼠李糖半乳糖醛酸聚糖Ⅱ的细胞壁多糖，如此提供细胞壁的物理强度。

（3）调节酚的代谢和木质化作用。硼与顺式二元醇形成稳定的硼酸复合体（单酯或双酯），从而能改变许多代谢过程。例如，6-磷酸葡萄糖与硼酸根结合能抑制底物进入磷酸或糖途径和酚的合成，并通过形成稳定的酚酸-硼复合体（特别是咖啡酸-硼复合体）来调节木质素的生物合成。

（4）促进细胞伸长和细胞分裂。硼对植物激素含量也有一定的影响。缺硼时，细胞分裂素合成受阻，而生长素（IAA）却大量累积。在正常组织中，硼能与酚类化合物整合，以保证IAA氧化酶系统正常工作。当植物体内有过多生长素存在时，即被分解，避免它对植物的危害作用，并有利于根的生长和伸长。

（5）促进生殖器官的建成和发育。硼能促进花粉萌发和花粉管伸长。缺硼时花药与花丝萎缩，绒毡层组织破坏，花粉发育不良。由于硼对花粉管的生长起作用，因此通常种子和谷粒生产需要的硼比单纯营养生长需要的硼高。硼通过增加花药的花粉粒生产能力和花粉粒活力来影响受精。

硼以硼酸（H_3BO_3）的形式被植物吸收。

2. 铜（Cu） 植物需铜数量不多，大多数植物的含铜量在$5\sim25$ mg/kg（干重），多集中于幼嫩叶片、种子等生长活跃的组织中。植物含铜量常因植物种类、植物部位、成熟状况、土壤条件等因素而有变化，且不同种类作物体内含量差异很大。

铜以高浓度的离子形态存在时是具有毒性的，因此几乎所有植物体内的铜都以复合形式存在。铜离子形成稳定性螯合物的能力很强，它能与氨基酸、肽、蛋白质及其他有机物质形成配合物，如各种含铜的酶和多种含铜的蛋白质，它们是植物体内行使各项功能的主要形态（表2-4）。

表2-4 几种重要的含铜蛋白

（首普斯坦，布鲁姆，2005. 植物矿物成分）

蛋 白	功 能
蓝蛋白	类囊体中传递电子
抗坏血酸氧化酶	抗坏血酸氧化
质体蓝素	光合系统Ⅰ中电子传递
酚氧化酶	在线粒体和类囊体膜上氧化酚类
二胺氧化酶	腐胺和尸胺的氧化脱氨基作用
超氧化物歧化酶	超氧自由基$\cdot O_2^-$脱毒形成H_2O_2，后被过氧化氢酶还原成H_2O和O_2
细胞色素氧化酶	与铁一起，在电子传递链的最后一步将O_2还原成H_2O

溶液中的铜以两种离子形式存在：Cu^+和Cu^{2+}。1价铜很容易氧化成为2价铜；1价铜只存在于复合物中，而不是以1价铜离子的形式存在。1价铜的复合物是无色的，2价铜常常是蓝色或褐色的。铜以Cu^{2+}形式被植物吸收。铜化合价的可变性（Cu^+和Cu^{2+}）是其参与氧化还原反应的基础。

3. 氯（Cl） 植物对氯的需要量比硫小，但比任何一种微量元素的需要量要大。在不同基因型植物之间，氯的吸收和运输变化很大，这导致在植物组织中氯的浓度变化范围很宽，为 10～80 000 mg/kg 干重。植物中除钠以外，没有其他元素的浓度在不同植物间能相差 8 000 倍。在植物体中，其临界浓度为 100 mg/kg 或 3 μmol/g 干重，但很少看到有缺氯的现象。这是由于通常从各种来源供给植物氯的途径很多，因此在世界范围内更多的问题是氯的毒害，而不是缺乏问题。其生理功能主要有：

（1）参与光合作用。在光合作用中，氯作为锰的辅助因子参与水的光解反应，并与 H^+ 一起由间质向类囊体腔转移，起平衡电性的作用。

（2）参与气孔调节。Cl^- 作为液泡中溶质的成分，与 K^+、Na^+ 一起参与渗透调节，并与 K^+ 一起调节气孔开闭。

（3）激活质子泵 H^+-ATP。酶在原生质膜和液泡膜上还存在着一种需要氯化物激活的质子泵 H^+-ATP 酶，这种酶不受 1 价阳离子的影响，而专靠氯化物激活。质子泵 H^+-ATP 酶可以把原生质中的 H^+ 转运到液泡内，而使液泡膜内外产生 pH 梯度。

在植物体中，氯以离子（Cl^-）态存在，流动性很强，植物对氯的吸收属逆化学梯度的主动吸收过程。由于光合磷酸化作用中所形成的 ATP 可提供主动吸收所需的能量，所以光照有利于氯的吸收。此外，植物吸收 Cl^- 的速度主要取决于介质中氯的浓度。氯易于透过质膜进入植物组织。

4. 铁（Fe） 铁在植物中的含量不多，大多数植物的含铁量在 100～300 mg/kg（干重），且常随植物种类和植株部位不同而有差别。某些园艺作物含铁量较高，如菠菜、叶用莴苣、甘蓝等含铁量一般均在 100 mg/kg 以上，最高可达 800 mg/kg。但应注意的是，采用植物含铁量作为缺铁诊断指标往往并不可靠，必须了解总量中有效铁所占的比例。

植物体内的铁主要以高价铁形式存在，如铁硫蛋白、细胞色素和植物铁蛋白，也有一部分铁以亚铁形式存在，如血红素合成过程中所需的亚铁。不同价态铁在植物体内细胞中可以相互转化。铁离子由于具有活跃的价态变化，即 3 价与 2 价的互变，因此在细胞内氧化还原反应中起着非常重要的作用。铁在细胞呼吸、光合作用和金属蛋白的催化反应过程中也同样发挥重要作用，是重要的电子传递体。另一方面，由于 Fe^{3+}/Fe^{2+} 的高氧化还原势，细胞内游离态的铁容易发生芬顿（Fenton）化学反应，激活还原态的氧，产生有害的超氧化合物，对细胞造成伤害：

$$Fe^{2+} + H_2O_2 \rightarrow Fe^{3+} + (OH)^- + OH^+$$

产生的自由基会造成膜脂的不饱和脂肪酸的过氧化。为了阻止氧化损伤，铁或被紧密束缚，或结合进入可控制的可逆氧化还原反应，包括那些抗氧化保护反应的结构之中（如血红素和非血红素蛋白）。

铁在植物体内的生理功能主要有 3 个方面：

（1）在酶系统中作为正铁血红素或氯化血红素的辅基，在叶绿素合成中起重要作用。

（2）参与体内氧化还原反应和电子传递。各种细胞色素、豆血红蛋白、铁氧还蛋白等都是氧化还原能力很强的含铁有机物，这些不同种类的含铁蛋白质作为电子传递链的重要组成成分或催化剂，参与体内的多种代谢活动。

（3）参与植物的呼吸作用。铁是一些与呼吸作用有关的酶的组成成分，如细胞色素氧化酶、过氧化物酶、过氧化氢酶等，作为代谢活性物质和具有生物氧化还原作用的催化功能，直接或间接参与了植物体内所有的重要代谢过程，如光合作用、呼吸作用、固氮作用和硝酸还原等过程中的电子传递以及光合作用中的光合磷酸化和氧化磷酸化。

一般认为，Fe^{2+}是植物吸收的主要形式，螯合铁也可以被吸收。Fe^{3+}在高 pH 条件下溶解度很低，大多数植物都很难利用。除禾本科植物可吸收 Fe^{3+} 外，Fe^{3+} 只在根的表面还原成 Fe^{2+} 以后才能被植物根尖吸收。植物吸收铁受多种离子的影响，如 Mn^{2+}、Cu^{2+}、Mg^{2+}、K^+、Zn^{2+} 等金属离子与 Fe^{2+} 有明显的拮抗作用。

5. 锰（Mn） 与铁一样，锰也是一个变价元素，在生物体内，它主要以 2 价、3 价和 4 价等氧化价态存在，Mn^{2+} 和 Mn^{4+} 很稳定，但 Mn^{3+} 不稳定。在植物体内，Mn^{2+} 是主要的存在形态，但它很易被氧化成 Mn^{3+} 和 Mn^{4+}。因此，锰能够在氧化还原过程中起重要作用。尽管 Mn^{2+} 能激活许多酶类，但迄今为止，只证实存在两种含锰酶类，即光合系统 Ⅱ（PSⅡ）中的锰蛋白（参与水光解）及含锰的超氧化物歧化酶（Mn - SOD）。

植物体内锰的含量高，变化幅度很大，这主要是在吸收过程中其他阳离子与锰有竞争作用，特别是 Mg^{2+} 能降低植物对 Mn^{2+} 的吸收，且土壤中 pH 对锰的吸收有明显的作用。pH＞7 的土壤，植物含锰量低（一般在 100 mg/kg 以下）；pH＜7 的土壤，植物的含锰量偏高，有时可能会发生锰中毒现象。

（1）参与光合放氧。叶绿体中含有两种锰组分，一种与膜结合松散，可能与放氧有关；另一种与膜结合牢固，可能是 PSⅡ 的原初电子供体。锰还对维持叶绿体片层结构有作用。在叶绿体中锰与蛋白质结合形成酶蛋白，它是光合作用中不可缺少的参与者。

（2）多种酶的活化剂。锰在植物代谢过程中的作用是多方面的，而这些作用往往是通过酶活性的影响来实现的，如某些转移磷酸基团的酶类、多种脱氢酶、硝酸还原酶、IAA 氧化酶和某些肽酶，均需锰作为活化剂。

锰主要以 Mn^{2+} 的形态被植物根系吸收，并优先运到分生组织。叶绿体中含锰较多。

6. 钼（Mo） 在 16 种必需营养元素中，植物对钼的需要量低于其他任何一种，通常含量不到 1 mg/kg。种子中钼的含量变幅很大，但一般来说，豆科植物种子含钼量高于非豆科植物。钼的生理功能如下。

（1）作为某些酶的成分。钼是硝酸还原酶和豆科植物固氮酶钼蛋白的成分，参与氮代谢。缺钼导致植物体内硝酸盐积累和固氮受阻。

（2）促进植物体内有机含磷化合物的合成。钼与植物的磷代谢有密切关系。钼能促进无机磷向有机磷转化。钼酸盐会影响正磷酸盐和焦磷酸酯一类化合物的水解作用，还会影响植物体内有机态磷和无机态磷的比例。缺钼时，体内磷酸酶的活性明显提高，使磷酸酯水解，不利于无机态磷向有机态磷的转化，因此体内磷脂态- P、RNA - P 和 DNA - P 都有减少。

（3）参与植物体内的光合作用和呼吸作用。植物体内抗坏血酸的含量常因缺钼而明显减少，这可能是由于缺钼导致植物体内氧化还原反应不能正常进行所引起的。钼能提高过氧化氢酶、过氧化物酶和多酚氧化酶的活性，钼还是酸式磷酸酶的专性抑制剂。钼在光合作用中的直接作用还不清楚，但缺钼会引起光合作用强度降低，使还原糖的含量减少。

（4）增强植物抵抗病毒的能力。施钼使烟草对花叶病毒具有免疫力，使受病毒感染而患萎缩病的桑树恢复健康。

钼主要以 MoO_4^{2-} 的形态被植物所吸收。

7. 锌（Zn） 植物正常含锌量为 25～150 mg/kg（干重），它在植物体内的含量较低。与其他重金属离子如铜、铁、锰等不同，锌是个 2 价阳离子，并且不会变价，在植物体内锌只以 Zn^{2+} 形态存在，因此不参加氧化还原反应。已报道有 80 多种含锌的蛋白。锌的生理功能往往是以它能与 N -配位体、O -配位体特别是 S -配位体结合成四面体复合物为基础的。许多酶的活性位点也需要锌。在一些酶中，锌是蛋白组成，但并不在活性位点。

锌主要以有机酸结合态或游离 2 价阳离子形态经木质部进行长距离运输。在韧皮部汁液中，锌的浓度很高，可能主要是与低分子有机物结合，如烟酰胺（NA）等。锌的主要生理功能有：

（1）含锌的主要酶类。锌是许多酶（锌酶）结构的组成成分，如乙醇脱氢酶、碳酸酐酶（CA）、铜锌超氧化物歧化酶、碱性磷酸酶等。在这些酶中，锌有 3 种作用：催化、共活化和结构构成。

（2）锌激活的酶类。在高等植物中，锌是多种不同类型酶的活性所必需的或至少起调节作用，这些酶包括脱氢酶、醛缩酶、异构酶、转磷酸酶等。

（3）蛋白质合成。锌是蛋白质合成过程中多种酶的组成成分，如 RNA 聚合酶就含锌。缺锌时蛋白质合成受阻，植物体内蛋白质的合成速率和蛋白质含量急剧下降，氨基酸累积。恢复供锌的植物，其蛋白质合成也能迅速恢复。除了前面所讲的锌的功能外，在蛋白质代谢过程中锌至少还有两种功能与这些变化有关。锌是核糖体的结构组成，是其结构稳定性所必需的。

在地上部分生组织及其他分生组织中，维持蛋白质合成所需的含锌量至少为 $100\ \mu g/g$（干重）。分生组织中适宜的范围要超过成熟叶片 5～10 倍。对其他营养元素而言，差异要小得多。为满足地上部分生组织对锌的高需求，大多数根部供给的锌通过茎中木质部-韧皮部运输的调节优先运输到地上部分生组织中。

（4）糖类代谢。许多需锌的酶参与糖类代谢，特别是叶片中的需锌酶。除了在碳酸酐酶中的作用外，锌也是其他两种关键酶——1,6 -二磷酸果糖酶和醛缩酶所必需的。这两种酶存在于叶绿体和细胞质中。1,6 -二磷酸果糖酶是叶绿体和细胞质中分配六碳糖的关键酶。一般来说，缺锌植株叶片中碳酸酐酶活性的急剧下降是糖类代谢中最敏感的也是最显而易见的酶活性变化。

（5）色氨酸和吲哚乙酸合成。锌在植物物体内的主要功能之一是参与生长素的代谢。试验证明，锌能促进吲哚和丝氨酸合成色氨酸，而色氨酸是生长素的前身，因此锌间接影响生长素的形成。植物缺锌最明显的症状是生长矮化和"小叶病"，这已证明与生长素代谢，特别是吲哚乙酸代谢的紊乱有关。在缺锌的番茄植株中，茎伸长的减少与 IAA 水平的降低有关，在恢复供锌后，茎的伸长和 IAA 的水平都得到恢复，且 IAA 对供锌的反应比茎伸长更快。

（6）膜的完整性。锌是维持生物膜完整性所必需的。它可与磷脂和膜组分中的巯基结合，或与多肽链中半胱氨酸残体形成四面体的配合物，从而保护膜脂和蛋白质免遭过氧化损伤。锌也通过 NADPH 的氧化作用和作为铜锌超氧化物歧化酶的金属组分清除氧自由基来控制有毒性的氧自由基的产生。一般缺锌条件下原生质膜透性显著增加，从缺锌根系分离的原生质膜泡囊的透性比供锌根系的高。

锌主要以 Zn^{2+} 的形态被植物吸收。

三、有益元素

有益元素与植物生长发育的关系可分为两种类型：第一种是该元素是某些植物种群中特定的生物反应所必需，如钴是根瘤固氮所必需的；第二种是某些植物生长在该元素过剩的特定环境中，经过长期进化后，逐渐变成需要该元素，如甜菜对钠、水稻对硅等。

1. 硅（Si） 硅是地壳中第二种含量丰富的元素。在岩石圈中平均质量含量为 27.6%。植物主要以单硅酸（H_4SiO_4，一种可溶性二氧化硅）形态从土壤中吸收硅。许多植物中含硅富集于根中。

硅与细胞壁结构有关，禾本科等植物中以二氧化硅凝胶或水化多聚物充满表皮和维管壁组织，使表皮细胞硅质化，这可加强这些组织、减少失水和防止真菌侵袭；硅对作物的抗旱性和机械支撑有帮助，如高粱等作物的抗旱性。禾本科植物含硅量一般是豆科及其他双子叶植物的 10～20 倍。水稻、甘蔗、大麦、小麦、燕麦、玉米、花生、大豆、西瓜、黄瓜、番茄等作物和蔬菜使用硅肥效果好。

目前最常用的硅肥是硅酸钙，溶解性较差，应施匀、早施、深施。硅酸钾、硅酸钠等高效硅肥水溶性较好。施石灰常常降低植物对硅的吸收，而酸化却增加硅的吸收。大量施用氮肥使稻秆中硅含量下降，从而水稻植株更易受真菌侵害。

2. 钛（Ti） 土壤的钛含量普遍较高，但它们绝大部分是以不溶于水的氧化物或硅酸盐的形态存在于土壤之中，可溶性钛的浓度平均在 1 mg/kg 以下。钛是动物和人体中不可缺少的有益元素，制成饲料添加剂用于畜牧养殖业可使饲料的转化率提高 10% 以上，并使禽畜的抗病能力增强，成活率提高。

钛的作用主要与光合作用和豆科植物固氮有关，钛能提高植物叶面单位鲜重中叶绿素、类胡萝卜素的含量，使叶绿素进行光合作用的速率和效果提高 10%～20%，使植物体通过光合作用自身制造养分的能力得到提高；提高植物体中固氮酶、过氧化物酶、硝酸还原酶、磷酸酶的活性；具有类激素效应，有利于细胞核内 DNA 的活化，能调动内源激素向生长中心输送，促进分化和诱导愈伤组织；钛能够提高作物的抗旱、抗涝、抗寒、抗高温、抗病的能力；植物由于使用农药过量或不当受到药害后，通过施用钛肥，症状可以适当得到缓解，使之较快地恢复长势；以钛配制的除草剂解毒剂可以在使用一些除草剂时保护敏感作物免受伤害。

施磷肥时常带入较多的钛。目前钛肥主要有硫酸钛、二氧化钛和螯合钛。生产上施用钛肥常采用喷施浓度为 1 mg/kg 的螯合钛。

3. 硒（Se） 硒在地壳中的含量仅为一亿分之一，全球缺硒国家和地区达 40 多个，我国有 22 个省份缺硒，72% 的国土为贫硒或缺硒土壤。我国贵州开阳、湖北恩施和陕西紫阳被誉为三大富硒地区。

硒能够提高作物产量，在调节植物生长方面，其特点是低浓度促进植物生长，高浓度时抑制植物生长，外源硒可能会影响土壤中某些微生物的种类、数量或酶的活性，进而影响作物生长的养分环境，通过影响植物对养分的吸收，最终对作物产量产生作用。硒能够拮抗重金属，硒通常采用与重金属结合，生成难溶的沉淀物质，从而减轻重金属对植物体内抗氧化酶的抑制作用；参与调控植物螯合肽酶的活性，该酶可与重金属离子形成螯合蛋白，缓解重金属对植物的毒害。硒可促进和调控植物叶绿素的合成代谢；作物施硒能够减轻除草剂药害、提高作物抗逆性、抑制真菌。硒能增强植株体内的抗氧化能力，提高植株的抗逆性和抗衰老能力，从而保证植株的正常生长。

硒肥产品按照施用方法分为叶面喷洒硒肥、水冲硒肥、有机硒肥等，主要是用硒酸钠或亚硒酸钠通过氨基酸、腐殖酸、EDTA 等络合而成，制成让植物更加容易吸收的剂型，既可以单独施用，也可以与有机肥、微生物肥料混合而成施用。特别要注意的是，无论用作底肥还是追肥，不管是叶面喷洒还是水冲施用，浓度都不能过高，过高则会导致植物生长不良。

4. 钠（Na） 虽然钠在地壳中数量可观，约占 2.8%，但土壤中钠含量较低，在 0.1%～1%。高浓度的钠离子对植物的生长有不利影响，适当低浓度的钠离子对植物的生长不仅没有危害，相反，还有利于植物的生长，尤其是对植物自身诸多生理功能的顺利进行非常有益。

钠元素能够增大植物细胞的渗透势，在具有一定盐浓度的土壤中能提高植物吸水吸肥的能力。钠元素可以提高细胞原生质的亲水性，植物吸收部分钠元素以后，细胞内的电解质增加，组成原生质体的胶体即发生膨胀，从而提高了原生质体与水的亲和力，提高了细胞的保水潜力，在一定程度上可以降低植物的蒸腾作用。钠元素可促进细胞体积的增大和细胞数目的增多，使植物生长得更快，发育得更好。另外，钠元素的作用还表现在调节叶片的气孔开闭以及对光合作用的提高上。

缺少钠元素对多数植物的直接影响是造成其干重的下降，与此同时，也能导致叶绿素含量的下降。所以，植物缺钠时往往表现出叶片失绿或坏死，甚至不能开花的症状。缺钠可以引起光系统的损伤，因此可导致光能向化学能转化的减少，限制光合作用的进行。另外，缺钠可能导致叶肉细胞或维管束鞘细胞超微结构的改变，影响能量的转运。

喜钠作物包括饲用甜菜、荞麦、菠菜等。甘蓝、椰子、棉花、羽扇豆、燕麦、马铃薯、橡胶、芜菁等对钠也有良好反应。大麦、亚麻、黍子、油菜、小麦、玉米、黑麦、大豆等不耐受钠。

目前没有专门的钠肥，一些厂家在生产微量元素、天然矿物质元素肥料中都含有包括钠在内的多种中微量和超微量天然元素，可在底肥中施用，能够补充作物所需的中微量元素，当然也包括钠元素。

5. 钴（Co） 钴是维生素 B_{12} 的组成成分，是一种独特的营养物质，是人体必需的微量元素。地壳中钴平均浓度为 23 mg/kg。钴作为重金属元素，土壤（营养液）中过量的钴会对农作物产生毒害作用。

钴作为豆科植物固氮及根瘤菌生长所必需的元素，一旦缺乏就会出现植物生长受阻，充足的钴元素可使大豆根瘤中维生素 B_{12} 和豆血红蛋白含量增高，固氮能力也就越强。钴与种子中某些水解酶和作物体内某些酶的活化有关，能促进植物细胞生长，从而使作物籽粒饱满、产量高、品质好。

一般来说，钴肥的最基本原料是硫酸钴，含钴量在 21% 以上，桃红色至红色结晶，易溶于水。氯化钴亦可作为原料，含钴量在 25% 以上，结晶为红色。以上两种原料可直接用作钴肥，也可以生产出 EDTA-螯合钴肥、腐殖酸-螯合钴肥、黄腐酸-螯合钴肥、糖醇型钴肥等。

6. 镍（Ni） 镍在地壳中是含量比较丰富的矿物元素之一，是人体需要的元素，主要是脲酶的辅基。

镍在植物体内主要参与种子萌发、氮代谢、铁吸收和衰老过程。镍是脲酶和其他含镍酶的组成成分，镍在植物体内的含量为 0.05～0.5 mg/kg，不同植物体内的含量差别很大。脲酶是一种普遍存在于植物中的镍金属酶，镍对于氨基酸水解形成的尿素和核酸代谢都是必要的，缺乏脲酶活性的植物会在种子中累积大量尿素，或者在种子萌发时产生大量尿素，严重影响种子出芽。所以，脲酶在植物体内的氮代谢过程中起到非常重要的作用。镍对植物还具有促进生长的作用，影响植物根系对铁的吸收。

镍肥是微量元素肥料，可以进行土壤施肥，具有用量少、专用性强等诸多优点；也可以与大量元素肥料混合或者配合均匀施用于土壤表面，然后耕地入土，作为基肥，供应植物整个生育期需要。镍肥还可以直接喷在植物上，譬如叶片施肥，可以把镍肥配成稀溶液，一般浓度在 0.1‰，喷洒在植物叶片和茎上，也可与农药混用，更加方便。同时，镍肥能用作根部处理，将镍肥调成稀泥浆，根部蘸上镍肥泥或用营养钵时添加镍肥有利于植物苗期生长。除此之外，镍肥还能用作种子处理，在播种前将镍肥附着在种子表面，采取镍肥拌种、浸种和包衣等方法。

目前，常见的镍肥有氯化镍、硫酸镍、硝酸镍。

任务五　植物根系对营养元素的吸收

一、植物根系吸收营养元素的机制

根系是植物吸收养分的重要器官。植物与外界环境进行物质交换，主要是通过庞大的根系来完成的。根系在土壤中分布的范围极为广阔，大量的根毛增加了根系与土壤的接触，大大增加了根的吸收面积。据测量，播种 120 d 的单株黑麦，总根系达 1 830 万条，总长度达 600 km，总表面积为 25 m^2，如果加上 140 亿条根毛，根系总表面积约为地上部分总表面积的 130 倍。

1. 植物吸收矿质元素的特点

（1）根系对矿质元素和水分是相对吸收的。矿质元素和水分两者被植物的吸收是相对的，既有关又无关。"有关"表现在矿质元素只有溶解在水中，才能被根部吸收；"无关"表现在两者的吸收机制不同。根部吸水主要是因蒸腾作用而引起的被动吸收，而吸收无机盐则是以消耗代谢能量的主动吸收，有载体运输，也有通道运输和离子泵运输，其运输速度和水分的运输速度并不一致。

（2）根系对离子的吸收具有选择性。带有不同电荷的矿质元素离子不是等量进入植物体的。植物根系吸收离子的数量与溶液中离子的数量不成比例的现象称为离子的选择性吸收。如在土壤中施入 $(NH_4)_2SO_4$ 时，植物对 NH_4^+ 的吸收量远远超过 SO_4^{2-}，在吸收 NH_4^+ 的同时将 H^+ 置换到介质中，从而使介质中 SO_4^{2-} 和 H^+ 浓度增大，导致 pH 下降，这种盐称为生理酸性盐。如施入 $NaNO_3$ 则相反，植物吸收大量的 NO_3^-，而使 Na^+ 残留在介质中，使土壤 pH 升高，因此，把 $NaNO_3$ 称为生理碱性盐。如供给 NH_4NO_3 时，植物对 NH_4^+ 和 NO_3^- 几乎以同等速度吸收，根部置换的 H^+ 和 HCO_3^- 相等，并不改变介质的 pH，这种盐称为生理中性盐。

（3）单盐毒害和离子拮抗。某种溶液如果只含有一种盐分（即溶液的盐分中的金属离子只有一种），该溶液即被称为单盐溶液。如果将植物培养在单盐溶液中，植物不久就会呈现不正常状态，最后死亡。这种现象称为单盐毒害。在发生单盐毒害的溶液中，加入少量含有其他金属离子的盐类，单盐毒害就会减轻或消除，离子间的这种作用称为离子拮抗作用。例如，在 NaCl 溶液中加入 $CaCl_2$，在 $CaCl_2$ 溶液中加入 NaCl 和 KCl，就能减轻单盐毒害。

2. 根系吸收矿质的方式 根系吸收矿质元素的方式有两种，即被动吸收和主动吸收。

（1）被动吸收。根细胞对溶质的吸收是顺电化学梯度进行的，因为这种吸收方式不需要代谢能量，因此称为非代谢性吸收或被动吸收。被动吸收主要包括单纯扩散和易化扩散。

溶液中的溶质从浓度较高的区域跨膜移向溶液浓度较低的邻近区域称为单纯扩散。因此，当外界溶液的浓度高于细胞内部溶液的浓度时，外界溶液中的溶质就会扩散到细胞内部。易化扩散是溶质通过膜转运蛋白顺浓度梯度或电化学梯度进行的跨膜转运。参与易化扩散的膜转运蛋白主要有两种，即通道蛋白和载体蛋白，载体蛋白又称为载体，也称为运输酶或透过酶。

被动吸收还包括离子交换吸附，它是由根细胞进行呼吸所产生的 H^+ 和 HCO_3^-（HCO_3^-还可进一步电离出 H^+）吸附在根系表皮细胞的原生质膜表面，可能与溶液中的离子进行离子交换而被根系吸收。

（2）主动吸收。植物体内离子态的浓度一般比溶液的离子浓度高得多，但仍能逆浓度梯度吸收，这是需要生物代谢能量的过程。目前关于主动吸收的具体机制及代谢能量被利用的方式较为完整的假说有两种，即载体假说和离子泵假说。

载体假说认为，生物膜上存在着一些能携带离子通过膜的大分子，这些大分子就称为载体。载体可能是蛋白质分子，类似变构酶。载体对一定的离子有专一的结合部位，能选择性地携带某种离子通过膜。载体的形成需要 ATP，ATP 主要由呼吸作用中糖分解产生的；ADP 和无机磷在光合磷酸化、氧化磷酸化的作用下重新获能量，也能形成 ATP。

离子泵假说认为，"泵"就是位于原生质膜上的 ATP 酶。许多阳离子如 K^+、Na^+、Rb^+ 等都能活化 ATP 酶，促进 ATP 分解形成 ADP^- 和 $H_2PO_3^+$，$H_2PO_3^+$ 不稳定，遇水分解成 H_3PO_4 和 H^+。生成的 H^+ 被泵出膜外，这样就形成一个跨质膜的质子梯度，从而使膜内与膜外产生了电化学势梯度，于是膜外的阳离子就利用这个梯度进入膜内。膜外的阳离子进入细胞之后抵消了膜内外的电化学势，于是 ATP 重新分解，上述过程重新进行。所以阳离子的吸收实质上是 H^+ 的反向运输。

离子泵假说较好地解释了 ATP 酶活性与阳离子吸收的关系，在离子膜运输过程方面（反向运输）又与现代的化学渗透学说相符合。另外，离子泵假说在能量利用方面与载体理论基本一致，认为 ATP 酶本身就是一种载体。

二、植物体内营养元素的转运

根系吸收水分和矿质养分后，首先要在根中进行径向运输，从根表到达中柱后，经木质部长距离运输到达地上部，在叶片中再次进行短距离运输，将水分和矿质养分分配到各个细胞中。长距离运输包括木质部和韧皮部运输两条途径，分别在植物的光合产物运输，以及水分和矿质养分的运输及其在体内的循环和分配方面具有重要作用。

1. 矿质元素在植物体内运输的形式 根部吸收的氮素大部分在根内转化成有机氮化物再运向地上部分。有机氮化物包括氨基酸（主要有天门冬氨酸、谷氨酸、丙氨酸和蛋氨酸）和酰胺（天冬酰胺和谷氨酰胺），还有少量的氮素以硝酸根的形式向上运输。磷素主要以正磷酸盐的形式运输，也有一些在根部转变为有机磷化物（甘油磷酰胆碱、己糖磷酸酯等）向上运输。硫主要是以硫酸根离子的形式向上运输，少数以蛋氨酸及谷胱甘肽等形式运输。大部分金属元素以离子形式向上运输。

2. 矿质元素在植物体内的运输途径和速度 根部吸收的矿质元素经质外体和共质体进入导管以后，随蒸腾液流上升，或按浓度差而扩散。大量试验证明，根部吸收的矿质元素是通过木质部向上运输的，也可以从木质部横向运输到韧皮部。而叶片吸收的矿质元素向上和向下运输都是通过韧皮部进行的。叶片吸收的矿质元素也可以从韧皮部横向运输到木质部，在茎内则通过韧皮部和木质部向上运输。矿质元素在植物体内的运输速度为 $30 \sim 100$ cm/h。

3. 矿质元素的利用 当矿质元素分布到植物体各部分以后，大部分合成有机物，形成植物结构物质。如氨基酸、蛋白质、叶绿素、磷合成核酸、磷脂等。有些以离子状态存在，有的作为酶的活化剂和渗透物质。

参与植物生命活动中的元素经过一段时间后，也可以分解并运送到其他部位加以重复利用。氮、磷、钾、镁易重复利用，因而往往是下部老叶先发病；铜、锌可以进行一定程度的重复利用；另外，一些元素在细胞中一般形成难溶解的稳定化合物，是不能参与循环或不可再利用元素，如钙、铁、锰、硼等；它们的缺素症状表现在幼嫩的茎尖和幼叶。可再利用的元素中以磷最典型，不可再利用的元素以钙最为典型。

三、影响植物吸收营养元素的因素

1. 温度 在一定范围内，根吸收矿质离子的速率随土壤温度的增高而加快。这是由于温度影响了根部的呼吸速率，从而影响主动运输。但温度过高，作物吸收矿质离子的速率则会下降。这是因为高温使酶的活性受到影响，从而影响呼吸作用。温度过低时，矿质元素吸收减少是因为低温导致酶的活性降低从而使代谢减弱。

2. 根系的通气状况 根系环境通气状况能直接影响根对矿质离子的吸收。在一定氧含量范围内，随着 O_2 浓度的增加，有氧呼吸加强，提供的能量增多，离子吸收速率加快，在此范围内，氧的含量是主要限制因素；当氧含量增大到一定值时，根吸收矿质离子的速率不再随氧含量的升高而加快，此时的限制因素主要是载体的数量。

3. 介质溶液的 pH 一是通过影响根细胞中酶的活性影响呼吸作用，从而影响根对矿质离子的吸收，因组成细胞质的蛋白质是两性电解质，在弱酸性条件下氨基酸带正电荷，易吸收外界溶液中的阴离子；在弱碱性条件下氨基酸带负电荷，易吸收外界溶液中的阳离子；二是介质 pH 的变化可以引起溶液中矿质元素的溶解或沉淀，影响矿质元素在介质中的存在状态从而影响根对其的吸收。如营养液碱性加强时，Fe^{3+}、PO_4^{3-}、Ca^{2+}、Mg^{2+}、Cu^{2+} 和 Zn^{2+} 等离子变为不溶状态，不利于植物的吸收。

4. 根系环境溶液中离子的浓度 在一定离子浓度范围内，根吸收离子的速率随离子浓度的增大而加快，当离子浓度增大到一定值时，根的吸收速率不再增加，这是由根细胞膜上载体的数量决定的；当离子浓度过高时，将会使根细胞失水，从而影响根细胞正常的代谢活动，使离子吸收速率下降。

5. 离子间的相互作用 离子间的相互作用也影响着植物对养分的吸收（表 2-5）。

（1）协同作用。离子间的协同作用是指某一元素的存在可以促进植物对另一种元素的吸收，这种作用主要存在于阳离子与阴离子之间以及阴离子与阴离子之间。如光照下

NO_3^- 能促进对 K^+ 的吸收，NH_4^+ 能促进对 PO_4^{3-} 和 SO_4^{2-} 的吸收，Ca^{2+} 能促进对 NH_4^+、K^+ 的吸收。

（2）拮抗作用。离子间的拮抗作用是指某一离子的存在能抑制另一离子的吸收，即离子间对根系的吸收有相互抑制作用，这种作用主要发生在等价的同电荷离子之间，如 K^+ 与 Cs^+ 之间，NH_4^+ 与 Cs^+ 之间，Ca^{2+} 与 Mg^{2+} 之间，此外阴离子如 Cl^- 与 Br^- 之间，$H_2PO_4^-$、NO_3^- 与 Cl^- 之间，以及 1 价的 H^+、NH_4^+ 与 2 价的 Ca^{2+}，都有不同程度的拮抗作用。

表 2-5　离子间的相互作用关系

元素种类	协助该元素的吸收或体内移动	阻碍该元素的吸收
磷	镁最显著，硅、钙、氮等次之	钾、铁、锌、铜等
钾	硼、铁、锰等	氮、钙、镁等
钙	磷	氮、钾、镁等
镁	磷最显著，硅次之	钾
硼	钙	氮、钾等
锰	氮、钾	钙、铜、铁、锌、磷等
铁	钾	钙、磷、锰、锌、铜等
锌	无	钙、磷、氮、钾、锰等
钼	磷、钾	铵、镍、铁、锰、钙、镁等
铜	钾、锰、锌等	钙、氮、铁、磷等

任务六　植物的营养诊断

植物必需的各种营养元素在体内均有其特殊的营养功效，缺乏时会影响植物的各种生理生化过程，当缺乏某种营养元素达到一定程度时，就会在外观上表现出一定症状；反之，如果过剩也会产生特定的症状。这些病态特征称为生理性病害，可以作为作物营养失调形态上的诊断依据，这在配制营养液时很重要。

一、植物营养失调的形成

众所周知，作物生长发育所需要的环境条件，除光照、温度、氧气和水分外，最重要的就是矿质元素，目前认为作物生长发育所必需的营养元素有 16 种。土壤栽培时，矿质营养主要靠土壤和施肥得以供应。而无土栽培的作物，其所需的矿质营养唯一的来源就是靠人工配制的营养液不断进行补充。

作物每一种必需营养元素的缺乏或过多都能明显地形成不同的症状。因此，根据作物的生长发育表现的失调症状，就能鉴别出所缺乏或过量的某种元素。

形成无土栽培作物营养失调症状的主要原因如下：

1. 营养液配方及营养液配制中的不慎而造成的营养元素的不足或过量　如营养液配方选用不当；选用的肥料不当或杂质过多、溶解不充分或计算时有误；营养液配制方法不当而造成某些营养元素的溶解度变小或形成沉淀。在混合与溶解肥料时，要严格注意顺序，Ca^{2+} 与 SO_4^{2-}、PO_4^{3-} 要分开，即硝酸钙不能与硫酸镁等硫酸盐类、磷酸盐类混合，以免产生钙沉淀。营养液添加时计算有误，使某些元素的浓度过低或过高，都会形成营养失调。

2. 作物根系选择性吸收所造成的营养失调　在无土栽培中，作物的根系不断从营养液中摄取营养，因而使营养液的浓度不断降低。同时由于作物根系对矿质营养的吸收具有选择性，表现在对同一溶液中的不同离子或同一种盐分中的阴、阳离子吸收的不同，选择吸收的结果导致介质溶液过剩下来的离子影响而变酸或变碱。如作物吸收硫酸铵 $[(NH_4)_2SO_4]$ 中的铵离子（NH_4^+）多于硫酸根离子（SO_4^{2-}），因而使基质中因硫酸根离子过多而呈酸性。又如作物吸收硝酸钙中的硝酸根（NO_3^-）多于钙离子（Ca^{2+}），因而使基质中因钙离子过剩，导致介质呈碱性。在基质无土栽培中，生育期长的作物在后期或生长在重复利用的未经处理的旧基质中，会出现营养失调。

3. 离子间的拮抗作用引起的营养失调　离子间的拮抗作用，表现在某一离子的存在会抑制另一离子的吸收。已发现阳离子中 1 价离子会抑制高价离子的吸收，如 H^+、NH_4^+、K^+ 会抑制植物对 Ca^{2+}、Mg^{2+}、Fe^{2+} 的吸收，其中 H^+、NH_4^+ 对 Ca^{2+} 的抑制作用特别明显。此外，Na^+ 抑制植物对 K^+ 的吸收，Ca^{2+} 抑制植物对 Mg^{2+} 的吸收，Cl^- 抑制植物对 NO_3^- 的吸收。

4. pH 的变化引起的营养失调　营养液中的 pH 变化较大，应经常检测与调整，如不及时调整，就会影响某些盐类的溶解度，从而导致缺素症状的产生。pH＞7 时，磷、钙、镁、铁、硼、锌等的有效性会降低，特别是铁最突出；pH＜5 时，由于 H^+ 浓度较大，使植物对 Ca^{2+} 吸收不足，而表现缺钙症。

5. 无土栽培基质方面的原因　基质的种类不同，其化学成分、化学稳定性、酸碱性（pH）、阳离子代换量、缓冲能力及碳氮比等理化指标也不同。而这些理化指标又都与作物的营养供给密切相关，对作物生长具有影响。如由石灰石、白云石等碳酸盐矿物组成的基质最不稳定，会产生钙、镁离子而严重影响营养液的化学平衡；新鲜稻草、甘蔗渣等含有较多易被微生物分解的糖、淀粉、半纤维素、纤维素、有机酸等糖类，使用初期会由于微生物活动而引起强烈的生物化学变化，严重影响营养液的平衡，最明显的是引起氮素的严重缺乏；石灰质的砾石富含碳酸钙，供液后溶入营养液中，使 pH 升高，使铁发生沉淀，造成植物缺铁等。

二、植物营养失调的诊断

缺少任何一种必需元素，都会导致植物生长不正常，严重缺乏时会导致植物死亡。对于较为明确的缺素现象，可通过补充相应元素加以解决。有的症状单凭形态观察较难确定真实的病因，需采取一定的步骤，才能明确是何种元素缺乏导致植物不能正常生长。

1. 诊断的方法

（1）形态诊断。由于不同营养元素的生理功能不同，当作物体内某种营养元素缺乏或过量时，其外部就会表现某些特征性的症状，因此可通过观察苗相来判断某种营养元素的丰缺状况，即形态诊断。但在营养元素轻度、中度缺乏（或过量）时，作物的外部并不表现出明显可见的失调症状，这时形态诊断不一定能做出正确的判断，所以应在形态诊断的基础上结合其他诊断方法进行判断。同时，不良环境条件等也可能使植株产生异常现象。因此，形态诊断时必须认真分析，应注意与一般的寄生性病害相区别，排除非营养因素。

（2）植株化学分析。在形态诊断的基础上，分别取生长异常的植株的异常部位的组织（如叶片）及生长正常的植株的组织（与异常植株相同部位），作可能异常的营养成分的化学分析，通过比对确定是哪一种（或哪几种）营养元素不足或过量。

（3）基质化学分析。通过基质的化学分析，看是否有某一种或几种养分累积造成中毒症，或影响其他元素的吸收造成缺素症。同时，通过测定基质的 pH，分析其对养分吸收的影响。

（4）施肥诊断。通过诊断分析，如对某一种营养元素失调产生怀疑，可拿少数植株作施肥验证，如缺素时，在营养液中将该种营养元素加倍，或叶面喷施该种营养元素，或营养液调整与叶面喷施同时进行。植株中毒时，在营养液中将该种营养元素减半，观察植株的变化情况，得到正确的结果后，就可以立即对大面积的作物采取同样的措施。

2. 形态诊断的技巧　植物必需的 16 种营养元素可分为移动的和不移动的两大类。移动的营养元素有氮、磷、钾、镁、锌等，当缺乏这些元素时，它们可以从老叶中移向新叶，因此使老叶出现缺素症状。不移动营养元素包括钙、铁、硫、硼、铜、锰等，这些元素不能在植物体内移动，所以，这类元素的缺素症状多出现在幼叶上。

鉴别作物养分缺乏症状时，应分 3 步进行。第一步：察看症状出现的部位。如果症状先在老叶上出现，说明缺乏的是氮、磷、钾、镁、锌；如果症状先出现在新生组织上，说明缺乏的是钙、铁、硼、硫等。第二步：察看老叶是否有病斑，新叶是否顶枯。在老叶出现症状的情况下，无病斑，可能是缺磷或氮；有病斑，可能是缺钾或锌。如果症状从新叶开始，顶芽易枯死，可能是缺硼或钙；顶芽不易枯死，可能是缺铁、硫、锰、钼、铜。第三步：根据具体症状最后确定所缺元素。

3. 营养失调的一般症状

（1）氮。缺氮时，由于蛋白质形成少，细胞小而壁厚，特别是细胞分裂受阻，则生长缓慢，植株矮小、瘦弱、直立。同时，缺氮引起叶绿素含量下降，使叶片绿色转淡，严重时呈淡黄色。失绿的叶片色泽均一，一般不出现斑点或花斑。叶细而直，与茎的夹角小。茎的绿色也会因缺氮而褪淡。有些作物如番茄、油菜和玉米等，缺氮时会引起花青素的积累，茎、叶柄和老叶还会出现红色或暗紫色。由于氮在植物体内有高度的移动性，能从老叶转移到幼叶，因而缺氮症状从老叶开始，逐渐扩展到上部叶片。作物根系比正常的色白而细长，但根量少，植株侧芽处于休眠状态或死亡，因而分蘖侧根减少。作物容易早衰。花和果实数量少，籽粒提前成熟，种子小而不充实，严重影响作物的产量和品质。

氮素过多促进植株体内氨基酸、蛋白质和叶绿素的形成，而影响构成细胞壁的原料（纤维素、果胶）的形成，使作物组织柔软，抗病虫害和抗倒伏力差。因叶面积增大，叶色深绿，叶片披散，相互遮掩，影响通风透光，造成贪青迟熟，空秕粒多，产量降低，品质下降。

（2）磷。缺磷由于各种代谢过程受抑制，植株生长迟缓、矮小、瘦弱、直立、分蘖分枝少，花芽分化延迟，落花落果增多。由于植株体内糖类运输受阻而在茎叶相对积累，形成花青素，使多种作物的茎叶上出现紫红色。少数作物如水稻、烟草等的叶色变暗绿，这是因叶部细胞增长受阻、细胞变小，致使叶绿素的密度增大所致。缺磷的症状从老叶先出现。严重缺磷时，叶片枯死、脱落。症状一般从茎基部老叶开始，逐渐向上发展。作物延迟成熟，空秕粒增加。

磷素过多能使作物呼吸作用过于旺盛，消耗大量的糖类，使禾谷类作物无效分蘖增加，繁殖器官过早发育，茎叶生长受到抑制，引起植株早衰，空秕粒增加。施用磷肥过多还会导致植株缺锌、缺铁、缺镁等。

（3）钾。缺钾时植株矮小，茎秆细弱，叶变窄，先在老叶的叶尖和叶缘发黄，进而变褐、焦枯，似"火烧状"。叶片上出现的斑点或斑块逐渐增加，但叶的中部、叶脉或靠近叶脉处仍保持绿色。随着缺钾程度的加剧，整个叶片变成红棕色或干枯状，坏死脱落。一般缺钾时，叶子易起皱。上述症状均从老叶开始，逐渐向嫩叶扩展。根系也会明显受害：根短而小，易早衰，根的活力下降，严重时腐烂。

（4）钙。钙在植株中很难移动，故缺钙时先在幼嫩部位出现生长停滞，新叶难抽出，嫩叶叶尖粘连变曲，产生畸形，严重时发黄焦枯坏死。根系发育不良，根尖膨大变褐色，严重时分泌黏液、腐烂、死亡。花和花芽会大量脱落。花生空壳率显著增加。番茄、西瓜等果实出现顶腐病（脐腐病）。

（5）镁。镁是组成叶绿素的成分。它在作物体内很易移动。缺镁时，首先在下部叶的叶脉间失绿，但叶脉仍保持绿色。禾本科植物往往在脉间呈现条纹状失绿，有时失绿部分会出现不连续的串珠状。双子叶植物失绿部分会由淡绿变为黄绿直至紫红色斑块。严重时整个叶子变黄、枯萎、脱落，并向上部叶片扩展。根系也会明显受抑制，果实产量下降。

（6）硫。硫和氮一样，也是蛋白质的成分。缺硫时作物的症状类似缺氮症状，失绿和黄化比较明显。但因硫在植株中较难移动，因此失绿部位不同于缺氮，而在幼嫩部位先出现。缺硫时植株矮，叶细小，叶片向上卷曲、变硬、易碎、提早脱落。茎生长受阻，僵直。开花迟，结果结荚少。水稻如果缺硫，移植后难回青，新根少，根系生长不良。

（7）铁。铁虽然不是叶绿素的成分，但它参与叶绿素的形成过程，所以缺铁便产生缺绿症。由于铁在植株中较难移动，因此缺绿症首先在嫩叶的叶脉间出现；如症状进一步发展，叶脉也随之失绿，叶片呈均一的浅黄色；严重时，叶色黄白或在叶缘附近出现褐色斑点。

（8）硼。硼在植株中也很难移动。缺硼时先在生长点出现症状，根尖、茎尖停止生长。严重时生长点萎缩死亡。根尖死亡后又长出侧根，侧根又死亡，这样使根系变短。缺硼使某些酚类物质积累而使作物受害，如花椰菜顶芽褐腐病、萝卜根心腐病、芹菜茎折病。缺硼时对繁殖器官影响更明显，开花结实不正常，蕾、花易脱落，花期延长，果实种子不充实；严重时见蕾不见花或见花不见果，即使有果也不见仁或秕粒多。叶片肥厚、粗糙、发皱卷曲，似凋萎状，有时出现失绿紫色斑点。豆科作物根系结瘤少或不能固氮。

硼肥过多易使作物出现毒害：老叶叶缘发黄焦枯，叶片上还会有坏死斑点，严重时死亡。

（9）锌。锌与生长素形成有关，缺锌会停止生长，节间显著缩短，如水稻矮缩病、果树簇叶病和小叶病。锌影响叶绿素的形成，缺锌便会引起缺绿病。如水稻心叶变白，特点是在中脉附近更明显，叶片细窄，下部叶尖出现褐斑；玉米幼苗失绿变白，出现白芽病、白苗病。缺锌使繁殖器官发育受阻。

（10）钼。不同作物缺钼时症状会有差异：蔬菜缺钼，叶片瘦长畸形，螺旋状扭曲，老叶变厚，焦枯；豆科植物难形成根瘤，叶色褪淡，叶片上出现很多细小的灰褐色斑点，叶片变厚、发皱卷曲。

（11）锰。锰参与叶绿素的形成过程，缺锰时嫩叶脉间失绿发黄，但叶脉仍保持绿色，脉纹较清晰，严重时叶面出现黑褐色小斑点，以后增多扩大，散布整个叶片。植株瘦小，花的发育不良，根系细弱。

（12）铜。铜也与叶绿素的形成和稳定有关。缺铜时新生叶失绿发黄，呈凋萎干枯状，叶尖发白卷曲，叶缘黄白色，叶片上出现坏死斑点，繁殖器官的发育受阻。一般禾本科作物较易缺铜。

（13）氯。氯主要参与光合作用中水的光解过程。棕榈科植物一般需氯较多，缺氯时，叶子出现黄色斑点。椰子产量与氯的施用有较大的关系。

有些植物对氯离子非常敏感，当吸收量达到一定程度，会明显地影响产量和品质，通常称这些植物为氯敏感作物。氯离子较多时，不利于糖转化为淀粉，块根和块茎作物的淀粉含量会降低；氯离子能促进糖类的水解，西瓜、甜菜、葡萄会降低含糖量；氯离子多会影响烟叶的燃烧性，卷烟易熄火；氯对茄科作物会产生不利影响；大豆、四季豆抗氯性能较弱。

（14）硅。禾本科植物需硅较多。硅使作物叶片、叶鞘、茎的细胞硅质化，增强茎叶硬度而抗倒伏和抗病虫害，增强光合作用，从而提高产量。缺硅时叶片披散呈垂柳状，影响下部叶通风透光。

三、植物营养失调的防治

在无土栽培时出现营养失调症状，如能准确及时诊断，立即调整营养液成分或叶面施肥，几天后就可见效。

1. 缺氮 叶面喷洒浓度为 0.2%～0.5% 的尿素或在营养液中加入硝酸钙或硝酸钾。

2. 缺磷 叶面喷洒浓度为 0.2%～0.5% 的磷酸二氢钾溶液或在营养液中加入适量的磷酸二氢钾。

3. 缺钾 叶面喷洒浓度为 1% 的硫酸钾溶液或向营养液中加入硫酸钾。

4. 缺镁 叶面喷洒大量浓度为 2% 的硫酸镁溶液或向营养液中加入硫酸镁。

5. 缺锌 叶面喷洒浓度为 0.1%～0.5% 的硫酸锌溶液或将其直接加入营养液中。

6. 缺钙 叶面喷洒浓度为 0.75%～1.0% 的硝酸钙溶液或浓度为 0.4% 的氯化钙溶液，也可向营养液中加入硝酸钙。

7. 缺铁 叶面喷洒浓度为 0.02%～0.05% 螯合铁（EDTA-Fe）溶液，每 3～4 d 喷 1 次，连续喷 3～4 次，或将其直接加入营养液中。

8. 缺硫 于营养液中加入适量的硫酸盐，以硫酸钾较安全。

9. 缺硼 及时叶面喷洒浓度为 0.1%～0.25% 的硼砂溶液，或将其直接加入营养液中。

10. 缺铜 用浓度为 0.1%～0.2% 硫酸铜溶液加浓度为 0.5% 水化石灰叶面喷洒。

11. 缺锰 叶面喷洒大量浓度为 0.1% 硫酸锰溶液。

12. 缺钼 叶面喷洒浓度为 0.07%～0.1% 的钼酸铵或钼酸钠溶液，也可直接加入营养液中。

思政天地

　　说起菌，人们往往有一种恐惧心理，也许是人们被灌输致病菌、病原菌、细菌感染这些词时间太长，所以"谈菌色变"，认为细菌是不洁净的代名词。然而，作为微生物的一种，许多细菌其实对人类和植物是有益的。譬如人体肠道中的双歧杆菌、乳酸杆菌就能合成多种人体生长发育必需的维生素，还能合成人体必需氨基酸，对人类的健康有着重要作用。同样在植物根系生长环境中也有许多有益菌，如与豆科作物互助互利、共存共荣的根瘤菌，就是通过侵入寄主根内使其局部膨大形成根瘤，从而帮助豆科植物固定大气中的氮来满足豆科植物对氮素的需求，反过来豆科作物为根瘤菌提供良好的居住环境，供给矿物养料和能源。再比如植物根际促生细菌（PGPR），包括单胞菌属、芽孢杆菌属和固氮螺菌属的某些种，是存在于根际内的一些对植物生长有促进和保护作用的微生物，它们不仅可以改善植物根际的营养环境，而且可以产生多种生理活性物质刺激作物生长，并对根际有害微生物起到生物防治的作用。因此，我们一定要学会用辩证的思维去看待问题，以变化发展视角认识客观事物，才能有效地获取外界的助力。

项目小结

【重点难点】

（1）植物根系的结构与其功能是相适应的，不同的植物在长期的进化过程中产生了与其生产环境相适应的结构，但也有其共性内容，当采用无土栽培形式，其根系又将发生不同的变化，这需要同学们在今后的学实习中注意观察比较。

（2）植物吸收水分和营养元素是密不可分的两个过程，同时两者间的吸收机制是不同的，这对设计无土栽培模式和进行无土栽培管理有重要的作用。植物所需的营养元素包括必需元素（大量元素、微量元素）和有益元素。

（3）植物根际是植物与外界进行物质交换的一个非常重要的区域，特别是植物根际环境的形成与作用，影响其变化的相关因素作用较复杂，需要引起重视。

（4）植物营养诊断技术内容多，既要掌握各种元素缺乏的症状，更要注意不同植物缺乏同种元素时的不同表现，植物营养失调的防治方法需要判断准确、对症处置。

【经验技巧总结】

（1）多上网查看不同植物缺素的症状，以补充教材中仅有文字描述的不足，同时也要了解当地主要作物和常见的缺素现象。

有人整理出"植物缺素外形症状诊断歌"方便记忆，同学们可牢记。

作物营养要平衡，营养失衡把病生，病症发生早诊断，准确判断好矫正。

缺素判断并不难，根茎叶花细观看，简单介绍供参考，结合土测很重要。

缺氮抑制苗生长，老叶先黄新叶薄，根小茎细多木质，花迟果落不正常。

缺磷株少分蘖少，新叶暗绿老叶紫，主根软弱侧根稀，花少种迟果粒小。

缺钾植株生长慢，老叶尖缘卷枯焦，根系易烂茎纤细，种果畸形不饱满。

缺锌节短株矮小，新叶黄白肉变薄，棉花叶缘上翘起，桃李小叶或簇叶。

缺硼顶叶皱缩卷，腋芽丛生花蕾落，块根空心根尖死，华而不实最典型。

缺钼株矮幼叶黄，老叶肉厚卷下方，豆类枝稀根瘤少，小麦迟迟不灌浆。

缺锰失绿株变形，幼叶黄白褐斑生，茎弱黄老多木质，花果稀少质量小。

缺钙未老株先衰，幼叶边黄卷枯黏，根尖细脆腐烂死，茄果烂脐株萎蔫。

缺镁后期植株黄，老叶脉间变褐亡，花色苍白受抑制，根茎生长不正常。

缺硫幼叶先变黄，叶尖焦枯茎基红，根系暗褐白根少，成熟迟缓结实稀。

缺铁失绿先顶端，果树林木最严重，幼叶脉间先变黄，全叶变白难矫正。

缺铜变形株发黄，禾谷叶黄幼叶蔫，根茎不良树冒胶，抽穗困难芒不全。

（2）复习以前相关课程的内容，一定要明确植物生长发育与生长环境的相互关系，找到无土栽培的特殊性与优势。

技能训练

无土栽培植物缺素症状的观察

一、目的要求

研究植物在缺乏氮、磷、钾、钙、镁、铁等矿质元素时的生理病症，了解各种元素在生物体内所起的重要作用，掌握基本的农业研究方法及研究报告的写作。

二、材料、仪器及药品

1. 试验材料 玉米幼苗。要求：第一片真叶完全展开，幼苗健壮且长势一致（移植时注意勿损伤根系，去除胚乳）。

2. 试验仪器 5 mL 移液管 10 支、1 mL 移液管 1 支、1 000 mL 量筒 1 个、培养瓶 7 个（不透光）、脱脂棉、吸球、pH 试纸（pH 测量计）、玻璃棒、洗耳球等。

以上为每组配置数量。

3. 试验药品 硝酸钙、硫酸镁、磷酸二氢钾、硫酸钾、硫酸钠、磷酸二氢钠、硝酸钠、氯化钙、硫酸亚铁、硼酸、氯化锰、硫酸铜、硫酸锌、钼酸、盐酸、乙二胺四乙酸二钠（EDTA - Na$_2$）（以上各药品均为分析纯）。

三、方法步骤

1. 育苗 用搪瓷盘装入一定量的石英砂或洁净的河沙，将已浸种一夜的玉米种子等均匀地排列在沙面上，再覆盖一层石英砂，保持湿润，然后放置在温暖处发芽。第一片真叶完全展开后，选择长势一致的幼苗，小心地移植出来待用，移植时注意勿损伤根系。

需提前制备。

2. 配制贮备液（母液）和培养液 建议老师提前配好，学生使用即可，有关配液练习在后续课程中掌握。

将配好的贮备液按表 2-6 配成完全培养液和缺乏某种元素的培养液（用蒸馏水）。营养液配好后，测定每瓶溶液的 pH，用浓度为 0.1 mol/L 的 NaOH 溶液或浓度为 0.1 mol/L 的 HCl 溶液调节到 pH 5～6。

表2-6 培养液各元素用量

贮备液	每1000 mL培养液中贮备液的用量/mL						
	完全	缺氮	缺磷	缺钾	缺钙	缺镁	缺铁
Ca(NO₃)₂	5	—	5	5		5	5
KNO₃	5	—	5	—	5	5	5
MgSO₄	5	5	5	5	5	—	5
KH₂PO₄	5	5	—	—	5	5	5
K₂SO₄	—	5	1	—	—	—	—
CaCl₂	—	5	—	—	—	—	—
NaH₂PO₄	—	—	—	5	—	—	—
NaNO₃	—	—	—	5	5	—	—
Na₂SO₄	—	—	—	—	—	5	—
EDTA-Fe	5	5	5	5	5	5	—
微量元素	1	1	1	1	1	1	1

3. 定植培养 取7个1000 mL的培养瓶(不透光),分别装入配制好的完全培养液及各种缺素培养液1000 mL,调至pH 6～7,贴上标签,写明日期。用打孔器在瓶盖中间打4个圆孔,把选好的植株去掉胚乳,用蒸馏水冲净,拿棉花缠裹住茎基部,小心地通过圆孔固定在瓶盖上,使整个根系浸入培养液中,并调整根颈基部离开液面1 cm,每瓶放3株。瓶上贴好标签,标签内容应包括:处理、班级、组别、培养者、培养日期。

另外,在瓶盖的另一个小孔中装入一支带胶圈的玻璃管,要求玻璃管的下端离瓶底1～1.5 cm,以作通气用,把定植好的培养瓶放于温室培养。

装好后将培养瓶放在阳光充足、温度适宜(20～25 ℃)的地方培养3～4周。

4. 培养管理及观察 试验开始后,要认真做好管理和观察记录,注意记录缺乏必需元素时所表现的症状及最先出现症状的部位。每次观察时进行拍照,可用来前后对比,准确记录和完成试验总结。

要求每2 d观察一次,及时补加蒸馏水,维持培养液水平;要及时补充空气,应用吸球通过玻璃管打入空气,每瓶打气15～20次,注意勿吸出培养液。每4～5 d测定和调节培养液的pH,使之保持在5.5～6.5。培养液每周换一次。在表2-7中记录结果。

表2-7 实验观察记录

日期	观察项目		处理(生长情况、缺素症状)						
			完全	缺氮	缺磷	缺钾	缺钙	缺镁	缺铁
	地上部分	株高							
		叶数							
		叶色							
		茎色							
	地下部分	根数							
		根长							
		根色							
		受害情况							

四、结果分析

观察并得出用 6 种缺素培养液培育出的玉米植株与用完全培养液培育出的玉米植株有何不同之处，试分析原因。

五、注意事项

（1）试验用容器需洗干净以防污染。

（2）配缺素培养液时先在容器中加入适量蒸馏水，以防贮备液相互反应生成沉淀。

（3）加入贮备液时适时搅拌，所用移液管要单液单用，避免交叉污染。

（4）放幼苗时摘除胚乳，且不要损伤根系，根系要遮光。

（5）培养管理要注意通气。

拓展任务

【复习思考题】

植物营养元素的不断深入研究对农业生产有哪些方面影响？将会带来哪些技术的进步？

【案例分析】

调查当地主要作物，观察其根系特点，做无土栽培试验，比较土壤栽培和无土栽培中根系发生的变化。

项目三　营养液配制及管理技术

◆ 知识目标
- 理解营养液的组成与要求、类型及确认方法。
- 理解营养液配方的含义与类型。
- 掌握营养液的组成原则、配制方法、操作规程及管理措施。
◆ 技能目标
- 会使用电导率仪检测营养液浓度，能够正确进行水质化验。
- 能够熟练配制母液和工作液。
- 能够科学、有效地进行营养液的管理。

任务实施

任务一　营养液的组成

营养液是将含有植物生长发育所必需的各种营养元素的化合物和少量为使某些营养元素更为长效的辅助材料，按科学的数量和比例溶解于水中所配置而成的溶液。营养液是各种无土栽培形式的作物生长发育所需养分和水分的主要来源，无土栽培生产的成功与否，在很大程度上取决于营养液的配方和浓度是否科学合理、营养液的管理是否满足植物不同生长阶段的需求。不同的环境气候条件、不同的水质、不同的作物种类及品种等都对营养液的生产效果有很大的影响。因此，要科学合理地使用好营养液，必须通过认真实践，深入了解营养液的组成和变化规律及其调控技术，才能真正掌握无土栽培生产技术的精髓，所以营养液的配制与管理是无土栽培技术的核心。

一、营养液原料及要求

营养液的基本成分包括水、肥料（无机盐类化合物）和辅助物质。经典或被认为合适的营养液配方必须结合当地水质、气候条件及栽培的作物种类，对配制营养液的肥料的种类、用量和比例进行适当调整，才能最大程度地发挥营养液的使用效果。因此，只有对营养液的组成成分及要求有清楚的了解，才能配成符合要求的营养液。

（一）营养液对水源、水质的要求

1. 营养液对水源的要求　配制营养液的用水十分重要。在研究营养液新配方及营养元素缺乏症等试验水培时，要使用蒸馏水或去离子水；无土栽培生产上一般使用自来水和井水。以自来水作水源，水质有保障，但生产成本高；以井水作水源，生产成本低，但以软质的井水为宜。河水、泉水、湖水、水库水、雨水也可用于营养液配制。无论采用何种水源，使用前都要经过水质化验或从当地水利部门获取相关资料，以确定水质是否适宜，必要时可经过处理，使之达到符合卫生规范的饮用水的程度。流经农田的水、未经净化的海水和工业污水不能用作水源。

作物无土栽培时要求水量充足，尤其在夏天不能缺水。如果单一水源水量不足，可以把自来水和井水、雨水、河水等混合使用。

2. 营养液对水质的要求　水质好坏对无土栽培的影响很大。因此，无土栽培的水质要求比《农田灌溉水质标准》（GB 5084—2021）的要求稍高，与符合卫生规范的饮用水相当。无土栽培用水必须检测多种离子含量，测定电导率和酸碱度，作为配制营养液时的参考。天然水中含有的有机质往往对无土栽培有好处，但有机质浓度不能过高，否则会降低 pH 和微量元素的供应。营养液对水质要求的主要指标如下：

（1）**硬度**。根据水中含有钙盐和镁盐的数量可将水分为软水和硬水两大类型。硬水中的钙盐主要是重碳酸钙 $[Ca(HCO_3)_2]$、硫酸钙 $(CaSO_4)$、氯化钙 $(CaCl_2)$ 和碳酸钙 $(CaCO_3)$，而镁盐主要为氯化镁 $(MgCl_2)$、硫酸镁 $(MgSO_4)$、重碳酸镁 $[Mg(HCO_3)_2]$ 和碳酸镁 $(MgCO_3)$ 等。软水的这些盐类含量较低。水的硬度统一用单位体积的 CaO 含量来表示，即每度相当于 10 mg/L CaO。配制营养液的水体硬度一般以不超过 $10°$ 为宜。水质过硬，水的 pH 升高，水体偏碱，会降低铁、硼、锰、铜、锌等离子的有效性，植物会发生缺素症状。水中钙离子过多，植物对钾离子的吸收受到抑制。

（2）**酸碱度**。一般要求 pH 5.5~8.5。

（3）**溶解氧**。使用前的溶解氧应接近饱和，即浓度为 4~5 mg/L。

（4）**NaCl 含量**。浓度小于 2 mmol/L。水中如果 NaCl 含量过高，会使植物生长不良或枯死。

（5）**余氯**。主要来自自来水消毒和设施消毒所残存的氯。氯对植物根系有害。因此，最好在自来水进入设施系统之前放置半天以上，设施消毒后也要空置半天，以便余氯散逸。

（6）**悬浮物**。浓度小于 10 mg/L。以河水、水库水作水源时要经过澄清之后才可使用。

（7）**重金属及有毒物质含量**。无土栽培的水中重金属及有毒物质含量不能超过有关国家标准（表 3-1）。

表 3-1　无土栽培水中重金属及有毒物质含量标准

名称	标准	名称	标准
汞（Hg）	≤0.005 mg/L	铜（Cu）	≤0.10 mg/L
镉（Cd）	≤0.01 mg/L	铬（Cr）	≤0.05 mg/L
砷（As）	≤0.01 mg/L	锌（Zn）	≤0.20 mg/L
硒（Se）	≤0.01 mg/L	铁（Fe）	≤0.50 mg/L
铅（Pb）	≤0.05 mg/L	氟化物（F⁻）	≤3.00 mg/L
苯	≤2.50 mg/L	大肠杆菌	≤1 000 个/L
DDT	≤0.02 mg/L		

（二）营养液对肥料及辅助物质的要求

在无土栽培生产中所用于配制营养液的营养物质种类很多，根据不同类型作物的营养液配方的不同而用不同的营养物质。在生产上还可根据当地的水质、气候和种植作物品种的不同，而将前人使用的、被认为是合适的营养液中的营养物质的种类、用量和比例做适当的调整。要灵活而有效地管理无土栽培的营养液，就必须对配制营养液所用的营养物质及辅助材料有较好的了解。

1. 肥料选择要求

（1）根据栽培目的选择肥料。如果是研究营养液新配方及探索营养元素缺乏症等试验，必须使用化学试剂，除要求特别精细的外，一般用化学纯级即可。如果用于作物无土栽培生产，除了微量元素用化学纯试剂或医药用品外，大量元素的供给多采用农用品，以降低成本。如无合格的农业原料，可用工业用品代替，但肥料成本会增加。

（2）根据作物的特殊需要选择肥料。如铵态氮和硝态氮都是作物生长发育的良好氮源。铵态氮在植物光合作用快的夏季或植物缺氮时使用较好，而硝态氮在任何条件下均可使用。研究表明，无土栽培时施用硝态氮的效果远远大于铵态氮。现在世界上绝大多数营养液配方都使用硝酸盐作主要氮源。其原因是硝酸盐所造成的生理碱性比较弱而缓慢，且植物本身有一定的抵抗能力，人工控制比较容易；而铵盐所造成的生理酸性比较强而迅速，植物本身很难抵抗，人工控制十分困难。所以，在组配营养液时，应根据作物的需要，选用硝态氮或铵态氮，一般以选用硝态氮源为主；或者两种氮源肥料按适当的比例混合使用，一般比单用硝态氮效果还要好。

（3）选用溶解度大的肥料。如硝酸钙的溶解度大于硫酸钙，易溶于水，使用效果好，故在配制营养液需要钙时，一般都选用硝酸钙。硫酸钙虽然价格便宜，却难溶于水，生产上一般很少使用。

（4）肥料的纯度要高，适当采用工业品。这是因为劣质肥料中含有大量惰性物质，用作配制营养液时会产生沉淀，堵塞供液管道，妨碍根系吸收养分。营养液配方中标出的用量是以纯品表示的，在配制营养液时，要按各种化合物原料标明的百分纯度来折算出原料的用量。原料中本物以外的营养元素都作杂质处理，但要注意这类杂质的量是否达到干扰营养液平衡的程度。在考虑成本的前提下，可适当采用工业品。

（5）肥料种类适宜。对提供同一种营养元素的不同肥料的选择要以最大限度地适合组配营养液的需要为原则。如选用硝酸钙作氮源就比用硝酸钾多一个硝酸根离子。一种化合物提供的营养元素的相对比例，必须与营养液配方中需要的数量进行比较后选用。

（6）肥料安全。肥料中不含有毒或有害成分，并且购买方便，价格便宜。

2. 无土栽培常用的肥料

（1）氮源。主要有硝态氮和铵态氮两种。蔬菜多为喜硝作物，硝态氮多时不会产生毒害，而铵态氮多时会使生长受阻形成毒害。常用的氮源肥料有硝酸钙、硝酸钾、磷酸二氢铵、硫酸铵、氯化铵、硝酸铵等。

① 硝酸钙 $[Ca(NO_3)_2 \cdot 4H_2O]$。含有氮和钙两种营养元素，其中氮（N）含量为 11.9%，钙（Ca）含量为 17.0%。硝酸钙外观为白色结晶，极易溶解于水中，20 ℃时每 100 mL 水可溶解 129.3 g，吸湿性极强，暴露于空气中极易吸水潮解，高温高湿条件下更易发生。因此，贮存时应密闭并放置于阴凉处。

硝酸钙是一种生理碱性盐，作物根系吸收硝酸根离子的速率大于吸收钙离子，因此表现出生理碱性。由于钙离子也被作物吸收，其生理碱性表现得不太强烈，随着钙离子被作物吸收之后，其生理碱性会逐渐减弱。硝酸钙是目前无土栽培中用得最广泛的氮源和钙源肥料。特别是钙源，绝大多数营养液配方都是由硝酸钙来提供的。

② 硝酸铵（NH_4NO_3）。硝酸铵中氮含量为 $34\%\sim35\%$，其中铵态氮（$NH_4^+ - N$）和硝态氮（$NO_3^- - N$）含量各占一半。硝酸铵外观为白色结晶，农用及部分工业用硝酸铵为了防潮常加入疏水性物质制成颗粒状，其溶解度很大，20 ℃时 100 mL 水中可溶解 188 g。

硝酸铵的吸湿性很强，易板结，纯品硝酸铵暴露于空气中极易吸湿潮解，因此，在贮存时应密闭并置于阴凉处。另外，硝酸铵有助燃性和爆炸性，在贮运时不可与易燃易爆物质共同存放。受潮结块的硝酸铵不能用铁锤等金属物品猛烈敲击，应用木槌或橡胶槌等非金属性材料来轻敲打碎。

硝酸铵中含有浓度为 50% 的铵态氮和浓度为 50% 的硝态氮，由于多数作物在加入硝酸铵初始的一段时间内对铵离子的吸收速率大于硝酸根离子，因此，易产生较强的生理酸性，但当硝态氮和铵态氮都被作物吸收之后，其生理酸性逐渐消失。同时，在用量较高时，对于铵态氮较敏感的作物会影响其养分的吸收和生长，因此，在使用硝酸铵作为营养液的氮源时要特别注意其用量。

③ 硝酸钾（KNO_3）。硝酸钾的氮（N）含量为 13.9%，钾（K）的含量为 38.7%，它能够提供氮源和钾源，外观上为白色结晶，吸湿性较小，长期贮存于较潮湿的环境下也会结块。硝酸钾在水中的溶解性较好，20 ℃时 100 mL 水中可溶解 31.6 g。硝酸钾具有助燃性和爆炸性，贮运时要注意不要猛烈撞击，不要与易燃易爆物混存一处。硝酸钾是一种生理碱性肥料。

④ 硫酸铵〔$(NH_4)_2SO_4$〕。硫酸铵中含氮（N）量为 $20\%\sim21\%$，它是用硫酸中和 NH_3 而制得的。外观为白色结晶，易溶于水，在 20 ℃时每 100 g 水可溶解 75 g 硫酸铵。硫酸铵物理性状良好，不易吸湿。但当硫酸铵中含有较多的游离酸或空气湿度较大时，长期存放也会吸湿结块。

溶液中的硫酸铵被植物吸收时，由于多数作物根系对 NH_4^+ 的吸收速率比 SO_4^{2-} 快，而使得溶液中累积较多的硫酸，呈酸性。所以，硫酸铵是一种生理酸性肥料。在作为营养液氮源时要注意其生理酸性的变化。

（2）磷源。常用的磷肥有磷酸二氢铵、磷酸二铵、磷酸二氢钾、过磷酸钙等。磷过多会导致铁和镁的缺乏症。

① 磷酸二氢铵（$NH_4H_2PO_4$）。磷酸二氢铵也称磷酸一铵或磷一铵。它是将氨气通入磷酸中而制得的。纯品的磷酸二氢铵外观为白色结晶，作为肥料用的磷酸二氢铵外观多为灰色结晶。纯品含磷（P_2O_5）61.7%，含氮（N）$11\%\sim13\%$。磷酸二氢铵易溶于水，溶解度大，20 ℃时 100 g 水中可溶解 36.8 g。它可同时提供氮和磷两种营养元素。对溶液 pH 变化有一定的缓冲作用。

② 磷酸二铵〔$(NH_4)_2HPO_4$〕。磷酸二铵也称磷酸氢铵或磷二铵。它是将氨气通入磷酸溶液中制得的。纯品的磷酸一氢铵外观为白色结晶。纯品含磷（P_2O_5）53.7%，含氮（N）21%。作为肥料用的磷酸一氢铵常含有一定量的磷酸二氢铵，这种肥料含磷（P_2O_5）20%，含氮（N）18%。它对营养液或基质 pH 的变化有一定的缓冲作用。

③ 磷酸二氢钾（KH_2PO_4）。磷酸二氢钾外观为白色结晶或粉末，相对分子质量为 136.09，易溶于水，20 ℃时 100 g 水中可溶解 22.6 g。磷酸二氢钾性质稳定，不易潮解，但贮藏在湿度大的地方也会吸湿结块。由于磷酸二氢钾溶解于水中时磷酸根解离有不同的价态，因此对溶液 pH 的变化有一定的缓冲作用。它可同时提供钾和磷两种营养元素，是无土栽培中重要的磷源。

④ 过磷酸钙 [$Ca(H_2PO_4)_2 \cdot H_2O + CaSO_4 \cdot H_2O$]。过磷酸钙又称普通过磷酸钙或普钙。它是由粉碎的磷矿粉中加入硫酸溶解而制成的，其中含磷的有效成分为磷酸一钙 [$Ca(H_2PO_4)_2$]，同时还含有在制造过程中产生的硫酸钙（石膏，$CaSO_4 \cdot H_2O$），它们分别占肥料质量的 30%～50% 和 40% 左右，其余为其他杂质。过磷酸钙的外观为灰色或灰黑色颗粒或粉末，一级品的过磷酸钙的有效磷含量（P_2O_5）为 18%，游离酸含量 <4%，水分含量 <10%，同时还含有钙 19%～22%、硫 10%～12%。过磷酸钙是一种水溶性磷肥，当把过磷酸钙溶解于水中时，会在容器底部残留一些沉淀，这些沉淀就是难溶性的硫酸钙，但不要误以为过磷酸钙是一种缓效性的或难溶性的肥料。

过磷酸钙由于在制造过程中原来的磷矿石中的铁、铝等化合物也被硫酸溶解而同时存在于肥料中，当过磷酸钙吸湿后，磷酸钙会与铁、铝化合物形成难溶性的磷酸铁和磷酸铝等化合物，这时磷酸的有效性就降低了，这个过程称为磷酸的退化作用。因此，在贮藏时要放在干燥处以防吸湿而降低过磷酸钙的肥效。

在无土栽培中，过磷酸钙主要用于基质栽培和育苗时预先混入基质中以提供磷源和钙源。由于它含有较多的游离硫酸和其他杂质，并且有硫酸钙的沉淀，所以一般不作为水培配制营养液的肥源。

（3）钾肥。常用的钾肥有硝酸钾、硫酸钾、氯化钾及磷酸二氢钾等。植物对钾的吸收较快，需要保证补给，但营养液中钾离子过多会影响到钙、镁和锰的吸收。

① 硝酸钾（KNO_3）。见上述"氮源"部分。

② 硫酸钾（K_2SO_4）。纯品的外观为白色粉末或结晶，作为农用肥料的硫酸钾多为白色或浅黄色粉末。纯品硫酸钾含钾（K_2O）54.1%。肥料硫酸钾含钾（K_2O）50%～52%，含硫（S）18%，较易溶解于水，但溶解度稍小，20 ℃时 100 g 水中可溶解 11.1 g，吸湿性小，不结块，物理性状良好，水溶液呈中性，属生理酸性肥料。

③ 氯化钾（KCl）。纯品的外观为白色结晶，作为肥料用的氯化钾常为紫红色、浅黄色或白色粉末，这与生产时不同来源的矿物颜色有关。氯化钾含钾（K_2O）50%～60%，含氯 47%，易溶于水，20 ℃时 100 g 水中可溶解 34.4 g，吸湿性小，水溶液呈中性，属生理酸性肥料。在无土栽培中也可作为钾源来使用，但用得较少，主要是由于氯化钾含有较多的氯离子（Cl^-），对于马铃薯、甜菜等"忌氯作物"的产量和品质有不良的影响。

④ 磷酸二氢钾。见上述"磷源"部分。

（4）钙源。最常用的钙源肥料是硝酸钙，也可适当使用氯化钙和过磷酸钙。钙在植物体内的移动比较困难，无土栽培时常会发生缺钙症状，应特别注意调整。

① 硝酸钙。见上述"氮源"部分。

② 氯化钙（$CaCl_2$）。外观为白色粉末或结晶，含钙（Ca）36%，含氯（Cl）64%，吸湿性强，易溶于水，水溶液呈中性，属生理酸性肥料，在无土栽培中作为钙源用得较少，主要在作物钙营养不足时叶面喷施使用，也可用于不以硝酸钙为钙源的配方中。不宜在忌氯作

物上使用，其他作物上使用时也要慎重。

③ 硫酸钙（$CaSO_4 \cdot 2H_2O$）。硫酸钙又称石膏，外观为白色粉末状，含钙（Ca）23.28%，含硫（S）18.62%，由石膏矿粉碎或加热制成。农业石膏有生石膏（$CaSO_4 \cdot 2H_2O$）、熟石膏（$CaSO_4 \cdot 0.5H_2O$）和含磷石膏（$CaSO_4 \cdot 2H_2O$）3种。硫酸钙的溶解度很低，20 ℃时100 g水中只能溶解0.204 g。水溶液呈中性，属生理酸性肥料，在水培中营养液配制时大多不使用，有极个别的配方中可能使用硫酸钙作为钙盐，一般在基质栽培中可混入基质中作为钙源的补充。

（5）铁源。营养液pH偏高、钾含量不足及磷、铜、锌、锰含量过多时都会引起缺铁症。为解决铁元素的供应，一般使用螯合铁。螯合铁是有机化合物与微量元素铁形成的螯合物，在营养液中不易发生固定、沉淀，容易被作物吸收，使用效果明显强于无机铁盐和有机酸铁。常用的螯合铁有乙二胺四乙酸二钠铁（EDTA - Na_2Fe），它的相对分子质量为390，含铁14.32%，外观为土黄色粉末，易溶于水。有时也用乙二胺四乙酸一钠铁（EDTA - NaFe）。螯合铁的用量一般按铁元素质量计，每升营养液用3～5 mg。

（6）镁、锌、铜、锰等硫酸盐。可同时解决硫、镁和微量元素的供应。

① 硫酸镁（$MgSO_4 \cdot 7H_2O$）。外观为白色结晶，含镁（Mg）9.86%，含硫（S）13%，易溶于水，20 ℃时100 g水中可溶解35.5 g。稍有吸湿性，吸湿后会结块。水溶液为中性，属生理酸性肥料。它是无土栽培中最常用的镁源。

② 硫酸锌（$ZnSO_4 \cdot 7H_2O$）。俗称皓矾，为无色斜方晶体，相对分子质量为287.55，易溶于水，20 ℃时100 g水中可溶解54.4 g。在干燥的环境下会失去结晶水而变成白色粉末。含锌22.74%，它是无土栽培重要的锌营养来源。

③ 硫酸铜（$CuSO_4 \cdot 5H_2O$）。外观为蓝色结晶，相对分子质量为249.69，含铜25.45%，含硫12.84%，易溶于水，20 ℃时100 g水中可溶解20.7 g。它是无土栽培良好的铜营养来源。

④ 硫酸锰（$MnSO_4 \cdot 4H_2O$或$MnSO_4 \cdot H_2O$）。外观上为粉红色结晶，四水硫酸锰相对分子质量为223.06，含锰24.63%；一水硫酸锰相对分子质量为169.01，含锰32.51%。它们都易溶解于水中。

（7）硼肥和钼肥。多用硼酸、硼砂和钼酸钠、钼酸钾。

① 硼酸（H_3BO_3）。外观为白色结晶，相对分子质量为61.83，含硼（B）17.5%，在冷水中的溶解度较低，20 ℃时100 g水中溶解5 g硼酸，热水中较易溶解，水溶液呈微酸性，是无土栽培营养液中良好的硼源。

② 硼砂（$Na_2B_4O_7 \cdot 10H_2O$）。外观为白色或无色结晶，相对分子质量为381.37，含硼11.34%。在干燥的条件下硼砂失去结晶水而变成白色粉末状，易溶于水，是营养液中硼的良好来源。

③ 钼酸铵〔$(NH_4)_6Mo_7O_{24} \cdot 4H_2O$〕。外观为白色或淡绿色晶体，相对分子质量为1 235.86，含钼54.38%。易溶于水，是营养液中硼的良好来源。

④ 钼酸钾（K_2MoO_4）。外观为白色细结晶粉末。有潮解吸湿性。易溶于水，相对分子质量为238.13，含钼40.31%。热水中较易溶解，是营养液中硼的良好来源。

3. 辅助物质　营养液常用的辅助物质是络合剂，也称螯合剂，即由两个或两个以上含有孤对电子的分子或离子（即配位体）与具有空的价电子层轨道的中心离子相结合的单元结构物质。同时具有一个成盐基团和一个成络基团与金属阳离子作用，除了有成盐作用之外还有成络作用的环状化合物称为螯合物。

为了解决在无土栽培营养液中铁源的沉淀或氧化失效的问题，常将 2 价的 Fe^{2+} 与络合剂作用形成稳定性较好的铁络合物来使用于营养液中，也可用于叶面喷施及混入固体基质中。螯合铁作为营养液的铁源，不易被其他阳离子所代替，不易产生沉淀，即使营养液的 pH 较高，仍可保持较高的有效性，而且易被作物吸收。

除了铁之外，其他的多价阳离子都可与络合剂形成螯合物，但不同的阳离子和不同的络合剂形成螯合物的能力不一样，其稳定性也不同。不同金属阳离子形成的螯合物的稳定性表现为：$Mg^{2+} < Ca^{2+} < Mn^{2+} < Fe^{2+} < Zn^{2+} < Cu^{2+} < Fe^{3+}$。

常见的络合剂主要有以下几种：

（1）EDTA。乙二胺四乙酸，分子式为 $(CH_2N)_2(CH_2COOH)_4$，相对分子质量为292.25，外观为白色粉末，在水中的溶解度很小。常用的乙二胺四乙酸二钠盐（EDTA - Na_2），分子式为 $(NaOOCCH_2)_2NCH_2N(CH_2COOH)_2 \cdot 2H_2O$，相对分子质量为 372.42，外观为白色粉末状，与硫酸亚铁作用可形成乙二胺四乙酸二钠铁（EDTA - Na_2Fe），由于其价格相对便宜，因此它是目前无土栽培中最常用的络合剂。

（2）DTPA。二乙酸三胺五乙酸，分子式为 $HOOCCH_2N[CH_2CH_2N(CH_2COOH)_2]_2$，相对分子质量为 393.20，外观为白色结晶，微溶于冷水，易溶于热水和碱性溶液中。

（3）CDTA。1，2 -环己二胺四乙酸，分子式为 $(HOOCCH_2)_2NCH(CH_2)_4HCN(CH_2COOH)_2$，相对分子质量为 346.34，外观为白色粉末状，难溶于水，易溶于碱性溶液中。

（4）EDDHA。乙二胺二邻羟苯基乙酸，分子式为 $(CH_2N)_2(OHC_6H_4CH_2COOH)_2$，相对分子质量为 360，外观为白色粉末状，溶解度小。

（5）HEEDT。羟乙基乙二胺三乙酸，相对分子质量为 278.26，外观为白色粉末状，在冷水中的溶解度小，易溶于热水及碱性溶液中。

在无土栽培中最常用的是铁与络合剂形成的螯合物，而其他的金属离子如锰离子、锌离子、铜离子等在营养液中的有效性一般较高，很少使用这些金属离子与络合剂形成的螯合物。

二、营养液浓度的表示方法

营养液浓度的表示方法分为直接表示法和间接表示法。

1. 直接表示法 在一定质量或一定体积的营养液中，所含有的营养元素或化合物的量来表示营养液浓度的方法统称为直接表示法。营养液浓度的直接表示法有化合物质量/溶液体积、元素质量/溶液体积和物质的量/溶液体积。其中前一种为操作浓度，可直接用于营养液配制；后两种多在营养液配方比较时使用，必须换算成化合物浓度才能用于营养液配制。

（1）*化合物质量/溶液体积（单位为 g/L、mg/L）*。化合物质量/溶液体积即每升（L）营养液中含有某种化合物质量的多少。常用克/升（g/L）或毫克/升（mg/L）来表示。例如，一个配方中 $Ca(NO_3)_2 \cdot 4H_2O$、KNO_3、KH_2PO_4 和 $MgSO_4 \cdot 7H_2O$ 的浓度分别为 590 mg/L、404 mg/L、136 mg/L 和 246 mg/L，即表示按这个配方配制的营养液中，每升营养液含有 $Ca(NO_3)_2 \cdot 4H_2O$、KNO_3、KH_2PO_4 和 $MgSO_4 \cdot 7H_2O$ 分别为 590 mg、404 mg、136 mg 和 246 mg。

由于在配制营养液的具体操作时是以这种浓度表示法来进行化合物称量的，因此，这种营养液浓度的表示法又称工作浓度或操作浓度。

（2）元素质量/溶液体积（单位为 g/L、mg/L）。元素质量/溶液体积指在每升营养液中某种营养元素质量的多少。常用克/升（g/L）或毫克/升（mg/L）来表示。例如，一个配方中营养元素氮、磷、钾的含量分别为 150 mg/L、80 mg/L 和 170 mg/L，即表示这一配方中每升含有营养元素氮 150 mg、磷 80 mg 和钾 170 mg。

用这种单位体积中营养元素质量表示营养液浓度的方法在营养液配制时不能够直接应用，因为实际称量时不能够称取某种元素。因此，要把单位体积中某种营养元素含量换算成为某种营养化合物才能称量。在换算时首先要确定提供这种元素的化合物形态究竟是什么，然后才将提供这种元素的化合物所含该元素的百分数来除以这种元素的含量。例如，某一配方中钾的含量为 160 mg/L，而此时的钾是由硝酸钾来提供的，查表或计算可知硝酸钾含钾量为 38.67%，则该配方中提供 160 mg 钾所需要 KNO_3 的数量＝160 mg÷38.67%＝413.76 mg，即要提供 160 mg 的钾需要有 413.76 mg 的 KNO_3。

用单位体积元素质量来表示的营养液浓度虽然不能够作为直接配制营养液来操作使用，但它可以作为不同的营养液配方之间浓度的比较。因为不同的营养液配方提供一种营养元素可能会用到不同的化合物，而不同的化合物中含有某种营养元素的百分数是不相同的，单纯从营养液配方中化合物的数量难以真正了解究竟哪个配方的某种营养元素的含量较高，哪个配方的较低。这时就可以将配方中的不同化合物的含量转化为某种元素的含量来进行比较。例如，一个配方的氮源是以浓度为 1.0 g/L 的 $Ca(NO_3)_2 \cdot 4H_2O$ 来提供的，而另一配方的氮源是以浓度为 0.4 g/L 的 NH_4NO_3 来提供的。单纯从化合物含量来看，前一配方的含量比后一配方的多了 1.5 倍，不能够比较这两种配方氮的含量的高低。经过换算后可知，浓度为 1.0 g/L 的 $Ca(NO_3)_2 \cdot 4H_2O$ 提供的氮为 118.7 mg/L，而浓度为 0.4 mg/L 的 NH_4NO_3 提供的氮为 140 mg/L，这样就可以清楚地看到后一配方的氮含量要比前一配方的高。

（3）物质的量/溶液体积（mol/L）。物质的量/溶液体积指在每升营养液中某种物质的摩尔数（mol）。而某种物质可以是化合物（分子），也可以是离子或元素。每一摩尔某种物质的数量相当于这种物质的相对分子质量、离子量或原子量，其质量单位为克（g）。例如，1 mol 的钾元素（K）相当于 39.1 g，1 mol 的钾离子（K^+）相当于 39.1 g，1 mol 的硝酸钾（KNO_3）相当于 101.1 g。

由于无土栽培营养液的浓度较低，因此，常用毫摩尔/升（mmol/L）来表示。

$$1 \text{ mol/L} = 1\,000 \text{ mmol/L} \qquad (3-1)$$

在配制营养液的操作过程中，不能以 mmol/L 来称量，需要经过换算成质量/溶液体积后才能称量配制。换算时将每升营养液中某种物质的摩尔数（mol/L）与该物质的相对分子质量、离子量或原子量相乘，即可得知该物质的用量。例如，2 mol/L 的 KNO_3 相当于 KNO_3 的质量＝2 mol/L×101.1 g/mol＝202.2 g/L。

2. 间接表示法　间接表示法有渗透压和电导率。这里主要介绍渗透压和电导率。

（1）渗透压（P）。渗透压表示在溶液中溶解的物质因分子运动而产生的压力。单位是帕斯卡（Pa）。营养液中溶解的物质越多，浓度越高，分子运动产生的压力越大。当营养液的浓度高于根细胞内溶液的浓度时，根细胞的水会通过原生质膜（半透膜）而渗透到营养液中，这个过程即为生理失水。生理失水严重时植物会出现萎蔫甚至缺水死亡。反之，则根细胞正常吸水。因此，渗透压可以作为反映营养液浓度是否适宜作物生长的重要指标。

营养液适宜的渗透压因植物而异。根据斯泰钠的试验，当营养液的渗透压为50.7～162.1 kPa时，对叶用莴苣的水培生产无影响；在20.2～111.5 kPa时，对番茄的水培生产无影响。

渗透压的单位用帕斯卡（Pa）表示。它与大气压（单位为标准大气压atm）的关系为：

$$1atm = 101\,325\,Pa \tag{3-2}$$

渗透压的测定可以采用冰点下降法、蒸汽压法和渗透计法等，但测定的方法很烦琐，不易进行，无土栽培的营养液的渗透压一般可用下列的范特荷甫（Van't Hoff）稀溶液的渗透压定律建立起来的溶液渗透压计算公式来进行理论计算：

$$P = C \times 0.022\,4 \times (273 + t) / 273 \tag{3-3}$$

式中，P——溶液的渗透压，atm；

$\quad\quad C$——溶液的浓度，mmol/L；

$\quad\quad t$——使用时溶液的温度，℃；

$\quad$0.022 4——范特荷甫常数；

$\quad\quad$273——绝对温度和摄氏温度的换算常数。

计算营养液的渗透压时，因为微量元素的浓度较低，为简便起见，只需用大量元素的正负离子的总浓度来计算。

对已知各种溶质物质及浓度的溶液可以采用上述方法来进行溶液渗透压的理论计算。如果溶液的浓度是未知的，如种植一段时间之后的营养液由于营养液中的化合物被植物吸收之后而使其浓度成为未知数，则不能用公式计算出其渗透压，但可以通过测定营养液的电导率值，利用电导率值与渗透压之间的经验公式来计算此时营养液的渗透压。

（2）电导率（EC）。配制营养液所用的无机盐类多为强电解质，在水中电离为带有正负电荷的离子，因此，营养液具有导电作用。其导电能力的大小用电导率来表示。电导率是指单位距离的溶液其导电能力的大小。它通常以毫西门子/厘米（mS/cm）或微西门子/厘米（μS/cm）来表示。

在一定浓度范围内，营养液的含盐量与电导率呈密切的正相关，即含盐量越高，电导率越大，渗透压也越大。所以，电导率能间接反映营养液的总含盐量，也能反映营养液的渗透压。

从而可通过测定营养液的电导率值表示营养液的总盐浓度，但只能够反映营养液的总盐浓度，不能够反映出营养液中某一无机盐类单独浓度的大小。当种植作物时间较长之后，由于根系分泌物、根系生长过程脱落的外层细胞以及部分根系死亡之后在营养液中腐烂分解和在硬水条件下钙、镁、硫等元素的累积也可提高营养液的电导率，此时通过电导率仪测定所得的电导率值并不能够反映营养液中实际的盐分含量。为解决这个问题，应对使用时间较长的营养液进行个别营养元素含量的测定。一般在生产中可每隔一个半月或两个月左右测定一次大量元素的含量，而微量元素含量一般不进行测定。如果发现养分含量太高，或者电导率值很高而实际养分含量较低的情况，应更换营养液，以确保植物生长良好。

电导率值用电导率仪测定。它和营养液浓度的关系可以通过以下方法来求得（以日本园试配方为例）。以该配方的1个剂量（配方规定的标准用量）为基础浓度S，然后以一定的浓度梯度差（如每相距0.1或0.2个剂量）来配制系列浓度梯度的营养液，并用电导率仪测定每一个级差浓度的电导率值（表3-2）。

表3-2 日本园试配方各浓度梯度差的营养液电导率值

（郭世荣，2003. 无土栽培学）

溶液浓度梯度/S	大量元素化合物总含量/(g/L)	EC值/(mS/cm)
2.0	4.8	4.465
1.8	4.32	4.03
1.6	3.84	3.685
1.4	3.36	3.275
1.2	2.88	2.865
1.0	2.40	2.435
0.8	1.92	2.000
0.6	1.44	1.575
0.4	0.96	1.105
0.2	0.48	0.628

由于营养液浓度（S）与电导率（EC）之间存在着正相关的关系，这种正相关的关系可用线性回归方程来表示：

$$EC = a + bS \qquad (3-4)$$

式中，a、b——直线回归系数。

从表3-2中的数据可以计算出电导率与营养液浓度之间的线性回归方程为：

$$EC = 0.279 + 2.12S（相关系数 r = 0.999\,4） \qquad (3-5)$$

通过实际测定得到某个营养液配方的电导率与浓度之间的线性回归方程之后，就可在作物生长过程中，测定出营养液的电导率，并利用此回归方程来计算出营养液的浓度，依此判断营养液浓度的高低来决定是否需要补充养分。例如，栽培上确定用日本园试配方的1个剂量浓度的营养液种植番茄，管理上规定营养液的浓度降至0.3个剂量时即要补充养分恢复其浓度至1个剂量。当营养液被作物吸收以后，其浓度已成为未知数，今测得其EC值为0.72 mS/cm，代入公式（3-5）得 $S = 0.21$（小于0.3），表明营养液浓度已低于规定的限度，需要补充养分。

营养液浓度与电导率之间的回归方程，必须根据具体的营养液配方和不同地区自行测定结果来配置专用的线性回归关系。因为，不同的配方所用的盐类形态不尽相同，各地区的自来水含有的杂质有异，这些都会使溶液的电导率随之变化。因此，各地要根据选定配方和当地水质的情况，实际配制不同浓度梯度水平的营养液来测其电导率值，以建立能够反映真实情况的线性回归方程。

电导率与渗透压之间的关系，可用经验公式：$P（\text{Pa}） = 0.36 \times 10^5 \times EC（\text{mS/cm}）$ 来表达。换算系数 0.36×10^5 不是一个严格的理论值，它是由多次测定不同盐类溶液的渗透压与电导率得到许多比值的平均数，因此它是近似值，但对一般估计溶液的渗透压或电导率还是可用的。

电导率与总含盐量的关系，可用经验公式：营养液的总盐分（g/L）＝1.0×EC（mS/cm）来表达。换算系数 1.0 的来源和渗透压与电导率之间的换算系数来源相同。

三、营养液的组成原则和确定方法

营养液的组成不仅直接影响作物的生长发育，也涉及经济而有效地利用养分的问题。根据植物种类、水源、肥源和气候条件等具体情况，有针对性地确定和调整营养液的组成成分，能够充分发挥营养液的使用功效，以适应作物栽培的要求。

1. 营养液的组成原则　一种均衡的营养液配方其组成要遵循以下原则：

（1）营养元素齐全。植物生长发育必需的营养元素有 16 种，其中碳、氢、氧 3 种营养元素由空气和水提供，其余 13 种营养元素（氮、磷、钾、钙、镁、硫、铁、锰、硼、锌、铜、钼、氯）从根际环境中吸收。因此，所配制的营养液应含有这 13 种营养元素。因为在水源、固体基质或肥料中已含有植物所需的某些微量元素的数量，所以配制营养液时一般不需另外添加（图 3-1）。

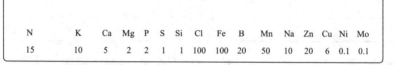

N		K	Ca	Mg	P	S	Si	Cl	Fe	B	Mn	Na	Zn	Cu	Ni	Mo
15		10	5	2	2	1	1	100	100	20	50	10	20	6	0.1	0.1

图 3-1　植物体内矿物质元素的含量（单位：mg/kg）

（2）营养元素可以被植物吸收。配制营养液的肥料应以化学态为主，在水中有良好的溶解性，同时能被作物有效利用。通常都是无机盐类，也有一些有机螯合物。不能被植物直接吸收利用的有机肥不宜作为营养液的肥源。

（3）营养均衡。营养液中各营养元素的数量比例应是符合植物正常生长发育的要求，而且是生理均衡的，可以保证各种营养元素有效性的充分发挥和植物吸收的平衡。在保证元素种类齐全并且符合配方要求的前提下，所用肥料的种类力求少（一般不超过 4 种），以防止化合物带入植物不需要和引起过剩的离子或其他有害杂质（表 3-3）。

表 3-3　营养液中各元素浓度范围

元素	浓度单位/(mg/L)			浓度单位/(mol/L)		
	最低	适中	最高	最低	适中	最高
硝态氮（$NO_3^- - N$）	56	224	350	4	16	25
铵态氮（$NH_4^+ - N$）	—	—	56	—	—	4
磷（P）	20	40	120	0.7	1.4	4
钾（K）	78	312	585	2	8	15
钙（Ca）	60	160	720	1.5	4	18
镁（Mg）	12	48	96	0.5	2	4
硫（S）	16	64	1 440	0.5	2	45
钠（Na）	—	—	230	—	—	10
氯（Cl）	—	—	350	—	—	10

（续）

元素	浓度单位/(mg/L)			浓度单位/(mol/L)		
	最低	适中	最高	最低	适中	最高
铁（Fe）	2	—	10	—	—	—
锰（Mn）	0.5	—	5	—	—	—
硼（B）	0.5	—	5	—	—	—
锌（Zn）	0.5	—	1	—	—	—
铜（Cu）	0.1	—	0.5	—	—	—
钼（Mo）	0.001	—	0.002	—	—	—

（4）总盐度和酸碱度适宜。营养液中总浓度应符合植物正常生长要求，不因浓度太低造成作物缺素，也不因浓度太高而使作物发生盐害。

（5）营养元素有效期长。营养液中的各种营养元素在栽培过程中应长时间地保持其有效态，并且有效性不因氧化、根的吸收以及离子间的相互作用而在短时间内降低。

（6）生理酸碱性稳定。营养液配方中的所有化合物在植物生长过程中由于根系的选择吸收而表现出来的营养液总体生理酸碱反应是较为平稳的。在一个营养液配方中可能有某些化合物表现出生理酸性或生理碱性，有时甚至其生理酸碱性表现得较强，但作为一个营养液配方中所有化合物的总体表现出来的生理酸碱性应比较平稳。

2. 营养液组成的确定方法　营养液成分的组配除了要明确种植某种作物时的总浓度，还需要确定营养液中各元素间是否保持化学平衡和生理平衡，并且经过生产检验、修正与完善，确定作物能在营养液中正常生长发育，同时有较高的产量。这样才可以说营养液组配成功。

（1）营养液总盐分浓度的确定。根据作物种类、品种、生育期在不同气候条件下对营养液含盐量的要求来大体确定营养液的总盐分浓度。一般营养液的总盐分浓度在0.4%～0.5%，大多数作物都可以正常生长。当营养液的总盐分浓度超过0.5%，很多蔬菜、花卉植物就会表现出不同程度的盐害。不同作物对营养液总盐分浓度的要求差异较大（表3-4）。例如，番茄、甘蓝、康乃馨要求营养液的总盐分浓度为0.2%～0.3%，荠菜、草莓、郁金香要求营养液的总盐分浓度为0.15%～0.2%，显然前者比后者耐盐。

表3-4　不同植物对营养液总浓度的要求

总浓度/%	0.1	0.15～0.2	0.2	0.2～0.3	0.3
适宜种植的植物	杜鹃花	鸢尾	昙花	甜瓜	番茄
	仙人掌	水仙	葱头	黄瓜	芹菜
	蕨类植物	仙客来	胡萝卜	一品红	甘蓝
	胡椒	百合	草莓	康乃馨	
		非洲菊	花叶芋	文竹	
		郁金香	唐菖蒲		
		芥菜			

因此，在确定营养液的盐分总浓度时要考虑植物的耐盐程度。当然，在确定营养液的总盐害浓度时还要考虑在较高浓度时是否会形成溶解度较低的难溶性化合物的沉淀。营养液总盐分浓度列表 3-5 以供参考。

表 3-5　营养液总浓度范围

浓度表示方法	范　围		
	最低	适中	最高
渗透压/kPa	30	90	150
正负离子合计数/(mmol/L)	12	37	62
在 20 ℃时的理论 EC 值/(mS/cm)	0.83	2.5	4.2
总盐分含量/(g/L)	0.83	2.5	4.2

（2）营养液中营养元素的用量和比例的确定。在进行营养液配方确定时，除了要首先明确种植某种作物时的总浓度之外，还需要根据所要确定的配方对植物的生理平衡性及营养元素之间的化学平衡性来确定配方中各种营养元素的比例和浓度，只有确定了之后才可以最终确定一个平衡的营养液配方。

① 生理平衡。生理平衡的营养液是既含有满足植物正常生长发育需要的一切营养元素，又不影响其正常生长发育的营养液。

影响营养液生理平衡的因素主要是营养元素之间的相互作用。营养元素的相互作用分为两种：一是协助作用，即营养液中一种营养元素的存在可以促进植物对另一种营养元素的吸收；二是拮抗作用，即营养液中某种营养元素的存在会抑制植物对另一种营养元素的吸收，从而使植物对某一种营养元素的吸收量减少以致出现生理失调的症状。

营养液中含有植物生长所需的所有必需营养元素，这些营养元素是以不同的形态存在于营养液之中的。因此，这些不同形态的营养元素之间的相互关系就表现得很复杂。例如，营养液中的 Ca^{2+}、Mg^{2+} 能够促进 K^+ 的吸收，阴离子如 NO_3^-、$H_2PO_4^-$ 和 SO_4^{2-} 能够促进 K^+、Ca^{2+}、Mg^{2+} 等阳离子的吸收；但同时也存在着 Ca^{2+} 离子对 Mg^{2+} 离子吸收的拮抗作用，NH_4^+、H^+、K^+ 会抑制植物对 Ca^{2+}、Mg^{2+}、Fe^{2+} 等的吸收，特别是 NH_4^+ 对 Ca^{2+} 吸收的抑制作用特别明显。日本设施园艺与无土栽培学研究专家池田英男等的番茄无土栽培试验表明，番茄脐腐病的发生率随营养液中铵态氮比例的增加而增加，其原因在于铵态氮的拮抗作用导致 Ca^{2+} 的吸收受阻而出现缺钙的生理失调症状。而阴离子，如 $H_2PO_4^-$、NO_3^- 和 Cl^- 之间也存在着不同程度的拮抗作用。

营养液中的营养元素究竟在何种比例之下或多高的浓度时会表现出相互之间的促进作用或拮抗作用呢？现在并没有明确的答案，也没有一个统一的标准或明确的数值。因为不同的作物种类由于其长期生长的生态环境不同，形成了其遗传特性的差异，因此不可能确定一种千篇一律的比例和浓度。要解决这个问题，前人的经验告诉我们，可以通过分析正常生长的植物体内各种营养元素的含量及其比例来确定。美国的霍格兰（Hoagland）和阿农（Arnon）在 20 世纪 30 年代就利用这种方法开展了许多深入实际的研究，并以此为基础确定了许多营养液配方，这些配方经数十年的使用证明是行之有效的生理平衡配方。

在利用分析正常生长植物吸收营养元素的含量和比例来确定营养液配方时要注意以下几方面的问题：

a. 根据对生长正常的植物进行化学分析的结果而确定的营养液配方是符合生理平衡要求的。这样确定的营养液配方不仅适用于某一种作物，也适用于某一大类作物。但不同大类的作物之间的营养液配方可能有所不同，因此要根据作物大类的不同而选择其中有代表性的作物来进行营养元素含量和比例的化学分析，从而确定适用于该类作物的营养液配方。

b. 种植季节不同，植物本身的特性不同，供应作物的营养元素的数量和形态等不同，这些都可能会影响植物化学分析的结果，有时分析的结果可能还会有较大的不同。例如，硝态氮可能会由于外界供给量的增大而出现大量的奢侈吸收，导致植物体内含量大为增加，这样测定的结果可能并不真实地反映植物的实际需要量。

c. 通过化学分析确定的营养液配方中的各种营养元素的含量和比例并非是严格固定的，它们可在一定的范围内变动而不至于影响植物的生长，也不会产生生理失调的症状。这是因为植物对营养元素的吸收具有较强的选择性，只要营养液中的各种营养元素的含量和比例不是严重地偏离植物生长所要求的范围，植物基本上能够通过选择吸收其生理所需的数量和比例。一般而言，以分析植物体内营养元素含量和比例所确定的营养液配方中的大量营养元素的含量可以在一定范围内变动，变幅在 $\pm 30\%$ 左右仍可保持其生理平衡。在大规模无土栽培生产中，不能够随意变动原有配方中的营养元素含量，必须经过试验证明对植物生长没有太大的不良影响时方可以大规模地使用。

除了确定正常生长的植株体内营养元素的含量之外，还需要了解整个植物生命周期中吸收消耗了的水分数量，这样才可以确定出营养液的总盐分浓度。

② 化学平衡。这里所指的营养液配方的化学平衡性问题主要是指营养液配方中的有些营养元素的化合物，当其离子浓度达到一定的水平时就会相互作用并形成难溶性化合物而从营养液中析出，从而使得营养液中某些营养元素的有效性降低，以致影响营养液中营养元素之间的相互平衡。

任何平衡的营养液配方中都含有植物所必需的 16 种营养元素，在这些营养元素之间，Ca^{2+}、Mg^{2+}、Fe^{2+} 等阳离子和 PO_4^{3-}、SO_4^{2-}、OH^- 等阴离子之间在一定的条件下会形成溶解度很低的难溶性化合物沉淀，如 $CaSO_4$、$Ca_3(PO_4)_2$、$FePO_4$、$Fe(OH)_3$、$Mg(OH)_2$ 等。在溶液中是否会形成这些难溶性化合物（或称难溶性电解质）是根据溶度积法则来确定的。溶度积法则是指存在于溶液中的两种能够相互作用形成难溶性化合物的阴阳离子，当其浓度（以 mmol 为单位）的乘积大于这种难溶性化合物的溶度积常数（Ksp）时，就会产生沉淀，否则，就没有沉淀的产生。

任何生理平衡的营养液配方中都存在着以下产生沉淀的可能：Ca^{2+} 与 SO_4^{2-} 相互作用产生 $CaSO_4$ 沉淀；Ca^{2+} 与磷酸根（PO_4^{3-} 或 HPO_4^{2-}）产生 $Ca_3(PO_4)_2$ 或 $CaHPO_4$ 沉淀；Fe^{3+} 与 PO_4^{3-} 产生 $FePO_4$ 沉淀；Ca^{2+}、Mg^{2+} 与 OH^- 产生 $Ca(OH)_2$ 和 $Mg(OH)_2$ 沉淀。这些沉淀的产生与阴阳离子的浓度有关，而有些阴离子，如磷酸根、氢氧根的浓度高低与溶液的酸碱度又有很大的关系。因此，要避免在营养液中产生难溶性化合物就要采取适当降低阴阳离子浓度的方法来解决，或者通过适当降低溶液的 pH 使得某些阴离子的浓度降低的方法。

一般情况下，营养液的 pH 极少会达到 9 以上。只有在用碱液中和营养液的生理酸性时，如果所用的碱液浓度太高，而且加入碱液之后没能够及时在营养液中搅拌分散，才有可能出现营养液中局部碱性很强、pH 过高而产生沉淀。为解决这一问题，在加碱液中和酸性时要用浓度较稀的碱液，而且在加入碱液时要及时进行搅拌。

3. 营养液配方　在规定体积的营养液中，规定含有各种必需营养元素的盐类数量称为营养液配方。配方中列出的规定用量称为这个配方的一个剂量。如果使用时将各种盐类的规定用量都只使用其一半，则称为某配方的1/2剂量，其余类推。一个生理平衡的营养液配方可能适用于某一类或几类作物，也可能适用于几类作物中的几个品种。营养液配方根据应用对象的不同，分为叶菜类和果菜类营养液配方；根据配方的使用范围分为通用性（如霍格兰配方、园试配方）和专用性营养液配方；根据营养液盐分浓度的高低分为总盐度较高和总盐度较低的营养液配方。

任务二　营养液的配制

进行无土栽培作物时，要在选定营养液配方的基础上正确地配制营养液。一种均衡的营养液配方都存在着可能产生沉淀的盐类，只有采用正确的方法来配制营养液才可保证营养液中的各种营养元素能有效地供给作物生长所需，才可以获得栽培的高产优质。不正确的配制方法一方面可能会使某些营养元素失效；另一方面可能会影响营养液中的元素平衡，严重时会伤害作物根系，甚至造成作物死亡。因此，掌握正确的营养液配制方法是无土栽培最起码的要求。

一、营养液的配制原则

营养液配制总的原则是确保在配制后和使用营养液时都不会产生难溶性物质（沉淀）。每一种营养液配方都潜伏着产生难溶性物质（沉淀）的可能性，这与营养液的组成是分不开的。营养液是否会产生沉淀主要取决于营养液的浓度。几乎任何均衡的营养液中都含有可能产生沉淀的 Ca^{2+}、Fe^{3+}、Mn^{2+}、Mg^{2+} 等阳离子和 SO_4^{2-}、PO_4^{3-} 或 HPO_4^{2-} 等离子，当这些离子在浓度较高时会相互作用而产生沉淀。如 Ca^{2+} 与 SO_4^{2-} 相互作用产生 $CaSO_4$ 沉淀；Ca^{2+} 与磷酸根（PO_4^{3-} 或 HPO_4^{2-}）产生 $Ca_3(PO_4)_2$ 或 $CaHPO_4$ 沉淀；Fe^{3+} 与 PO_4^{3-} 产生 $FePO_4$ 沉淀，Ca^{2+}、Mg^{2+} 与 OH^- 产生 $Ca(OH)_2$ 和 $Mg(OH)_2$ 沉淀。实践中运用难溶性物质溶度积法则作指导，采取以下两种方法可避免营养液中产生沉淀：一是对容易产生沉淀的两种盐类化合物分别溶解，分罐配制与保存，使用前再稀释、混合；二是向营养液中加酸，降低 pH，使用前再加碱调整至正常水平。

二、营养液的配制技术

1. 营养液配制前的准备工作

（1）正确选用和调整营养液配方。这是因为不同地区的水质和肥料纯度存在差异，会直接影响营养液的组成；栽培作物的品种和生育期不同，要求的营养元素比例也不同，特别是氮、磷、钾营养三要素的比例；基质栽培时，基质的吸附性和本身的营养成分都会改变营养液的组成；不同营养液配方的使用还涉及栽培成本问题。因此，营养液配制前应根据植物种类、生育期、当地水质、气候条件、肥料纯度、栽培方式以及成本大小，正确选用和灵活调整营养液配方，在证明其确实可行之后再大面积应用。

（2）选好适当的肥料。所选肥料既要考虑肥料中可供使用的营养元素的浓度和比例，又要注意选择溶解度高、纯度高、杂质少、价格低的肥料。

（3）阅读有关资料。在配制营养液之前，先仔细阅读有关肥料或化学品的说明书或包装说明，注意肥料的分子式、纯度、含有的结晶水等。

（4）选择水源并进行水质化验。作为配制营养液时的参考。

（5）准备好贮液罐及其他必要物件。营养液一般配成浓缩 100～1 000 倍的母液，需要 2～3 个母液罐。小型母液罐的容积以 25 L 或 50 L 为宜，以深色不透光的为好。此外，还需准备好相关的检测设备和溶解、搅拌用具等。

2. 营养液的配制方法　生产上配制的营养液一般分为母液（浓缩贮备液）和工作液两种。母液配制时，不能将所有肥料都溶解在一起，因为浓缩后某些阴阳离子间会发生反应而沉淀。所以一般配成 A、B、C 3 种母液。A 母液以钙盐为中心，凡不与钙作用而产生沉淀的盐都可溶在一起，一般配成 100～200 倍的浓缩液；B 母液以磷酸盐为中心，凡不会与磷酸根形成沉淀的盐都可溶在一起，一般配成 100～200 倍的浓缩液；C 母液是由铁盐和微量元素化合物混配而成，因其用量小，一般配成 1 000～3 000 倍的浓缩液。

工作液的配制方法有母液稀释法和直接配制法。其中，母液稀释法是生产上常用的工作液配制方法。

在实际生产应用上，营养液的配制方法可采用先配制浓缩营养液（或称母液）然后用浓缩营养液配制工作营养液；用量较少时也可以直接称取各种营养元素化合物，直接配制工作营养液。可根据实际需要来选择一种配制方法。但不论是选择哪种配制方法，都要在配制过程中以不产生难溶性物质为总的指导原则来进行。

（1）浓缩营养液的配制。在配制浓缩营养液时，要根据配方中各种化合物的用量及其溶解度来确定其浓缩倍数。浓缩倍数不能太高，否则可能会使化合物过饱和而析出，而且在浓缩倍数太高时，溶解较慢，操作不方便。一般以方便操作的整数倍数为浓缩倍数，大量元素一般可配制成浓缩 100～500 倍液，而微量元素由于其用量少，可配制成 1 000～3 000 倍液。

为了防止在配制营养液时产生沉淀，不能将配方中的所有化合物放置在一起溶解，而应将配方中的各种化合物进行分类，把相互之间不会产生沉淀的化合物放在一起溶解，一般将一个配方的各种化合物分为不产生沉淀的 3 类，这 3 类化合物配制的浓缩液分别称为浓缩 A 液、浓缩 B 液和浓缩 C 液（或称为 A 母液、B 母液和 C 母液）。其中，浓缩 A 液以钙盐为中心，凡不与钙盐产生沉淀的化合物均可放置在一起溶解，一般包括硝酸钙、硝酸钾，浓缩 100～200 倍；浓缩 B 液以磷酸盐为中心，凡不与磷酸盐产生沉淀的化合物可放置在一起溶解，一般包括磷酸二氢铵、硫酸镁，浓缩 100～200 倍；浓缩 C 液是由铁和微量元素合在一起配制而成，由于微量元素的用量少，因此其溶解倍数可较高，可配成 1 000～3 000 倍液。

配制浓缩营养液的步骤：按照要配制的浓缩营养液的体积和浓缩倍数计算出配方中各种化合物的用量后，将浓缩 A 液和浓缩 B 液中的各种化合物称量后分别放在一个塑料容器中，溶解后加水至所需配制的体积，搅拌均匀即可。在配制 C 液时，先取所需配制体积 80% 左右的清水，分为两份，分别放入两个塑料容器中，称取 $FeSO_4 \cdot 7H_2O$ 和 $EDTA-Na_2$ 分别加入这两个容器中，溶解后，将溶有 $FeSO_4 \cdot 7H_2O$ 的溶液缓慢倒入 $EDTA-Na_2$ 溶液中，边加边搅拌；然后称取 C 液所需称量的其他各种化合物，分别放在小的塑料容器中溶解，然后分别缓慢地倒入已溶解了 $FeSO_4 \cdot 7H_2O$ 和 $EDTA-Na_2$ 的溶液中，边加边搅拌，最后加清水至所需配制的体积，搅拌均匀即可。

为了防止长时间贮存浓缩营养液产生沉淀，可加入浓度为 1 mol/L 的 H_2SO_4 或 HNO_3 溶液，酸化至溶液的 pH 为 3～4；同时应将配制好的浓缩母液置于阴凉避光处保存。浓缩 C 液最好用深色容器贮存。

（2）工作营养液的配制。利用浓缩营养液稀释为工作营养液时，在加入各种母液的过程中，也要防止沉淀的出现。配置步骤为：先在贮液池中放入需要配制体积的 1/3～2/3 的清水，量取所需浓缩 A 液的用量倒入，开启水泵循环流动或搅拌使其均匀，然后再量取浓缩 B 液所需用量，用较大量的清水将浓缩 B 液稀释后，缓慢地将其倒入贮液池的清水入口处，让水源冲稀 B 液后带入贮液池中，保持水泵运转将其循环或搅拌均匀，加水至总液量的 80%。最后量取浓缩 C 液，按照浓缩 B 液的加入方法加入贮液池中，经水泵循环流动或搅拌均匀，即完成了工作营养液的配制（图 3-2）。

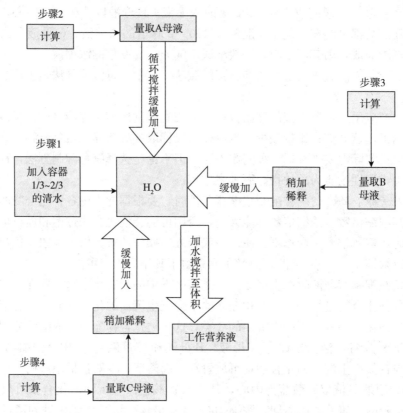

图 3-2　利用配制浓缩营养液稀释为工作营养液的流程

在大规模生产中，因为工作营养液的总量很多，如果配制浓缩营养液后再经稀释来配制工作营养液，势必需要配制大量的浓缩营养液，这将给实际操作带来很大的不便。因此，常常称取各种营养化合物来直接配制工作营养液。

具体的配制方法为：在种植系统中放入所需配制营养液总体积 60%～70% 的清水，然后称取钙盐及不与钙盐产生沉淀的各种化合物（相当于浓缩 A 液的各种化合物）放在一个容器中溶解后倒入种植系统中，开启水泵循环流动，然后再称取磷酸盐及不与磷酸盐产生沉淀的其他化合物（相当于浓缩 B 液的各种化合物）放入另一个容器中，溶解后用较大量清水稀释后缓慢地加入种植系统的水源入口处，开动水泵循环流动。再取两个容器分别称取铁盐和络合剂（如 EDTA - Na₂）置于其中，倒入清水溶解（此时铁盐和络合剂的浓度不能太高，为工作营养液中的浓度的 1 000～2 000 倍），然后将溶解了的铁盐溶液倒入装有络合剂的容器中，边加边搅拌。最后，另取一些小容器，分别称取除铁盐和络合剂之外的其他微量元素化合物置于其中，分别加入清水溶解后，缓慢倒入已混合了铁盐和络合剂的容器中，边加边搅拌，然后将已溶解了所有微量元素化合物的溶液，用较大量清水稀释后从种植系统的水源入口处缓慢倒入种植系统的贮液池中，开启水泵循环浓度至整个种植系统的营养液均匀为止。一般在单棚面积为 1/30 hm² 的大棚或温室，需开启水泵循环 2～3 h 才可保证营养液混合均匀。这种配制工作营养液的操作流程详见图 3 - 3。

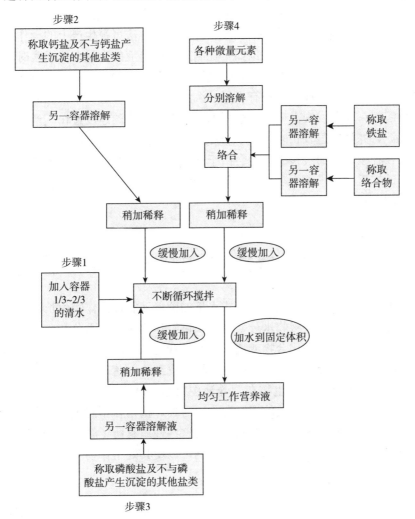

图 3 - 3　称取营养物质直接配制工作营养液的流程

3. 营养液配制的操作规程　为了保证营养液配制过程中不出差错，需要建立一套严格的操作规程。内容应包括：

（1）仔细阅读肥料或化学品说明书，注意分子式、含量、纯度等指标，检查原料名实是否相符，准备好盛装浓缩液的容器，贴上不同颜色的标识。

（2）原料的计算结果要经过 3 名工作人员 3 次核对，确保准确无误。

（3）各种原料分别称好后，一起放到配制场地规定的位置上，最后核查无遗漏，才动手配制。切勿在用料及配制用具未到齐的情况下匆忙动手操作。

（4）原料加水溶解时，有些试剂溶解太慢，可以加热；有些试剂如硝酸铵，不能用铁质的器具敲击或铲，只能用木、竹或塑料器具取用。

（5）建立严格的记录档案，以备查验。

4. 营养液配制的注意事项　在直接称量营养元素化合物配制工作营养液时要注意，在贮液池中加入钙盐及不与钙盐产生沉淀的盐类之后，不要立即加入磷酸盐及不与磷酸盐产生沉淀的其他化合物，而应在水泵循环大约 30 min 或更长时间之后才加入。加入微量元素化合物时也要注意，不应在加入大量营养元素之后立即加入。

浓缩液稀释法与直接称量配制法两种配制营养液的方法可视生产上的操作方便与否来进行，有时可将这两种方法配合使用。例如，配制工作营养液的大量营养元素时采用直接称量配制法，而微量营养元素的加入可采用先配制浓缩营养液再稀释为工作营养液的方法。

在配制工作营养液时，如果发现有少量的沉淀产生，就应延长水泵循环流动的时间以使产生的沉淀再溶解。如果发现由于配制过程加入营养化合物的速度过快，产生局部浓度过高而出现大量沉淀，并且通过较长时间水泵循环之后仍不能使这些沉淀再溶解时，应重新配制营养液，否则在种植作物的过程中可能会由于某些营养元素发生沉淀而失效，最终出现营养液中营养元素的缺乏或不平衡而表现出生理失调症状。例如，微量元素铁被沉淀之后会出现作物缺铁失绿的症状。

任务三　营养液的管理及废液处理

这里所讲的营养液管理主要是指循环式水培的营养液管理。作物生长过程中，由于作物根系生长在营养液中，通过它吸收水分、养分来供给作物所需的水分和矿物质。由于根系的生命活动改变了营养液中各种化合物或离子的数量和比例，浓度、酸碱度和溶解氧含量等也随着改变，同时根系也会分泌出一些有机物，根表皮细胞脱落、死亡甚至部分根系因衰老死亡而残存于营养液中，并诱使微生物在营养液中繁殖，从而或多或少地改变了营养液的性质。环境温度的改变也影响营养液的液温变化。另外，植物在不同生长发育阶段对营养液的浓度、液温等要求也不同。因此，要对营养液的这些性质有所了解，才能够有针对性地对影响营养液性质的诸多因素进行监测和有效地控制，以使其处于作物生长所需的最适范围内。

一、营养液浓度

由于作物生长过程中不断吸收养分和水分，加之营养液中的水分蒸发，从而引起营养液浓度、组成发生变化。因此，需要监测和定期补充营养液的养分和水分。

1. 补充水分　水分的补充应每天进行，一天之内应补充多少次视作物长势、每株占液量和耗水快慢而定，一般以不影响营养液的正常循环流动为准。在贮液池内划上刻度，定时使水泵关闭，让营养液全部回到贮液池中，如其水位已下降到加水的刻度线，即要加水恢复到原来的水位线。

2. 补充养分　向营养液中补充养分有以下 3 种方法：

（1）根据化验了解营养液的浓度和水平。先化验营养液中 $NO_3^- - N$ 的减少量，按比例推算其他元素的减少量，然后加以补充，使营养液保持应有的浓度和营养水平。

（2）根据减少的水量来推算。先调查不同作物在无土栽培中水分消耗量和养分吸收量之间的关系，再根据水分减少量推算出养分的补充量，加以补充调整。例如，已知硝态氮的吸收与水分的消耗的比例，黄瓜为 70∶100 左右；番茄、甜椒为 50∶100 左右；芹菜为 130∶100 左右。据此，当总液量 10 000 L 消耗 5 000 L 时，黄瓜需另追加 3 500×（5 000×0.7）L 营养液，番茄、辣椒需追加 2 500×（5 000×0.5）L 营养液，然后再加水到总量 10 000 L。其他作物也以此类推。作物的不同生育阶段，吸收水分和消耗养分的比例有一定差异，在调整时应加以注意。

（3）根据实际测定的营养液的 EC 值变化来调整。这是生产上调整营养液浓度的常用方法。依据营养液的电导率与营养液浓度的正相关性（EC＝$a+bS$）（见本项目前文所述），结合实际测定的电导率值，就可计算出营养液的浓度，据此再计算出需补充的营养液量。

营养液的 EC 值不应过高成过低，否则对作物生长发生不良影响。因此，应经常通过检查调整，使营养液保持适宜的 EC 值。EC 值调整时应逐步进行，不应使浓度变化太大。电导率的调整要根据栽培作物的种类、生长发育阶段、气候条件、栽培方式和营养液配方等的不同来具体确定。

① 针对栽培作物不同调整 EC 值。不同作物对营养液浓度的要求不同，这与作物的耐肥性和营养液配方有关。一般情况下茄果类和瓜类蔬菜要求的营养液浓度要比叶菜的高。虽然各种作物都有一个适宜的浓度范围，但就多数作物来说，适宜的 EC 值为 0.5～3.0 mS/cm，过高不利于生育。

② 针对不同生育期调整 EC 值。作物在不同生育期对营养液的浓度要求不一样。一般苗期略低，生育盛期略高。据日本资料报道，番茄在苗期的适宜 EC 值为 0.8～1.0 mS/cm，定植至第一穗花开放为 1.0～1.5 mS/cm，结果盛期为 1.5～2.0 mS/cm。

③ 针对栽培季节和温度条件调整 EC 值。营养液的 EC 值受温度影响而发生变化，在一定范围内，随温度升高有增高的趋势。一般来说，夏季营养液的 EC 值要低于冬季。亚当斯（Adams）认为，番茄用岩棉栽培时，冬季栽培的营养液 EC 值应为 3.0～3.5 mS/cm，夏季降至 2.0～2.5 mS/cm 为宜。

④ 针对栽培方式调整 EC 值。同一种作物无土栽培方式不同，EC 值调整也不一样。如番茄水培和基质培相比，一般定植初期营养液的浓度都一样，到采收期基质培的营养液浓度比水培的低，这是因为基质吸附部分营养的结果。

⑤ 针对营养液配方调整 EC 值。对于低浓度的营养液配方（如山崎配方）补充养分的方法是：每天都补充，使营养液常处于 1 个剂量的浓度水平。即每天监测电导率以确定营养液的总浓度下降了百分之几个剂量，下降多少补充多少。对于高浓度的营养液配方（如美国A－H 配方）补充养分的方法是：以总浓度不低于 0.5 个剂量时为补充界限。即定期测定液中电导率，如发现其浓度已下降到 0.5 个剂量的水平，即行补充养分，补回到原来的浓度。隔多少天会下降到此限，视生育阶段和每株占液量多少而变，各人应在实践中自行积累经验而估计其天数。初学者应每天监测其浓度的变化。

另外，还有一种更为简便的养分补充方法：确定了营养补充的下限之后（如原始营养液剂量的 40％），当营养液浓度下降到此浓度或以下时就补充原来初始浓度 1 个剂量的营养，即种植系统中经过补充养分后的营养液浓度要比初始的营养液浓度高。由于作物对养分浓度有一定的范围要求，而且所用的营养液配方的浓度原来就较低，因此，对作物的正常生长不会产生不良影响，而且操作时较简单、方便。

注意：营养液浓度和EC值的测定要在营养液补充足够水分使其恢复到原来体积时取样，而且生产上一般不做个别营养元素的测定，也不做个别营养元素的单独补充，要全面补充营养液。

二、营养液酸碱度

1. 营养液pH对植物生长的影响 营养液的pH对植物生长的影响有直接的和间接的两方面。直接的影响是营养液pH过高或过低时都会伤害植物的根系。休伊特（Hewitt）认为明显的伤害范围在pH 4～9之外。有些特别耐碱或耐酸的植物可以在这范围之外正常生长。例如，蕹菜在pH 3时仍可生长良好。间接的影响是使营养液中的营养元素有效性降低甚至失效。pH>7时，会降低磷、钙、镁、铁、锰、硼、锌的有效性，特别是铁最突出；pH<5时，由于H^+浓度过高而对Ca^{2+}产生显著的拮抗，使植物吸不足Ca^{2+}而出现缺钙症。有时营养液的pH虽然处在不会伤害植物根系的范围（pH 4～9），仍会出现由于营养失调而生长不良的情况。所以，除了一些特别嗜酸或嗜碱的植物外，一般将营养液pH控制在5.5～6.5。

2. 营养液pH发生变化的原因 营养液的pH变化主要受营养液配方中生理酸性盐和生理碱性盐的用量和比例、作物种类、每株植物根系占有的营养液体积大小、营养液的更换速率等多种因素的影响。生产上选用生理酸碱变化平衡的营养液配方可减少调节pH的次数；植株根系占有营养液的体积越大，则其pH的变化速率就越慢，变化幅度越小；营养液更换频率越高，则pH变化速度延缓，变化幅度也小。但更换营养液不控制pH变化不经济，费力费时，也不实际。生产上一般采用酸度计监测营养液pH的变化，方法简便、快速、准确、精度较高。pH试纸检测粗放，精度低。

3. 营养液pH的控制 营养液pH的控制有两种含义：一是治标，即采取酸碱中和的方法调节营养液的pH。pH上升时，用1～2 mol/L的稀酸溶液，如H_2SO_4或HNO_3溶液中和。用稀HNO_3溶液中和时，HNO_3中的NO_3^-会被植物吸收利用，但要注意当中和营养液pH的HNO_3用量太多时可能会造成植物氮素过多的现象。用H_2SO_4溶液中和时，尽管H_2SO_4中的SO_4^{2-}也可作为植物的养分被吸收，但吸收量较少，中和营养液pH的H_2SO_4用量太大时可能会造成SO_4^{2-}的累积。在实际生产中大多采用H_2SO_4来进行中和，也可用HNO_3，选用哪种酸液可根据实际情况而定。pH下降时，用1～2 mol/L的稀碱溶液，如NaOH或KOH中和。用KOH时带入营养液中的K^+可被作物吸收利用，而且作物对K^+有着较大量的奢侈吸收的现象，一般不会对作物生长有不良影响，也不会在溶液中产生大量累积的问题。用NaOH来中和时，由于Na^+对多数作物而言不是必需的营养元素，因此会在营养液中累积，如果量大，可能对作物产生盐害。由于KOH的价格较NaOH昂贵，在生产中仍常用NaOH来中和营养液酸性。加入的酸或碱液慢慢注入贮液池中，随注随搅拌或开启水泵进行循环，避免加入速度过快或溶液过浓而造成的局部过酸而产生$CaSO_4$的沉淀。二是治本，即在营养液配方的组成上使用适当比例的生理酸性盐和生理碱性盐达到生理平衡，从而使营养液的pH变化比较平稳，且稳定在一定范围内。一个营养液配方中的硝酸盐，如 KNO_3、$Ca(NO_3)_2$ 的用量较多，则这个配方的营养液大多呈生理碱性；反之，如果配方中 NH_4NO_3、$(NH_4)_2SO_4$ 及 K_2SO_4 的用量较多，则这个配方的营养液大多呈生理酸性。一般生理碱性来得慢且变化幅度小，没有那么剧烈，也较易控制。在实际生产过程中最好先用一些生理酸碱性变化较平稳的营养液配方，以减少调节 pH 的次数。这是进行营养液酸碱度控制最根本的办法。

三、营养液的溶存氧

植物根系的呼吸过程要消耗氧气，为使其能正常生长就需要有足够的氧气供应。根系生长的环境与地上部生长的环境有很大的不同，地上部的生长一般不会出现氧气供应不足的问题，而无土栽培植物根系生长的环境可以是在类似土壤的生长基质中，也可以是在与土壤环境截然不同的营养液中。因此，在无土栽培中根系氧的供给是否充分和及时往往会成为妨碍作物生长的限制因子。植物根系氧的来源有两种：一是通过吸收溶解于营养液中的溶解氧来获得；二是通过存在于植物体内的氧气的输导组织由地上部向根系的输送来获得。通过吸收溶解于营养液的溶解氧来满足生长的需要是无土栽培植物最主要的氧的来源，如果不能够使营养液中的溶解氧提高到作物正常生长所需的适宜水平，植物根系就会表现出缺氧而影响到根系对养分的吸收及根系和地上部的生长。植物从地上部向根系输送氧气以满足根呼吸所需的氧气供应途径并非所有植物都具备这一功能。一般可将植物根系对淹水的耐受程度的不同分为三类：一是沼泽性植物，这些植物长期生长在淹水的沼泽地，体内存在着氧气的输导组织，如水稻、豆瓣菜、水芹、茭白、蕹菜等。二是耐淹的旱地植物，这些植物主要是生长在旱地，但当它们根系受水淹时根的结构会产生一些结构性的改变而形成氧气的输导组织或增大根系的吸收面积以增加对水中溶解氧的吸收。例如，豆科绿肥的田菁、合萌、芹菜等。三是不耐淹的旱生植物，这类植物体内不具有氧气的输导组织，在淹水的条件下也难以发生根系结构向着有利于氧气的吸收的方向改变，也不会由于淹水而诱导出输送氧的组织。例如，大多数的十字花科植物对营养液栽培中低氧环境较为敏感，解决好营养液中溶解氧的供应非常重要，有时甚至是无土栽培能否取得成功的关键。

在无土栽培尤其是水培时，氧气供应是否充分和及时往往成为植物能否正常生长的限制因素。生长在营养液中的根系，其呼吸所用的氧主要依靠根系对营养液中溶存氧的吸收。若营养液的溶解氧含量低于正常水平，就会影响根系呼吸和吸收营养，植物就表现出各种异常，甚至死亡。

1. 营养液溶存氧及影响因素

（1）营养液溶存氧（DO）的含义。溶存氧是指在一定温度、一定压力下单位体积营养液中溶解的氧气含量，常以 mg/L 表示。在一定温度和压力条件下单位营养液中溶解的氧气达到饱和时的溶存氧含量称为氧的饱和溶解度。由于在一定温度和压力条件下，溶解于溶液中的空气中氧气占空气的比例是一定的，因此也可以用氧气占饱和空气的百分数（%）来表示此时溶液中的氧气含量，相当于饱和溶解度的百分比。

（2）营养液溶存氧的测定。营养液的溶存氧可以用溶氧仪（测氧仪）来测定，此法简便、快捷，也可以用化学滴定的方法来测定，但测定手续烦琐。用溶氧仪测定溶液的溶存氧时，一般测定溶液的空气饱和百分数，然后在溶液的液温与氧气含量的关系表（表3-6）中查出该溶液液温下的氧含量，并用下列公式计算出此时营养液中实际的氧含量。

$$M_0 = M \times A \qquad\qquad (3-6)$$

式中，M_0——在一定温度和压力下营养液中的实际溶存氧含量，mg/L；

$\quad\quad M$——在一定温度和压力下营养液中的饱和溶存氧含量，mg/L；

$\quad\quad A$——在一定温度和压力下营养液中的空气饱和百分数，%。

（3）影响营养液溶存氧的因素。溶存氧的影响因素有温度、气压、植物种类、生育期和植株占液量。温度越高，气压越小，营养液的溶存氧越低；反之温度越低，气压越小，营养液的溶存氧越高。这就是夏季高温季节水培植物根系容易缺氧的原因之一。一般瓜类、茄果类作物的耗氧量较大，叶菜类的耗氧量较小。植物处于生长旺盛阶段、占液量少的情况下，溶存氧的消耗速度快；反之则慢。根据日本山崎肯哉资料：夏种网纹甜瓜白天每株每小时耗氧量，始花期为12.6 mg/株·时，结果网纹期为40 mg/株·时。如果设每株用营养液15 L，25 ℃时饱和含氧量为8.38 mg/L×15 L＝125.7 mg，则在始花期经6 h后可将含氧量消耗到饱和溶氧量的50%以下；在结果网纹期只经2 h即将含氧量降到饱和溶氧量的50%以下（表3-6）。

表3-6　不同温度下氧的饱和溶解度

温度/℃	溶存氧/(mg/L)	温度/℃	溶存氧/(mg/L)	温度/℃	溶存氧/(mg/L)
0	14.62	14	10.37	28	7.92
1	14.23	15	10.15	29	7.77
2	13.84	16	9.95	30	7.63
3	13.48	17	9.74	31	7.50
4	13.13	18	9.54	32	7.40
5	12.80	19	9.35	33	7.30
6	12.48	20	9.17	34	7.20
7	12.17	21	8.99	35	7.10
8	11.87	22	8.83	36	7.00
9	11.59	23	8.68	37	6.90
10	11.33	24	8.53	38	6.80
11	11.08	25	8.38	39	6.70
12	10.83	26	8.22	40	6.60
13	10.60	27	8.07		

2. **植物对溶存氧的要求**　不同的作物种类对营养液中溶氧浓度的要求不一样。对水培不耐淹浸的大多数植物而言，营养液的溶存氧浓度一般要求保持在饱和溶解度的50%以上，相当于在适合多数植物生长的液温范围（15～18 ℃）内4～5 mg/L的含氧量，而对耐淹浸的植物（即体内可以形成氧气输导组织的植物）这个要求可以降低。

3. **补充营养液溶存氧的途径和增氧措施**　营养液中溶存氧的补充来源：一是从空气中自然向溶液中扩散；二是人工增氧。自然扩散的速度较慢，增量少，只适宜苗期使用，水培及多数基质培中都采用人工增氧的方法。人工增氧的措施主要是利用机械和物理的方法来增加营养液与空气的接触机会，增加氧在营养液中的扩散能力，从而提高营养液中氧气的含量。常用的增氧方法有落差、喷雾、搅拌、压缩空气、循环流动、间歇供液、夏季降低液温和营养液浓度、使用增氧器和化学增氧剂等（图3-4）。

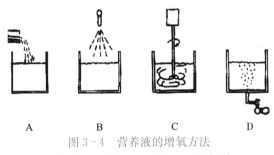

图 3-4 营养液的增氧方法

A. 落差 B. 喷雾 C. 搅拌 D. 压缩空气

（1）搅拌。通过机械的方法来搅动营养液而打破营养液的气-液界面，让空气溶解于营养液中。这种方法效果很好，但很难具体实施，因为种植了植物的营养液中有大量的根系存在，一经搅拌极易伤根，会对植物的正常生长产生不良的影响。

（2）压缩空气。压缩空气是用压缩空气泵将空气直接以小气泡的形式在营养液中扩散，以提高营养液溶解氧含量。这种方法的增氧效果很好，但在规模性生产上要在种植槽的许多地方安装通气管道及起泡器，其施工难度较大，成本较高，一般很少采用。这种方法主要用在进行科学研究的小盆钵水培上。

（3）反应氧。这种方法是用化学增氧剂加入营养液中增氧的方法。在日本，有一种可控制双氧水（H_2O_2）缓慢释放氧气的装置，将这种装置装加上双氧水之后放在营养液中即可通过氧气的释放来提高营养液的溶解氧。这种方法虽然增氧的效果不错，但价格昂贵，在生产上难以采用，现主要用于家用的小型装置中。

（4）循环流动。通过水泵将贮液池中的营养液抽到种植槽中，然后让其在种植槽内流动，最后流回贮液池中形成不断循环。在营养液循环过程中通过水流的冲击和流动来提高溶解氧含量（表 3-7）。这种方法的增氧效果很好，在生产上应用普遍，但无土栽培设施的设计不同、水泵循环时间的不同、营养液液层深度的不同，循环流动的增氧效果也不一样，生产者要根据其设施的不同灵活掌握循环流动的时间。

表 3-7 营养液循环流动的增氧效果

溶液中含氧量（饱和溶解度的百分率）/%	70	61	54	45	37	25	20	11	6	6	5	4	2	58	73
经过的时间/h	0	4	8	12	16	20	24	28	32	36	40	44	48	52	56
循环流动起止标志	开始停止流动————————→										恢复流动————→				
液温/℃	21			22											
槽内总液量及流速	总液量 1 400 L，液层深 12 cm，每分钟进出 23 L														
种植作物日期与长势	黄瓜 9 月 1 日播种，10 月 20 日进入收瓜期，已在种植槽内长满根系														
测定日期	10 月 20 日下午 3 时起停止流动，22 日上午 11 时起恢复流动														

（5）落差。营养液循环流动进入贮液池时，人为造成一定的落差形成溅泼面，增大接触空气的面积。该方法效果较好，在生产中应用普遍。

（6）喷雾（射）。适当增加压力使营养液在种植槽中喷出时尽可能地分散形成射流或雾化。该方法效果较好，在生产中应用普遍。

（7）使用增氧器。在循环管道的进水口安装增氧器或空气混入器，提高营养液中溶解氧含量。该方法已在较先进的水培设施中普遍采用。

（8）间歇供液。利用停液时营养液从种植槽流回贮液池，根系裸露于空气中吸收氧气。该方法效果较好，在生产中应用普遍。

（9）滴灌法。在基质袋培等无土栽培时，通过控制滴灌流量和时间也可保证根系得到充足的氧气。

（10）间混作。旱生植物与根系泌氧的水生植物混作。

多种增氧方法结合使用，增氧效果更明显。

四、光照与液温管理

1. 光照　营养液受阳光直照对无土栽培是不利的，因为阳光直射容易促使营养液中的铁产生沉淀。另外，阳光下的营养液表面会产生藻类，与栽培作物竞争养分和氧气。因此，营养液应避免阳光照射。

2. 营养液温度　营养液温度即液温直接影响根系对养分的吸收、呼吸和作物生长，以及微生物活动。植物对低液温或高液温的适宜范围都是比较窄的。温度的波动会引起病原菌的滋生和生理障碍的产生，同时会降低营养液中氧的溶解度。稳定的液温可以减少过低或过高的气温对植物造成的不良影响。例如，冬季气温降到 10 ℃以下，如果液温仍保持在 16 ℃，则对番茄的果实发育没有影响；在夏季气温升到 32～35 ℃时，如果液温仍保持不超过 28 ℃，则黄瓜的产量不受影响，而且劣果数显著减少；即使是喜低温的鸭儿芹，如能保持液温在 25 ℃以下，也能使夏季栽培的产量正常。一般来说，夏季的液温保持不超过 28 ℃，冬季的液温保持不低于 15 ℃，对大多数作物的栽培都是适合的。

3. 营养液温度的调整　除大规模的现代化无土栽培基地外，我国多数无土栽培设施中没有专门的营养液温度调控设备，多数是在建造时采用各种保温措施。具体做法是：①种植槽采用隔热性能高的材料建造，如泡沫塑料板块、水泥砖块等；②加大每株的用液量，提高营养液对温度的缓冲能力；③贮液池多建成地下式或半地下式。

营养液加温可在贮液池中安装不锈钢螺旋管，通过循环于其中的热水加温或用电热管加温。热水来源于锅炉加热、地热或厂矿余热加温。最经济的降温方法是用井水或冷泉水通过贮液池中的螺旋管进行循环降温。

需要注意的是，营养液的光照、温度调控要综合考虑。光照度大，温度也应该高；光照度小，温度也要低。强光低温不好，弱光高温也不好。

五、供液时间与供液次数

营养液的供液时间与供液次数主要根据栽培形式、环境条件、作物的长势和长相而定。总的供液原则是：营养供应充分和及时，经济用液和节约能源。为此，在无土栽培过程中应做到适时供液和定时供液。基质培时一般每天供液 2～4 次即可。如果基质层较厚，供液次数可少些；反之则供液次数多些。NFT 水培每日要多次供液、间歇供液，如果菜类蔬菜每分钟供液量为 2 L，而叶菜仅需 1 L。作物生长盛期对养分和水分的需要量大，供液次数应多，每次供液的时间也应长。供液主要集中在白天进行，夜间不供液或少供液。晴天供液次数多些，阴雨天气可少些；气温高、光线强时供液多些；反之则供液少些。总之，供液时间与次数应因时因地制宜，灵活把握。

六、营养液的更换

循环使用的营养液在使用一段时间以后需要更换营养液。更换的时间主要取决于有碍作物正常生长的物质在营养液中累积的程度。这些物质主要来源于：营养液配方所带的非营养成分（$NaNO_3$ 中的 Na、$CaCl_2$ 中的 Cl 等）；中和生理酸碱性所产生的盐；使用硬水作水源时所带的盐分；根系的分泌物和脱落物以及由此而引起的微生物大量滋生、相关分解产物等。这些物质积累较多，就会造成总盐浓度过高而抑制作物生长，也干扰了对营养液养分浓度的准确测量。判断营养液是否更换的方法有：①经过连续测量，并多次补充营养液后，营养液的 EC 值却居高不降；②经仪器分析，营养液中的大量元素含量低而电导率值高；③营养液滋生大量病菌，导致作物发病，且病害难以用农药控制；④营养液混浊；⑤如无检测仪器，可考虑用种植时间来决定营养液的更换时间。一般在软水地区，生长期较长的作物（每茬 3～6 个月，如果菜类）可在生长中期更换一次或不换液，只补充消耗的养分和水分，调节 pH。生长期较短的作物（每茬 1～2 个月，如叶菜类），可连续种 3～4 茬更换一次。每茬收获时，要将脱落的残根滤去，可在回水口安置网袋或用活动网袋打捞，然后补足所欠的营养成分（以总剂量计算）。硬水地区，生长期较短的蔬菜一般每茬更换一次，生长期较长的果菜每 1～2 个月更换一次营养液。

无土栽培系统更换或排出的废液经过杀菌和除菌、除去有害物质、调整离子组成等处理后，可以重复循环利用或回收用作肥料等，是比较经济且环保的方法。营养液杀菌和除菌的方法有紫外线照射、高温加热、沙石过滤器过滤、药剂杀菌等；除去有害物质可采用沙石过滤器过滤或膜分离法。将经过处理的废液收集起来，可以用于同种作物或其他作物的栽培或用作土壤栽培的肥料，但需与有机肥合理搭配使用。

七、废液处理及利用

无土栽培中排出的废液，并非含有大量的有毒物质而不能排放，主要是影响地下水水质或引起河流湖泊水的富营养化，从而对环境产生不良的影响。营养液经处理后可重复循环利用或回收作肥料。

1. 废液处理

（1）杀菌和除菌。根系病害和其他各种病原菌都会进入营养液中，必须进行杀菌和除菌后才能再利用。营养液杀菌和除菌的方法有以下几种：

① 紫外线照射。紫外线可以杀菌，日本研制的"流水杀菌灯"在 NFT 和岩棉培等营养液流量少的系统中可有效地抑制番茄青枯病和黄瓜蔓枯病。

② 加热。高温杀菌，如在 60 ℃下 10 min 就可杀死番茄青枯病菌，而根腐病要 80～95 ℃下 10 min 才能杀死。但大量废液加热杀菌处理费用较高。

③ 过滤。欧洲一些国家在生产上使用沙石过滤器除去废液中的悬浮物，再结合紫外线照射，可杀死废液中的细菌。

④ 拮抗微生物。利用有益微生物来抑制病原菌的生长，原理与病虫害的生物防治相同。

⑤ 药剂。药剂杀菌效果非常好，但应注意安全生产和药剂残留的不良影响。

（2）除去有害物质。栽培过程中根系会分泌一些有害的物质累积在营养液中，一般采用过滤法或膜分离法除去。

（3）调整离子组成。进行营养成分测定，根据要求进行调整再加以利用。

2. 废液有效利用　废液经处理后收集起来进行再加以利用。

（1）再循环利用。处理过的废液可以用于同种作物或其他作物的栽培。如日本设计出一套栽培系统，营养液先进入果菜类蔬菜的栽培循环，废液经处理后进入叶菜类蔬菜栽培循环，废液再处理后进入花菜等蔬菜栽培循环。

（2）作肥料利用。处理后的废液作土壤栽培的肥料，应注意与有机肥合理搭配使用。

（3）收集浓缩液再利用。用膜分离法或通过蒸发把废液浓缩收集起来，在果菜类结果期使用，可提高养分浓度，提高品质。

思政天地

　　实验课上同学们分组进行营养液配制实践操作，小红同学配制的浓缩 C 液总是出现混浊的沉淀，在请教老师后发现原来是配制的顺序和方法出现了问题。小红同学在前几次的配制过程中未将 $FeSO_4 \cdot 7H_2O$ 和 $EDTA-Na_2$ 分别溶解后进行螯合，采取了直接溶解的方法，导致出现沉淀。由此可见，细节决定成败，只有严格按照正确的操作规程才能成功配制溶液。

　　配制浓缩 C 液正确的操作是先取所需配制体积 80% 左右的清水，分为两份，分别放入两个塑料容器中，称取 $FeSO_4 \cdot 7H_2O$ 和 $EDTA-Na_2$ 分别加入这两个容器中，溶解后将溶有 $FeSO_4 \cdot 7H_2O$ 的溶液缓慢倒入 $EDTA-Na_2$ 溶液中，边加边搅拌；然后称取 C 液所需的其他各种化合物，分别放在小的塑料容器中溶解，然后分别缓慢地倒入已溶解了 $FeSO_4 \cdot 7H_2O$ 和 $EDTA-Na_2$ 的溶液中，边加边搅拌，最后加清水至所需配制的体积，搅拌均匀即可。配制好的浓缩母液应用深色容器于阴凉避光处保存。

项目小结

【重点难点】

（1）营养液的组成原料及其要求。

（2）营养液的组成原则。

（3）营养液的种类和浓度表示方法。

（4）营养液的配制和管理技术。

【经验技巧总结】

（1）多去无土栽培相关的企业查看无土栽培设施，认清楚无土栽培设施类型。

（2）调查当地无土栽培的类型和生产实例，通过分析认清楚无土栽培发展趋势。

（3）营养液经验管理法。

①"三看两测"管理法。营养液管理不同于土壤施肥，营养液只是配制好的溶液，特别是专业户缺少检测手段，更难于管理。杨家书根据多年积累的经验，提出"三看两测"的管理办法。一看营养液是否混浊及漂浮物的含量，二看栽培作物生长状况，生长点发育是否正常，叶片的颜色是否老健清秀，三看栽培作物新根发育生长状况和根系的颜色；两测为每日检测营养液的 pH 两次，每两日测一次营养液的 EC 值。根据"三看两测"进行综合分析，

然后对营养液进行科学管理。

　　② 其他经验管理法。一些缺乏化学检测手段的无土栽培生产单位，也可采用以下方法来管理营养液：第一周使用新配制的营养液，在第一周末添加原始配方营养液的一半，在第二周末将营养液罐中剩余的营养液全部倒掉，从第三周开始再重新配制新的营养液，并重复上述过程。这种方法简单实用。

技能训练

技能训练 3－1　水质化验

一、目的要求

（1）熟练掌握水质化验的方法。

（2）掌握指示剂的应用条件和终点变化。

（3）操作规范、熟练，结果可靠。

二、材料与用具

1. 材料与药剂　材料包括自来水、蒸馏水、纯净水。药剂及配制分列如下：

（1）6 mol/L NaOH 溶液。

（2）NH_3（aq）-NH_4Cl 缓冲液（pH 10）。取 6.75 gNH_4Cl 溶于 20 mL 水中，加入 57 mL 氨水（15 mol/L），然后用水稀释到 100 mL。

（3）铬黑指示剂（0.5%）。铬黑 T 与固体无水 Na_2SO_4 或 NaCl 以 1∶100 比例混合，研磨均匀，放入干燥的棕色瓶中，保存于干燥器内。

（4）钙指示剂（1%）。钙指示剂与固体无水 Na_2SO_4 以 2∶100 比例混合，研磨均匀，放入干燥的棕色瓶中，保存于干燥器内。

（5）0.01 mol/L Mg^{2+} 标准溶液的配制。准确称取七水硫酸镁 0.615 8 g 溶于少量水中，转入 250 mL 容量瓶中，稀释至标线。

（6）0.01 mol/L EDTA 溶液的配制。称取 3.7 gEDTA 二钠盐溶于 1 000 mL H_2O 中。若有不溶残渣，必须过滤除去。

　　标定：用 25 mL 移液管吸取 Mg^{2+} 标准溶液于 250 mL 锥形瓶中，加水 150 mL，加入氨水-氯化铵缓冲液 5 mL、铬黑指示剂 30 mg，用 EDTA 溶液滴定，不断搅拌，滴定至溶液由酒红色变成纯蓝色，即为终点。

2. 仪器与用具　托盘天平（或分析天平）、碱式滴定管、50 mL 量筒、400 mL 烧杯、250 mL 锥形瓶、干燥器、pH 计或 pH 试纸、甘油。

三、方法步骤

1. Ca^{2+} 的测定　用量筒取水样 50 mL 于锥形瓶中，然后用移液管加入 6 mol/L NaOH 1.5 mL，用 pH 计或 pH 试纸检测，使溶液的 pH＞12。向溶液中加入钙指示剂约 30 mg，用 EDTA 溶液滴定。当溶液变为纯蓝色时，即为滴定终点，记下所用毫升数（V_1），再用同样方法测定一份。注意滴定过程中要充分摇匀，接近滴定终点时，必须慢慢滴加，否则容易造成 EDTA 过量。

2. Ca^{2+}、Mg^{2+} 总量的测定　取水样 50 mL 于锥形瓶中，加氨水-氯化氨缓冲液 5 mL，铬黑指示剂 30 mg，然后用 EDTA 溶液滴定。当溶液由酒红色变为纯蓝色时，即为滴定终点，记下所需毫升数（V_2）。再用同样方法测定一份。

3. 计算　按下列公式计算出每升水样中 Ca^{2+} 和 Mg^{2+} 的含量（mg/L）。

$$Ca^{2+}\ (mg/L) = \frac{M_{EDTA}V_1 \times 1\ mol\ 钙质量}{\frac{50}{1\ 000}} \tag{3-7}$$

$$Ca^{2+}\ (mg/L) = \frac{M_{EDTA}\ (V_2 - V_1) \times 1\ mol\ 镁质量}{\frac{50}{1\ 000}} \tag{3-8}$$

四、注意事项

（1）测定 Ca^{2+} 和 Mg^{2+} 含量时要求溶液调至不同的 pH。

（2）滴定时要细心、耐心，开始时速度可以稍快，接近终点应稍慢，同时注意颜色变化，原来溶液颜色消失即为滴定终点。

（3）当溶液中 Mg^{2+} 含量较高时，水样中加入 NaOH 后会产生 $Mg(OH)_2$ 沉淀，使结果偏低或终点不明显［因 $Mg(OH)_2$ 沉淀吸附了指示剂］，可将溶液稀释后再测定。

五、思维拓展

（1）营养液对水质有何要求？

（2）如果 Ca^{2+}、Mg^{2+} 含量偏多，在配制营养液时应如何调整？

技能训练 3-2　电导率仪的使用

一、目的要求

（1）熟练掌握电导率仪的使用方法。

（2）操作规范、熟练，结果可靠、清楚。

（3）了解电导率仪构造，测量结果准确。

二、计划内容

1. 用具及设备

（1）材料与药剂。氯化钾标准溶液、待测营养溶液。

（2）仪器与用具。DDS-11D 型电导率仪、笔式电导率仪、500 mL 烧杯。

2. 实施方案

（1）DDS-11D 型电导率仪的使用。DDS-11D 型电导率仪的构造见图 3-5。其使用方法如下：

① 安装电极。将电极插头插入电极插口内，旋紧插口上的紧固螺丝。使用时用电极夹夹紧电极的胶木帽，并把电极夹固定在电极杆上。为确保测量精度，电极使用前应先用小于

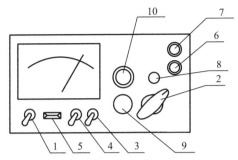

图 3-5 DDS-11D 型电导率仪

1. 电源开关 2. 量程选择开关 3. 校正、测量开关 4. 高周、低周开关
5. 电源指示灯 6. 电极插口 7. 10 mV 输出插口 8. 电容补偿调节器
9. 校正调节器 10. 电极常数补偿调节

0.5 μS/cm 的蒸馏水（或去离子水）冲洗两次，然后用待测液冲洗电极 2～3 次后，将电极插入待测溶液中。按照以下方法选用电极：

a. 当被测溶液的电导率低于 10 μS/cm 时，使用 DJS-1 型光亮电极。这时应把电极常数补偿调节在与所配套的电极常数相对应的位置上。例如，若配套电极的常数为 0.95，则应把电极常数补偿调节在 0.95 处；若配套的电极的常数为 1.1，则应把电极常数补偿调节在 1.1 处。

b. 当被测溶液的电导率在 10～10^4 μS/cm，则使用 DJS-1 型铂黑电极。同样应把电极常数补偿调节在与所配套的电极常数相对应的位置上。

c. 当被测溶液的电导率大于 10^4 μS/cm，以至使用 DJS-1 型铂黑电极测不出时，则选用 DJS-10 型铂黑电极。这时应把电极常数补偿调节在与所配套的电极的常数相对应的 1/10 位置上。例如，若电极常数为 9.8，则应使电极常数补偿指在 0.98 位置上，再将测得的读数×10，即为被测溶液的电导率。

② 接通电源，仪器预热 10 min。调节"校正调节器"使电表指针满度。

③ 校正。预先确定 K_3 的扳向位置。即当用（1）至（8）量程测量电导率低于 300 μS/cm 的液体时，校正时高周、低周开关扳在低周；当用（9）至（12）量程测量电导率大于 300 μS/cm、小于 10^5 μS/cm 的液体时，则校正时高周、低周开关扳向高周。然后将校正、测量开关扳在"校正"位置，调节电极常数补偿使指针指示在满刻度。注意：为了提高测量精度，当使用"×10^3" μS/cm 和 "×10^4" μS/cm 这两档时，校正必须在电导池接妥（即电极插头插入插孔，电极浸入待测溶液中）的情况下进行。

④ 将量程选择开关量程选择开关扳到所需的测定范围。如事先不知被测溶液的电导率大小，应先将其扳到最大电导率测量挡，然后逐渐下降，以防表针打弯。

⑤ 测量。将校正、测量开关扳向测量，这时的指针指示数×量程开关量程选择开关的倍率即为被测液的实际电导率。例如，量程选择开关扳在 0～0.1 μS/cm 一档时，指针指示为 0.6，则被测液的电导率为 0.06 μS/cm（0.6×0.1 μS/cm＝0.06 μS/cm）；将量程选择开关扳在 0～100 μS/cm 一档时，电表指示为 0.9，则被测液的电导率为 90 μS/cm（0.9×100 μS/cm＝90 μS/cm），其余以此类推。

当用 0～0.1 μS/cm 或 0～0.3 μS/cm 这两档测高纯度水时，先把电极引线插入电极插孔，在电极未浸入溶液之前，调节电容补偿调节器使电表指示为最小值（此最小值即为电极铂片间的漏电阻，由于此漏电阻的存在，使得调电容补偿调节器时电表指示不能达到零点），然后开始测量。

采用（1）、（3）、（5）、（7）、（9）、（11）各档量程时，读数看表盘面上面刻度（0～1.0）；采用（2）、（4）、（6）、（8）、（10）各档量程时，读数看表盘下面的刻度（0～3）。

⑥ 如果要了解在测量过程中电导率的变化情况，从 10 mV 输出端连接至自动记录仪即可。

⑦ 测量完毕，关闭电源开关，用蒸馏水冲洗电极，再用滤纸吸干，罩上保护罩，将电极拆下，放入电析盒即可。

（2）便携式电导率仪的使用。HANNA 便携式电导率仪的构造见图 3-6。其使用方法如下：

① 打开仪器后面的电池盖，将 4 节 AA 碱性电池按照机箱内指示的"＋""－"方向装入机箱，盖上电池盖。

② 拔下保护罩。

③ 打开电源，预热 3 s。

④ 将电导电极插入待测溶液，稳定 3 s 后读数。

图 3-6 HANNA 便携式
电导率仪

保护罩
显示屏
按键
电导电极

⑤ 测量完毕，取出电导率仪，关闭电源，用蒸馏水冲洗电导电极，再用滤纸吸干，罩上保护罩即可。

三、方法步骤

（1）分组制订技能训练方案。

（2）熟悉电导率仪的构造。

（3）分组实践训练不同方法测定电导率，并对照结果讨论不同方法的优劣。

（4）撰写技能训练总结。叙述不同电导率仪的构造及操作规程，结合测量结果分析不同测定方法的特点。

（5）将总结报告制作成 PPT，在班上演示交流。

四、注意事项

（1）使用 DDS-11D 型电导率仪时，要注意以下几点。

① 在打开电源开关前，观察表针是否指零，如不指零，可调整表头上的螺丝，使表针指零。

② 当量程开关 K_1 扳在×"0.1"，校正、测量开关扳在低周，但电导池插口未插接电极时，电表就有指示，这是正常现象，因电极插口及接线有电容存在。只要调节"电容补偿"便可将此指示为零，但不必这样做，只需待电极插入插口后，再将指示调为最小值即可。

③ 电极插头和插座绝对禁止沾上水，以免造成测量误差。

④ 待测溶液的容器必须清洁，无离子玷污。

⑤ 待测液中不应含有杂质，应清晰透明，因为杂质会吸附在电极铂片上，损害铂黑层，引起测量误差。

⑥ 电极应定期进行常数标定。

⑦ 测量时电极的铂片部分应全部浸没在溶液中。

（2）使用 HANNA 便携式电导率仪时，电导率仪插入待测液时，液面不能超过 MAX 标线，其他注意事项同 DDS-11D 型电导率仪的使用。

五、思维拓展

（1）电导率与营养液浓度有何关系？

（2）高纯水倒入容器后应迅速测量，否则电导率降低很快，这是为什么？

技能训练 3-3　营养液的配制

一、目的要求

（1）熟练掌握母液和工作液配制方法。

（2）理解营养液的组成原则。

（3）符合操作程序，操作规范、熟练。

（4）配制准确，无沉淀现象发生。

（5）营养液标识清晰，记录完整。

二、材料与用具

1. 材料与药剂　配制日本园试配方（表 3-8）母液所需的试剂或肥料；1 mol/L NaOH 溶液和 1 mol/L HNO_3 溶液。

表 3-8　日本园试营养液配方

盐类化合物名称	用量/(mg/L)	盐类化合物名称	用量/(mg/L)
$Ca(NO_3)_2 \cdot 4H_2O$	945	H_3BO_3	2.86
KNO_3	809	$MnSO_4 \cdot 4H_2O$	2.13
$NH_4H_2PO_4$	153	$ZnSO_4 \cdot 7H_2O$	0.22
$MgSO_4 \cdot 7H_2O$	493	$CuSO_4 \cdot 5H_2O$	0.08
$EDTA-Na_2Fe$	20.00	$(NH_4)_4Mo_7O_{24} \cdot 4H_2O$	0.02

2. 仪器与用具　托盘天平或台秤、电子分析天平（感量 0.001 g）、水泵、pH 计、电导率仪、磁力搅拌器、黑色塑料桶（50 L，2 个）、塑料烧杯（500 mL、1 000 mL）或塑料盆、黑色塑料贮液罐（50 L，3 个）、塑料水管、标签纸、玻璃棒、短木棒或塑料钎、钢笔、记号笔、母液配制登记表、工作液配制登记表等。

三、方法步骤

1. 母液配制　母液配制流程见图 3-7。

（1）计算。首先确定营养液配方和母液的种类、浓缩倍数和配制量，然后计算出各种试剂或肥料的用量。本次实训要求按照园试配方的要求配制 10 L 浓缩 100 倍的 A 母液 [$Ca(NO_3)_2 \cdot 4H_2O$ 和 KNO_3]、B 母液（$NH_4H_2PO_4$ 和 $MgSO_4 \cdot 7H_2O$）和 1 L 浓缩 1 000 倍的 C 母液（$EDTA-Na_2Fe$ 和各种微量元素化合物）。经计算，各种试剂或肥料的用量见表 3-9。

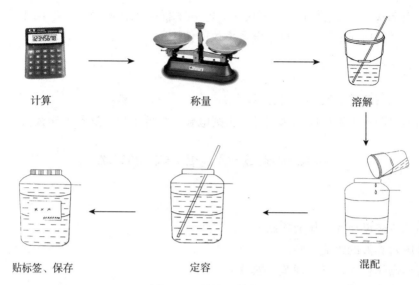

计算　　　　　　　　称量　　　　　　　　溶解

贴标签、保存　　　　　　定容　　　　　　　混配

图 3-7　母液配制流程

表 3-9　各试剂（肥料）的用量

试剂（肥料）名称	用量/g	试剂（肥料）名称	用量/g
$Ca（NO_3）_2 \cdot 4H_2O$	945.00	KNO_3	809.00
$NH_4H_2PO_4$	153.00	$MgSO_4 \cdot 7H_2O$	493.00
$EDTA-Na_2Fe$	20.00	$MnSO_4 \cdot 4H_2O$	2.13
H_3BO_3	2.86	$ZnSO_4 \cdot 7H_2O$	0.22
$CuSO_4 \cdot 5H_2O$	0.08	$（NH_4）_4Mo_7O_{24} \cdot 4H_2O$	0.02

（2）称量。用台秤、托盘天平或分析天平分别称取各种试剂或肥料，置于烧杯、塑料盆等洁净的容器内。注意称量时做到稳、准、快，精确到±0.1 g以内。

（3）肥料溶解与混配。母液分别配成A、B、C 3种母液，分别用A、B、C 3个贮液罐盛装。以钙盐为中心，凡不与钙盐产生沉淀的试剂或肥料放在一起溶解，倒入A罐；以磷酸盐为中心，凡不与磷酸盐产生沉淀的试剂或肥料放在一起溶解，倒入B罐；以螯合铁盐为主，其他微量元素化合物与螯合铁盐分别溶解后，倒入C罐。如果没有现成的螯合铁试剂，也可用$FeSO_4 \cdot 7H_2O$和$EDTA-Na_2$自行配制。配制方法是分别称取$FeSO_4 \cdot 7H_2O$ 13.9 g、$EDTA-Na_2$ 18.6 g，用温水分别溶解，然后将$FeSO_4 \cdot 7H_2O$溶液缓慢倒入$EDTA-Na_2$溶液中，边加边搅拌，搅拌均匀后倒入C罐，然后再将分别溶解的各种微量元素化合物溶液分别缓慢倒入C罐，边加边搅拌，最后加水至最终体积，即成1 000倍的C母液。本次实训所配制的A母液是由$Ca（NO_3）_2 \cdot 4H_2O$和KNO_3分别溶解后混配而成；B母液是由$NH_4H_2PO_4$和$MgSO_4 \cdot 7H_2O$分别溶解后混配而成；C母液可以通用于任何作物的无土栽培。

（4）定容。分别向A、B、C贮液罐注入清水至需配制的体积量，搅拌均匀后即可。

（5）保存。在A、B、C黑色塑料贮液罐（桶）上贴标签纸或用记号笔标明母液名称、母液号、浓缩倍数或浓度、配制日期、配制人，然后置于阴凉避光处保存。如果母液存放时间较长时，应将其酸化，以防沉淀的产生。一般可用 HNO_3 酸化至 pH 3～4。

（6）做好记录。每次母液配制结束后，都要认真填写母液配制登记表，其样式见表 3-10。

表 3-10 母液配制登记

配方名称			使用对象	
A 母液	浓缩倍数		配制日期	
	体积		计算人	
B 母液	浓缩倍数		审核人	
	体积		配制人	
C 母液	浓缩倍数		备注	
	体积			
原料名称及称取量				

2. 工作液的配制

（1）浓缩液稀释。这是生产上常用的配制工作液方法。配制方法见图 3-8。

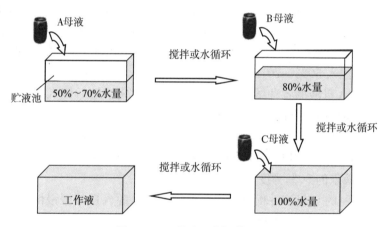

图 3-8 工作液配制操作流程

①计算好各种母液的移取量。母液移取量的计算公式如下：

$$V_2（母液移取量）＝V_1（工作液体积）/n（母液浓缩倍数）\qquad (3-9)$$

本次实训用上述母液配制 100 L 的工作液。根据母液移取量的计算公式可计算出 A 母液、B 母液应各取 1 L，C 母液取 0.1 L。

② 向贮液池内注入所配制营养液体积的 50%～70% 的水量。

③ 量取 A 母液倒入其中，开动水泵使营养液在贮液池内循环流动 30 min 或搅拌使其扩散均匀。

④ 量取 B 母液缓慢注入贮液池的清水入口处，让水源冲稀 B 母液后带入贮液池中，开动水泵使营养液在贮液池内循环流动 30 min 或搅拌使其扩散均匀，此过程加入的水量以达到总液量的 80% 为度。

⑤ 量取 C 母液，按照 B 母液的加入方法加入贮液池中，经水泵循环流动或搅拌均匀，此时水量已达 100%。

⑥ 用酸度计和电导率仪检测营养液的 pH 和 EC 值。如果 pH 的检测结果不符合配方和作物栽培要求，应及时调整。pH 调整方法见本项目任务三的内容。pH 调整完毕的营养液在使用前先静置 0.5 h 以上，然后在种植床上循环 5～10 min，再测试一次 pH，直至与要求相符。

⑦ 填写工作液配制登记表，以备查验。工作液配制登记表样式见表 3-11。

表 3-11　工作液配制登记

配方名称		使用对象	
营养液体积		配制日期	
计算人		审核人	
配制人		水的 pH	
营养液 EC 值		营养液 pH	
原料名称及称（移）取量			

（2）直接配制。在生产中，如果一次需要的工作营养液量很大，则大量元素可以采用直接称量配制法，而微量营养元素可采用先配制成 C 母液再稀释为工作营养液的方法。本次实训配制 100 L 园试配方的营养液，也可以采取直接称量配制的方法。具体方法是：

① 按营养液配方和欲配制的营养液体积计算所需各种试剂或肥料的用量。

② 向贮液池内注入 50%～70% 的水量。

③ 称取相当于 A 母液的各种试剂或肥料，在塑料盆内溶解后倒入贮液池中，开启水泵使营养液在池内循环流动 30 min 或搅拌均匀。

④ 称取相当于 B 母液的各种化合物，在塑料盆内溶解，并用大量清水稀释后，让水源冲稀 B 母液带入贮液池中，开启水泵使营养液在池内循环流动 30 min 或搅拌均匀，此过程所加的水以达到总液量的 80% 为度。

⑤ 量取预先配制的 C 母液并稀释后，在贮液池的水源入口处缓慢倒入，开启水泵使营养液在池内循环流动 30 min 或搅拌达到均匀。

⑥ ⑦同浓缩液稀释法。

四、注意事项

（1）试剂或肥料用量的计算结果要反复核对，确保准确无误；保证称量的准确性和名实相符。

（2）试剂或肥料用量计算时注意以下事项：

① 无土栽培所用的肥料多为农用品或工业用品，常有吸湿水和其他杂质，纯度较低，应按实际纯度对用量进行修正。

② 硬水地区应扣除水中所含的 Ca^{2+}、Mg^{2+}。例如，配方中的 Ca^{2+}、Mg^{2+} 分别由 $Ca(NO_3)_2 \cdot 4H_2O$ 和 $MgSO_4 \cdot 7H_2O$ 来提供，实际的 $Ca(NO_3)_2 \cdot 4H_2O$ 和 $MgSO_4 \cdot 7H_2O$ 的用量是配方量减去水中所含的 Ca^{2+}、Mg^{2+} 量。但扣除 Ca^{2+} 后的 $Ca(NO_3)_2 \cdot 4H_2O$ 中氮用量减少了，这部分减少了的氮可用硝酸（HNO_3）来补充，加入的硝酸不仅起到补充氮源的作用，而且可以中和硬水的碱性。加入硝酸后仍未能够使水中的 pH 降低至理想的水平

时，可适当减少磷酸盐的用量，而用磷酸来中和硬水的碱性。如果营养液偏酸，可增加硝酸钾用量，以补充硝态氮，并相应地减少硫酸钾用量。扣除营养中镁的用量，$MgSO_4 \cdot 7H_2O$ 实际用量减少，也相应地减少了 SO_4^{2-} 的用量，但由于硬水中本身就含有大量的硫酸根，所以一般不需要另外补充，如果有必要，可加入少量 H_2SO_4 来补充。在硬水地区硝酸钙用量少，磷和氮的不足部分由硝酸和磷酸供给。

（3）营养液配制用品和称好的肥料有序地摆放在配制现场，经核查无遗漏，才可动手配制。切勿在用料未到齐的情况下匆忙动手操作。

（4）用于溶解试剂或肥料的容器需用清水涮洗，涮洗水一并倒入贮液罐或贮液池内。

（5）为了加速试剂或肥料溶解，可用温水溶解或使用磁力搅拌器搅拌。

（6）配制工作液时要防止由于加入母液的速度过快，造成局部浓度过高而出现大量沉淀。如果较长时间水泵循环之后仍不能使这些沉淀溶解，应重新配制营养液。

（7）建立严格的记录档案，以备查验。

五、思维拓展

（1）母液配制的目的是什么？

（2）营养液配制不准确会有什么后果？

（3）无土栽培所用的营养液与组织培养所用的培养基有何不同？

拓展任务

【复习思考题】

（1）如何理解营养液的含义及其在无土栽培中的地位和作用？

（2）何谓营养液配方？什么是配方的 1 个剂量、1/2 剂量、3/4 剂量？

（3）营养液的组成原则、配制原则有哪些？如何保证正确组配营养液？

（4）简要说明营养液栽培与土壤栽培在植物养分供应上的不同点。

（5）营养液经多次补充养分后，作物虽然正常生长，但电导率却居高不降，这种现象说明什么？

（6）在配制营养液时，如何解决硬水地区的水源中含较多钙盐、镁盐的问题？

（7）如何对营养液进行有效管理？

【案例分析】

山崎肯哉确定营养液配方的方法

日本学者山崎肯哉认为，栽培植物的环境条件的改变，会引起植物体内吸收各种营养元素的数量和比例的变化，因此依靠化学分析的结果往往会有很大的差异。他还认为，正常生长的植物其吸水和吸肥的过程是同步的，即吸收一定量的水的同时，也将这部分水中的营养元素同时吸收到体内。这样就可以通过测定植物生长过程中吸收水的数量以及利用水培来种植植物时营养液中养分的变化情况，利用原先加入、未种植作物前的营养液中营养元素的数量与种植一段时间之后营养液中剩余的营养元素的数量之间的差值来确定出植物对各种营养元素的吸收量。目前用得较多的园试配方就是采用这种方法来设计的，实践证明这种方法是可行的。

现在以山崎的黄瓜营养液配方为例来说明这种确定营养液配方的方法和步骤（表3-12）：

表3-12 山崎以植物吸水和吸肥的关系确定黄瓜营养液配方的步骤和方法

步骤	内容	N	P	K	Ca	Mg	S	肥料盐用量/(mg/L)
1	正常生长的黄瓜每株一生吸收营养元素的量 n/(mmol/株)	2 253.8	173.4	1 040.2	606.8	346.8	—	
2	黄瓜每株一生吸水量为173.36 L时各营养元素的 n/w 值/(mmol/L)	13	1	6	3.5	2	—	
3 (用肥料盐配制的量)	确定各种肥料的用量							
	$Ca(NO_3)_2 \cdot 4H_2O$ 3.5 mmol/L	$NO_3^- - N$: 7	—	—	3.5			826
	KNO_3 6 mmol/L	$NO_3^- - N$: 6	—	6				607
	$NH_4H_2PO_4$ 1 mmol/L	$NH_4^+ - N$: 1	1					115
	$MgSO_4 \cdot 7H_2O$ 2 mmol/L					2	2	493
总计	营养元素物质的量/mmol 配方中肥料总量/(mg/L)	14	1	6	3.5	2	2	28.5 2 041

步骤1、2、3：首先用一种目前较为良好的平衡营养液配方（所谓的通用配方）来种植黄瓜，在正常生长的情况下，每隔一段时间（1~2周）用化学分析方法测定营养液中各种大量营养元素的含量，同时测定植株的吸水量，直至种植结束时将植物吸收营养元素和水的数量累加，以此算出植物一生中营养元素的吸收量（n 值，mmol 表示）和吸水量（w 值，L 表示）的比值（n/w）。在本例中，经测定每株黄瓜一生的吸水量为 173.36 L，吸收的 N、P、K、Ca、Mg 的量分别为 2 253.8 mmol、173.4 mmol、1 040.2 mmol、606.8 mmol 和 346.8 mmol。

这样可算得这几种营养元素的吸肥量与吸水量的比值（n/w）分别为 13、1、6、3.5 和 2（这些数值只取近似值即可，不必十分准确）。n/w 值反映的是植物吸水量和吸肥量之间的相互关系，即吸收 1 L 水时也就同时吸收了这升水中含有的各种营养元素的量。如上所述，黄瓜吸收 1 L 的水就吸收了 13 mmol 的氮（N）、1 mmol 的磷（P）、6 mmol 的钾（K）、3.5 mmol 的钙（Ca）、2 mmol 的镁（Mg）。以 n/w 来表示的植物吸收营养元素的量和吸水的关系实际上是一种浓度的意义，也可以说，n/w 实际上就是反映植物生长过程需要的营养液的浓度。

步骤4：选择合适的化合物作为肥源，并按分析测定的 n/w 值来确定其用量；在考虑选择合适的化合物作为肥源时要尽量先用副成分少的化合物为肥源。在确定各种营养元素化合物用量时首先满足的是只有提供一种养分的盐类的用量，例如，Ca 营养只由 $Ca(NO_3)_2 \cdot 4H_2O$ 来提供，黄瓜要求的 Ca 为 3.5 mmol/L，这就要求 $Ca(NO_3)_2 \cdot 4H_2O$ 的用量也要 3.5 mmol/L 才能提供 K 的需要量（6 mmol/L），即 KNO_3 用量为 6 mmol/L，且此时 KNO_3 带入 36 mmol/L 的 N（$NO_3^- - N$）；用 $NH_4H_2PO_4$ 来提供黄瓜需要的 1 mmol/L 的 K，即 $NH_4H_2PO_4$ 用量为 1 mmol/L，此时又带入 1 mmol/L 的（$NH_4^+ - N$），这样由上述 3 种化合物带入的氮量为 14 mmol/L，比实际植物需要量的 13 mmol/L 多了 1 mmol/L，由于植物对氮，特别是硝态氮有较多的奢侈吸收，因此多出的 1 mmol/L N 对黄瓜的生长并无太大影响，实践证明也是如此。最后用 $MgSO_4 \cdot 7H_2O$ 来提供植物需要的 2 mmol/L Mg，同时又带入 2 mmol/L 的 S。而山崎在确定此黄瓜配方时没有测定 S 的用量，因此没有 S 的 n/w 值。一般认为，在确定 Mg 用量时以 $MgSO_4 \cdot 7H_2O$ 的形态加入所带入营养液的 S 对植物生长的影响不大。

步骤 5：将确定了的各种盐类的用量从 mmol/L 换算成为用 mg/L 来表示的工作浓度。

经过上述步骤确定出来的营养液配方只是大量营养元素的用量，而微量元素的用量并不包括进去。现在除了一些作物对某些微量元素用量有特殊需要外，一般的微量元素用量可采用较为通用的配方（表 3-13）来添加，对多数作物都适用。掌握了不同营养液配方的特点，就能在实际生产中做到灵活应用。

表 3-13　通用微量元素配方

化合物名称（分子式）	化合物浓度/(mg/L)	元素浓度/(mg/L)
乙二胺四乙酸二钠（DTA-Na₂Fe）	20~40*	2.8~5.6
硼酸（H_3BO_3）	2.86	0.5
硫酸锰（$MnSO_4 \cdot 4H_2O$）	2.13	0.5
硫酸锌（$ZnSO_4 \cdot 7H_2O$）	0.22	0.05
硫酸铜（$CuSO_4 \cdot 5H_2O$）	0.08	0.02
钼酸铵〔$(NH_4)_6Mo_7O_{24} \cdot 4H_2O$〕	0.02	0.01

注：* 表示易缺铁的植物选用高用量。

阿农-霍格兰（Arnon-Hoagland）以植株化学分析确定番茄营养液配方的方法见表 3-14。

表 3-14　阿农-霍格兰以植株化学分析确定番茄营养液配方的方法

步骤	内　　容		营　养　元　素						小计
			N	P	K	Ca	Mg	S	
1	正常生长的番茄每株一生吸收营养元素的数量/(g/株)		14.79	3.68	23.06	7.10	2.84	1.80	53.27
2	步骤 1 的吸收量换算成毫摩尔数/mmol		1 069.3	118.7	591.3	177.5	118.3	56.3	2 131.4
3	以毫摩尔数计，每种元素占有吸收总量的百分数/%		50.17	5.57	27.74	8.33	5.55	2.64	100.00
4	确定配方的总浓度为 37 mmol/L 时各营养元素的占有量/mmol		18.56	2.06	10.27	3.08	2.05	0.98	37.00
5	确定各种配方中肥料的毫摩尔数								浓度/(mg/L)
	$Ca(NO_3)_2 \cdot 4H_2O$	3 mmol	NO_3^-：6	—	—	3	—	—	708
	KNO_3	10 mmol	NO_3^-：10	—	10	—	—	—	1 011
	$NH_4H_2PO_4$	2 mmol	NH_4^+：2	2	—	—	—	—	230
	$MgSO_4 \cdot 7H_2O$	2 mmol		—	—	—	2	2	493

（续）

步骤	内 容		营 养 元 素						小计
			N	P	K	Ca	Mg	S	
6	合计	营养元素毫摩尔数/mmol	18	2	10	3	2	2	37
		配方中肥料总量/(mg/L)	—	—	—	—	—	2 442	

步骤1：用化学分析的方法来确定正常生长的番茄植株一生中吸收各种营养元素的数量（微量元素的吸收量较少，因此，这里只考虑大量营养元素氮、磷、钾、钙、镁、硫的数量）。

步骤2：将分析所得的植株体内各种营养元素的数量（g/株）换算成毫摩尔数（mmol），以便确定配方的过程中进行计算。

步骤3：计算出每一种营养元素吸收的数量占植株吸收的所有营养元素的总量的百分比。

步骤4：通过番茄的吸收消耗的水量确定营养液适宜的总盐分浓度为37 mmol，并根据每一种营养元素占所有营养元素吸收总量的百分比计算每一种营养元素在此总盐分浓度下所占的数量（mmol/L）。

步骤5：选择合适的营养化合物作为肥源，按照每种营养元素所占的数量计算选定的每种营养化合物的用量，这是营养液配方确定最后一步，也是最关键的一步。前面我们已经讨论过，为了减少某些盐类伴随离子的影响以及总盐分浓度的控制，要使营养液配方选用的营养化合物的种类尽可能地少。而且提供某种营养元素的化合物的形态可能有多种，如含氮的化合物有 NH_4NO_3、KNO_3、$Ca(NO_3)_2$、NH_4Cl、$(NH_4)_2SO_4$、$NaNO_3$、$(NH_2)_2CO$ 等多种，含磷的化合物有 KH_2PO_4、K_2HPO_4、$NH_4H_2PO_4$、$(NH_4)_2HPO_4$、$Ca(H_2PO_4)_2$ 等多种，含钾的化合物有 KNO_3、K_2SO_4、KCl、KH_2PO_4、KH_2PO_4 等。究竟选用哪些化合物来作为配方中的肥源，这要考察许多方面的问题，如硝态氮和铵态氮这两种氮源的生理酸碱性问题，某种营养元素的盐类本身的伴随离子是否为植物生长无用的或吸收量很少的，选用的盐类是否有缓冲作用等。在这个营养液配方确定的例子中，选用了 $Ca(NO_3)_2 \cdot 4H_2O$、KNO_3、$NH_4H_2PO_4$ 和 $MgSO_4 \cdot 7H_2O$。这4种盐类来提供大量营养元素，一方面是这4种盐类的每一种都能够提供两种植物必需的营养元素，没有多余的伴随离子，在保证提供足够的营养元素的同时，有利于降低营养液的总盐分浓度，这4种盐类中 $Ca(NO_3)_2$ 和 KNO_3 均为生理碱性盐，它们提供的 Ca^{2+}、K^+、NO_3^- 离子都能够被植物吸收利用，因此营养液的生理碱性表现得不会过于剧烈。而且作为喜硝作物番茄来说，选用以硝态氮为配方中的主要氮源也是较为合适的。$NH_4H_2PO_4$ 是一种化学酸式盐，有一定缓冲营养液酸碱变化的功能。它主要以提供磷源为主，而由 $NH_4H_2PO_4$ 中 NH_4^+ 所提供的氮的数量较少，只起到调节供氮量的作用。$MgSO_4 \cdot 7H_2O$ 是一种生理酸性盐，它能够同时提供镁和硫营养，但作物吸收的硫的数量比镁的少，这样会在营养液中累积一定量的硫，但它的用量较少，一般不会对作物生长产生危害。选定了这4种盐类作为肥源之后，就要确定其各自的用量了。首先考虑的是提供一种营养元素的盐的数量，例如，钙只是由 $Ca(NO_3)_2 \cdot 4H_2O$ 来提供的，而需要的钙为3.08 mmol/L，这时用3 mmol/L $Ca(NO_3)_2 \cdot 4H_2O$ 来提供即可，同时带入了6 mmol的 NO_3^- - N，这个用量虽然比植物所需的3.08 mmol/L 钙低了0.08 mmol，但只要取其最接近植物生长所需的而且比较方便的整数倍值即可。钾的需要量为10.27 mmol/L，用

10 mmol/L KNO_3 来提供，同时也带入 10 mmol/L 的 $NO_3^- - N$，这样由 KNO_3 和 $Ca(NO_3)_2 \cdot 4H_2O$ 两种盐类带入的氮为 16 mmol/L 的 $NO_3^- - N$，与植物需要的氮量 18.56 mmol/L 少了 2.56 mmol。用 $NH_4H_2PO_4$ 来提供磷，植物需要的磷为 2.06 mmol，$NH_4H_2PO_4$ 加入量为 2 mmol 即可，此时可带入 2 mmol 的 $NH_4^+ - N$，与 KNO_3 和 $Ca(NO_3)_2 \cdot 4H_2O$ 所带入的氮量的总和已达 18 mmol，与植物需要量 18.56 mmol 相差不多，可不需另外补充。用 2 mmol/L $MgSO_4 \cdot 7H_2O$ 来提供植物所需的镁 2.05 mmol，这时也带入了 2 mmol 的硫，这要比植物需要的量（0.98 mmol）多出将近一倍，但不能够降低整个 $MgSO_4 \cdot 7H_2O$ 的用量来将就硫的用量，因为植物吸收的镁的量要比硫多，如果降低了硫的用量势必会造成镁的缺乏。而经过种植实践证明，这过多的硫对植物生长并没有太大的危害性。

步骤 6：将确定了的各种盐类的用量从 mmol/L 转换为用 mg/L 来表示，即为工作营养液浓度。

项目四　无土栽培固体基质

学习目标

◆ 知识目标
- 掌握常用基质的性质、作用、消毒方法与选用原则。
- 理解固体基质的理化性质和常用基质的特性。
- 了解基质更换要求与基质选用的发展趋势。

◆ 技能目标
- 能识别不同类型的无土栽培基质。
- 根据栽培作物选择正确的无土栽培基质。
- 能进行栽培基质的消毒处理。

任务实施

任务一　固体基质的作用及理化性质

在无土栽培中，固体基质的使用非常普遍，育苗期间和定植时也需要少量基质来固定和支持作物。基质是无土栽培的重要介质和基础。常用的基质有沙、石砾、珍珠岩、蛭石、岩棉、草炭、锯木屑、碳化稻壳、各种泡沫塑料和陶粒等。由于基质栽培设施简单、投资较少、管理容易、基质性能稳定，并有较好的实用价值和经济效益，因而基质栽培发展迅速，在无土栽培中得以广泛使用，越来越多的新型基质被不断开发并投入使用。

一、固体基质的作用

1. 支持固定植物　固体基质可以支持并固定植物，使其扎根于固体基质中而不致沉埋和倒伏，并给植物根系提供一个良好的生长环境，如有利于植物根系的伸展和附着。

2. 保持水分　固体基质都具有一定的保水能力，基质之间的持水能力差异很大。如珍珠岩，它能够吸收相当于本身质量3~4倍的水分；泥炭则可以吸收相当于本身质量10倍以上的水分。基质具有一定的保水性，固体基质吸持水分在灌溉期间使作物不致失水而受伤害，如可以防止供液间歇期和突然断电时植物因吸收不到水分和养分而干枯死亡。

3. **透气** 固体基质的孔隙存在空气，可以供给作物根系呼吸所需氧气。固体基质的孔隙也是吸持水分的地方。因此，在固体基质中，透气和持水两者之间存在着对立统一的关系，要求固体基质既具有一定量的大孔隙，又具有一定量的小孔隙，两者比例适当，可以同时满足植物根系对水分和氧气的双重需求，以利于根系生长发育。

4. **缓冲** 缓冲作用是指固体基质能够给植物根系的生长提供一个稳定环境的能力，即当根系生长过程中产生的有害物质或外加物质可能会危害植物正常生长时，固体基质会通过其本身的一些理化性质将这些危害减轻甚至化解。具有物理化学吸收能力的固体基质如草炭、蛭石都有缓冲作用，称为活性基质；而不具有缓冲能力或缓冲能力较弱的基质，如河沙、石砾、岩棉等称为惰性基质。

5. **提供营养** 有机固体基质如泥炭、椰壳纤维、熏炭、苇末基质等，可为苗期或生产期间提供一定的矿质营养元素。

总之，要求无土栽培用的基质不能含有不利于植物生长发育的有害、有毒物质，要能为植物根系提供良好的水、肥、气、热、pH 等条件，充分发挥其不是土壤胜似土壤的作用；还要能适应现代化的生产和生活条件，易于操作及标准化管理。

二、固体基质的物理性质

基质的好坏首先决定于基质的物理性质。在水培中，基质是否肥沃并不重要，一方面要起到固定植株的作用，另一方面为作物生长创造良好的水气条件。基质栽培则要求基质具有良好的物理性质。反映基质物理性质的主要指标有粒径（颗粒大小）、容重、总孔隙度、大小孔隙比等。

1. **容重** 容重是指单位体积内干燥基质的质量，一般用 g/L 或 g/cm³ 表示。容重与相对密度不同，相对密度是单位体积内固体基质的质量，不包括基质中的孔隙度，是基质本身的体积。测定容重的方法是：用一已知体积的容器装入待测基质，再将基质倒出后称其质量，以基质的质量除以容器的容积即可。

基质的容重与基质粒径和总孔隙度有关，其大小反映了基质的松紧程度和持水透气能力。容重过大，说明基质过于紧实，不够疏松，虽然持水性较好，但通气性较差；容重过小，说明基质过于疏松，虽然通气性较好，有利于根系延伸生长，但持水性较差，固定植物的效果较差，根系易漂浮。

不同基质的容重差异很大（表 4-1），同一种基质由于受到压实程度、颗粒大小的影响，其容重也存在着很大的差异。例如，新鲜蔗渣的容重为 0.13 g/cm³，经过 9 个月堆沤分解之后容重为 0.28 g/cm³。一般认为，小于 0.25 g/cm³ 属于低容重基质，0.25～0.75 g/cm³ 属于中容重基质，大于 0.75 g/cm³ 的属于高容重基质，而基质容重在 0.1～0.8 g/cm³ 范围内作物栽培效果较好。

表 4-1 几种常用基质的容重和相对密度

基质种类	容重近似值/(g/cm³)	相对密度/(g/cm³)
土　壤	1.10～1.70	2.45
沙	1.30～1.50	2.62

(续)

基质种类	容重近似值/(g/cm³)	相对密度/(g/cm³)
蛭 石	0.08～0.13	2.61
珍珠岩	0.03～0.16	2.37
岩 棉	0.04～0.11	—
草 炭	0.05～0.20	1.55
蔗 渣	0.12～0.28	—
树 皮	0.10～0.30	2.00
松树针叶	0.10～0.25	1.90

值得指出的是，基质容重可分别从干容重和湿容重两个角度去衡量。假设珍珠岩和蛭石的干容重都是 $0.1\ g/cm^3$，前者吸水后为自身质量的两倍，后者吸水后为自身质量的 3 倍，则湿容重分别为 $0.2\ g/cm^3$ 和 $0.3\ g/cm^3$。在实际使用中，有时湿容重可能较干容重更为现实些。例如，人工土的干容重为 $0.01\ g/cm^3$，极易令人认为太轻，不能将植物根系固定住，但从其湿容重能达到 $0.2\sim0.3\ g/cm^3$ 来看，与珍珠岩、蛭石相近，就不易产生错觉。

2. 总孔隙度　总孔隙度是指基质中持水孔隙和通气孔隙的总和，以相当于基质体积的百分数（％）来表示。总孔隙度大的基质，其空气和水的容纳空间大，反之就小。总孔隙度可以按下列公式来计算：

$$总孔隙度＝（1－容重/相对密度）\times100\％ \qquad (4-1)$$

如果一种基质的容量为 $0.1\ g/cm^3$，相对密度为 $1.55\ g/cm^3$，则总孔隙度为：

$$（1－0.1/1.55）\times100\％＝93.55\％$$

总孔隙度大的基质较轻，比较疏松，较有利于作物根系生长，但对于作物根系的支撑固定作用的效果较差，易倒伏。例如，蔗渣、蛭石、岩棉等的总孔隙度为 $90\％\sim95\％$。总孔隙度小的基质较重，水气的总容量较少，如沙的总孔隙度约为 $30\％$。因此，为了克服单一基质总孔隙度过大或过小所产生的弊病，在实际应用时常将两三种不同颗粒大小的基质混合制成复合基质来使用。

在基质的分类中，大孔隙占 $5\％\sim30\％$ 的基质属于中等孔隙度，小于 $5\％$ 的属低孔隙度，而大于 $30\％$ 的属高孔隙度（这是基质持水量低，容易干燥）。一般来说，基质的孔隙度在 $54\％\sim96\％$ 范围内即可。

3. 大小孔隙比（基质气水比）　总孔隙度只能反映在一种基质中空气和水分能够容纳的空间总和，它不能反映基质中空气和水分各自能够容纳的空间。而在植物生长的根系周围，能提供多少空气和容易被利用的水分，这是园艺基质最重要的物理性质。最适宜的基质的总孔隙度状况是同时能够提供 $20\％$ 的空气和 $20\％\sim30\％$ 容易被利用的水分。

气水比是指在一定时间内，基质中容纳气、水的相对比值，通常以基质的大孔隙和小孔隙之比来表示，并且以大孔隙值作为 1。小孔隙是指基质中水分所能够占据的空间，即持水孔隙。通气孔隙与持水孔隙的比值称为大小孔隙比，用下式表示：

$$大小孔隙比＝通气孔隙（\％）/持水孔隙（\％） \qquad (4-2)$$

大空隙，即通气孔隙直径在 $0.1\ mm$ 以上，灌溉后的溶液不会吸持在这些孔隙中而随重力作用流出的那部分空间，因此这种孔隙的作用是贮气；持水孔隙一般指孔隙直径在 0.001～

0.1 mm 范围内的孔隙，水分在这些孔隙中会由于毛细管作用而被吸持，充满于孔隙内，也称为毛管孔隙，存在于这些孔隙中的水分称为毛管水，这种孔隙的主要作用是贮水，没有通气作用。

大小孔隙比能够反映出基质中气、水之间的状况，是衡量基质优劣的重要指标，与总孔隙度合在一起可全面地表明基质中气和水的状态。如果大小孔隙比大，则说明空气容量大而持水量大。一般而言，大小孔隙比在 1：（2～4）范围内为宜，这时基质持水量大，通气性又良好，作物能良好地生长，并且管理方便。

4. 粒径（颗粒大小） 基质的大小直接影响着容重、总孔隙度和大小孔隙比。颗粒大小用颗粒粒径（mm）表示，同一种颗粒基质越粗，容重越大，总孔隙越小，大小孔隙度比越大；反之，颗粒越细，容重越小，总孔隙度越大，大小孔隙比越小。因此，为了使基质既能够满足根系吸水的要求，又能满足根系吸收氧气的要求，基质的颗粒不能太粗。颗粒太粗，虽然通气性较好，但持水性较差，种植管理上要增加浇水次数；颗粒太细，虽然能有较高的持水性，但通气不良，基质内易产生过多水分，造成过强的还原状态影响根系生长。因此，颗粒大小应适中，其表面粗糙但不带棱角，并且孔隙应多而比例适当。不同种类的基质，各自有适宜的粒径。沙粒粒径以 0.5～2.0 mm 为宜，陶粒粒径在 1 cm 以内为好，而岩棉（块状）等基质粒径大小并不重要。现将几种常用基质的物理性状列于表 4 - 2。

表 4 - 2 几种常用基质的物理性状

基质名称	容重/ (g/cm³)	总孔隙度/ %	大孔隙/% （通气容积）	小孔隙/% （毛管容积）	大小孔隙比 [大孔隙（%）/小孔隙（%）]
菜园土	1.10	66.0	21.0	45.0	0.47
沙子	1.49	30.5	29.5	1.0	29.50
煤渣	0.70	54.7	21.7	33.0	0.66
蛭石	0.13	95.0	30.0	65.0	0.46
珍珠岩	0.16	93.2	53.0	40.0	1.33
岩棉	0.11	96.0	2.0	94.0	0.02
泥炭	0.21	84.4	7.1	77.3	0.09
锯木屑	0.19	78.3	34.5	43.8	0.79
碳化稻壳	0.15	82.5	57.5	25.0	2.30
蔗渣 （堆沤 6 个月）	0.12	90.8	44.5	46.3	0.96

配制混合基质时，颗粒大小不同的基质混合后，其总体积小于原材料体积的总和。例如，1 m³ 沙子和 1 m³ 的树皮混合后，因为沙粒充填在树皮的孔隙中，总体积变为 1.75 m³，而非 2 m³。同时，随着时间的推移，由于树皮分解，总体积还会减小，这都会削弱透气性。所以，配制混合基质时最好选用抗分解的有机基质，以免颗粒日后由大变小。无机基质与有机基质相比，其颗粒大小不易因分解而变细变小。

此外，栽培的基质还应有较好的形状，不规则的颗粒具有较大的表面积，能保持较多的水分，多孔物质还能在颗粒内部保持水分，因而保持的水多。

三、固体基质的化学性质

基质对栽培作物生长有较大影响的化学性质主要有基质的化学组成及由此而引起的化学稳定性、酸碱性、物理化学吸收能力（阳离子代换量）、缓冲能力和电导率。了解基质的化学性质及其作用，有助于在选择基质和配制、管理营养液的过程中增强针对性，提高栽培管理效果。

1. **基质的化学组成及其稳定性** 基质的化学组成是指其本身所含有的化学物质种类及其含量，包括植物可吸收利用的有机营养和矿质营养以及有毒有害物质。基质的化学稳定性是指基质发生化学变化的难易程度。有些容易发生化学变化的基质，发生变化后产生一些有害物质，既伤害植物根系，又破坏营养液原有的化学平衡，影响根系对各种养分的有效吸收。因此，无土栽培中应选用稳定性较强的材料作为基质。这样可以减少对营养液的干扰，保持营养液的化学平衡，也便于对营养液的日常管理。

基质种类不同，化学组成不同，因而化学稳定性也不同（表4-3）。一般来说，主要由无机物质构成的基质，如河沙、石砾等，化学稳定性较高；而主要由有机物质构成的基质，如木屑、稻壳等，化学稳定性较差。但草炭的性质较为稳定，使用起来也最安全。

表4-3 常见的基质的营养元素含量

基质	全氮/%	全磷/%	速效磷/(mg/L)	速效钾/(mg/L)	速效钙/(mg/L)	代换镁/(mg/L)	速效铜/(mg/L)	速效锌/(mg/L)	速效铁/(mg/L)	速效硼/(mg/L)
菜园土	0.106	0.077	50.0	120.5	324.70	330.0	5.78	11.23	28.22	0.425
煤 渣	0.183	0.033	23.0	203.9	9 247.5	200.0	4.00	66.42	14.44	20.3
蛭 石	0.011	0.063	3.0	501.6	2 560.5	474.0	1.95	4.0	9.65	1.063
珍珠岩	0.005	0.082	2.5	162.2	694.5	65.0	3.50	18.19	5.68	—
岩 棉	0.084	0.228	—	1.338*	—	—	—	—	—	—
棉籽壳	2.20	0.210	—	0.17*	—	—	—	—	—	—
碳化稻壳	0.54	0.049	66.0	6 625.5	884.5	175.0	1.36	31.30	4.58	1.290

注：＊为全钾百分数（%）。

基质的化学稳定性因化学组成不同而差别很大。由无机矿物构成的基质（沙、石砾等），如其成分由石英、长石、云母等矿物组成，则其化学稳定性最强；由角闪石、辉石等组成的次之；由石灰石、白云石等碳酸盐矿物组成的最不稳定。前两者在无土栽培生产中不会产生影响营养液平衡的物质；后者则会产生钙、镁离子而严重影响营养液的化学平衡，这在无土栽培中要经常注意。

由植物残体构成的基质，如泥炭、木、稻壳、甘蔗渣等，其化学组成比较复杂，对营养液的影响较大。从影响基质的化学稳定性的角度来划分其化学成分类型，大致可分为三类：第一类是易被微生物分解的物质，如糖类中的淀粉、半纤维素、纤维素、有机酸等；第二类是有毒物质，如某些有机酸、酚类、丹宁等；第三类是难被微生物分解的物质，如木质素、腐殖等。含第一类物质的基质（新鲜稻草、甘蔗渣等）使用初期会由于微生物活动而引起强烈的生物化学变化，严重影响营养液的平衡，最明显的是引起氮素的严重缺乏。含有第二类物质比较多的基质会直接毒害根系。所以第一、第二类物质较多的基质不经过处理是不能直接使用的。含第三类物质为主的基质最稳定，使用时也最安全，如泥炭、经过堆沤处理后腐熟了的木屑、树皮、甘蔗渣等。堆沤是为了消除基质中易分解和有毒的物质，使其转变成以难分解的物质为主的基质。

2. 基质的酸碱性（pH） pH 表示基质的酸碱度。pH 7 为中性，pH<7 为酸性，pH>7 为碱性。pH 变化一个单位，酸碱度就增加或减少 10 倍。例如，pH 5 较 pH 6 酸度增加 10 倍，较 pH 7 酸度增加 100 倍。

基质本身有一定的酸碱性。基质过酸或过碱都会影响营养液的酸碱性，严重时会破坏营养液的化学平衡，阻止植物对养分的吸收。所以，选用基质之前，应对其酸碱性有一个大致的了解，以便采取相应的措施加以调节。检测基质酸碱度的简易方法是：取 1 份基质，加入其体积 5 倍的蒸馏水，充分搅拌后用试纸或酸度计测定 pH。

尽管多数观赏植物比较适应 pH 5.5～6.5 的范围，但基质的 pH 6.5（微酸性）～7.0（中性）为宜，并且最容易人为调节，又不会供液后影响营养液某些成分的有效性，导致植物出现生理障碍。

石灰质的砾石富含碳酸钙，供液后溶入营养液中，使 pH 升高，导致铁发生沉淀，造成植物缺铁，故不适于作为基质。糠醛属于强酸性，必须用碱性物质调整其 pH 至微酸性，否则也不宜用作基质。

一般来说，由于营养液大都偏酸性，基质经多次供液后 pH 会略有下降或保持与营养液的 pH 相近；如果用碱性物质调整基质的酸性，则会引起微量元素缺乏。

3. 基质的阳离子代换量（CEC） 基质的阳离子代换量（CEC）以 100 g 基质代换吸收阳离子的毫克当量数（me）来表示。阳离子代换量可表示基质对肥料养分的吸附保存能力，并能反映保持肥料离子免遭水分淋洗并能缓缓释放出来供植物吸收利用的能力，对营养液的酸碱反应也有缓冲作用。有的基质几乎没有阳离子代换量（如大部分的无机基质），有些却很高，它会对基质中营养液组成产生很大影响。有高阳离子换量的基质有较强的养分保持作用，但过高时，因养分淋洗困难，容易出现可溶性盐类蓄积而对植物造成伤害；反之则只能保持少量养分，因而需要经常施用肥料。有代换量的基质能缓解营养液 pH 的快速变化，但当调整 pH 时，也需要使用较多的校正物质。一般来说，有机基质具有高的阳离子代换量，故缓冲能力强，可抵挡养分淋洗和 pH 过度升降。

基质的阳离子代换量既有不利的一面，即影响营养液的平衡使人们难以按需控制营养液的组分；也有有利的一面，即保存养分减少损失和对营养液的酸碱反应有缓冲作用。应对每种基质的阳离子代换能力有所了解，以便权衡利弊而做出使用的选择。现将几种常用基质的阳离子代换量列于表 4-4，以说明其差别。

表 4-4　几种常用基质的阳离子代换量

基质种类	每 100 g 基质阳离子代换量/me
高位泥炭	140～160
中位泥炭	70～80
蛭石	100～150
树皮	70～80
沙、砾、岩棉等惰性基质	0.1～1

盆栽时，阳离子代换量一般以每 100 cm³ 体积所能吸附的阳离子毫克当量（me）来表示。通常情况下，基质的阳离子代换量在 10～100 me 比较适宜，小于 10 me 属低，大于 100 me 属高。

4. 基质的电导率　基质的电导率是指基质未加入营养液之前，本身具有的电导率，可用电导率仪测定。它反映基质中原来带有的可溶盐分的多少，将直接影响营养液的平衡。例如，受海水影响的沙，常含有较多的盐分，需要进行适当处理。基质中可溶性盐含量不宜超过 1 000 mg/kg，最好小于等于 500 mg/kg。使用基质前应对其电导率进行测定，以便用淡水淋洗或进行其他适当处理。

基质的电导率和硝态氮之间存在相关性，故可由电导率值推断基质中氮素含量，判断是否需要施用氮肥。一般在花卉栽培时，当电导率为 0.37～0.5 mS/cm 时（相当于自来水的电导率），必须施肥；电导率达 1.3～2.75 mS/cm 时，一般不再施肥，并且最好淋洗盐分；栽培蔬菜作物时的电导率应大于 1 mS/cm。

5. 基质的缓冲能力　基质的缓冲能力是指基质在加入肥料后，基质本身所具有的缓和酸碱性（pH）变化的能力。缓冲能力的大小主要取决于阳离子代换量以及存在于基质中的弱酸及盐类的多少。一般阳离子代换量高，其缓冲能力就强。含有较多的碳酸钙、镁盐的基质对酸的缓冲能力大，但其缓冲作用是偏性的（只缓冲酸性）；含有较多腐殖质的基质对酸碱两性都有缓冲能力。依缓冲能力大小排序为：有机基质＞无机基质＞惰性基质＞营养液。在常用基质中，有些矿物性基质有很强的缓冲能力，如蛭石，但大多数矿物性基质缓冲能力都很弱。因此，应了解基质的缓冲能力，以便更好加以利用。

6. 碳氮比　这是指基质中碳和氮的相对比值。碳氮比高（高碳低氮）的基质，由于微生物生命活动对氮的争夺，会导致植物缺氮。碳氮比很高的基质，即使采用了良好的栽培技术，也不易使植物正常生长发育。因此，木屑和蔗渣等有机基质在配制混合基质时，用量不超过 20％，或者每立方米加 8 kg 氮肥，堆积 2～3 个月，然后再使用。另外，大颗粒的有机基质由于其表面积小于其体积，分解速度较慢，而且其有效碳氮比小于细颗粒的有机基质。所以，要尽可能使用粗颗粒的基质，尤其是碳氮比低的基质。

一般规定，碳氮比（200～500）∶1 属中等，小于 200∶1 属低，大于 500∶1 属高。通常碳氮比宜中宜低不宜高。碳∶氮＝30∶1 左右较适合作物生长。

任务二　固体基质的分类与特性

一、无机基质和有机基质

无机基质主要是指一些天然矿物或其经高温等处理后的产物作为无土栽培的基质，如沙、砾石、陶粒、蛭石、岩棉、珍珠岩等。它们的化学性质较稳定，通常具有较低的阳离子代换量，其蓄肥能力较差。

有机基质则主要是一些含碳、氢的有机生物残体及其衍生物构成的栽培基质，如草炭、椰糠、树皮、木屑、菌渣等。有机基质的化学性质常常不太稳定，它们通常有较高的阳离子代换量，蓄肥能力相对较强。

一般说来，由无机矿物构成的基质，如沙、砾石等的化学稳定性较强，不会产生影响平衡的物质；有机基质如泥炭、锯末、稻壳等的化学组成复杂，对营养液的影响较大。锯末和新鲜稻壳含有易为微生物分解的物质，如糖类等，使用初期会由于微生物的活动，发生生物化学反应，影响营养液的平衡，引起氮素严重缺乏，有时还会产生有机酸、酚类等有毒物质，因此用有机物作基质时，必须先堆制发酵，使其形成稳定的腐殖质，并降解有害物质后才能用于栽培。此外，有机基质具有较高的阳离子代换量，故缓冲能力比无机基质强，可抵抗养分淋洗和 pH 过度升降。

二、化学合成基质

化学合成基质又称人工土，是近十年研制出的一种新产品，它是以有机化学物质（如脲醛、聚氨酯、酚醛等）作原材料，人工合成的新型固体基质。其主体组分可以是多孔塑料中的脲醛泡沫塑料、聚氨酯泡沫塑料、聚有机硅氧烷泡沫塑料、酚醛泡沫塑料、聚乙烯醇缩甲醛泡沫塑料、聚酰亚胺泡沫塑料之中任一种或数种混合物，也可以是淀粉聚丙烯树脂一类强力吸水剂，使用时允许适量渗入非气孔塑料甚至珍珠岩。

目前在生产上得到较多应用的人工土是脲醛泡沫塑料，它是将工业脲醛泡沫经特殊化性处理后得到的一种新型无土栽培基质，它是一种具多孔结构，直径≤2 cm，表面粗糙的泡沫小块，具有与土壤相近的理化性质，pH 6～7，并容易调整。容重为 $0.01～0.02$ g/cm³，总孔隙度为 82.78%，大孔隙为 10.18%，小孔隙为 72.60%，气水比 1∶7.3，饱和吸水量可达自身质量的 10～60 倍或更多，有 20%～30% 的闭孔结构，故即使吸饱水时仍有大量空气孔隙，适合植物根系生长，解决了营养液水培中的缺氧问题。基质颜色洁白，容易按需要染成各种颜色，观赏效果好，可 100% 地单独替代土壤用于长期栽种植物，也可与其他泡沫塑料或珍珠岩、蛭石、颗粒状岩棉等混合使用。生产过程中，经酸、碱和高温处理杀灭病菌、害虫和草籽，不存在土传病害，适应出口及内销的不同场合、不同层次的消费需要，其产品的质量检验容易通过。

人工土相对来说是一种高成本产品，因此在饲料生产、切花生产、大众化蔬菜生产方面目前不及泥炭、蛭石、木屑、煤渣、珍珠岩等实用，但在城市绿化、家庭绿化、作物育苗、水稻无土育秧、培育草坪草、组织培养和教学教具方面则具有独到的长处。

人工土又完全不同于无土栽培界有些人所称的人造土（人工土壤）、人造植料、营养土、复合土等。究其实质，后者不外乎是混合基质，将自然界原本存在的几种固体基质和有机基质按各种比例，甚至再加进田园土混合而成而已，没有人工合成出新的物质。因此，人工土是具有不同于人造土、人造植料的全新概念。

三、复合基质

复合基质又称混合基质，是指由两种以上的基质按一定的比例混合制成的栽培用基质。这类基质是为了克服生产上单一基质可能造成的容重过大或过小，通气不良或通气过盛等弊病，将几种基质混合而产生。在世界上最早采用的混合基质是德国汉堡的 Frushtifer，他在1949 年将泥炭和黏土等量混合，并加入肥料，用石灰调整 pH 后栽培植物，并将这种基质称为"标准化土壤"。美国加州大学、康奈尔大学从 20 世纪 50 年代开始，用草灰、蛭石、沙、珍珠岩等为原料，制成混合基质，这些基质是以商品形式出售，至今仍在欧美各国广泛使用。

混合基质是将特点各不相同的基质组合起来，使各自组分互相补充，从而使基质的各个性能指标达到要求标准，因而在生产上得到越来越广泛的应用。从理论上来讲，混合的基质种类越多效果越好，但由于混合基质时所需劳动力费用较高，因此从实际考虑应尽量减少混合基质的种类，生产上一般以 2～3 种基质混合为宜。

四、固体基质的选用原则

基质是无土栽培中重要的栽培组成材料，因此基质的选择非常重要，要求基质不仅具有像土壤那样能为植物根系提供良好的营养条件和环境条件的功能，还可以为改善和提高管理措施提供更方便的条件。因此，基质应根据具体情况予以精心选择。基质的选用原则可以从 4 个方面考虑：一是基质的适用性，二是基质的经济性，三是基质的市场性，四是基质的环保性。

1. 基质的适用性　适用性是指选用的基质是否适合所要种植的植物。基质是否适用可从以下几方面考虑：

（1）总体要求是所选用的基质的总孔隙度在 60% 左右，气水比在 1∶2 左右，化学稳定性强，酸碱度适中，无有毒物质。

（2）如果基质的某些性状阻碍作物生长，但可以通过经济有效的措施予以消除，则这些基质也是适用的。基质的适用性还依据具体情况而定。例如，泥炭的粒径较小，对于育苗是适用的，但在基质袋培时却因太细而不适用，必须与珍珠岩、蛭石等配制成复合基质后方可使用。

（3）必须考虑栽培形式和设备条件。如设备和技术条件较差时，可采用槽培或钵栽，选用沙子或蛭石作为基质；如用袋栽、柱状栽培时，可选用木屑或草炭加沙的混合基质；在滴灌设备好的情况下，可采用岩棉作基质。

（4）必须考虑植物根系的适应性、气候条件、水质条件等。如气生根、肉质根需要很好的透气性，根系周围湿度要大。在空气湿度大的地区，透气性良好的基质如松针、锯末非常适合，北方水质呈碱性，选用泥炭混合基质的效果较好。另外，有针对性地进行栽培试验，可提高基质选择的准确性。

（5）立足本国实际。世界各国均应根据本国情况来选择无土栽培用的基质，如加拿大采用锯末栽培，西欧各国采用岩棉栽培居多，南非采用蛭石栽培居多。

2. 基质的经济性　经济效益决定无土栽培发展的规模与速度。基质栽培技术简单，投资小，但各种基质的价格相差很大。有些基质虽对植物生长有良好的作用，但来源不易或价格太高，因而不宜适用。

现已证明，岩棉、泥炭、椰糠是较好的基质，但我国对农用岩棉仍需靠进口，这无疑会增加生产成本。泥炭在我国南方贮量远较北方少，价格也比较高，但南方作物的茎秆、稻壳、椰糠等植物性材料很丰富，如果用这些材料作基质，则来源广泛，而且价格便宜。因此，应根据当地的资源状况，尽量选择廉价优质、来源广泛、不污染环境、使用方便、可利用时间长、经济效益高的基质，最好能就地取材，从而降低无土栽培的成本，减少投入，体现经济性。

3. 基质的市场性　目前市场上对绿色食品的需要量日益加大，市场前景好，销售价格也远高于普通食品。以无机营养液为基础的无土栽培方式只能生产出优质的无公害蔬菜，而采用有机生态型无土栽培方式能生产出绿色蔬菜。基质营养全面、不含生理毒素、不妨碍植物生长、具有较强的缓冲性能的以有机基质为主要成分的复合基质才能满足有机生态型无土栽培要求，从而生产出绿色蔬菜。

4. 基质的环保性 随着无土栽培面积的日益扩大，所涉及的环境问题也逐渐引起人们的重视，这些环境问题主要有环境法规的限制、草炭资源问题以及废弃物可能引起的重金属污染。

西方国家都制定了相应的制度法规，禁止将多余或废弃的营养液排到土壤或水中，避免造成土壤的次生污染和地区水体富营养化。荷兰是世界上无土栽培面积最大、技术最先进的国家，1989 年规定温室无土栽培应逐步改为封闭系统，不许造成土壤的次生污染，这就要求选用的基质具有良好的理化性质，具有较强的 pH 缓冲性能和合适的养分含量，但目前该国面积最大的岩棉栽培是不能满足此要求的。

草炭是世界上应用最广泛、效果较理想的一种栽培基质，同时也是一种短期内不可再生资源，不能无限制地开采，应尽量减少草炭的用量或寻找草炭替代品。用有机废弃物作栽培基质不仅可解决废弃物对环境的污染问题，还可以利用有机物中丰富的养分供应植物生长所需，但应考虑有机物的盐分含量、有无生理毒素和生物稳定性。而且必须对有机废弃物特别是城市生活垃圾及工业垃圾的重金属含量进行检测。

总之，如果仅从基质的理化性质、生物学性质的角度考虑的话，可用的基质材料很多，如果再考虑经济效益、市场需要、环境要求，则基质的选用范围大大减少，各地应因地制宜地选择基质。

任务三　固体基质选用实例

一、无机栽培基质

无机基质作为基质的一大类，在生产上应用广泛，常用的有岩棉、沙、石砾、蛭石等，这些基质虽归为同一类，但各自的物理化学性质却有所差异。为了充分发挥好无机基质在无土栽培中的潜能，以取得良好的效益，了解基质的特性尤为重要。

1. 沙 沙的来源广泛，在河流、大海、湖泊的岸边及沙漠等地均有大量的分布，且价格便宜。不同地方、不同来源的沙，其组成成分差异很大，一般含二氧化硅在 50% 以上。沙没有阳离子代换量，容重为 1.5～1.8 g/cm³。使用时以选用粒径为 0.5～3 mm 的沙为宜。沙的粒径应相互配合适当，如果沙太粗易产生基质中通气过盛、保水能力较低，植株易缺水，营养液的管理麻烦；太细则易在沙中滞水，造成植株根际的涝害。较为理想的沙粒粒径组成应为：>4.7 mm 的占 1%，2.4～4.7 mm 的占 10%，1.2～2.4 mm 的占 26%，0.6～1.2 mm 的占 20%，0.3～0.6 mm 的占 25%，0.1～0.3 mm 的占 15%，<0.1 mm 的占 3%。

用于无土栽培的沙应确保不含有毒物质。例如，在石灰性地区的沙子往往含有较多的石灰质，使用时应特别注意。海边的沙通常含较多的氧化钠，在种植前应用大量清水冲洗干净后才可使用。石灰性地区所产的沙，只有碳酸钙的含量低于 20% 才可使用，超过 20% 要用过磷酸钙处理。方法是将 2 kg 过磷酸钙溶于 1 000 L 水中，用其浸泡沙 30 min 后将液体排掉，使用前再用清水冲洗。

另外，在栽培上应用时必须注意沙在使用前应进行过筛、冲洗，除去粉粒及泥土，以采用间歇供液法为好，因连续供液法会使沙内通气受限。

2. 石砾 石砾的来源主要是河边石子或石矿场的岩石碎屑。由于其来源不同，化学组成和性质差异很大。一般在无土栽培中应选用非石灰质的石砾，如花岗岩等的石砾。如果万不得已要用石灰质石砾，可用上述介绍的磷酸盐处理的方法来进行石砾的表面处理。

石砾的粒径应在 1.6～20 mm，其中总体积的一半的石砾直径为 13 mm 左右。石砾应较坚硬，不易破碎。选用的石砾最好为棱角不太锋利的，特别是株型高的植物或在露天风大的地方更应选用棱角较钝的石砾，否则会使植物茎部受到划伤。石砾本身不具有阳离子代换量，通气排水性能良好，但持水能力较差。

由于石砾的容重大（1.5～1.8 g/cm^3），给搬运、清理和消毒等日常管理工作带来很大的麻烦，而且用石砾进行无土栽培时需建一个坚固的水槽（一般用水泥砖砌而成）来进行营养液的循环。正是这些缺点，使石砾栽培在现代无土栽培中用得越来越少。特别是近二三十年来，一些轻质的人工合成基质如岩棉、海氏砾石（多孔陶粒）等的广泛应用，逐渐代替了沙、石砾作为基质，但石砾在早期无土栽培生产上起过重要作用，且在当今深液流水培技术中，用作定植杯中固定植株的物体还是很适宜的。

3. 岩棉　岩棉是人工合成的无机基质，已被认为是无土栽培的最好的基质之一，为植物提供了一个保肥、保水、无菌、空气供应充足的良好根际环境，目前在世界上已普遍采用。无土栽培中岩棉主要应用在 3 个方面：一是用岩棉育苗；二是循环营养液栽培（如 NFT）中植株的固定；三是用于岩棉基质的袋培滴灌技术中。

荷兰于 1970 年首次将岩棉应用于无土栽培，目前在全世界使用广泛的岩棉商品名为格罗丹（Grodan）。成型的大块岩棉可切割成小的育苗块或定植块，还可以将岩棉制成颗粒状（俗称粒棉）。目前国内已有一批中小型岩棉厂用此工艺生产。沈阳热电厂生产的优质农用岩棉，售价较低。由于岩棉使用简单、方便、造价低廉且性能优良，岩棉培被世界各国广泛运用，在无土栽培中，岩棉培面积居第一位。但岩棉培要求配备滴灌设施以及良好的栽培技术。如果与土壤或其他基质混合使用，由于块状或板状的岩棉难以撕碎成小块，不易混合均匀，故最好使用颗粒状的产品，另外，块板状的岩棉废弃后在土壤中极难分解，并损害土壤的耕作性状，故被视作污染物质。

岩棉的理化性质如下：

（1）有优良的物理性状。外观白色或浅绿色的丝状体，岩棉质地较轻，不腐烂分解，容重一般为 70～100 kg/m^3。总孔隙度大，可达 96%～100%，其中大孔隙是 64.3%，小孔隙为 35.7%，气水比为 1∶0.55，透气性好，吸水力很强，可吸收相当于自身质量 13～15 倍的水分，岩棉吸水后，会因其厚度的不同，含水量从下至上而递减，空气含量则自下而上递增。岩棉块水分垂直分布情况见表 4-5。

表 4-5　岩棉块中水分与空气的垂直分布状况

高度/cm（自上而下）		干物容积/%	孔隙容积/%	持水容积/%	空气容积/%
上 ↓ 下	1.0	3.8	96	92	4
	5.0	3.8	96	85	11
	7.5	3.8	96	78	18
	10.0	3.8	96	74	22
	15.0	3.8	96	74	42

（2）有稳定的化学性质。岩棉是由氧化硅和一些金属氧化物组成，具有低碳氮比和低阳离子代换量的特性，含全氮 0.084%、全磷 0.228%；矿质成分中二氧化硅占 35.5%～47.0%，铝、钙、镁、铁、锰、钠、钾、硫等占 53.0%～64.5%（表 4-6）。这些主要成分多数是植物不能吸收利用的，属于惰性基质。新岩棉的 pH 较高，一般为 pH 7～8，使用前需用清水漂洗，或加少量酸，经调整后的农用岩棉 pH 比较稳定。

表 4-6　岩棉的化学组成

成分	含量/%	成分	含量/%
二氧化硅（SiO_2）	47	氧化钠（Na_2O）	2
氧化钙（CaO）	16	氧化钾（K_2O）	1
氧化铝（Al_2O_3）	14	氧化锰（MnO）	1
氧化铁（Fe_2O_3）	8	氧化钛（TiO）	1

（3）不吸附营养液中的营养元素。营养液可将营养元素充分提供给作物根系吸收。

（4）无毒无菌。岩棉经高温完全消毒，不会携带任何病原菌，可直接使用。

4. 蛭石　蛭石为云母类次生硅质矿物，为铝、镁、铁的含水硅酸盐，由一层层的薄片叠合构成，在 800～1 100 ℃炉体中受热后形成海绵状物质。蛭石质地较轻，每立方米质量为 80～160 kg，容重较小（0.07～0.25 g/cm³），总孔隙度达 95%，大小孔隙比约 1:4，气水比为 1:4.34，具有良好的透气性和保水性，电导率为 0.36 mS/cm。蛭石的吸水能力很强，每立方米可以吸收 100～650 kg 水，碳氮比低，阳离子代换量较高，具有较强的保肥力和缓冲能力。蛭石中含较多的钙、镁、钾、铁，可被作物吸收利用。蛭石 pH 因产地不同、组成成分不同而稍有差异。一般均为中性至微碱性（pH 6.5～9.0）。当其与酸性基质如泥炭等混合使用时不会出现问题。如单独使用，因 pH 太高，需加入少量酸进行中和。

无土栽培用蛭石的粒径应在 3 mm 以上，用作育苗的蛭石可以稍细些（0.75～1.0 mm）。其使用一段时间后由于坍塌、分解、沉降等原因易破碎而使结构遭到破坏，孔隙度减小，结构变细，影响透气和排水，因此在运输、种植过程中不能受重压；一般使用 1～2 次，其结构就劣变，故一般不宜用作长期盆栽植物的基质，使用之后可作肥料或施用到土壤中。

5. 珍珠岩　珍珠岩是一种灰色火山岩（铝硅酸盐），加热至 1 000 ℃时，岩石颗粒膨胀而形成质地均一、直径为 1.5～1.4 mm 的灰白色、质轻、多孔性闭孔疏松核状颗粒，又称为膨胀珍珠岩或"海绵岩石"。珍珠岩容重小，为 0.13～0.16 g/cm³，总孔隙度 60.3%，气水比 1:1.04，可容纳自身质量 3～4 倍的水，易于排水和通气，化学性质比较稳定，含有硅、铝、铁、钙、锰、钾等氧化物，养分多不能被植物吸收利用。电导率为 0.31 mS/cm，呈中性，碳氮比低，阳离子代换量小，无缓冲能力，不易分解，但遭受碰撞时易破碎。珍珠岩可以单独使用，但质轻，粉尘污染较大，使用前最好戴口罩，先用水喷湿，以免粉尘纷飞；浇水过猛，淋水较多时易漂浮，不利于固定根系，因而多与其他基质混合使用。

6. 膨胀陶粒　膨胀陶粒又称多孔陶粒或海氏砾石，它是用大小比较均匀的团粒状陶土（火烧页岩，含蒙脱石和凹凸棒石成分）在 800～1 000 ℃的高温陶窑中煅烧制成的。外壳硬而较致密，赭红色。从切面看，内部为蜂窝状的孔隙构造；质地较疏松，略呈海绵状，色微带灰褐。其容重为 $0.5\sim1.0\,g/cm^3$，大孔隙多，pH 在 $4.9\sim9.0$ 变化，有一定的阳离子代换量（CEC 为每 $100\,g\ 6\sim21\,me$），碳氮比低。膨胀陶粒较为坚硬，不易破碎；可反复使用，吸水率为 $48\,mL/(L\cdot h)$。颗粒大小横径为 $0.5\sim1\,cm$ 者占多数，少数横径小于 $0.5\,cm$ 或大于 $1\,cm$。

膨胀陶粒作为基质，其排水通气性能良好，而且每个颗粒中间有很多小孔可以持水。常与其他基质混用，单独使用时多用在循环营养液的种植系统中或用来种植需要通气较好的花卉。膨胀陶粒在连续使用后，颗粒内部及表面吸收的盐分会造成通气和养分上的困难，且难以用水洗去。

7. 炉渣 炉渣容重适中，为 $0.78\,g/cm^3$，有利于固定作物根系。炉渣具有良好的理化性质，总孔隙度为 55%，持水量为 17%，电导率为 $1.83\,mS/cm$，碳氮比低。炉渣含有较多的速效磷、碱解氮和有效磷，并且含有植物所需的多种微量元素，如铁、锰、锌、铝、铜等。与其他基质混用时，可不加微量元素。未经水洗的炉渣 pH 较高。炉渣必须过筛方可使用。粒径较大的炉渣颗粒可作为排水层材料，铺在栽培床的下层，用编织袋与上部的基质隔开。炉渣不宜单独用作基质，在基质中的用量也不能超过 60%（体积）。

炉渣的优点是价廉易得和透气性好，缺点是碱性大、持水量低、质地不均一，对营养液成分影响大。使用前需进行筛选，并且最好用碳酸液中和其碱性，或用清水洗碱，并淋洗去其所含碱、钠等元素。

8. 片岩 园艺上用的片岩是在 $1\,400\,℃$ 的高温炉中加热膨胀形成的，容重为 $0.45\sim0.85/cm^3$，孔隙容积为 $50\%\sim70\%$，持水容积为 $4\%\sim30\%$。片岩的化学组成为：二氧化硅（SiO_2）50%、氧化铝（Al_2O_3）28%、氧化铁（Fe_2O_3）5%、其他物质 15%。片岩的结构良好，在欧洲一些国家（如法国等）有使用。

9. 火山熔岩 火山熔岩是由火山喷发出的熔岩冷却凝固而成。外表颜色灰褐色，为多孔蜂窝状的块状物，打碎后可以使用。容重为 $0.7\sim1.0\,g/cm^3$。其粒径为 $3\sim15\,mm$ 时，孔隙度为 27%，持水量为 19%。火山熔岩的化学组成为：二氧化硅（SiO_2）51.5%、氧化铝（Al_2O_3）18.6%、氧化铁（Fe_2O_3）7.2%、氧化钙（CaO）10.3%、镁（Mg）9.0%、硫（S）0.2%、碱性物质 3.2%。

火山熔岩不易破碎，结构良好，但持水能力较差，在法国曾广泛用它作为无土栽培的基质，使用时只要放入栽培箱中或盆钵中，采用营养液滴灌即可使作物生长良好。

二、有机栽培基质

有机基质的化学性质一般稳定性较差，它们通常具有较高的阳离子代换量，其蓄肥能力相对较强。在无土栽培中，有机基质普遍具有保水性好、蓄肥力强的优点，应用十分广泛。

1. 泥炭 泥炭又称草炭，来自泥炭藓、灰藓、苔藓和其他水生植物的分解残留体，是迄今为止世界公认最好的无土栽培基质之一。尤其是现代大规模工厂化育苗，大多是以泥炭为主要基质，其中加入一定量蛭石、珍珠岩等基质，制成含有养分的泥炭钵（小块），或直接放在育苗盘中育苗，效果很好。除用于育苗外，在袋培营养液滴灌或种植槽培中，泥炭也常用作基质，植物生长很好。容重为 $0.2\sim0.6\,g/cm^3$（高位泥炭、低位泥炭分别低于或高于此范围），总孔隙度为 $77\%\sim84\%$，大孔隙 $5\%\sim30\%$，持水量为 $50\%\sim55\%$，电导率为

1.1 mS/cm，阳离子代换量属中或高，碳氮比低或中，含水量为30%～40%，草炭几乎在世界所有国家都有分布，但分布很不均匀，北方多，南方少。我国北方出产的草炭质量较好。

根据泥炭形成的地理条件、植物种类和分解程度的不同，可将泥炭分为低位泥炭、高位泥炭和中位泥炭三大类。低位泥炭颁布于低洼的沼泽地带，宜直接作为肥料来施用，而不宜作为无土栽培的基质；高位泥炭分布于低位泥炭形成的地形的高处，以苔藓植物为主，不宜作为肥料直接使用，宜作肥料的吸持物，在无土栽培中可作为复合基质的原料；中位泥炭是介于高位泥炭和中位泥炭之间的过渡类型，可在无土栽培中使用。在产区，泥炭由于开采加工简单，价格便宜；但在非产地，由于经过长距离运输和精细加工，优质泥炭（有机质95%，灰分≤5%，膨胀率200%）的价格相对较高。

用于室内盆栽花卉，由于其褐黑如土，浇水时会从盆底孔渗出泥炭细末，故使用不当会影响环境清洁。世界上泥炭用作无土栽培基质，其地位仅次于岩棉。不同来源泥炭的物理性质见表4-7。

表4-7 不同来源泥炭的物理性质

泥炭种类	容重/(g/L)	总孔隙度/%	空气容积/%	易利用水容积/%	100 g吸水力/g
藓类泥炭（高位泥炭）	42	97.1	72.9	7.5	992
	58	95.9	37.2	26.8	1 159
	62	95.6	25.5	34.6	1 383
	73	94.9	22.2	35.1	1 001
白泥炭（中位泥炭）	71	95.1	57.3	18.3	869
	92	93.6	44.7	22.2	722
	93	93.6	31.5	27.3	754
	96	93.4	44.2	21.0	694
黑泥炭（低位泥炭）	165	88.2	9.9	37.7	519
	199	88.5	7.2	40.1	582
	214	84.7	7.1	35.9	487
	265	79.9	4.5	41.2	467

2. 芦苇末 利用造纸厂废弃下脚料——芦苇末，添加一定比例的鸡粪等辅料，在发酵微生物的作用下，堆制发酵合成优质环保型无土栽培有机芦苇末基质。它由南京农业大学等单位研制开发，已广泛应用于无土栽培和育苗之中，尤其在南方长江流域普遍采用。理化性状如下：容重0.20～0.40 g/cm³，总孔隙度80%～90%，大小孔隙比0.5～1.0，电导率1.20～1.70 mS/cm，pH 7.0～8.0，每100 g基质阳离子交换量60～80 me，具有较强的酸碱缓冲能力。基本上可与天然泥炭相比拟，尤其是各种营养元素含量丰富，微量元素的含量能基本满足作物生长发育的要求，故又称人工泥炭。

3. 锯木屑 锯木屑是木材加工的下脚料，质轻，具有较强的吸水、保水能力。锯木屑用作基质已有多年历史，但各种树木的锯木屑成分差异很大。一般锯木屑的化学成分为：含碳48%～54%、戊聚糖14%、纤维44%～45%、木质素16%～22%、树脂1%～7%、灰分0.4%～2%、氮0.18%。pH 4.2～6.0，容重为0.19 g/cm³，总孔隙度为78.3%，大孔隙为 34.5%，小孔隙为 43.8%，气水比为 1：1.27。阳离子代换量较高。经堆积腐烂后 pH 5.2，干容量为 0.36 g/cm³，湿容重为 0.84 g/cm³，持水量为 48%，大孔隙为 5.4%，电导率为 0.56 mS/cm。

锯木屑的许多性质与树皮相似，但通常锯木屑的树脂、丹宁和松节油等有害物含量较高，而且 C/N 很高，因此锯木屑在使用前堆沤时间需较长（至少 3 个月）。

锯木屑作为无土栽培基质，在使用过程中结构良好，一般可连续使用 2～6 茬，每茬使用后应加以消毒。作基质的锯木屑不应太细，小于 3 mm 的锯木屑所占比例不应超过 10%，一般应有 80% 在 3.0～7.0 mm。锯木屑多与其他基质混合使用。

木屑价格便宜，在产区货源充沛，有利用价值，但它是一种天然有机基质，难免有携带病虫害之虞（如我国松树的线虫病，就是通过包装箱从境外传入的），加上消毒不便和产地有一定局限性，所以，从大范围来看，除林区外，木屑在无土栽培中用作基质并不占优势。

4. 树皮 树皮是木材加工过程中的下脚料。在盛产木材的地方，如加拿大、美国等常用来代替泥炭作无土栽培基质。树皮的化学组成因树种不同差异很大。一种松树皮的化学组成为：有机质含量为 98%，其中蜡树脂为 3.9%、丹宁木质素为 3.3%、淀粉果胶 4%、纤维素 2.3%、半纤维素 19.1%、木质素 46.3%、灰分 2%，C/N 为 135，pH 4.2～4.5。

有些树皮含有有毒物质，不能直接使用。大多数树皮中含有较多的酚类物质，这对于植物生长是有害的，而且树皮的 C/N 都比较高，直接使用会引起微生物对氮素的竞争作用。为了克服这些问题，必须将新鲜的树皮进行堆沤，堆沤时间至少应在一个月以上，因有毒的酚类物质的分解至少需 30 d 才行。

经过堆沤处理的树皮，不仅使有毒的酚类物质分解，本身的 C/N 降低，而且可以增加树皮的阳离子代换量，CEC 可以从堆沤前的每 100 g 8 me 提高到堆沤后的每 100 g 60 me。经堆沤后的树皮，其含有的病原菌、线虫和杂草种子等大多会被杀死，在使用时不需进行额外消毒。

树皮的容重为 0.4～0.53 g/cm³。树皮作为基质作用，在使用过程中会因物质分解而其容重增加，体积变小，结构受到破坏，造成通气不良，易积水，但结构变差需 1 年左右的时间。利用树皮作基质时，如果树皮中氧化物含量超过 2.5%、锰含量超过 20 mg/kg，则不宜使用。

树皮的性质和木屑基本相近，但通气性强些而持水量低些，并较耐分解。用前要破碎成 1～6 mm 大小，并最好堆积腐熟。一般与其他基质混合使用，用量占总体积的 25%～75%。如果树皮单独使用，由于过分通气，必须注意浇水和施肥。所以，树皮仅见用于种植兰科植物。

5. 甘蔗渣 来源于甘蔗制糖业的副产品，在我国南方来源广泛。新鲜蔗渣的 C/N 很高，可达 169，不能直接作为基质使用，必须经过堆沤后才能使用。堆沤时可以采用两种办法：一是将蔗渣淋水至含水量 70%～80%（用手握住一把蔗渣至刚有少量水渗出为宜），然后堆成一堆即可；二是以蔗渣干重的 0.5%～1.0% 的比例加入尿素。加尿素可以加速蔗渣的分解，加快 C/N 的降低，经过一段时间堆沤的蔗渣，其 C/N 及物理性状都发生了很大的变化（表 4-8）。

表 4-8　蔗渣堆沤后物理化学性质的变化

（郭世荣，2011. 无土栽培等）

堆沤时间	全碳	全氮	C/N	容重/(g/L)	通气孔隙/%	持水孔隙/%	大小孔隙比	pH
新鲜蔗渣	45.26	0.268 0	169	127.0	53.5	39.3	1.36	4.68
堆沤 3 个月	44.01	0.310 5	142	118.5	45.2	46.2	0.98	4.86
堆沤 6 个月	42.96	0.361 3	119	115.5	44.5	46.3	0.96	5.30
堆沤 9 个月	34.30	0.605 8	56	205.0	26.9	60.3	0.45	5.67
堆沤 12 个月	31.33	0.637 5	49	278.5	19.0	63.5	0.30	5.42

　　蔗渣堆沤时间太长（6 个月以上），蔗渣会由于分解过度而通气不良，且对外加速效氮的耐受能力差，所以在实际应用时以堆沤 3～6 个月为好。经堆沤和增施氮肥处理，蔗渣可以成为与泥炭种植效果相当的良好基质。这为生产甘蔗的南方地区发展无土栽培创造了良好的物质条件。用蔗渣做育苗基质时，蔗渣应较细，最大粒径不超过 5 mm；用作袋培或槽培，粒径可稍粗大，但最大也不宜超过 15 mm。

　　6. 稻壳　稻壳是稻米加工的副产品，在无土栽培上使用的稻壳通常是进行过碳化的，称为碳化稻壳或碳化砻糠。碳化稻壳容重为 0.15 g/m³，总空隙度为 82.5%，其中大孔隙容积为 57.5%，小孔隙容积 25%，含氮 0.54%、速效磷 66 mg/kg、速效钾 0.66%，pH 为 6.5。如果碳化稻壳使用前没经过水洗，碳化形成的 K_2CO_3 会使其 pH 升至 9.0 以上，因此使用前宜用水洗。

　　碳化稻壳因经高温碳化，如不受外来污染，则不带病菌。碳化稻壳含营养元素丰富，价格低廉，通透性良好，但持水孔隙度小，持水能力差，使用时需经常浇水。另外，稻壳碳化过程不能过度，否则受压时极易破碎。

　　碳化稻壳质疏松，通气和吸水均较适中，不易出现过干或过湿现象（但由于吸湿性强，若较厚且供液充分，则易出现湿害）。虽吸收养分的能力较差，但自身含有丰富的钾、磷、钙等成分，可以满足幼苗需要，故适用于扦插和播种。由于 pH 偏碱性以及所含养分会干扰营养液的配制，加上资源不十分容易取得等原因，除扦插、播种外，一般不单独作为基质使用，而通常多用于混合基质以改进通气性和提高肥力。另外，砻糠用作燃料产生的灰烬称为砻糠灰或谷壳灰，实际上与碳化稻壳并非同一物品。前者燃烧程度高，含碳少，颗粒较细小，灰分含量多；后者则相反，性能优于前者。尽管有人将砻糠灰和碳化稻壳混同，无土栽培中用作基质的主要是指碳化稻壳。

　　7. 菇渣和棉籽壳菌糠　菇渣是种植草菇、香菇、蘑菇等食用菌后废弃的培养基质。刚种植过食用菌的菇渣一般不能够直接使用，将废弃的菇渣取来后加水至含水量约 70%，再堆成一堆，盖上塑料薄膜，堆沤 3～4 个月，取出摊开风干，然后打碎，过 5 mm 筛，筛去菇渣中的粗大植物残体、石块和棉花等即可。菇渣容重约为 0.41 g/cm³，持水量为 60.8%，菇渣含氮 1.83%，含磷 0.84%，含钾 1.77%。菇渣中含有较多石灰，pH 6.9（未堆沤的更高）。菇渣的氮、磷含量较高，不宜直接作为基质使用，应与泥炭、蔗渣、沙等基质按一定的比例混合制成复合基质后使用。混合时菇渣的比例不应超过 40%（以体积计算）。

　　棉籽壳菌糠 pH 6.4，容重为 0.24 g/cm³，总孔隙度为 74.9%，大孔隙为 72.3%，小孔隙为 2.6%，气水比为 1∶0.36，含全氮 2.2%，含磷 0.21%。其性质与发酵木屑有些相近。

黄瓜椰糠无土栽培技术

8. 椰糠　椰糠又名金椰粉，压缩植物培养料，是椰子果实外壳加工后的废料。椰子果实外面包有一层很厚的纤维物质，将其加工成椰棕，可以做成绳索等物。在加工椰棕的过程中可产生大量的粉状物，称为椰糠。因为它颗粒比较粗，又有较强的吸收能力，透气和排水性能比较好，保水和持肥的能力也较强。另外，椰棕切成小块或椰壳切成块状物均可作为栽培基质。未经切细压缩者，含有长丝，质地蓬松。经过切细压缩者，呈砖状，每块重 450 g 或 600 g，加水 3 000~4 000 mL 浸泡后体积可膨大至 6 000~8 000 cm³，湿容重为 0.55 g/cm³。pH 5.8~6.7。吸水量为自身质量的 5~6倍。因为是植物性有机基质，磷氮比较高，如果栽培植物时只浇清水，容易呈现缺素现象，尤其是作为植株呈现叶色淡绿或黄绿（可能缺氮）。由于 pH、容重、通气性、持水量、价格等都比较适中，用椰糠、珍珠岩、煤灰渣、火山灰等混合后配成盆栽基质比较理想，尤其是作为观叶植物的基质，效果很好。我国南海等地椰糠资源丰富，开发利用前景较好。

9. 腐叶　腐叶对花卉无土栽培的意义非同一般，因为它能够给植株提供一个类似有土栽培的理想环境。有些花卉种类需要从基质中不断地吸收所需的养分，为了满足它们的这种需求，仅靠人工调节营养液的供应往往满足不了植物的需要。而腐叶作为一个具有高阳离子代换量的栽培系统，能够很好地满足花卉的这种要求，因此，腐叶在花卉栽培中的使用价值越来越被人们所重视。

腐叶来源广泛，制作成基质也较容易。深秋时，选择合适的地方挖一个大坑，然后把大量的阔叶树落叶放在坑里，将其压实后灌水，然后在上面覆盖塑料薄膜，并覆土壤。经过一个冬季，可以在土地解冻后再将已经腐败的落叶从土中挖出置于空气中，经常喷水、翻动，以利于其风化，然后再将其捣碎、过筛即可使用。

在操作时，应根据花卉的种类将腐叶与一定比例的其他基质混合在一起。它不适合单独使用，与其他无土基质混用效果更好。研究表明，含有适量腐叶的基质具有较高的阴、阳离子代换量，由于它有很好的持水性、透气性，因此很多种花卉都能在腐叶基质中苗壮成长。

10. 泡沫塑料　现在使用的泡沫塑料主要是脲醛泡沫、软质聚氨酯泡沫、酚醛泡沫和聚有机硅氧烷泡沫等泡沫塑料。这些泡沫塑料可取自塑料包装材料制造厂家的下脚料。国外有些厂家有专门出售供无土栽培使用的泡沫塑料。泡沫塑料的容重小，为 0.1~0.15 g/cm³。有些泡沫塑料可以吸收大量的水分，而有些则几乎不吸水。如 1 kg 的脲醛泡沫塑料可吸持 12 kg 的水。

泡沫塑料非常轻，用作基质时必须用容重较大的颗粒，如沙、石砾来增加容重，否则植物难以固定。由于泡沫塑料的排水性能良好，它可以作为栽培床下层的排水材料。若用于家庭盆栽花卉（与沙混合），则较为美观且植株生长良好。

近两年，在我国推销的日本产盆栽泡沫塑料，其外观和质地与海绵或软质聚氨酯非常相似，采用了含水质防腐剂的长效缓释肥料，使日常管理简便化。但只适用于栽种较小型的花卉，价格非常昂贵（栽种相同大小的 1 株花卉，价格比使用人工土高出 30~40 倍）。

三、复合基质

复合基质也称混合基质，由两种或几种基质按一定的比例混合而成。基质种类和配比因栽培植物种类的不同而异。

每种基质用于无土栽培都有其自身的优缺点，故单一基质栽培就存在这样那样的问题，混合基质由于它们相互之间能够优势互补，使得基质的各个性能指标都比较理想。由两种或两种以上基质按一定的比例混合，即可配成复合基质（混合基质）。美国加州大学、康奈尔大学从 20 世纪 50 年代开始，用草炭、蛭石、沙、珍珠岩等为原料，制成复合基质出售。我国很少以商品形式出售复合基质，生产上根据作物种类和基质特性自行配制复合基质，这样也可降低栽培成本。

1. 基质选配（混合）的总原则 基质混合总的原则是混合后的基质容重适宜，孔隙度增加，水分和空气的含量提高。同时，在栽培上要注意根据混合基质的特性，与作物营养液配方相结合，才有可能充分发挥其丰产、优质的潜能。理论上讲，混合的基质种类越多效果越好，生产实践上基质的混合使用以 2～3 种混合为宜。一般不同作物的复合基质组成不同，但比较好的混合基质应适用于各种作物，不能只适用于某一种作物。如 1∶1 的草炭、蛭石，1∶1 的草炭、锯末，1∶1∶1 的草炭、蛭石、锯末或 1∶1∶1 的草炭、蛭石、珍珠岩，以及6∶4 的炉渣、草炭等混合基质，均在我国无土栽培生产上获得了较好的应用效果。

2. 基质的混合方法 在配制混合基质时，可预先混入一定的肥料，肥料可用氮、磷、钾三元复合肥（15 - 15 - 15）以 0.25% 比例加水混入，或按硫酸钾 0.5 g/L、硝酸铵 0.25 g/L、过磷酸钙 1.5 g/L、硫酸镁 0.25 g/L 的量加入，也可按其他营养配方加入。

混合基质用量小时，可在水泥地面上用铲子搅拌，用量大时，应用混凝土搅拌器。干的草炭一般不易弄湿，需提前 1 d 喷水或加入非离子润湿剂，每 40 L 水中加 50 g 次氯酸钠配成溶液，能把 1 m³ 的混合物弄湿。注意混合时要将草炭块尽量弄碎，否则不利于植物根系生长。

另外，在混合大量基质时应使用混凝土搅拌器。干的草炭一般不易湿润，可加入非离子湿润剂，如每 40 L 水中用 50 g 次氯酸钠配成溶液，可湿润 1 m³ 的混合物。

以下是国内外常用的一些复合基质配方：

配方 1：1 份草炭、1 份珍珠岩、1 份沙。

配方 2：1 份草炭、1 份珍珠岩。

配方 3：1 份草炭、1 份沙。

配方 4：1 份草炭、1 份沙，或 3 份草炭、1 份沙。

配方 5：1 份草炭、1 份蛭石。

配方 6：4 份草炭、3 份蛭石、3 份珍珠岩。

配方 7：2 份草炭、2 份火山岩、1 份沙。

配方 8：2 份草炭、1 份蛭石、1 份珍珠岩，或 3 份草炭、1 份珍珠岩。

配方 9：1 份草炭、1 份珍珠岩、1 份树皮。

配方 10：1 份刨花、1 份炉渣。

配方 11：2 份草炭、1 份树皮、1 份刨花。

配方 12：1 份草炭、1 份树皮。

配方 13：3 份玉米秸、2 份炉渣灰，或 3 份向日葵秆、2 份炉渣灰，或 3 份玉米芯、2 份炉渣灰。

配方 14：1 份玉米秸、1 份草炭、3 份炉渣灰。

配方 14：1 份草炭、1 份锯末。

配方 16：1 份草炭、1 份蛭石、1 份锯末，或 4 份草炭、1 份蛭石、1 份珍珠岩。

配方 17：2 份草炭、3 份炉渣。

配方 18：1 份椰子壳、1 份沙。

配方 19：5 份向日葵秆、2 份炉渣、3 份锯末。

配方 20：7 份草炭、3 份珍珠岩。

3. 育苗、盆栽混合基质　育苗基质中一般加入草炭，当植株从育苗钵（盘）取出时，植株根部的基质就不易散开。当混合基质中无草炭或草炭含量小于 50% 时，植株根部的基质将易于脱落，因而在移植时，小心操作以防损伤根系。如果用其他基质代替草炭，则混合基质中就不用添加石灰石。因为石灰石主要是用来提高基质 pH 的。为了使所育的苗长得壮实，育苗和盆栽基质在混合时应加入适量的氮、磷、钾养分。以下为常用的育苗和盆栽基质配方：

（1）加州大学混合基质。细沙（粒径为 0.05～0.5 mm）0.5 m³，粉碎草炭 0.5 m³，硝酸钾 145 g，白云石或石灰石 4.5 kg，硫酸钾 145 g，钙石灰石 1.5 kg，20% 过磷酸钙 1.5 kg。

（2）康奈尔混合基质。粉碎草炭 0.5 m³，蛭石或珍珠岩 0.5 m³，石灰石（最好是白云石）3.0 kg，过磷酸钙（20% 五氧化二磷）1.2 kg，复合肥（5‐10‐5）3.0 kg。

（3）中国农科院蔬菜花卉所无土栽培盆栽基质。草炭 0.75 m³，蛭石 0.13 m³，珍珠岩 0.12 m³，石灰石 3.0 kg，过磷酸钙（20% 五氧化二磷）1.0 kg，复合肥（5‐15‐15）1.5 kg，消毒干鸡粪 10.0 kg。

（4）草炭矿物质混合基质。草炭 0.5 m³，过磷酸钙（20% 五氧化二磷）700 g，蛭石 0.5 m³，磨碎的石灰石或白云石 3.5 kg，硝酸铵 700 g。

任务四　固体基质的消毒与更换

一、基质的消毒

许多无土栽培基质在使用前可能含有一些病菌或虫卵，在长期使用后，尤其是连作的情况下，也会聚集病菌和虫卵，容易发生病虫害。因此，在大部分基质使用前或在每茬作物收获后，下一次使用前，有必要对基质进行消毒，以消灭任何可能存留的病菌和虫卵。

基质消毒最常用的方法有蒸汽消毒、化学药剂消毒和太阳能消毒。

1. 蒸汽消毒　蒸汽消毒简便易行，安全可靠，但需要专用设备，成本高，操作不便。将基质装入柜（箱）内（容积 1～2 m³），通入蒸汽进行密闭消毒。一般在 70～90 ℃条件下，消毒 15～30 min 就能杀死病菌。注意每次消毒的基质不可过多，否则处于内部的基质中的病菌或虫卵不能完全杀灭；消毒时基质的含水量应控制在 35%～45%，过湿或过干都可能降低消毒效果。需消毒的基质量大时，可将基质堆成 20 cm 高、长度根据条件而定、覆盖防水耐高温的布，导入蒸汽，在 70～90 ℃下消毒 1 h。

若用蒸汽锅炉供热的温室，可将蒸汽转换装置装在锅炉上，把蒸汽管直接通入每一个种植床，即可为基质消毒。如果表面通过蒸汽无效，可在床的底部装一永久性瓦管或其他有孔的硬质管，使蒸汽通过这种管道进入基质，达到消毒的目的。

2. 化学药剂消毒　常用的化学药品甲醛、高锰酸钾、威百亩、漂白剂等。

（1）40%甲醛（福尔马林）。甲醛是良好的杀菌剂，但杀虫效果较差。一般将40%的原液稀释50倍，用喷壶将基质均匀喷湿，所需药液量一般为20~40 L/m³基质。最后用塑料薄膜覆盖封闭24~48 h后揭膜，将基质摊开，风干两周或暴晒2 d后，达到基质中无甲醛气味后方可使用。要求工作人员戴上口罩，做好防护工作。

（2）高锰酸钾。高锰酸钾是强氧化剂，一般用在石砾、粗沙等没有吸附能力且较容易用清水冲洗干净的惰性基质上消毒，而不能用于泥炭、木屑、岩棉、陶粒等有较大吸附能力的活性基质或者难以用清水冲洗干净的基质，因为这些基质会吸附高锰酸钾，会直接毒害作物，或造成植物的锰中毒。基质消毒时，用0.1%~1.0%的高锰酸钾溶液喷洒在固体基质上，并与基质混拌均匀，然后用塑料包埋基质20~30 min后用清水冲洗干净即可。

（3）威百亩。威百亩是一种水溶性熏蒸剂，对线虫、杂草和某些真菌有杀伤作用。施用时1 L威百亩加入10~15 L水稀释，然后喷洒在10 m³基质表面，施药后将基质密封，半个月后可以使用。

（4）漂白剂（次氯酸钠或次氯酸钙）。该消毒剂尤其适于砾石、沙子消毒。一般在水池中配制0.3%~1%的药液（有效氯含量）浸泡基质半个小时以上，最后用清水冲洗，消除残留氯。此法简便迅速，短时间就能完成。次氯酸也可代替漂白剂用于基质消毒。

3. 太阳能消毒 在基质的消毒中，蒸汽消毒比较安全，但成本较高；药剂消毒成本较低，但安全性较差，并且会污染周围环境。太阳能消毒是一种安全、廉价、简单、实用的基质消毒方法，同样也适用于目前我国日光温室消毒。具体方法是，夏季温室或大棚休闲季节，将基质堆成20~25 cm高，长度视情况而定。在堆放基质的同时，用水将基质喷湿，使含水量超过80%，然后用塑料布覆盖起来。如果是槽培，可在槽内直接浇水，然后用塑料薄膜覆盖起来。密闭温室或大棚，暴晒15~19 d即可达到消毒目的，效果很好。

二、基质的更换

基质使用一段时间（1~3年）后，各种病菌、作物根系分泌物和烂根大量积累，物理性状变差，特别是有机残体为主体材料的基质，由于微生物的分解作用使得这些有机残体的纤维断裂，从而导致基质通气性下降，保水性过高，这些因素会影响作物生长，因而要更换基质。

基质栽培也提倡轮作，如前茬种植番茄，后茬就不应种茄子等茄科蔬菜，可改种瓜类蔬菜。消毒大多数不能彻底杀灭病菌和虫卵，轮作或更换基质才是更保险的方法。

更换下来的旧基质可经过洗盐、灭菌、离子重新导入、氧化等方法再生处理后重新用于无土栽培，也可施到农田中作为改良土壤之用。难以分解的基质，如岩棉、陶粒等可进行填埋处理，防止对环境二次污染。

思政天地

江苏句容茅山镇种着万亩葡萄园，有着"中国葡萄之乡"的美誉，当地特产丁庄葡萄为中国国家地理标志产品，是当地百姓打开致富之门的"金钥匙"。然而，每年葡萄冬季修枝时候产生的大量废枝既不能焚烧，也不能就地还田，成了当地农户们的一件烦心事。

2020年，句容市丁庄万亩葡萄专业合作联社与企业合作建立了堆肥中心，通过粗粉、细粉、添加营养液和菌液、发酵、包装一系列机械化操作过程，开展生物质废弃物循环利用，产出适用于当地农业特色生产的有机肥、生物菌肥等绿色有机肥料。堆肥中心的成立不仅有助于减少农林废弃物污染，推进土壤改良，保护当地农业生态环境，同时农户还可以用农林废弃物换取一定比例的有机肥，显著降低了农户的生产成本，推动农业生产高质量发展，对实现农业生态可循环发展和促进农民增收具有重要意义。句容葡萄枝变废为宝的成功案例是践行"绿水青山就是金山银山"的绿色发展理念，坚持节约资源和保护环境的基本国策在江苏的生动实践。

（根据相关报道整理改编而成）

项目小结

【重点难点】

（1）无土栽培用的基质不能含有不利于植物生长发育的有害、有毒物质，要能为植物根系提供良好的水、肥、气、热、pH等条件，充分发挥其不是土壤胜似土壤的作用；还要适应现代化的生产和生活条件，易于操作及标准化管理。

（2）固体基质的分类方法很多，按基质的化学组成划分为无机基质（如沙子、砾石、珍珠岩、蛭石、岩棉、矿棉、陶粒、聚乙烯、聚丙烯、酚类树脂、炉渣等）和有机基质（如草炭、泥炭、木屑、秸秆稻壳、树皮、棉籽壳、蔗渣、椰糠等）；按基质的来源划分为天然基质（如沙子、石砾、蛭石等）和合成基质（如岩棉、陶粒、泡沫塑料等）；按基质的组合划分为单一基质和复合基质；按基质的性质分为活性基质（如泥炭、蛭石）和惰性基质（如沙、石砾、岩棉、泡沫塑料）。

（3）基质混配总的要求是容重，增加孔隙度，提高水分和空气的含量。生产上以2～3种基质混合为宜。

（4）基质在使用前应彻底消毒，常用的消毒方法有3种：蒸汽消毒、药剂消毒、太阳能消毒。有机基质在使用之前要进行发酵处理。基质使用一段时间后（1～3年）应及时更换，废弃基质经过适当的处理后也可继续使用。

【经验技巧总结】

结合生活实际，深入生产现场观察操作，并与有土栽培的土壤条件与要求相对比来学习本项目内容。

技能训练

技能训练 4-1 固体基质理化性质的测定

一、目的要求

（1）理解基质理化性质对基质栽培的作用。

（2）掌握基质理化性质的测定方法。

（3）操作程序正确，计算与称量准确。

（4）操作规范、熟练。

二、材料与用具

1. 材料与药剂 珍珠岩、炉渣、蛭石、沙子等风干基质若干；1 mol/L HNO_3 溶液、1 mol/L NaOH 溶液、饱和 $CaCl_2$ 溶液、蒸馏水。

2. 仪器与用具 托盘天平（或电子分析天平）、杆秤、pH 计、电导率仪、500 mL 罐头瓶、500 mL 烧杯、50 mL 烧杯、50 mL 量筒、精密 pH 试纸、纱布。

三、方法步骤

1. 容重的测定 先用杆秤对 500 mL 罐头瓶称量，记为 m_1，装满待测的干基质后，再称量，记为 m_2，V 为罐头瓶的容积。根据下列公式计算出基质的容重（单位记为 g/L 或 g/cm³）：

$$基质的容重 = （m_2 - m_1） / V \qquad (4-3)$$

2. 总孔隙度与大小孔隙度的测定 取一个已知体积（V）和质量（m_1）的罐头瓶，装满待测基质，称其总质量（m_2），然后将其浸入水中 24 h，再称吸足水分后的基质及罐头瓶的质量（m_3）。注意加水浸泡时要根据下列公式计算出基质的总孔隙度：

$$总孔隙度 = ［（m_3 - m_1） - （m_2 - m_1）］/ V \times 100\% \qquad (4-4)$$

取一个已知体积的容器，按上述方法测得总孔隙度后，将罐头瓶口用一块湿润纱布（m_4）包住后倒置，让基质中的水分向外渗出，静止放置 2 h 后，直到容器中没有水分渗出为止，称量（m_5）。根据下列公式计算出通气孔隙和持水孔隙：

$$通气孔隙 = ［（m_3 + m_4 - m_5） / V］\times 100\% \qquad (4-5)$$
$$持水孔隙 = ［（m_5 - m_2 - m_4） / V］\times 100\% \qquad (4-6)$$

3. 基质 pH 与缓冲能力的测定

（1）基质酸碱度的测定。称取一定体积的干基质放入容器内，然后加入其体积 5 倍的蒸馏水，充分搅拌后过滤，再用 pH 计或精密 pH 试纸测定基质浸提液的酸碱度。或称取干基质 10 g 于 50 mL 烧杯中，加入 25 mL 蒸馏水后震荡 5 min，再静置 30 min，过滤后用 pH 计或精密 pH 试纸测定基质浸提液的酸碱度。

（2）基质缓冲能力的测定。向上述不同基质的浸提液中分别加入 1 mol/L HNO_3 溶液或 1 mol/L NaOH 溶液 1 mL，30 min 后用 pH 计或精密 pH 试纸测定不同浸提液的 pH，从而比较不同基质缓冲能力的大小。

4. 电导率的测定 取风干基质 10 g 放入 50 mL 烧杯中，加入饱和 $CaCl_2$ 溶液 25 mL，振荡浸提 10 min，过滤，取其滤液用电导率仪测电导率。

四、注意事项

（1）基质必须处于风干状态。

（2）测大小孔隙度时一定要做到水分彻底渗出后再进行。

五、思维拓展

（1）基质理化性质对栽培效果有何影响？

（2）作物生长良好的 pH 范围通常是多少？为什么？

技能训练 4－2　基质混配与消毒

一、目的要求

（1）掌握基质混配的原则与方法。
（2）掌握基质消毒的常用方法。
（3）基质混配均匀，无杂质杂物。
（4）基质消毒全面、彻底。

二、材料与用具

1. 材料与药剂　材料与药剂包括珍珠岩、炉渣、蛭石、草炭、沙子等常用的有机和无机基质若干，0.1％～1％高锰酸钾溶液，40％甲醛 50 倍液。

2. 仪器与用具　仪器与用具包括托盘天平、杆秤、小铁铲、铁锹、橡胶手套、喷壶、塑料盆、水桶、宽幅塑料。

三、方法步骤

1. 基质的准备

（1）预先将各种有机基质、无机基质倒在塑料盆中，挑选出杂质、杂物，做到基质颗粒大小均一，纯度、净度高。

（2）学生分组混配两种复合基质。复合基质配方从表 4－9 中 1～6 种配方中任选。

表 4－9　复合基质配方

序号	草炭	珍珠岩	蛭石	沙	刨花	炉渣	玉米秸秆	树皮	向日葵秆
1	1	1		1					
2	1	1							
3	1			3					
4	3			1					
5	1		1						
6	4	3	3						
7	2	2		5					
8	2	5	1						
9	3	1							
10	1	1						1	
11	2							1	
12	1				1			1	
13						2	3		
14						2			3
15	1					3	1		
16	1		1						
17	4	1	1						
18	2					3			

2. 基质药剂消毒 预先配好 0.1%～1% 高锰酸钾溶液和 40% 甲醛 50 倍液作为消毒液。将单一基质或复合基质置于塑料盆中或铺有塑料膜的水泥平地上。边混拌边用喷壶向基质喷洒消毒液，要求喷洒全面、彻底。采用高锰酸钾消毒时，在喷完消毒液后用塑料膜盖 20～30 min 即可直接使用或暂时装袋备用；采用高锰酸钾消毒时，将 40% 的原液稀释成 50 倍液，按 20～40 L/m³ 的药液量用喷壶均匀喷湿基质，然后用塑料膜覆盖封闭 12～24 h。使用前揭膜，将基质风干两周或暴晒 2 d，以避免残留药剂危害。

3. 基质太阳能消毒 基质太阳能消毒方法如图 4-1 所示。在温室、塑料大棚内地面

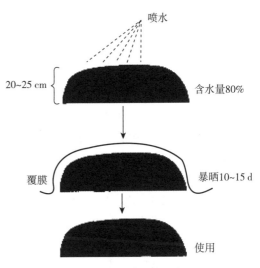

图 4-1 基质太阳能消毒方法

或室外铺有塑料膜的水泥平地上将基质堆成高 25 cm、宽 2 m 左右、长度不限的基质堆。在堆放的同时喷湿基质，使其含水量超过 80%，然后覆膜。如果是槽培，可在槽内直接浇水后覆膜。覆膜后密闭温室大棚，暴晒 10～15 d，中间翻堆摊晒一次。基质消毒结束后基质装袋备用。

四、注意事项

（1）针对不同的基质类型选用不同的消毒方式。
（2）基质混配后要目视基质的均匀度。
（3）太阳能消毒最好选择在高温季节进行，消毒速度快，消毒质量高。

五、思维拓展

（1）为什么生产上经常采用复合基质？
（2）基质消毒不彻底可能会带来什么后果？

技能训练 4-3 微生物有机肥制备

一、目的要求

（1）了解有机固态肥的堆制工艺流程。
（2）掌握微生物有机肥的发酵技术。
（3）判断微生物有机肥是否腐熟完全。
（4）熟悉成品生物有机肥的制备。

二、材料与用具

1. 材料与药剂 腐熟牛粪普通肥、蛆粪、猪肉氨基酸水解液、哈茨木霉菌。
2. 仪器与用具 杆秤、纱布、喷壶、塑料盆、铁锹。

三、方法步骤

1. 哈茨木霉菌发酵液的制备　将哈茨木霉菌进行液体发酵生产，其发酵生产的条件为：PDA 培养基，pH 无须调节，发酵温度为 28～30 ℃，搅拌速度为 180～200 r/min，发酵时间为 7 d，保证最终发酵液中哈茨木霉菌孢子数量≥10^8 个/mL。

2. 蛆粪和腐熟牛粪混匀发酵　首先将蛆粪按腐熟牛粪普通肥重量（干重）的 10%、30%、50%、70%、90%、100%与腐熟牛粪普通肥混匀进行固体发酵，获得最佳蛆粪添加量（腐熟牛粪普通肥干重量的 30%，即牛粪∶蛆粪＝10∶3）。

3. 再次发酵　在牛粪和蛆粪发酵基础上加入不同梯度（10%、15%、20%、25%、30%）猪肉氨基酸水解液得到其最佳添加量获得最终配方。以蛆粪、腐熟牛粪普通肥和猪肉氨基酸水解液混合物作为发酵底物，向其中加入哈茨木霉菌进行固体发酵。

4. 大量发酵　每吨混合物中加入哈茨木霉菌发酵液 40～60 L，固体发酵过程中每天翻堆 1 次，使固体发酵温度不超过 50 ℃，发酵 7 d 结束，保证功能菌数量达到有机肥料干重的 10^8 CFU/g 以上。发酵完后测定各处理中的哈茨木霉菌的数量（表 4-10、表 4-11），以加入 20%蛆粪、15%猪肉氨基酸水解液和 65%的腐熟牛粪普通肥为最佳配方，功能菌数量达到 10^8 CFU/g 以上（干重）。

表 4-10　发酵完后测定各处理中的哈茨木霉菌的数量（纯腐熟牛粪＋蛆粪）

处　　理	纯腐熟牛粪∶蛆粪（质量比）	哈茨木霉菌数量 CFU/g（干重）
纯腐熟牛粪	—	
纯腐熟牛粪＋10%蛆粪	1∶0.1	
纯腐熟牛粪＋30%蛆粪	1∶0.3	
纯腐熟牛粪＋50%蛆粪	1∶0.5	
纯腐熟牛粪＋70%蛆粪	1∶0.7	
纯腐熟牛粪＋90%蛆粪	1∶0.9	
纯腐熟牛粪＋100%蛆粪	1∶1	

注："纯腐熟牛粪＋10%蛆粪"表示蛆粪占纯腐熟牛粪干重量的 10%，即纯腐熟牛粪∶蛆粪＝1∶0.1（质量比），以此类推。

表 4-11　发酵完后测定各处理中的哈茨木霉菌的数量（纯腐熟牛粪＋蛆粪＋猪肉氨基酸水解液）

处　　理	牛粪∶蛆粪∶水解液（质量比）	哈茨木霉菌数量 CFU/g（干重）
牛粪＋30%蛆粪	—	
（牛粪＋30%蛆粪）＋10%水解液	69∶20∶11	
（牛粪＋30%蛆粪）＋15%水解液	65∶20∶15	
（牛粪＋30%蛆粪）＋20%水解液	62∶19∶19	
（牛粪＋30%蛆粪）＋25%水解液	59∶18∶23	
（牛粪＋30%蛆粪）＋30%水解液	57∶17∶26	

注："（牛粪＋30%蛆粪）＋10%水解液"表示猪肉氨基酸水解液占（纯腐熟牛粪＋30%蛆粪）干重量的 10%，即纯腐熟牛粪∶蛆粪∶猪肉氨基酸水解液＝69∶20∶11（质量比），以此类推。

5. 固体大堆发酵生成成品生物有机肥　将腐熟牛粪普通肥和蛆粪、猪肉氨基酸水解液按质量比 6.5∶2.0∶1.5 混匀，再将哈茨木霉菌发酵液按 $40\sim60$ L/t 的量接种到上述混合物中进行固体发酵，发酵过程中每天翻堆 1 次，使固体发酵温度不超过 50 ℃，发酵 7 d 后结束。研制成的微生物有机肥料中哈茨木霉菌数量 $\geq10^8$ CFU/g（干重），有机质质量比含量 $\geq30\%$，全氮质量比含量为 $4\%\sim5\%$（90％以上为有机氮），含水量为 $25\%\sim30\%$，完全能够符合国家标准，说明此种进行发酵生产的方法能够获得质量稳定、优良的生物有机肥。

四、注意事项

（1）固体发酵注意采用递进法进行优化。

（2）发酵过程中应注意通风换气，控温保湿。

五、思维拓展

（1）比较腐熟牛粪普通肥和研制成的新型微生物有机肥发酵工艺的特点。

（2）了解微生物有机肥在无土栽培中的应用价值。

拓展任务

【复习思考题】

（1）固体基质在无土栽培中有何作用？

（2）性能良好的基质应具备的条件有哪些？

（3）基质选用的原则是什么？

（4）固体基质主要理化性质的含义及其适宜范围是什么？

（5）什么是活性基质、惰性基质、复合基质？

（6）如何选择与组配基质？

（7）基质消毒的意义是什么？消毒的方法有哪些？如何对基质进行消毒？

【案例分析】

基质选用的发展趋势

进入 20 世纪 90 年代，有机基质栽培重新受到重视，特别是各种废弃物的利用使无土栽培进入了一个新的发展阶段，这主要缘于经济和环境两方面的因素，随着产业化工业化生产规模的提高，各种工农业副产品和废弃物的排放量日益增多，其中有许多可用于无土栽培生产。

很多学者认为，无土栽培选用基质的方向应以有机废弃物的利用为主，实现资源可循环利用，但同时也认为草炭是各种复合基质的基础，具有不可替代的作用。也有的科学家（如 Y. Chen 和 Y. Hadar）认为，有机废弃物的选用不一定要以草炭为基础，完全可根据废弃物的理化性质进行配比。

基质发展的另一个趋势就是复合化，一方面是植物生长的需要，单一基质较难满足作物生长的各项要求；另一方面则由经济效益、市场对有机食品的要求及环境因素所决定。郑光华等用消毒鸡粪和蛭石混配的复合基质进行番茄、叶用莴苣和黄瓜的栽培，取得了良好的经济效益，并且这种配比的排出液中盐分含量远低于营养液栽培的。

因此，无论是从适用性、经济性的角度出发，还是从市场需要、环境要求的方面考虑，选择能够循环利用，不污染环境并且能够解决环境问题的有机-无机复合基质将是未来的主要发展方向，其中有机废弃物的合理使用是关键。

有机废弃物的利用是将来基质选料的一个主要发展方向，要明确研究的问题有：第一，各种有机废弃物作栽培基质的预处理如何进行；第二，有机废弃物是完全替代泥炭还是部分替代；第三，配比合理的有机基质能否完全满足作物生长的需要而不必补充营养液。在我国，对有机废弃物（如鸡粪）仅作为养分的供应源进行了一定研究，而没有把它作为栽培基质，有机废弃物作栽培基质还有待进一步深入研究。

项目五 无土育苗技术

学习目标

◆ 知识目标

• 了解无土育苗的含义、优点与主要方式。

• 熟悉无土育苗的设备。

• 掌握无土育苗的操作与管理技术。

◆ 技能目标

• 能够熟练操作，科学管理、培育秧苗。

• 能够针对育苗中出现的状况提出行之有效的调控措施。

任务实施

任务一 无土育苗的播种育苗操作

　　无土育苗是指不用土壤，而用基质和营养液或单纯用营养液进行育苗的方法。根据是否利用基质材料，分为基质育苗和营养液育苗两类。基质育苗是利用蛭石、珍珠岩、岩棉等代替土壤并浇灌营养液进行育苗；营养液育苗是指不用任何材料作基质，而是利用一定装置和营养液进行育苗。根据育苗的规模与技术水平，以及设施设备的先进程度和管理的水平，无土育苗又可分为普通无土育苗和工厂化育苗。普通无土育苗一般规模小，育苗条件差，人工操作与粗放式管理，育苗效率低，种苗质量和整齐度往往参差不齐，良莠并存，但设施设备投资少，育苗成本较低；工厂化育苗是按照一定的工艺流程和标准化技术进行秧苗的规模化、机械化生产，具有育苗规模大，育苗条件好，育苗效率高，管理技术先进，省工省力，节约能源、种子、场地，便于远距离运输和机械化栽植，秧苗质量和规模化程度高等特点，但育苗成本较高，要求具有先进的育苗设施设备，现代化的测控技术和自动化、标准化、集约化的管理方式。

　　无土育苗是蔬菜花卉无土栽培不可或缺的技术环节，也是确保园艺作物无土栽培质量和效率的关键技术之一。准确掌握无土育苗技术，并能够进行熟练育苗操作，是做好后续无土栽培工作的客观需要。

一、无土育苗的方式

无土育苗主要包括播种育苗、扦插育苗、试管育苗（组织培养育苗）3 种方法，其中，播种育苗最常用。以下是播种育苗的几种主要方式。

1. 塑料钵育苗 塑料钵育苗应用广泛，钵的种类也多样化（图 5-1）。外形有圆形和方形，组成有单钵和连体钵，材质有聚乙烯钵和聚氯乙烯钵。目前，主要应用聚乙烯制成的单个软质圆形钵，其上口直径和钵高分别为 8～17 cm，下口直径为 6～12 cm，容积为 200～800 mL，底部有一个或多个渗水孔，利于排水。育苗时根据作物种类、苗期长短和秧苗大小选用不同规格的塑料钵，播种或移苗用。一般蔬菜育苗多使用上口直径为 8～10 cm 的塑料钵，花卉和林木育苗可选用较大口径的。一次成苗的作物可直接播种；需要分苗的作物则先在播种床上播种，待幼苗长至一定大小后再分苗至钵中（图 5-2）。钵中填装的基质可选用单一或混合基质，供液可采取上部浇灌或底部渗灌的方式。

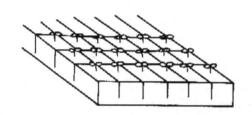

图 5-1 塑料育苗钵

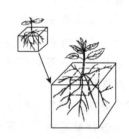

图 5-2 塑料钵育苗

2. 泡沫小方块育苗 适用于深夜流水培或营养液膜栽培。用一种育苗专用的聚氨酯泡沫小方块平铺于育苗盘中，育苗块大小约 4 cm×4 cm，高约 3 cm，每一小块中央切一"×"形缝隙，将易催芽的种子逐个嵌入缝隙中（图 5-3），并在育苗盘中加入营养液，让种子出苗、生长，待成苗后一块块分离，定植到种植槽中。

3. 岩棉块育苗 岩棉块育苗广泛应用于各种无土栽培类型。常用岩棉块的规格主要有 3 cm×3 cm×3 cm、4 cm×4 cm×4 cm、5 cm×5 cm×5 cm、7.5 cm×7.5 cm×

岩棉块育苗

图 5-3 聚氨酯泡沫育苗

7.5 cm、10 cm×10 cm×5 cm 等，根据作物种类和苗龄的要求使用不同规格的岩棉块。岩棉块除上下两个面外，四周用乳白色不透光的塑料薄膜包裹，以防止水分蒸发、四周积盐及滋生藻类。育苗时在岩棉块表面上割一小缝，嵌入已催芽的种子后密集置于盛装营养液的箱或槽中。开始时先用低浓度的营养液浇湿，保持岩棉块湿润；出苗后在箱或槽的底部维持 0.5 cm 以下的液层，靠底部毛管作用供水、供肥。另外一种供液办法是将育苗块底部的营养液层用一条 2 cm 厚的亲水无纺布代替，无纺布垫在育苗块底部 1 cm 左右的一边，并通过滴灌向无纺布供液，利用无纺布的毛管作用将营养液传送到岩棉块中。如果是育果菜等大苗，可采用"钵中钵"（图 5-4）的育苗方式。方法是在大育苗块中的中央开有一个小方洞，小方洞的大小刚好与嵌入的小方块相吻合，在育苗后期将小岩棉块移入大育苗块中，然后排在一起，并随着幼苗的长大逐渐拉开育苗块距离，避免幼苗之间相互荫蔽。移入大育苗块后，营养液层可维持 1 cm 深度。此法较浇液法和浸液法育苗效果好。

图 5-4 岩棉块"钵中钵"育苗

4. 营养块育苗 营养块是以优质泥炭为主要原料，添加适量营养元素、保水剂、固化成型剂、微生物等，采用压缩回弹技术制成的专用育苗营养基质块。常见的有基菲营养块，它是由挪威最早生产的一种由纸浆、泥炭和一些肥料及胶黏剂压缩成的圆饼状育苗小块（图 5-5），外面包以有弹性的尼龙网（也有一些没有），直径4.5 cm，厚约 7 mm，具有通气、吸水力强、肥沃、轻巧、使用和搬运方便等特点，主要用于果菜类、花卉和林木育苗。育苗时先将基菲营养块放入盘中浇水或底部吸水，使之膨胀到高 4～5 cm 的后再播种或移苗，幼苗根系穿出尼龙网时就与育苗块一起定植。育苗块中混有的肥料一般可维持整个苗期生长所需，无须另行加入。

5. 稻壳熏炭育苗 将播种床（装有砾石、沙或熏炭等基质）上幼苗，在第一真叶期移植到熏炭钵中（一般钵径为 9 cm，内装稻壳熏炭），然后排列在不漏水且具有浅水层的育苗床上，进行浸液育苗即可。

6. 穴盘育苗 穴盘是按照一定的规格制成的带有很多小型钵状穴的育苗盘（图 5-6）。一般由聚乙烯薄板吸塑或聚苯乙烯、聚氨酯泡沫塑料模塑而成。根据穴盘形状不同，可分为方锥形穴盘、圆锥形穴盘、可分离室穴盘等；在制作材料上可分为纸格穴盘（如水稻育苗抛秧用，需拉开后使用）、聚乙烯穴盘、聚苯乙烯穴盘；根据孔穴数目和孔径大小，穴盘分为50 孔、72 孔、128 孔、200 孔、288 孔、392 孔、512 孔、648 孔等不同规格，以 72 孔、128孔、288 孔穴盘较常用。国际上使用的穴盘多为 27.8 cm×54.9 cm，孔深 3～10 cm。根据育苗的作物种类、苗龄和目的，可选择不同规格的穴盘，用于一次成苗或培育小苗供移苗用。一般幼苗株型较大、苗龄较长的所选用的穴盘孔径越大。用于机械化播种的穴盘则按自动精播生产线的规格要求制作。育苗时先在穴盘的孔穴中装满基质，然后每穴播 1～2 粒种子，用少量基质覆盖后稍微压实，再浇水即可。成苗时一孔一株。

图 5-5 育苗块育苗

图 5-6 育苗穴盘

其他无土育苗方式还有育苗盘（箱）育苗和育苗筒育苗。生产上可根据具体情况灵活选择育苗方式。

二、无土育苗的设施

无论是基质育苗，还是水培育苗，均需要一定的设施与设备。目前，发达国家的无土育苗技术已发展到较高水平，包括蔬菜、花卉、林木等多种植物秧苗均已实现工厂化、商品化以及专业化的生产。我国在无土育苗方面起步较晚，自20世纪70年代后期进行无土育苗技术的研究以来，无土育苗技术发展迅速，现以穴盘育苗为代表的专业化、规模化育苗基地越来越多，与之相关的设施装备和育苗水平也在不断提高，已逐渐成为一个新兴的、极具活力的产业。

一般来说，无土育苗比土壤育苗要求的条件更加严格。育苗设备可根据育苗要求、目的以及自身条件综合加以考虑。对于大规模专业化育苗来说，无土育苗的设备应当是先进的、完整配套的。如工厂化穴盘育苗要求具有完善的育苗设施设备和仪器以及现代化的测控技术，一般在连栋温室内进行。而局部小面积的普通无土育苗，可因地制宜地选择育苗设备，主要在日光温室、塑料大棚等设施内进行。此外，根据条件也可设置其他无土育苗设备。主要育苗设备包括以下几方面：

1. 物料前处理和消毒 无土育苗尤其是规模化和工厂化育苗，其基质、穴盘等物料用量较大，且在使用前要进行破碎、过筛、掺混、消毒等处理。因此，无土育苗设施中必须配备以物料存放和前处理的场所，同时要求场所内严格遵守防雨、防潮、防晒、通风，同时还能存放一定数量的物料，并留有作业的足够空间。另外，对于工厂化育苗来说，还需安装必要的机械设备。为防止育苗基质中带有致病微生物或线虫等，使用前可用基质消毒机消毒。基质消毒机实际上就是一台小型蒸汽锅炉，通过产生的蒸汽对基质消毒。根据锅炉的产汽压力及产汽量，在基质消毒车间内筑造一定体积的基质消毒池，池内连通带有出汽孔洞的蒸汽管，设计好进、出基质方便的进、出料口，使其封闭，留有一小孔，插入耐高温温度计观察基质内温度。

2. 基质搅拌和装盘 育苗基质在被送往送料机、装盘机之前一般要用搅拌机搅拌，目的一是使基质中各成分混合均匀，二是打破结块的基质，以免影响装盘的质量。基质搅拌机有单体的，也有与送料机连为一体的，一般多选用韩国产单体基质搅拌机。规模化和工厂化育苗的盆装和播种通常借助机械完成，可以通过盆摆放→基质填充→打孔→播种→冲淋→覆盖→传送流水线作业，也可以通过单一播种机辅助以人工混合作业来完成。但小规模无土育苗多采用人工作业。播种场所要求通风条件好、水源充足及排水设备齐全。另外，营养钵育苗需要专门的机械提前制作营养钵。

3. 自动精播生产线 穴盘自动精播生产线（图5-7）装置是工厂化育苗的核心设备，它是由穴盘摆放机、送料及基质装盘机、压穴及精播机、覆土机和喷淋机等五大部分组成，主要完成基质装盘、压孔、播种、覆盖、镇压、喷水等一系列作业。这五大部分连在一起就是自动生产线，拆开后每一部分又可独立作业。精量播种机的作业原理不同，可分为两种类型：一种为机械转动式；另一种为真空气吸式。其中机械式精量播种机对种子形状要求极为严格，种子需要进行丸粒化处理方能使用，而气吸式精量播种机对种子形状要求不甚严格，种子可不进行丸粒化加工。年产商品苗100

植物穴盘自动精量播种线

万株以下的育苗场可选择购置 1 台半自动播种机；年产 100 万～300 万株的育苗场可选择购置 2～3 台半自动精量播种机；年产 300 万株以上的育苗场可用自动化程度较高的精量播种机。

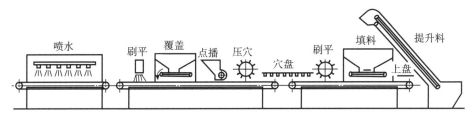

图 5-7　穴盘育苗精播生产线

4. 催芽场所　大规模无土育苗应设立催芽室，配备必要的育苗附属设备。催芽室要求提供种子发芽所需的温度、湿度、气体等条件，部分种子发芽还需要光照。少量种子先催芽、后播种时，可采用恒温培养箱和生物培养箱；大规模无土育苗则需要配备专门的催芽室。催芽室是专供种子催芽使用的设备设施，要具备自动调温、调湿的作用。室内可容纳 1～2 辆育苗车；或设多层育苗架，上下间距 15 cm。催芽室大小主要根据育苗数量确定，面积为育苗温室苗床面积的 5%～10%。

5. 育苗穴盘　育苗穴盘是育苗的必要容器。根据用途和蔬菜种类的不同，育苗穴盘的规格和制作也不同。用于机械化播种的穴盘规格一般是按自动精播生产线的规格与型号的要求定制。育苗穴盘中每个小穴的面积和深度依育苗种类而定。

6. 电热温床　电热温床是利用电能转化为热能以提高育苗床温度的加温方式。现阶段各地区电源充足，电热温床相对而言是一种十分适用和方便的育苗形式。电热温床的设备主要包括床体、电热线、控温仪、控温继电器等，其大小和形式可根据栽培作物、温度要求、电热线数量等确定。另外，床体上部可覆盖拱型塑料薄膜，也可呈单斜面形式覆盖。夜间覆盖不透明覆盖物（如草毡子）或不加覆盖，可根据具体情况而定。

7. 绿化室　幼芽出土后应及时转到有光并能保持一定温度、湿度条件的场地绿化，以避免黄化。刚刚嫁接的幼苗或组培试管苗也需要经过一段时间的驯化过程，期间同样对光照、温度、湿度等要求严格。绿化室一般用于育苗的温室或塑料大棚，作为绿化室使用的温室应当具有良好的透光性及保温性，以使幼苗出土后能按预定的要求指标管理。用塑料大棚作绿化室时，往往会出现地温不足的问题。因此，在大棚内再设电热温床，在温床内播种育苗，以保证育苗床内有足够的温度条件。目前，工厂化育苗的绿化室通常为环控性能好的大型连栋温室；集约化育苗可利用日光温室或单栋、连栋塑料大棚作为绿化场所，内设小拱棚作为幼苗的驯化场所，但是环控能力较差，还需另外安装必要的加温、降温、遮阳等设备，并加强管理。

8. 喷水施肥系统　在育苗的绿化室或幼苗培育设施内设有喷水设备和浇灌系统。工厂化育苗用的喷水系统一般采用行走式喷淋装置，既可喷水，又可喷洒农药，省工、效率高，操作效果好。在幼苗较小时，行走式喷淋系统喷入每穴基质中的水量比较均匀，当幼苗长到一定程度，叶片较大时，从上面喷水往往造成穴间水分不匀，故可采用地面供水方式，通过穴盘底部的孔将水分吸入的方式较好。

9. CO_2 增施机　CO_2 发生装置有多种类型，或以焦炭、木炭为原料，或以煤油、液化（石油）气为原料；或利用碳酸氢铵和稀硫酸发生化学反应释放二氧化碳。育苗空间内增施 CO_2 能够促使幼苗生长快而健壮。

10. 其他　工厂化育苗采用的设施通常是具有自动调温、控湿、通风装置的现代化温室或大棚，档次高，自动化程度也高，空间大，适于机械化操作，室内装备自动滴灌、喷水、喷药等设备，还有幼苗催芽室、绿化室、分苗室、自动智能嫁接机及促进愈合装置等其他设施设备。

三、主要无土育苗技术

无土育苗根据育苗的规模和技术水平分为普通无土育苗和工厂化无土育苗两种。普通无土育苗一般规模小，育苗成本较低，但育苗条件差，主要靠人工操作管理，影响秧苗的质量和整齐度；工厂化无土育苗是按照一定的工艺流程和标准化技术进行秧苗的规模化、机械化生产，具有育苗规模大，育苗条件好，省工省力，效率快，管理技术先进，节约能源、种子和场地，便于远距离运输和机械化栽植，秧苗品质和规格化程度高等特点，但育苗成本较高，并要求具有完善的育苗设施设备、现代化的测控技术及科学的自动化、规范化、集约化管理。

1. 普通无土育苗　普通无土育苗除了育苗方式、育苗设施、营养供应与管理、幼苗根际环境相对比较特殊外，其他与传统的土壤育苗大致相同。普通无土育苗操作流程见图 5-8。

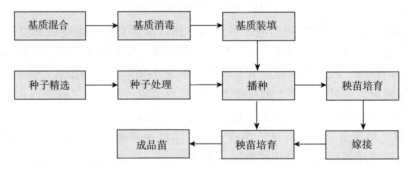

图 5-8　普通无土育苗操作流程

（1）种子精选。在保证种子来源可靠的前提下，筛选出粒大饱满、无病虫害、结构完整的种子作为育苗种子。种子精选包括人工挑选或机械选种。

（2）种子处理。

① 种子消毒。许多作物的病菌潜伏在种子内部或附着在种子的表面，进行种子消毒是减少苗期病害的有效措施。种子消毒的方法有药剂浸种、温汤浸种、热水烫种、干热消毒等。

a. 药剂浸种。药剂浸种是将消毒用的药物配成一定浓度的溶液，然后把种子浸泡其中，以杀死种子所带的病菌。种子消毒的药剂很多，应根据病原菌的种类选择不同的药剂。如防治茄果类蔬菜苗期细菌性病害，可用 0.1%～0.3% 氯化汞溶液浸泡 5 min，再用 1% 的高锰酸钾溶液浸泡 10 min；防治番茄、黄瓜立枯病，可用 70% 敌磺钠药剂拌种（用量为种量的 0.3%）；防治茄果类早疫病，用 1% 福尔马林溶液浸泡 15～20 min 后用湿布覆盖 12 h；用

10%～20%的磷酸三钠或20%的氢氧化钠溶液浸种15 min，可钝化番茄花叶病毒。

　　b. 温汤浸种。温汤浸种所用的水温为病菌的致病温度——55 ℃，用水量是种子的5～6倍。浸种时，种子要不断搅拌，并且随时补充水温，水温保持在55 ℃，持续10 min后，使水温逐渐降低，再进行一般浸种。耐寒、半耐寒蔬菜水温下降至20～25 ℃，喜温及耐热蔬菜水温下降至25～28 ℃，浸种时间较常温浸种缩短1～2 h。对于茄子、丝瓜、冬瓜等种皮坚硬且厚的种子或种子本身就是果实，吸水比较困难，可在浸种前进行机械处理。大粒的瓜类种子可将胚端的壳打破，也可用砖、石等擦破果皮；有的种子如茄子覆盖的黏质多，有碍透气，影响吸收和发芽，可用0.2%～0.5%的碱液先清洗一下，然后在浸泡过程中不断搓洗和换水，直到种皮洁净无黏感。

　　c. 热水烫种。一般用于难吸水的种子（如茄子、冬瓜等）和不易长期浸泡的种子（如豆类等）的浸种处理，水温达到70～80 ℃甚至更高。对于种皮较薄、喜冷凉的蔬菜，如白菜、莴苣等，水温要低一些。水量不宜超过种子量的5倍，种子应充分干燥，烫种要迅速。热水烫种的时间较温汤浸种缩短一半以上。

　　d. 干热消毒。干热消毒是将种子置于恒温箱内进行消毒处理的一种方法。将干燥的种子置于70 ℃以上的干燥箱中处理2～3 d，可将种子上附着的病毒钝化，使其失去活力，还可以增加种子内部的活力，促使种子萌发整齐一致。如将瓜类、番茄、菜豆等蔬菜种子在70～80 ℃下进行干热处理就可杀死种子表面及内部的病菌，还可减少苗期病害的发生。此法适用于较耐热的蔬菜种子，如瓜类和茄果类蔬菜种子等。但在进行干热处理时要注意的是，接受处理的种子必须是干燥的（一般含水量低于4%），并且处理时间要严格控制，否则热量会透过种皮而杀死胚芽，使种子丧失发芽能力。

　　② 浸种。种子消毒后进行浸种是为了使种子短期内充分吸水，缩短种子萌发的时间，达到出苗整齐和壮苗的目的。不同作物适宜的浸种时间不一样（表5-1），一般用25～30 ℃温水浸种4～12 h即可，种皮厚者浸种时间长，种皮薄者略短。浸种可与药剂消毒结合进行。美人蕉、西瓜等种子的种皮坚硬，在浸种前用机械手段磨破种皮或敲开胚端的种壳，也可以用硫酸浸泡，使种皮变软后立即用清水冲净硫酸。如果种皮上黏质多，可用0.2%～0.5%的碱液搓洗。浸种的水量以水层浸过种子层2～3 cm为宜，种子层厚度不超过15 cm，以利于种子的呼吸作用，防止胚芽窒息死亡。蔷薇科花卉的种子则必须在低温和湿润的环境下层积处理后才能打破休眠。

表5-1　几种蔬菜种子适宜的浸种时间

种类	番茄	辣椒	茄子	甘蓝	芹菜	冬瓜	西瓜	黄瓜	西葫芦
时间/h	6	12	24	4	12	12	12	4	8

　　③ 种子催芽。种子催芽能够促使种子迅速整齐发芽。常用的催芽方法主要有以下几种：

　　a. 恒温箱或催芽箱催芽。将裹有种子的纱布袋置于催芽盘内，然后放入温箱或催芽箱中催芽。这是目前比较理想的催芽方法，其温度、光照都可自动控制。

　　b. 常规催芽。将种子装入洗净的粗布或纱布里，放在底部垫有潮湿秸秆的木箱或瓦盆里，上面覆盖干净的麻袋片，置于温室火道或火墙附近催芽。注意种子在袋内不宜装得太满，最好装六七成满，使种子在袋内有松动余地。对于一些不易出芽的种子，也可采用掺沙催芽，使之湿温度均匀，出芽整齐。催芽过程中每隔4～5 h将种子翻动一次，使种子受热，并有利于通气和发芽整齐。

c. 锯末催芽。对一些难以发芽的种子，如茄子、辣椒等，用锯末催芽效果较好。在木箱内装 10~12 cm 厚经过蒸煮消毒的新鲜锯末后喷水，待水渗下后用粗纱布袋装半袋种子，平摊在锯末上，种子厚度以 1.5~2 cm 为宜，然后在上面盖 3 cm 厚经过蒸煮的湿锯末，将木箱放在火道、火墙附近或火炕，保持适宜温度。催芽过程中不需要经常翻动种子，发芽快且整齐，在室温下 4~5 d 即可发芽。

此外还有低温催芽、激素处理催芽、变温处理催芽等方法。几种蔬菜种子催芽的温度和时间见表 5-2。

表 5-2　几种蔬菜种子的催芽温度和催芽时间

蔬菜种类	最适温度/℃	前期温度/℃	后期温度/℃	需要天数/d	控芽温度/℃
番茄	24~25	25~30	22~24	2~3	5
辣椒	25~28	30~35	25~30	3~5	5
茄子	25~30	30~32	25~28	4~6	5
西葫芦	25~36	26~27	20~25	2~3	5
黄瓜	25~28	27~28	20~25	2~3	8
甘蓝	20~22	20~22	15~20	2~3	3
芹菜	18~20	15~20	13~18	5~8	3
莴苣	20	20~25	18~20	2~3	3
花椰菜	20	20~25	18~20	2	3
韭菜	20	20~25	18~20	3~4	4
洋葱	20	20~25	18~20	3	4

（3）育苗基质选用。选用适宜的育苗基质是培育壮苗的基础。无土育苗基质要求包括疏松透气，保水保肥，化学性质稳定，不带病菌和虫卵、杂草种子，且对秧苗无毒害。为了降低育苗成本，保证育苗效果，选择育苗基质时应充分利用当地资源，就地取材，并且以 2~3 种有机、无机基质混合为宜，实现优势互补，提高育苗效果。目前，国内外普遍采用的基质配比大致是草炭 50%~60%、蛭石 30%~40%、珍珠岩 10%。为了使所育的苗健壮，除了浇灌营养液的方法之外，常常在育苗基质内混入适量的无机化肥、沼渣、沼液、消毒粪肥等，并在生长后期适当追肥，平时只浇入清水即可。国内外常用的育苗基质配方见表 5-3。

表 5-3　常用育苗基质配方

配方代号	基质种类与添加的肥料											
	细沙①/m²	粉碎草炭/m²	蛭石/m²	白云石②/kg	珍珠岩/m²	硝酸钾/kg	硝酸铵/kg	硫酸钾/kg	过磷酸钙③/kg	复合肥/kg	钙石灰石/kg	消毒干鸡粪/kg
加利福尼亚大学混合基质	0.5	0.5	4.5			0.145		0.145	1.5		1.5	
康奈尔大学混合基质		0.5	0.5	3.0					1.2	3.0④		

（续）

配方代号	基质种类与添加的肥料											
	细沙①/m²	粉碎草炭/m²	蛭石/m²	白云石②/kg	珍珠岩/m²	硝酸钾/kg	硝酸铵/kg	硫酸钾/kg	过磷酸钙③/kg	复合肥/kg	钙石灰石/kg	消毒干·鸡粪/kg
中国农业科学院育苗与盆栽基质	0.75	0.13			0.12				1.0	1.5⑤	3.0	10.0
草炭矿物质混合基质	0.5	0.5				0.7		0.7			3.5	

注：①细沙粒径为 0.05～0.5 mm。

② 白云石也可以用石灰石代替。

③ 过磷酸钙中含有 20% 无氧化二磷。

④ 复合肥的氮、磷、钾含量比为 5∶10∶5。

⑤ 复合肥的氮、磷、钾含量比为 5∶15∶15。

（4）播种。

① 确定播种期。准确地确定播种期是计划育苗的根本保证，一般根据育苗需要的天数和定植期，并结合栽培品种和栽培季节等因素来推算。育苗天数的计算公式如下：

$$育苗天数＝苗龄天数＋炼苗天数（7～10 d）＋机动天数（3～5 d） \qquad (5-1)$$

② 确定播种量和播种面积。

a. 播种量。播种量可按以下公式计算：

$$播种量＝（每 667 m² 定植或欲销售的秧苗数＋安全系数）×种子千粒重/发芽率$$
$$(5-2)$$

例如，番茄一般每 667 m² 栽植 3 000 株，种子千粒重 3.25 g，发芽率 5%，则：播种量＝（3 000＋3 000×20%）×3.25/85%＝14 g/667 m²，即每 667 m² 需番茄种子 14 g。

b. 播种床面积可按以下公式计算：

$$播种床面积（m²）＝［播种量（g）×每克种籽粒数×（3～4）］/10 000 \qquad (5-3)$$

式中，3～4 指每粒种子平均占 3～4 cm² 面积，如辣椒、早甘蓝、花椰菜等可取 3，番茄可取 3.5，茄子可取 4。瓜类作物一般不分苗，可按苗床面积计算。

c. 分苗床面积可按以下公式计算：

$$分苗床面积（m²）＝［分苗总株数×每株营养面积（cm²）］/10 000 \qquad (5-4)$$

每株营养面积一般是：辣椒（双株）、黄瓜、西瓜、西葫芦、茄子、番茄为 10 cm×10 cm，花椰菜为 8 cm×6 cm。

表 5-4 是几种蔬菜育苗单位面积播种量、播种床面积、分苗床面积，可供参考。

表 5-4　几种蔬菜育苗播种量和需要苗床面积（每 667 m²）

蔬菜种类	用种量/g	需播种面积/m²	需分苗床面积/m²	备注
番茄	40～50	6～8	40～50	
辣椒	100～150	6～8	40～50	
茄子	50～80	3～4	20～25	
黄瓜	150～200		40～50	一般不分苗
西葫芦	200～250		25～30	
早甘蓝	20～30	4～5	40～50	一般不分苗
花椰菜	20～30	3～4	20～25	
芹菜	50	25		
莴笋	20	2.5～3	24～28	不分苗

③播种方法。不同的无土育苗方式采取不同的播种方法，常用的播种方法有点播、条播和撒播等。一般在无风、晴朗的天气状况下上午播种。播前做好育苗床（冬、春季节育苗时采用电热温床，夏季采用低畦育苗），对育苗具用 0.1%～1.0% 的高锰酸钾进行消毒，用清水喷透基质。播种后覆盖 1～2 cm 厚的基质，微喷水后覆膜、增温、保湿，出苗期间保持湿润。瓜类、豆类作物，按 8～10 cm 株行距播种（一般每穴播两粒），茄果类、叶菜类作物需进行分苗者，可行撒播，苗距 1～2 cm，待苗 1～2 片真叶后分苗。工厂化穴盘育苗时，采用自动精量播种生产线，实现自动播种。

（5）秧苗培育。采用穴盘育苗或在苗床育苗时，要定时浇灌营养液，或将肥料预先混入基质中，苗期只浇清水；对岩棉块或泡沫小方块育苗的则将育苗块摆放在盛有浅层营养液的苗床中进行循环供液。无论哪种无土育苗方式，都应根据幼苗生长状况和营养液变化情况不断调整。达到成苗标准后应及时定植。定植前一周应减少供液量，适时炼苗。为提高抗病性，黄瓜等部分作物的幼苗长至一定大小时要适时嫁接。另外，苗期应加强病虫害防治和环境调控。

2. 工厂化穴盘育苗　工厂化无土育苗主要采用穴盘育苗方式，是以草炭、蛭石等轻基质材料作为育苗基质，采用工厂化精量播种，一次成苗的现代化育苗体系。

（1）种子选择与处理。种子选择与普通无土育苗相同。种子处理与普通无土育苗不同的是对种子进行包衣处理和精量播种后集中催芽。包衣种子不用浸种和消毒。

（2）基质的选用。育苗基质的选择同普通无土育苗。基质混合、消毒和装填通过基质搅拌机、基质消毒机等机械操作来完成，而且效率高，混合与消毒效果好。

（3）精量播种。在播种车间内采用自动精播生产线播种，实现装盘、压穴、播种、覆盖、镇压、浇水等一系列机械化、程序化的自动流水线作业，方便快捷，效率高。工厂化穴盘育苗所用穴盘的规格大小要与自动精播生产线的要求相符。

①穴盘数量计算公式如下：

$$穴盘用量（个）=（播种量÷种子千粒重×1\,000）÷$$
$$（每个穴盘孔穴数×每个孔穴播种 1～2 粒）$$

(5-5)

② 穴盘育苗床面积计算公式。

穴盘育苗床的有效面积（m²）＝穴盘用量（个）×每个穴盘面积（m²）(5-6)

（4）催芽与绿化处理。将播种后的穴盘整齐摆放在育苗车上。育苗车直接推进催芽室进行催芽。种子萌芽后，要立即置于绿化室内见光绿化，否则会影响幼苗的生长和品质。绿化室一般是指用于育苗的连栋温室，具有良好的透光性及保温性，以使幼苗出土后能按预定要求的指标管理。幼苗绿化后进入正常的秧苗管理（部分作物需要嫁接）。

（5）秧苗培育。工厂化穴盘育苗的秧苗管理与普通无土育苗大致相同，不同的是充分利用先进的设施设备，加强营养液管理和环境调控，有效防治病虫害，做到秧苗生长快，苗齐又健壮。

任务二　无土育苗的管理

一、无土育苗基质和营养液

1. 育苗基质　育苗基质的作用是固定并支持秧苗、保持水分和营养、提供根系正常生长发育环境条件。选用适宜的基质是无土育苗的重要环节和培育壮苗的基础。无土育苗基质要求具有较大的孔隙度、合理的气水比、稳定的化学性质，且对秧苗无毒害。为了降低育苗成本，选择基质还应具备"就地取材，经济实惠"的原则，以充分利用当地资源。

（1）基质的种类与特性。无土育苗常用的基质种类很多，主要有泥炭、蛭石、岩棉、珍珠岩、碳化稻壳、炉渣、锯末、种过蘑菇的棉籽壳或树皮等。不同基质的理化特性不同，这些基质既可以单独使用，也可以按照一定比例混合使用，一般混合基质育苗效果更好。

（2）育苗基质的选配。育苗基质应具有优良的理化特性，疏松透气，保水保肥，微酸性，化学性质稳定，不带病菌、虫卵、杂草种子及对秧苗有害的物质，通常由两种或几种基质按照一定比例配合而成。配制复合基质时，一般用2～3种基质即可，并且尽量选用当地资源丰富、价格低廉的轻基质，以有机-无机复合基质效果更优。培育基质还要有利于根系缠绕，便于起坨。表5-5为几种复合基质的理化特性。

表5-5　几种复合基质的理化特性

复合基质	容重/ (g/cm³)	相对密度/ (g/cm³)	总孔隙度/ %	通气孔隙/ %	毛管孔隙/ %	pH	EC值/ (mS/cm)	阳离子代换量/ (mmol/100 g)
草炭∶蛭石∶炉渣∶珍珠岩为2∶2∶5∶1	0.67	2.29	70.7	17.1	53.6	6.71	2.62	13.77
草炭∶蛭石为1∶1	0.34	2.32	85.3	38.1	47.2	6.09	1.19	30.37
草炭∶蛭石∶炉渣∶珍珠岩为4∶3∶1∶2	0.41	2.22	81.5	25.3	56.2	6.44	2.82	29.03
草炭∶炉渣为1∶1	0.62	1.93	67.9	17.7	50.2	6.85	2.43	21.50

利用复合基质育苗可以实现优势互补，提高育苗效果。基质不仅对秧苗起着固定作用，而且提供秧苗生长需要的水分和养分，所以基质的营养条件对秧苗的生命活动影响很大。目前，国内绝大部分穴盘育苗采用草炭＋蛭石的复合基质，比例按2∶1或3∶1。草炭和蛭石

本身含有一定量的大量元素和微量元素，可被幼苗吸收利用，但对苗期较长的作物，基质中的营养并不能满足幼苗生育的需要。为此，除了浇灌营养液的方法之外，常常在配制基质时根据其中的养分含量和作物的需求添加不同的肥料，在成长后期酌情适当追肥，平时只浇清水。由表5-6可以看出，配制基质时加入一定量的有机肥和化肥，不但对出苗有促进作用，而且幼苗的各项生理指标都优于基质中单施化肥或有机肥的幼苗。

表 5-6　复合基质的育苗效果

处理	株高/cm	茎粗/mm	叶片数/片	叶面积/cm²	全株干重/g	壮苗指数
氮、磷、钾复合肥	14.2	3.1	4.5	27.96	0.124	0.121
尿素＋磷酸二氢钾＋脱味鸡粪	17.6	3.6	4.9	39.58	0.180	0.181
脱味鸡粪	12.5	2.9	4.1	19.12	0.110	0.104

2. 营养液

（1）营养液的选择。育苗用的营养液配方根据作物种类确定。生产上常用 $1/3\sim1/2$ 剂量的日本园试配方和山崎配方，也可使用育苗专用配方。试验表明，叶菜类育苗可采用配方氮 $140\sim200$ mg/kg、磷 $70\sim120$ mg/kg、钾 $140\sim180$ mg/kg；茄果类育苗配方前期氮 $140\sim200$ mg/kg、磷 $90\sim100$ mg/kg、钾 $200\sim270$ mg/kg，后期氮 $150\sim200$ mg/kg、磷 $50\sim70$ mg/kg、钾 $160\sim200$ mg/kg。此外，也可用三元复合肥（15-15-15）配成溶液后喷灌秧苗，子叶期的浓度为 0.1%，一片真叶后提高到 $0.2\%\sim0.3\%$。

无土育苗对营养液的总体要求是养分齐全、均衡，使用安全，配置方便。因此，在实际配置过程中应合理选择肥料种类，尽量降低成本，并控制营养液的pH $5.5\sim6.8$。营养液中铵态氮浓度过高容易对秧苗产生危害，抑制秧苗生长，严重时导致幼根腐烂，幼苗萎蔫死亡。因此，在氮源的选择上应以硝态氮为主，铵态氮占总氮的比例最高不宜超过 30%。

（2）营养液的管理。无土育苗的营养液管理主要是选择供液方式，科学控制供液时间、供液量和营养液浓度。幼苗出土后，在异养生长转为自养生长的过渡阶段，应适当提前供液。一般在幼苗出土进入绿化室后即开始浇灌或喷施营养液，每天1次或两天1次。

① 营养液浓度。不同作物的秧苗对营养液浓度要求不同，同一作物在不同生育时期也不一样。一般幼龄苗的营养液浓度应稍低（成株期标准浓度的 $1/2$ 或 $1/3$），随着秧苗生长，营养液浓度应逐渐提高。

② 供液量。浇灌供液时必须注意防止育苗容器内积液过多，每次供液后在苗床的底部保留 $0.5\sim1$ cm 深的液层。前人的研究结果显示，在育苗的全过程中，每株番茄、茄子、黄瓜、甜瓜幼苗分别吸收标准浓度的营养液 800 mL、1 000 mL、500 mL、400 mL。小规模育苗时可以参考这个标准，分次浇湿营养液，每次苗床的施用量控制在 10 L/m² 左右。夏季营养液育苗，浇液次数要适当增加，而且苗床要经常喷水保湿。

③ 供液方式。营养液供给与供水相结合。采用浇 $1\sim2$ 次营养液后浇1次清水的办法，可以避免基质内盐分积累浓度过高，抑制幼苗发育。

a.上部供液。适用于穴盘育苗或苗床育苗等育苗方式。工厂化育苗或育苗面积较大时可采用双臂悬挂式或轨道式行走喷水施肥车来回移动喷液。夏天高温季节，每天喷水 $2\sim3$ 次，每隔1 d喷肥1次；冬季气温低，每隔 $2\sim3$ d喷1次，喷水和喷肥交替进行。

b. 底部供液。适用于岩棉块和泡沫小方块育苗。把水或营养液蓄在育苗床内，苗床一般用塑料板或泡沫板围成槽状，长 10～20 m、宽 1.2～1.5 m、深 10 cm 左右，床底平且不漏水，底部铺一层厚 0.2～0.5 mm 的黑色塑料膜作衬垫，保持薄层营养液的厚度在 2 cm 左右。也有的将床底做成许多深 2 mm 的小格子，育苗块排列其上，底部供液，多余的营养液则从一定间隔设置的小孔中排出（图 5-9）。

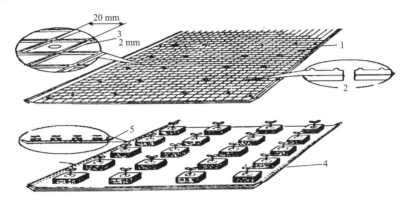

图 5-9　育苗床与育苗块供液系统
1. 育苗床　2. 排水孔　3. 育苗床放大图　4、5. 供液孔

为了降低育苗成本，最好采用循环供液方式，通过营养液循环流动来供液和增氧，但要注意及时调整营养液的浓度和 pH。

二、无土育苗期的环境调控

1. 温度　温度是影响幼苗生育的重要环境因素。温度高低以及适宜与否，不仅直接影响种子发芽和幼苗生长的速度，也左右着秧苗的发育过程。温度太低，秧苗生长发育延迟，生长势弱，容易产生弱苗或僵化苗，极端条件下还会因为床温过低造成寒害或冻害；温度太高，幼苗生长过快，易成为徒长苗。

（1）基质温度。基质温度影响根系生长和根毛发生，从而影响幼苗对水分、养分的吸收。在适宜的温度范围内，根的伸长速度随温度的升高而增加，但超过该范围后，尽管其伸长速度加快，但是根系细弱，寿命缩短。早春育苗基质温度偏低，会导致根系生长缓慢或产生生理障碍，应设置电热温床。夏秋季节则要防止高温伤害，可采用低畦育苗。

（2）昼夜温差。保持一定的昼夜温差对于培育壮苗至关重要，而低夜温则是控制幼苗节间过分伸长的有效措施。白天维持秧苗生长的适温，有利于增加光合作用和物质生产；夜间温度应比白天降低 8～10 ℃，以促进光合产物的运转，减少呼吸消耗。在自动化调控水平较高的设施内育苗可以实现"变温管理"。阴雨天白天气温较低，夜间气温也应相应降低。

（3）气温。不同的作物种类和生育期对气温的要求是不同的。总体说来，整个育苗期中播种后、出苗前和移植后、缓苗前温度应高，出苗后、缓苗后和炼苗阶段温度应低；生长前期的气温高，中期以后温度渐低；定植前 7～10 d 进行低温锻炼，以增强对定植以后环境条件的适应性；嫁接以后、成活之前也应维持较高的温度。

一般情况下，喜温性的茄果类、豆类和瓜类蔬菜最适宜的发芽温度为 25～30 ℃，较耐

温室内温度管理

127

寒的白菜类、根菜类蔬菜最适宜的发芽温度为 15～25 ℃。出苗至子叶展平前后，胚轴对温度的反应敏感，尤其是夜温过高时极易徒长，因此需要降低温度。茄果类、瓜类蔬菜白天控制在 20～25 ℃，夜间 12～16 ℃，而喜冷凉蔬菜稍低。真叶展开以后，喜温果菜类保持白天气温 25～28 ℃，夜间 13～18 ℃；耐寒半耐寒蔬菜保持白天 18～22 ℃，夜间 8～12 ℃。需分苗的蔬菜在分苗之前 2～3 d 适当降低苗床温度，保持在适温的下限，分苗后尽量提高温度。成苗期间喜温果菜类白天 23～30 ℃，夜间 12～18 ℃；喜冷凉蔬菜温度管理比喜温类降低3～5 ℃。几种蔬菜育苗的适宜温度见表 5-7。

表 5-7 几种蔬菜育苗的适宜温度

（王化，1985. 蔬菜现代育苗技术）

蔬菜种类	适宜气温/℃		适宜土温/℃
	昼温	夜温	
番茄	20～25	12～16	20～23
茄子	23～28	16～20	23～25
辣椒	23～28	17～20	23～25
黄瓜	22～28	15～18	20～25
南瓜	23～30	18～20	20～25
西瓜	25～30	20	23～25
甜瓜	25～30	20	23～25
菜豆	18～26	13～18	18～23
白菜	15～22	8～15	15～18
甘蓝	15～22	8～15	15～18
草莓	15～22	8～15	15～18
莴苣	15～22	8～15	15～18
芹菜	15～22	8～15	15～18

花卉种子萌发的适宜温度依种类和原产地不同而异，一般比其生育适温高 3～5 ℃。原产温带的花卉多数种类的萌发适温为 20～25 ℃，耐寒性宿根花卉及露地二年生花卉种子发芽适温为 15～20 ℃，一些热带花卉种子则要在较高的温度下（32 ℃）才能萌发。播种时的基质温度最好保持相对稳定，变化幅度不超过 3～5 ℃。花卉出苗后的温度应随着幼苗生长逐渐降低，一般白天 15～30 ℃，夜间 10～18 ℃，基质或营养液温度 15～22 ℃，其中喜凉耐寒花卉较低，喜温耐热花卉较高。

（4）温度调控。严冬季节育苗，温度明显偏低，应采取各种措施提高温度。电热温床最能有效地提高和控制基质温度。当充分利用了太阳能和保温措施仍不能将气温升高到秧苗生育的适宜温度时，应该利用加温设备提高气温。燃煤火炉加温成本虽低，管理也简单，但热效率低，污染严重。供暖锅炉清洁干净，容易控制，主要有煤炉和油炉两种，采暖分热水循环和蒸汽循环两种形式。热风炉也是常用的加温设备，以煤、煤油或液化石油气为燃料，先将空气加热，然后通过鼓风机送入温室内部。此外，还可利用地热、太阳能和工厂余热加温。

夏季育苗温度高，育苗设施需要降温，当外界气温较低时，主要的降温措施是自然通风。另外，还有强制通风降温、遮阳网、无纺布、竹帘外遮阳降温、湿帘风机降温、透明覆盖物表面喷淋、涂白降温、室内喷水喷雾降温等。试验证明，湿帘风机降温系统可降低室温5～6 ℃。喷雾降温只适用于耐高空气湿度的蔬菜或花卉。

2. 光照 光照对于蔬菜、花卉种子的发芽并非都是必需的，如莴苣、芹菜、报春花等需要在一定的光照条件下才能萌发；而韭菜、洋葱、雁来红等在光下却发育不良。秧苗干物质的90%～95%来自光合作用，而光合作用的强弱主要受光照条件的制约。而且，光照度也直接影响环境温度和叶温。光照度影响幼苗的生长发育速度和外部形态，强光照利于花的发育，弱光照容易形成徒长苗。光照时间对植物的器官形成作用较大，制约花芽形成和分化。光质对幼苗也有很大影响，红橙光可以促进光合作用，紫外光能促进秧苗健壮，防治徒长。

苗期管理的中心是设法提高光能利用率，尤其在冬、春季节育苗，光照时间短，光照度小，应采取各种措施改善秧苗受光条件，这是育成壮苗的重要前提之一。主要有以下调控措施：①增加育苗设施的采光量，增加入射光，减少阴影；②选用透光性好的覆盖材料，保持表面洁净度，增加光强；③加强不透明覆盖物的揭盖管理，尽可能早揭晚盖，延长光照时间；④幼苗及时见光绿化，并防止相互遮挡。

如果光照不足，可人工补光，或作为光合作用的能源，或用来抑制、促进花芽分化，调节花期。补充照明的功率密度因光源的种类而异，一般为50～150 W/m²。从降低育苗成本角度考虑，一般选用荧光灯。

夏季高温季节育苗，为了避免强光照射，降低温度，创造幼苗生长的良好环境，要采取遮光育苗。常用的遮光材料有遮阳网、无织布、草帘等。遮阳网是以聚烯烃树脂为主要材料，经加工拉丝后编织成的一种质量小、强度高、耐老化，并具有透气性和透光性的农用覆盖材料，具有不同的规格和颜色。如果需全部遮光可使用黑色塑料薄膜，它可将光线全部遮住，从而调节日照时数，该法主要用来控制开花时间。

3. 水分 水分是幼苗生长发育不可缺少的条件。育苗期间，适宜的水分供应是增加幼苗物质积累、培育壮苗的有效途径。适于大多数幼苗生长的基质含水量一般为60%～80%，播种后出苗之前应保持较高的基质湿度，以80%～90%为宜，定植之前7～10 d，适当控制水分。如果基质水分过多，高温弱光，幼苗极易徒长；低温弱光，则易发生病害或导致沤根。反之，基质水分过少，幼苗生长就会受抑制，长时间缺水形成僵苗。苗期适宜的空气湿度一般为白天60%～80%、夜间90%左右，出苗之前和分苗初期的空气湿度适当提高。蔬菜不同生育阶段基质水分含量见表5-8。

表5-8 不同生育阶段基质水分含量（相当于最大持水量的百分数）

单位：%

蔬菜种类	播种至出苗	子叶展开至2叶1心	3叶1心至成苗
茄子	85～90	70～75	65～70
甜椒	85～90	70～75	65～70
番茄	75～85	65～70	60～65
黄瓜	85～90	75～80	75
芹菜	85～90	75～80	70～75
叶用莴苣	85～90	75～80	70～75
甘蓝	75～85	70～75	55～60

苗期水分管理的总体要求是保证适宜的基质含水量,适当降低空气温度,根据作物种类、育苗阶段、育苗方式、苗床设施条件等灵活掌握。如营养钵育苗的浇水量要比床土育苗多。工厂化育苗不宜用洒水或软管浇水,应设置喷雾装置,实现浇水的机械化、自动化。浇营养液或水应选择晴天上午进行。低温季节育苗,水或营养液最好加温后浇施。采用喷雾法浇水可以同时提高基质和空气的湿度。降低苗床湿度的措施主要有合理灌溉、通风、提高温度等。

4. 气体 在育苗过程中,对秧苗生长发育影响较大的气体主要是 CO_2 和 O_2,此外还包括有毒气体。

(1) CO_2。CO_2 是植物光合作用的原料,外界大气中的 CO_2 体积分数约为 $330\ \mu L/L$,日变化幅度较小,但在相对密闭的温室、大棚等育苗设施内,CO_2 浓度变化远比外界要强烈得多,室内 CO_2 浓度在早晨日出前最高,日出后随光温条件的改善,植物光合作用不断增强,CO_2 浓度迅速降低,甚至低于外界水平呈现亏缺。冬、春季节育苗,由于外界气温低,通风少或不通风,内部 CO_2 含量更显不足,限制了幼苗光合作用和正常生育。设施 CO_2 不足会使秧苗处于碳饥饿状态,此时 CO_2 施肥最有效。综合前人研究结果,苗期 CO_2 施肥应尽早进行,子叶期开始最佳,冬季每天上午 CO_2 施肥 3 h 可显著促进幼苗的生长,利于壮苗形成,可提高前期产量和总产量。施肥浓度宜掌握在 $1\ 000\ \mu L/L$ 左右。苗期 CO_2 施肥现已成为现代育苗技术的特点之一(表 5-9)。

表 5-9 黄瓜、番茄苗期 CO_2 施肥壮苗效果比较

(魏珉 等,2000. 果菜苗期 CO_2 施肥壮苗效果研究)

蔬菜	施肥浓度	株高/cm	茎粗/cm	叶面积/cm^2	全株干重/(g/株)	净同化率/[g/($m^2 \cdot$ d)]	壮苗指数	含水量/%
黄瓜	$1\ 100 \pm 100\ \mu L/L$	22.15	0.494	284.68	1.194 5	3.292	0.197 8	83.30
	$700 \pm 100\ \mu L/L$	21.30	0.473	247.66	0.917 1	2.867	0.127 2	83.299
	不施肥	17.04	0.433	186.82	0.681 2	2.754	0.090 2	83.741
番茄	$1\ 100 \pm 100\ \mu L/L$	40.25	0.556	296.33	1.561 5	2.895	0.183 6	83.016
	$700 \pm 100\ \mu L/L$	37.25	0.531	249.99	1.265 6	2.775	0.132 7	83.172
	不施肥	29.55	0.511	197.55	0.872 3	2.410	0.104 5	83.534

(2) O_2。基质中 O_2 含量对幼苗生长同样重要。O_2 充足,根系发生大量根毛,形成强大的根系;O_2 不足则会引起根系缺氧窒息,地上部萎蔫,停止生长。一般基质总孔隙度以60%左右为宜。

(3) 有毒气体。危害幼苗的有毒气体主要来自加温或 CO_2 施肥过程中燃料的不完全燃烧、有机肥或化肥的分解以及塑料制品中增塑剂的释放等。为此,要求严格检查育苗用的塑料薄膜、水管;燃料燃烧要充分,烟囱密封性要好;不在育苗温室内堆积发酵有机肥。设施通风不仅降低温湿度,使内部 CO_2 得到补充,有毒气体也得以排出,但外界气温太低时不能放风。

三、无土育苗常见的问题

1. 秧苗颜色发黄 因为无土育苗所配制的营养液以硝态氮为主,甚至全部都是硝态氮,与有土育苗时所施用的铵态氮比较,秧苗色泽就浅一些,表现出黄绿色,这是由于氮素形态

的不同而造成的，并不影响秧苗品质。如果秧苗生长发育均正常，没有其他生长障碍发生，这属于正常现象。

2. 幼苗徒长 采用无土育苗技术培育的秧苗生长速度较快，更容易发生徒长现象，应适当加以控制。控制秧苗徒长的措施主要是适当降低温度，而不应过分控制营养液的供给。如果像有土育苗那样进行蹲苗，很长时间不给营养液，虽然秧苗徒长得到控制，但由于营养与水分不足也降低了秧苗品质。

3. 烂根或根系发育不良 这种现象一般是由基质通气不良造成的。如果基质选择与使用没有什么问题，就可能是由供液量过大造成的。这种现象尤其在利用吸湿性强的基质来育苗时更易发生，如岩棉块育苗、碳化稻壳育苗等。因此，采用这些基质育苗时更应注意营养液量的控制。

4. 秧苗生长停滞，生长点小，叶色泽发暗，甚至萎缩死亡 在正常营养液管理的情况下，出现这种现象可能是以下原因引起的：

（1）营养液中铵态氮的比例过高而产生铵离子危害。因此，苗期营养液中铵态氮的比例最好不超过总氮的30％。

（2）盐害。连续喷浇施营养液后，由于基质水分蒸发较快，盐分在基质中积累，逐渐出现盐害症状。发现盐害后应立即停液，改为浇水，盐害症状即可得到缓解。这种情况在高温强光时更容易发生，应注意。

任务三 工厂化育苗技术

工厂化育苗是以先进的温室和工程设备装备种苗生产车间，以现代生物技术、环境调控技术、施肥灌溉技术以及信息管理技术等贯穿种苗的生产过程，同时以现代化、企业化的模式辅助组织种苗生产和经营，通过优质种苗的供应、推广和使用园艺植物良种、节约种苗生产成本、降低种苗生产风险和劳动强度，为园艺植物的优质高产打下基础。

一、工厂化育苗的概述与特点

现阶段，工厂化育苗在国际上已是十分成熟的农业先进技术，也是现代农业、工厂化农业的重要组成部分。自20世纪60年代，美国首先开始研究穴盘育苗技术，到了70年代欧美各国在蔬菜、花卉等育苗方面逐渐进入机械化、科学化的研究，我国于80年代初开始引进工厂化育苗的设备，许多农业高等院校和科研院所同时开展相关研究，对国外的工厂化育苗技术进行全面的消化吸收，并逐步在国内应用推广。工厂化育苗具有以下特点：

1. 节省能源与资源 工厂化育苗又称为穴盘育苗，与传统的营养钵育苗相比较，育苗效率由100株/m² 提高到700～1 000株/m²；能大幅度提高单位面积的种苗产量，节省电能2/3以上，显著降低育苗成本。

2. 提高秧苗素质 工厂化育苗能够实现种苗的标准化生产，育苗基质、营养液等用科学配方，实现肥水管理和环境控制的机械化和自动化。穴盘育苗一次成苗，幼苗根系发达并与基质紧密黏着，定植时不伤根系，容易成活，缓苗快，能严格保证种苗质量和供苗时间。

3. 提高种苗生产效率　工厂化育苗采用机械精量播种技术，大大提高了播种效率，节省种子用量，提高成苗率。

4. 商品种苗适于长距离运输　成批出售，对发展集约化生产、规模化经营十分有利。

二、工厂化育苗的场所与设备

工厂化育苗能够节省育苗时间，提供整齐苗壮的秧苗，有利于农业现代化的推进。要实现工厂化育苗，必须有配套的设施设备，使其与育苗的程序和技术要求相吻合，保证秧苗顺利生长。以下是工厂化育苗必备的设施设备及基本要求：

1. 温室　在工厂化育苗生产中，温室是必不可少的重要设施。目前，我国北方地区普遍推广的是节能型日光温室，其采光保温性能较佳。在冬春严寒时节，北方地区室内外温差可达 30 ℃左右，采用这种温室进行工厂化育苗，能够降低能耗和生产成本，不过内部温度、光照不均匀，秧苗的生长具有趋光性，因此单栋面积不宜过大。长江流域及南方地区可采用塑料大棚进行育苗，虽然保温性能稍差，但是在冬春气候温和的条件下是一种优选类型。

2. 催芽室　催芽室是一种自动控温控湿的育苗设施，专供种子催芽出苗，是工厂化育苗的必备条件。催芽室的面积依据育苗面积而定，我国北方多在日光温室内设置催芽室，优点是节能、简易、成本低，缺点是容易出现高温烧苗现象，因此应采取遮阳通风措施。

3. 电热温床　电热温床的投资成本小、利用率高，可以按照育苗要求控制温度，提高秧苗的质量，也是常用的设备之一。一般来说，电热温床主要由电加温线和控温仪构成，其中，电加温线能够将电能转化为热能，从而提高地表温度；控温仪是自动控温的仪器，能够节省 1/3 的耗电量，使温度不超过作物的适宜范围。

4. 穴盘精量播种设备　穴盘精量播种设备是工厂化育苗的核心设备，包括以每小时 40～300 盘的播种速度完成拌料、育苗基质装盘、刮平、打洞、精量播种、覆盖、喷淋全过程的生产流水线。使用穴盘精量播种设备，不仅节省劳动力、降低成本，而且能使种子出苗整齐，根系无损伤，有利于种植后机械化操作的实施。

5. 育苗环境自动控制系统　育苗环境自动控制系统是指育苗过程中的温度、湿度、光照等的环境控制系统。它主要包括加温设备、保温设备、降温排湿系统、补光系统和控制系统，能够让作物种子在最适宜的环境下生长，育出优质壮苗。

6. 喷灌设备　喷灌设备可根据周围环境给种子提供水分，并兼顾营养液的补充和喷施农药。根据种苗的生长速度、叶片大小及环境的温度、湿度等，对供水量和喷淋时间进行调节，保证种苗健康生长。

7. 运苗车与育苗床架　运苗车包括穴盘转移车和成苗转移车，穴盘转移车是将完成播种的穴盘运往催芽室，成苗转移车是将秧苗运送到大田。育苗床架有固定性床架、育苗框组合结构和移动式育苗床架，可以根据实际情况进行选择。

三、工厂化育苗的管理技术

1. 育苗基质的选择及要求　穴盘育苗对基质的总体要求是要有良好的物理性及稳定的化学性，尽可能提供幼苗适宜的水分、氧气、温度和养分。影响基质理化性状的指标主要有 pH、阳离子交换量、孔隙度、容重等。有机基质的分解程度直接关系到基质的容重、总孔隙度以及吸附性与缓冲性，分解程度越高，容重越大，总孔隙度越小，一般以中低等分解程度的基质为好。有机质含量越高，其阳离子交换量越大，基质的缓冲能力就越强，保水与保肥性能亦越强。较好的基质要求有较高的阳离子交换量和较强的缓冲性能。孔隙度适中是基质水、气协调的前提，孔隙度与大小孔隙比例是控制水分的基础。风干基质的总孔隙度以84%～95%为好，茄果类育苗比叶菜类育苗要求基质的孔隙度略高。另外，基质的导热性、水分蒸发总量与辐射能等均对种苗的质量有较大的影响。

工厂化育苗基质选择的原则是：①尽量选择当地资源丰富、价格低廉的物料；②育苗基质不带病菌、虫卵，不含有毒物质；③基质随幼苗植入生产田后不污染环境与食物链；④能起到土壤的基本功能与效果；⑤以有机与无机材料复合基质为好；⑥相对密度小，便于运输。

2. 营养液的配置与管理 育苗过程中营养液的添加取决于基质成分和育苗时间。使用草炭、生物有机肥料和复合肥组成的专用基质，育苗期间以浇水为主，适当补充一些大量元素即可。使用草炭、珍珠岩、蛭石育苗基质，营养液配方和施肥量是决定种苗质量的重要因素。

3. 穴盘选择 工厂化育苗是种苗的集约化生产，为了适应精量播种的需要和提高苗床的利用率，为提高单位面积的育苗数量，也为了提高种苗质量和成活率，生产中以培育小苗为主。工厂化育苗选用规格化的穴盘，制盘材料主要有聚苯乙烯或聚氨酯泡沫塑料模塑和黑色聚氯乙烯吸塑两种。外形和孔穴的大小在国际上已经实现了标准化。其孔穴数有 50 孔、72 孔、98 孔、128 孔、288 孔、392 孔、512 孔等多种规格；根据穴盘自身的质量有 130 g 的轻型穴盘、170 g 的普通型穴盘和 200 g 以上的重型穴盘 3 种。

4. 环境调控 工厂化育苗条件下，环境调控主要是指温度、光照、CO_2 的调控。温度是秧苗生长发育最基本的一个生态因子，控制适宜的温度是培育壮苗的重要技术环节之一。不同园艺植物种类及植物不同的生长阶段对温度有不同的要求。

在温室育苗条件下，由于采光屋面透光率低，秧苗所接受的光照度往往是在光饱和点（40～70 klx）以下，因此，随着光照度的增加，光合产物相应增加，尤其是在冬春寡照的地区，光照度往往成为培育壮苗的限制因子。增加苗期光照的主要途径有：清洗温室采光面，提高透光率；延长光照时间；扩大秧苗营养面积；人工补光等。

国内外大量试验证明，苗期人工增施 CO_2 能显著提高秧苗的质量，表现为根系增多，叶面积增大，叶数增多，叶片增厚，秧苗根系活力增强；叶片叶绿素含量及气孔数增多；光合效率提高，生长速度加快，干、鲜重增加；有利于育苗期的缩短。人工施用 CO_2 的方法及碳源多种，从经济、方便、有效角度看，利用钢瓶二氧化碳压缩气体，通过有孔塑料管在覆盖的小拱棚内释放的技术是可取的。

5. 苗期病害的防治 园艺植物幼苗期易感染的病害主要有猝倒病、立枯病、灰霉病、病毒病、霜霉病、菌核病、疫病等；由于环境因素引起的生理性病害有寒害、冻害、热害、旱害、盐害、沤根、有害气体毒害、药害等。对于以上各种病理性和生理性病害要以预防为主，做好综合防治工作，即提高秧苗素质，控制育苗环境，及时调整并杜绝各种传染途径，做好穴盘、器具、基质、种子等的消毒工作，再辅以经常检查，尽早发现病害症状，及时进行适当的化学药剂防治。育苗期间常用的化学农药有 75% 百菌清可湿性粉剂 600～800 倍液，可防治猝倒病、立枯病、霜霉病、白粉病等；50% 多菌灵可湿性粉剂 800 倍液可防治猝倒病、立枯病、炭疽病、灰霉病等；25％甲霜灵可湿性粉剂 1 000～1 200 倍液、70％甲基硫菌灵可湿性粉剂 1 000 倍液和 72.2％霜霉威盐酸盐水剂 400～600 倍液等对蔬菜的苗期病害防治都有良好的效果。化学防治过程中应注意秧苗的大小和天气的变化，小苗用较低的浓度，大苗用较高的浓度；一次施药后如连续晴天可以隔 10 d 左右再用一次，如果连续阴雨天则隔 5～7 d 再用一次；用药时必须将药液直接喷洒到发病部位；为降低育苗温室空间及基质湿度，喷药时间以晴天上午为宜。对于猝倒病等发生于幼苗基部的病害，如基质及空气湿度大，则可以用药土覆盖的方式防治，即用基质配成多菌灵土撒于发病中心周围及幼苗基部，同时拔除病苗，清除出育苗温室，集中处理。对于环境因素引起的病害，应加强温、湿、光、水、肥的管理，严格检查，以防为主，保证各项管理措施到位。

6. 定植前炼苗　秧苗在移出育苗室前必须进行炼苗，以适应定植地点的环境。如果幼苗定植于有加热设施的温室中，只需保持运输过程中的环境温度；幼苗定植于没有加热设施的塑料大棚中，应提前 3～5 d 降温、通风、炼苗；定植于露地无保护设施的秧苗，必须严格做好炼苗工作，定植前 7～10 d 逐渐降温，使温室内的温度逐渐与露地相近，防止幼苗定植时因不适应环境而发生冷害。另外，幼苗移出育苗温室前 2～3 d 应施一次肥水，并进行杀菌、杀虫剂的喷洒，做到带肥、带药出苗。

思政天地

　　"春种一粒粟，秋收万颗子。"一年之计在于春，春天播下希望，秋天收获丰收喜悦。每年春季是农民最忙的时候，不是插秧就是播种。传统人工育秧，不仅需要大面积水田，而且劳动力投入巨大，生产成本颇高，如遇倒春寒天气，还会影响秧苗生长。采用工厂化育秧不仅节约时间成本和劳动力投入，还可以实现恒温、恒湿、保肥，提高秧苗质量。广东省韶关市仁化县就把现代农业科技运用到春耕中，建立水稻工厂化育秧示范基地，带动全县水稻生产全程机械化水平提升。截至 2021 年，全县水稻耕种收综合机械化率达 75.37％，机耕率为 98.51％，有效推进了粮食生产规模化、集约化发展，提高了粮食生产综合能力，促进了乡村振兴的实施。仁化县工厂化育秧让水稻生产机械化程度更高，是利用科技利器加快推进现代化农业发展的生动体现。

（根据相关报道整理改编而成）

项目小结

【重点难点】

（1）无土育苗是指不用土壤，而用基质和营养液或单纯用营养液进行育苗的方法。随着设施园艺的发展，蔬菜、花卉等反季节农作物的发展速度非常迅猛，常规育苗方式已远远不能满足生产需求，无土育苗因其先进性和科学性越来越受到农户的欢迎，各地生产实际不同，在生产中可根据具体情况选择合适的育苗方式进行育苗。

（2）工厂化育苗要求有完整配套的设施设备，熟练使用和维护无土育苗的相关设备是育苗顺利进行的根本保证。

（3）熟练掌握普通无土育苗和工厂化穴盘育苗的操作流程，包括种子精选、种子处理、育苗基质选用、播种、秧苗培育等环节，操作要规范，技术要求严格，培育的秧苗整齐、健壮。

（4）苗期管理是保证育苗质量的必要条件，包括营养液的管理和温度、光照、水分、气体等环境条件的调控。

（5）育苗期间经常会出现各种问题，如秧苗颜色发黄、根系坏死或发育不良、幼苗徒长、秧苗生长停滞等，要留意观察，及时发现问题，找出原因，并有效解决。

【经验技巧总结】

（1）熟练掌握无土育苗的方法及操作流程。

（2）通过蔬菜、花卉等植物的无土育苗实例，准确分析并有效解决无土育苗中遇到的实际问题。

技能训练

蔬 菜 无 土 育 苗

一、目的要求

根据作物种类、苗龄选择适宜的无土育苗方法，熟练掌握无土育苗的操作流程，能够准确分析并有效解决无土育苗中遇到的实际问题。

二、材料与用具

1. 材料 莴苣、辣椒、番茄等作物种子（各 100 g），蛭石、珍珠岩、泥炭适量，3%～5%磷酸三钠溶液、0.1%氯化汞溶液、0.3%～0.5%次氯酸钠（次氯酸钙）溶液、3 mmol/L NaOH 或 KOH 的稀溶液、3 mmol/L 硫酸或磷酸的稀溶液、华南农业大学叶菜类和果菜类营养液配方所需的农用或工业用肥料。

2. 营养液准备

（1）华南农业大学叶菜类营养液配方。Ca（NO_3）·$4H_2O$ 472 mg、KNO_3 202 mg、NH_4NO_3 80 mg、KH_2PO_4 100 mg、K_2SO_4 174 mg、$MgSO_4$·$7H_2O$ 246 mg，pH 6.1～6.6。

（2）华南农业大学果菜类营养液配方。Ca（NO_3）·$4H_2O$ 472 mg、KNO_3 404 mg、KH_2PO_4 100 mg、$MgSO_4$·$7H_2O$ 246 mg，pH 6.4～7.8。

3. 用具 催芽室、育苗穴盘（72 穴、128 穴）、塑料育苗钵（7 cm×8 cm）、喷壶、干湿度计、镊子、托盘天平（或电子分析天平）、杆秤、50 mL 量筒、pH 计或 pH 试纸、电导率仪、500 mL 烧杯、塑料盆（桶）、塑料标签。

三、方法步骤

1. 选种 选择饱满、整齐、无病虫害的种子，备用。

2. 工具及人手消毒 用 3%～5%磷酸三钠溶液消毒处理。

3. 种子及基质消毒 将选好的种子用 0.1%氯化汞溶液消毒 5 min 左右，再用清水冲洗

3～5次以除去残毒。用0.3％～0.5％次氯酸钠（次氯酸钙）溶液浸泡沙子、泥炭基质30 min，然后用清水冲洗若干次。

4. 基质装盘 将珍珠岩、蛭石按2∶1的比例混合后，均匀装盘（距盘沿1 cm）。

5. 播种 将种子用镊子小心放入穴盘。每穴1～2粒，播完后再撒上一薄层蛭石基质，刮平稍压后，浇透水。

6. 移苗 待第一片真叶展开后，移入预先装好岩棉、泥炭、沙子、珍珠岩和蛭石等单一基质的育苗钵中，浇足1/3剂量的营养液。

7. 营养液管理 种子发芽前，不浇营养液，只浇清水；移苗后初期可浇灌1/3剂量的营养液；中期和后期浇灌1/2剂量的营养液。每隔2～3 d浇1次。夏季高温季节每天可酌情浇1～2次清水，以防基质过干。

8. 环境管理 苗盘播种后，重叠移入催芽室，温度控制在25～26 ℃。出苗后再移入温室，及时见光绿化。注意中午通风、降温和遮光，并防止蒸发过大；夜间注意拉大昼夜温差（低于昼温5～10 ℃）和保温，必要时可搭建小拱棚。当第一片真叶展开时，应及时移苗以免互相影响。移至塑料钵后，随着幼苗的长大，及时拉大株行距。当达到不同作物要求的生理苗龄或日历苗龄及育苗规格后再定植。

9. 跟踪记录 育苗期间要跟踪调查秧苗的生长状况和环境变化情况，并及时记录。苗期记录要及时整理归档。

拓展任务

【复习思考题】
（1）何谓无土育苗？为什么要采用无土育苗？
（2）工厂化育苗需要哪些育苗设备？
（3）思考播种前都需做哪些考虑和具体的工作？
（4）概括穴盘育苗的技术流程。
（5）如何加强无土育苗期间的营养液管理？
（6）无土育苗期间环境如何调控？
（7）分析普通无土育苗与工厂化育苗有何区别。

【案例分析】

工厂化育苗在蔬菜生产中得到广泛应用

山东伟丽种苗有限公司是山东省较早开展工厂化集约育苗的民营企业，目前已建立占地10.67 hm² 和3.33 hm² 的两处育苗基地，年育苗量在3 000万株以上，其西瓜、甜瓜、黄瓜嫁接育苗数量达1 400万株，形成了一套完整的技术体系，嫁接苗成苗率和壮苗率达到了很高的水平，在瓜类蔬菜嫁接育苗方面走在了全国前列。

寿光市新世纪种苗有限公司成立于2001年，率先开展了番茄、茄子、辣（甜）椒嫁接苗的研究和开发。他们依托经营的蔬菜品种和建立的种苗推广服务体系，增强了企业的市场竞争力，也体现了企业为农民热心服务的理念。

针对育苗基质成分复杂，作为主要成分之一的草炭资源逐步匮乏的实际，济南市鲁青园艺研究所研制订定了"果菜基地标准"，经通过了山东省市场监督管理局组织的专家审查，作为省级地方标准实施。目前，该科技企业已成为全国最大的育苗基质生产企业之一，产品已销往山东、河北、宁夏、广西等多个省份。

山东省在蔬菜育苗基质、营养液配方、育苗环境调控、苗期病害控防、秧苗标准等研究上取得了显著进展。科研、教学单位与育苗企业合作的研发平台逐步建立完善，目前已研究制定了西瓜、黄瓜、番茄、茄子、辣（甜）椒工厂化集约育苗的技术规程。育苗方面的科技进步为山东省工厂化集约育苗产业的发展提供了重要的技术支撑。

项目六　无土栽培生产设施建造及管理

学习目标

◆ 知识目标
- 了解深液流栽培特征，能够进行深液流水培生产。
- 了解浅液流栽培特征，能够进行浅液流水培生产。
- 了解雾培特征，能够进行雾培生产。
- 了解槽式栽培的特征，掌握槽式栽培设施建造方法，能够进行槽式栽培生产。
- 了解袋式栽培的特征，掌握袋式栽培设施建造方法，能够进行袋式栽培生产。
- 了解岩棉培的特征，掌握岩棉培设施建造方法，能够进行岩棉培生产。
- 了解立体栽培的特征，掌握立体栽培设施建造方法，能够进行立体栽培生产。

◆ 技能目标
- 学会查阅相关资料，熟悉深液流、浅液流、雾培及固体基质的概念、特征及在生产中的应用。

任务实施

任务一　深液流水培设施建造与管理

一、深液流技术特点

深液流技术又称深液流循环栽培技术（Deep Flow Technique，DFT），是指植株根系生长在较为深厚（5～10 cm），并且是流动的营养液层的一种栽培技术。其植株大部分根系浸泡在营养液中，根系的通气靠向营养液中加氧来解决，是最早开发成可以进行农作物商品生产的无土栽培技术。从 20 世纪 30 年代至今，通过改进，深液流技术被认为是一种有效、实用、具有竞争力的水培生产类型。DFT 在日本普及面广，我国的广东、山东、福建、上海、湖北、四川等省份也有一定的推广面积，成功地应用于番茄、黄瓜等果菜类和莴苣、茼蒿等叶菜类蔬菜的生产。因此，这种类型的水培设施比较适合我国现阶段的国情，特别适合南方热带、亚热带气候特点的水培生产。

深液流水培设施一般由营养液种植槽、定植板（或定植网框）、贮液池、营养液循环流动系统及控制系统等四大部分组成。由于建造材料不同和设计上的差异，已有多种类型问世。通过实践试用，认为日本神园式（由水泥构件制成，用户可以自制）比较适合中国国情。现介绍改进型神园式深液流水培设施。

二、常用深液流水培设施

1. 种植槽 种植槽（plantation trough）宽度一般为 100～150 cm。槽内深度控制在 12～15 cm，最深不超过 20 cm，槽长度为 10～20 m。种植槽在建造时首先把地面整平、打实，在建槽的位置铺上一层 3～5 cm 的河沙或石粉打实，然后在河沙或石粉层上铺上 5 cm 厚的混凝土作为槽底，上面的四周用水泥砂浆砌砖成为槽框，再用高标号水泥砂浆批荡种植槽内外，最后再加上一层水泥膏抹光表面，以防止营养液的渗漏。建造种植槽的地基必须是坚实的，否则在种植槽建好之后可能会因地基的不均匀下沉而造成种植槽断裂，进而造成营养液的渗漏。在地基较为松软的地方建造种植槽，为了防止地基下陷而造成种植槽断裂，可在槽底混凝土层中每隔 20 cm 加入一条 φ8 mm 钢筋。在建好种植槽框批荡时还可加入防水涂料以防渗漏（图 6-1）。

深液流栽培设施

图 6-1 种植槽横切面示意
1. 地面 2. 种植槽 3. 支撑墩 4. 供液管 5. 定植杯
6. 定植板 7. 液面 8. 回流及液层控制装置

这种槽不用内垫塑料薄膜，可直接盛载营养液进行栽培。但成功的关键在于选用耐酸抗腐蚀的水泥材料。这种槽的优点是农户可自行建造，管理方便，耐用性强，造价低。其缺点是不能拆卸搬迁，是永久性建筑，槽体比较沉重，必须建在坚实的地基上，否则会因地基下陷造成断裂渗漏。

2. 定植板 定植板（图 6-2）用硬泡沫聚苯乙烯板块制成，厚 2～3 cm，板面开若干个定植孔，孔径为 5～6 cm，种果菜和叶菜都可通用。定植孔内嵌一只塑料定植杯（图 6-3），高 7.5～8.0 cm，杯口的直径与定植孔相同，杯口外沿有一宽约 5 mm 的唇，以卡在定植孔上，不掉进槽底。杯的下半部及底部开有许多直径 3 mm 的孔。定植板的宽度与种植槽外沿宽度一致，使定植板的两边能架在种植槽的槽壁上，这样可使定植板连同嵌入板孔中的定植杯悬

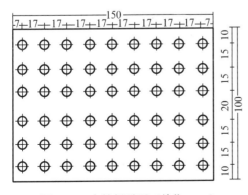

图 6-2 定植板平面（单位：cm）

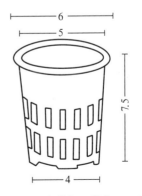

图 6-3 定植杯（单位：cm）

挂起来。定植板的长度一般为 150 cm，视工作方便而伸缩，定植板一块接一块地将整条种植槽盖住，使光线透不进槽内。

采用悬杯定植板定植时，植株的质量为定植板和槽壁所承担。当槽内液面低于槽壁顶部时，定植板底与液面之间形成一段空间，为空气中的氧向营养液中扩散创造了条件。在槽宽 80～100 cm，而定植板的厚度维持 2.0～2.5 mm 不变时，需在槽的宽度中央架设支承物以支持定植板的质量，使定植板不会由于植株长大增重而向下弯成弧形。支持物可用截锥体水泥墩制成，沿槽的宽度中线每隔 70 cm 左右设置 1 个，墩上架一条硬塑料供液管，一方面起供液作用，同时起支持定植板的作用。水泥墩的截锥底面直径为 10 cm，顶面直径为 5 cm，墩的高度加上供液管的直径应等于种植槽内壁的高度，墩顶面要有一小凹坑，使供液管放置其上时不会滑落。架在墩上的供液管应紧贴于定植板底，以承受定植板的重力而保持其水平状态。在槽壁顶面水平状态下，定植板的板底连同定植杯的杯底与液面之间各点都应是等距的，以使每个植株接触到液面的机会均等。要避免有些植物的根系已触到营养液，而另一些则仍然悬在空间中而造成生长不均。

3. 地下贮液池 地下贮液池是为增大营养液的缓冲能力，并为根系创造一个较稳定的生存环境而设的。有些类型的深液流水培设施不设地下贮液池，而直接从种植槽底部抽出营养液进行循环，日本 M 式水培设施就是这样。这无疑可以节省用地和费用，但也失去了地下贮液池所具有的许多优点。

地下贮液池以不渗漏为建造的总原则来建造。建造时池底用 10～15 cm 厚的混凝土，并加入 $\phi8$ mm 钢筋倒制而成，池壁用砖砌、水泥砂浆批荡，水泥砂浆批荡泥膏抹光，建池所用的水泥应为高标号水泥，同时地下贮液池池面要比地面高出 10～20 cm，并要有盖，防止雨水或其他杂物落入池中，保持池内黑暗以防藻类滋生。

地下贮液池设置的好处有：①作为营养液调节的场所，营养液 pH 的调整、养分和水分的补充等均在贮液池中进行；②增大种植系统营养液的总量，使每株占有的营养液量增大，从而使营养液的浓度组成、pH、溶解氧含量以及液温等不易发生较剧烈的变化。

4. 营养液循环供液系统 营养液循环供液系统由供液系统和回流系统两大部分组成。

（1）供液系统。供液系统包括供液管道、水泵、调节流量的阀门等。供液管道由水泵从贮液池中将营养液抽起后，分成两条支管，每条支管各自有阀门控制。一条转回贮液池上方，将一部分营养液喷回池中作增氧用，清洗整个种植系统时，此管可作彻底排水之用；另一条支管接到总供液管上，总供液管再分出许多分支通到每条种植槽边，再接上槽内供液管。槽内供液管为一条贯通全槽的长塑料管，其上每隔一定距离开有喷液小孔，使营养液均匀分到全槽。

在槽宽为 80～90 cm 的种植槽内的供液管，由直径 25 mm 的聚乙烯硬管制成，每隔 45 cm 开一对直径为 2 mm 的小孔，位置在管的水平直径线以下的两侧，小孔至管圆心线与水平直径之间的夹角为 45°，每条种植槽的供液管在其进槽前设有控制阀门，以便调节流量。

（2）回流系统。回流系统包括回流管道和种植槽中的液位调节装置等（图 6-4）。在种植槽的一端底部设一回流管，管口与槽底面持平，管下段埋于地下外接到总回流管上去。槽内回流管口若无塞子塞住，进入槽内的营养液可彻底流回贮液池中。为使槽内存留一定深度的营养液，要用一段带橡胶塞的液面控制管塞住回流管口（图 6-5）。当液面由于供液管不断供液而升高，超过液面控制管的管口时，便通过管口回流。另可在液面控制管的上段再套上一段活动的胶管，将其提高，液面随之升高，将其压低，液面随之下降。液面控制管外再套上一个宽松的围堰圆筒（用塑料制成，筒内径比液面控制管大1倍即可），筒高要超过液面控制管管口，筒脚有锯齿状缺刻，使营养液回流时不能从液面流入回流管口，迫使营养液从围堰脚下缺刻通过才转上回流管口，这样可使供液管喷射出来的富氧营养液驱赶槽底原有的比较缺氧的营养液回流，同时围堰也可阻止根系长入回流管口。如果将整个带胶塞的液面控制管拔去，槽内的营养液便可彻底排净。

每条槽的回流管道与总回流管道的直径应根据进液量来确定。回流管的直径应大到足以及时排走需回流的液量，以避免槽内进液大于回液而泛滥。

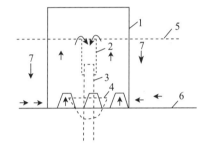
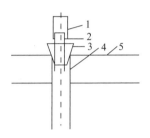

图 6-4　罩住液位调节装置的塑料管　　　　图 6-5　液层控制装置

　　1. 带缺刻的硬塑料管　2. 液位调节管　　　1. 可升降的套于硬塑管外的橡皮管

　3. PVC 硬管　4. 橡胶塞　5. 液面　6. 槽底　　　2. 硬塑管　3. 橡皮塞

　　7. 营养液及其液向（箭头表示）　　　　4. 回流管　5. 种植槽底

（3）水泵和定时器。水泵配以定时控制器，按需控制水泵的工作时间。大面积栽培时，可将温室内全部种植槽分为 4 组，每组有一供液控制阀，分组轮流供液，以保证供液时从小孔中射出的小液流有足够的压力，提高增氧效果。

5. 深液流各部件处理

（1）新建种植槽的处理。新建成的水泥结构种植槽和贮液池会有碱性物质渗出，需要用稀硫酸或磷酸浸渍中和，除去碱性后才能开始使用。具体的处理方法为：先用清水浸泡种植设施 2~3 d，洗刷浸泡出来的碱性物质，抽去浸泡液，然后再放清水浸泡 2~3 d，如此反复数次，直至加入清水后 pH 稳定在 6.5~7.5 即可使用。为了加快新建种植系统的处理速度，缩短处理时间，开始时先用水浸渍数天洗刷去大部分碱性物质，然后再放酸液浸渍，开始时酸液调至 pH 2 左右，浸渍时 pH 会再度升高，应继续加酸进去，浸渍到 pH 稳定在 6.5~7.5，排去浸渍液，用清水冲洗 2~3 次即可。

（2）换茬阶段的清洗与消毒。换茬时对设施系统消毒后方可种植下茬作物。

① 定植杯的清洗与消毒。把定植杯连同残留在杯中的残根一起从定植板中取出，将杯中的残根和小石砾倒出，用水冲洗石砾和定植杯，尽量将细碎的根系和其他杂质冲走，然后把石砾和定植杯分别集中放在容器中进行消毒。消毒时可用含有 0.3%~0.5% 有效氯的次氯酸溶液或含有 0.4% 的甲醛福尔马林溶液浸泡 1 d，也可以用 0.02% 的高锰酸钾溶液浸泡 30 min，倒掉消毒液，用清水冲洗即可。

② 定植板的清洗与消毒。用刷子在水中将贴在板上的残根冲刷掉，然后将定植板浸泡于含 0.3%~0.5% 有效氯的次氯酸钠或次氯酸钙溶液中，使其湿透后捞起，一块块叠起，

再用塑料薄膜盖住，保持湿润 30 min 以上，然后用清水冲洗待用。

③ 种植槽、贮液池及循环管道的消毒。用含 0.3%～0.5% 有效氯的次氯酸钠或次氯酸钙溶液使喷洒槽、池内外所有部位湿透（每平方米约用 250 mL），再用定植板和池盖板盖住保持湿润 30 min 以上，然后用清水洗去消毒液待用。全部循环管道内部用含 0.3%～0.5% 有效氯的次氯酸钠或次氯酸钙溶液循环冲洗 30 min，循环时不必在槽内留液层，让溶液喷出后即全部回流，并可分组进行，以节省用液量。

6. 常见深液流栽培造型

（1）箱式栽培。箱培是用聚苯乙烯泡沫塑料箱作为栽培容器的一种复合基质栽培方式，整体效果美观，搬运方便。当单株蔬菜发病时，可将该泡沫箱连同植物一起换掉（图 6-6）。

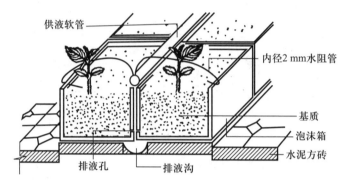

图 6-6　复合基质箱培设施示意

① 箱培设施的组成。

a. 地面。将地面整平，作 1:（100～200）的坡降，整个地面铺水泥方砖，在将要摆放泡沫箱的位置，铺两列水泥砖，略高于走道，两列方砖之间留出 10～15 cm 的缝隙，用水泥砂浆抹出排液沟，排液沟较低的一端与位于温室一端的排液槽相连，可将多余的营养液排到室外。

将在每列方砖上各摆放一列泡沫箱。也有只在温室地面上平整地铺上水泥方砖，不做排液沟，适当减少供液量，少量多余的营养液通过水泥方砖之间的缝隙渗入地下。

b. 泡沫塑料箱。箱培的基本设施与槽培、袋培类似，不同之处只是将栽培槽、袋换成了泡沫塑料箱（白色）。栽培瓜类蔬菜、茄果类蔬菜等大株蔬菜时，应选用高 20 cm 以上的泡沫箱；栽培白菜类和绿叶菜类蔬菜等小株蔬菜时，可选用高 10 cm 左右的泡沫箱。泡沫箱要有一定的强度，一般要达到 20 kg/m³，这样才能延长箱的使用寿命。使用前在泡沫箱的底部或侧壁上距离底部 2～3 cm 处钻 2～3 个孔，以防箱中积水沤根。

c. 供液系统。采用开放供液方式，营养液不回收。用 PE 管作供液管道，主管安装过滤器，每个泡沫箱处设两条内径 2 mm 的水阻管，水阻管两端削尖，一端插入栽培行间的供液支管，一端穿过泡沫箱上沿固定住，伸向泡沫箱中的基质表面，出水口与基质表面保持 1～2 cm 的距离，以免在潜水泵停机营养液回流时将基质吸入水阻管而导致堵塞。

② 箱培管理技术。装箱时，基质不要装满，要保证在定植作物后基质表面距离箱口 1～2 cm，以免营养液溢出。栽培小株蔬菜时，由于植株较密，可不使用箱盖。栽培大株蔬菜时，可在泡沫箱盖上打 ϕ10 cm 以上的定植孔，定植蔬菜后套上箱盖，盖严，再从定植孔插入滴头。其他管理技术参见基质槽培。

（2）盆培。盆栽属于基质栽培的一种，也是无土栽培中最简单的一种栽培方式，盆体体积比较大，能够容纳的基质土比较多，适合种植大根系的植物、爬藤型植物，如番茄、南瓜、甘薯等。

盆培也称为"盆栽"或"盆钵栽培"，主要是栽培容器小型化，以盆、钵形式作为栽培容器。栽培管理技术与箱培类似。栽培方法是在距塑料花盆的底部 1/3 高处打 ϕ5 mm 的孔。塑料桶底部装水洗炉渣，上面装入岩棉等基质，每 3～5 d 浇施一次营养液至溢流口排液为止，每月浇一次清水，可栽培各种花卉、果菜和叶菜（图 6-7）。

家庭也可采用小型滴灌式栽培（图 6-8）。在窗台上方吊一塑料桶用来盛装营养液，安装医院用过的滴流（点滴）管，下面插入栽培盆表层。栽培盆选用塑料桶或盆，在离盆底部 3 cm 处打一孔，安上废输液管，栽培盆内装满基质，每日滴灌 3 次，每次 30 min，此设施可以栽培果菜和中型花卉。

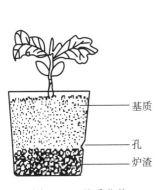

图 6-7 基质盆栽

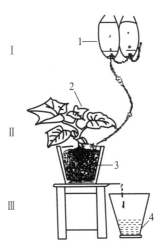

图 6-8 小型滴灌式栽培

Ⅰ.高位部分　Ⅱ.中位部分　Ⅲ.低位部分

1.营养液　2.黄瓜苗　3.沙粒及砾石　4.回收液桶

三、深液流栽培管理技术

1. 栽培作物种类的选定　选择经济价值高的作物品种，利用温室的条件来进行"反季节"或"错季"生产。初进行水培生产时，应选用一些较适应水培的作物种类来种植，如番茄、节瓜、直叶莴苣、蕹菜、鸭儿芹、菊花等，以取得水培的成功。在没有控温的大棚内种植，要选用完全适应当季生长的作物来种植，切忌不顾条件地进行反季节种植，不要误解无土栽培技术有反季节的功能。

2. 育苗与定植

（1）育苗。用穴盘育苗法育出幼苗（育苗穴盘的穴孔应比定植杯口径略小）。

（2）移苗入定植杯。准备好稳苗用的非石灰质的小石砾（粒径以大于定植杯下部小孔为宜），在定植杯底部先垫入 1～2 cm 的小石砾，以防幼苗的根颈直压到杯底，然后从育苗穴盘中将幼苗带基质拔出移入定植杯中（不必除去结在根上的基质），再在幼苗根团上覆盖一层小石砾稳住幼苗。稳苗材料必须用小石砾，因其没有毛管作用，可防营养液上升而结成盐霜之弊（盐霜可致茎基部坏死）。不能用毛管作用很强的材料（如很细碎的泥炭、植物残体等）来稳定幼苗，因为这类材料易结成盐霜。

（3）过渡槽内集中寄养。幼苗移入定植杯后，本可随即移入种植槽上的定植板孔中，成为正式定植，但定植板的孔距是按植株长大后需占的空间而定的，遇上幼苗太细，很久才长满空间。为了提高温室及水培设施的利用率，将已移入定植杯内的很细小的幼苗，密集置于一条过渡槽内，不用定植板直接置于槽底，做过渡性寄养。槽底放入深 1～2 cm 的营养液，浸住杯脚，幼苗即可吸到水分和养分，迅速长大并有一部分根伸出杯外，待长到有足够大的株型时，才正式移植到种植槽的定植板上。移入后很快就长满空间（封行）达到可以收获的程度，大大缩短了占用种植槽的时间。这种集中寄养的方法对生长期较短的叶菜类是很有用的，对生长期很长的果菜类用处不大。

（4）正式定植后槽内液面的控制。将有幼苗的定植杯移入种植槽上的定植板上以后，即为正式定植。当定植初期根系未伸出杯外或只有几条根伸出时，要求液面能浸住杯底 1～2 cm，以使每一株幼苗有同等机会及时吸到水分和养分。这是保证植株生长均匀，不致出现大小苗现象的关键措施。但也不能将液面调得太高以致贴住定植板底，妨碍氧向液中扩散，同时也会浸住植株的根颈使其窒息死亡。液位调节装置在生产中，应随着植株的长大，根系增多，逐渐降低营养液液位，使部分根段裸露在空气中，一旦液位降低、根系产生较多根毛之后，就不能把已降低液位的营养液层再升高，否则可能造成根毛甚至整个根系的受到损害，严重的也有可能造成死亡。但也不能够使得种植槽中的液层太浅，一般应保证液层的深度可维持在无电力供应、水泵不能正常循环的情况下，植株仍能正常生长 1～2 d 的营养液量。

3. 营养液的配制与管理　前面项目已做详细介绍，这里再强调一点：种植槽内液面的调节是悬杯式深液流水培中十分重要的技术环节，做得不好会伤害根系，应特别注意。

在定植开始时，液面要浸住定植杯底 1～2 cm，当根系大量深入营养液后，液面应随之调低，使较多根段露于空气中，以利于呼吸而节省循环流动充氧的能耗。在这种情况下，露在潮湿空气中的根段会重新发生许多根毛，这些有许多根毛的根段不能再被营养液淹浸太久，否则就会坏死而伤及整个根系，所以液面不能无规则地任意升降。原则上液面降低以后，上部的根段已产生大量根毛时，液面就稳定在这个水平。还要注意使存留于槽底的液量能够满足植株 2～3 d 的吸水需要，不能降得很浅维持不了植株 1 d 的吸水量。生产上还应注意水泵故障或电源中断不能供液的问题。

4. 建立科学高效的管理制度　这是社会化大生产所必需的。每个技术部门和每项技术措施都要有专人负责，明确岗位责任，建立管理档案，列出需要记录的项目，制成表格和工作日记，逐项进行登记。这样才能对生产中出现的问题进行科学分析，从而使其得到有效的解决。科学的管理制度是先进的科学技术发挥作用的必要保证，没有科学的管理制度，再先进的科学技术也难在提高生产力上发挥作用。在我国长期自给经济基础形成的思想意识影响下，往往忽视科学的管理制度。因此，在学习、引进先进的科学技术以提高生产力时，必须同时解决这一问题。

深液流水培技术因管理方便、设施耐用、后续生产资料投入较少等已成为一项实用、高效的无土栽培技术，在我国的南方地区已被大面积推广应用。深液流水培装置的建造包括种植槽、定植板（或定植网框）、地下贮液池、营养液循环供液系统等部分的建造。在进行深液流水培时，初生产应选用一些较适应水培的作物种类来种植，以取得水培的成功。

任务二　浅液流水培设施建造与管理

一、浅液流技术特点

浅液流技术（Nutrient Film Technique，NFT）又称营养液膜技术，是一种将植物种植在浅层流动的营养液中的水培方法。它是由英国温室作物研究所库柏（A. J. Cooper）在1973年发明的。1979年以后，该技术迅速在世界范围内推广应用。据1980年的资料记载，当时已有68个国家正在研究和应用该技术进行无土栽培生产，我国在1984年也开始开展这种无土栽培技术的研究和应用工作，效果良好。

二、常用的浅液流水培设施

营养液膜技术的设施主要由种植槽、贮液池、营养液循环流动装置3个部分组成。此外，还可以根据生产实际和资金的可能性，选择配置一些其他辅助设施，如浓缩营养液贮备罐及自动投放装置、营养液加温及冷却装置等。

浅液流水培设施

1. 种植槽　NFT的种植槽按种植作物种类的不同可分为两类：一是栽培大株型作物用槽；二是栽培小株型作物用槽。

（1）栽培大株型作物用的种植槽。这种槽是用0.1～0.2 mm厚的面白底黑的聚乙烯薄膜临时围合起来的等腰三角形槽，槽长20～25 m，槽底宽25～30 cm，槽高20 cm。即取一幅宽75～80 cm、长21～26 m的上述薄膜，铺在预先平整压实，且有一定坡降的（1：75左右）地面上，长边与坡降方向平行。定植时将带有苗钵的幼苗置于膜宽幅的中央排成一行，然后将膜的两边拉起，使膜幅中央有20～30 cm的宽度紧贴地面，拉起的两边合拢起来用夹子夹住，成为一条高20 cm的等腰三角形槽。植株的茎叶从槽顶的夹缝中伸出槽外，根部置于不透光的槽内底部。

营养液要从高的一端流向低的一端，故槽底下的地面不能有坑洼，以免槽内积水。用硬板（木材或塑料）垫槽可调整坡降，坡降不要太小，也不要太大，以营养液能在槽内流动顺畅为好。营养液在槽内要以浅层流动，液层深度不宜超过2 cm。在槽底宽20～30 cm、槽长不超过25 m的槽内，以每分钟注入2～4 L营养液为适宜。

为改善作物的吸水和通气状况，可在槽内底部铺垫一层无纺布，它可以吸水并使水扩散，而根系又不能穿过它，然后将植株定植于无纺布上。其作用主要是：①浅层。营养液直接在塑料薄膜上流动会产生乱流，在植株幼小时，营养液会流不到根系，造成缺水。无纺布可使营养液扩散到整个槽底部，保证植株吸到水分。②根系直接贴住塑料薄膜生长。植株长到足够大时，根量多，质量大，形成一个厚厚的根垫与塑料薄膜贴得很紧，营养液在根的底部流动不畅，造成根垫底下缺氧，容易出现坏死。有一层根系穿不过的无纺布，根只能长在无纺布上面，根与塑料薄膜之间隔一层无纺布，营养液可在其间流动，解决了根垫底下缺氧问题。③无纺布可吸持大量水分，当停电断流时，可缓解作物缺水而迅速出现萎蔫的危险。

（2）栽培小株型作物用的种植槽。这种槽是用玻璃钢或水泥制成的波纹瓦作槽底。波纹瓦的谷深 2.5～5.0 cm，峰距视株型的大小而伸缩，宽度为 100～120 cm，可种 6～8 行，按此即计算出峰距的大小。全槽长 20 m 左右，坡降 1∶75。波纹瓦接连时，叠口要有足够深度而吻合，以防营养液漏掉。一般槽都架设在木架或金属架上，高度以方便操作为度。波纹瓦上面要加一块板盖将它遮住，使其不透光。板盖用硬泡沫塑料板制作，上面钻有定植孔。孔距按种植的株行距来定，板盖的长宽与波纹瓦槽底相匹配，厚度 2 cm 左右（图 6 - 9）。

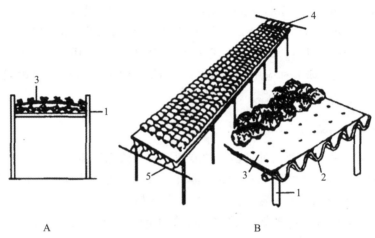

图 6 - 9　小型作物用 NFT 种植槽
A. 横切面　B. 侧俯视
1. 支架　2. 塑料波纹瓦　3. 定植板盖　4. 供液管

2. 贮液池　一般设在地面以下，以便于种植槽中流出的营养液回流到贮液池中。如果种植小株型作物，可把贮液池建在地面上。在确定贮液池容积时应保证贮液池能满足供水和循环流动的需要。

3. 循环系统装配　循环系统装配主要由水泵、管道及流量调节阀等组成。

（1）水泵。应遵循耐用及出水量足够大为原则。可用耐酸碱、耐腐蚀的自吸泵或潜水泵。

（2）管道。均应采用塑料管道，防止腐蚀。管道安装时要严格密封，最好采用压接而不用套接。同时尽量将管道埋于地面以下，一方面方便工作，另一方面避免因日光照射而加速老化。管道分两种：一是供液管。从水泵接出主管，在主管上接出支管，其中一条支管引回贮液池上，使一部分抽起来的营养液回流到贮液池中，一方面起搅拌营养液作用，使之更均匀并增加液中的溶存氧，另一方面可通过其上的阀门调节流量。在支管上再接许多毛管输到每个种植槽高的一端，每槽的毛管设流量调节阀，然后在毛管上接出小输液管引入种植槽中。大株型种植槽每槽设几条 2～3 mm 的小输液管。多设几条小输液管的目的是在其中有 1～2 条堵塞时，还有 1～2 条畅通，以保证不会缺水。小株型种植槽每个波谷都设两条小输液管，保证每个波谷都有液流，流量每谷 2 L/min。二是回流管。种植槽低的一端设排液口，用管道接到集液回流主管上，再引回贮液池中。集液回流的主管要有足够大的口径，以免滞溢。

4. 浅液流各部件处理

（1）种植槽处理。新槽在使用前要检查各部件是否合乎要求，特别是槽底是否平顺，塑料薄膜有无破损渗漏。换茬后重新使用的槽，在使用前注意检查有无渗漏并要彻底清洗和消毒。

（2）育苗与定植。

① 大株型种植槽的育苗与定植。因 NFT 的营养液层很浅，定植时作物的根系都置于槽底，故定植的苗都需要带有固体基质或有多孔的塑料钵以锚定植株。育苗时应该使用固体基质块（一般用岩棉块）或用多孔塑料钵育苗，定植时不要将固体基质块或塑料钵脱去，连苗带钵（块）一起置于槽底。

大株型种植槽的三角形槽体封闭较高，故所育成的苗应有足够的高度才能定植，以便置于槽内时苗的茎叶能伸出三角形槽顶的缝以上。

② 小株型种植槽的育苗与定植。可用岩棉块或海绵块育苗。岩棉块规格大小以可旋转入定植孔、不倒卧于槽底即可。也可用无纺布卷成或岩棉切成方条块育苗。在育苗条块的上端切一小缝，将催芽的种子置于其中，密集育成 2～3 叶的苗，然后移入板盖的定植孔中。定植后要使育苗条块触及槽底，而幼叶伸出板面之上。

（3）其他辅助管理设施。NFT 因营养液用量少，致使营养液变化比较快，必须经常进行调节。为减轻劳动强度并使调节及时，可选用一些自动化控制的辅助设施进行自动调节。但即使不用这些辅助设施，用人工调节也同样能进行正常的生产，但比较麻烦。辅助设施包括定时器、电导率（EC）自控装置、pH 自控装置、营养液温度调节装置和安全报警器等（图 6 - 10）。

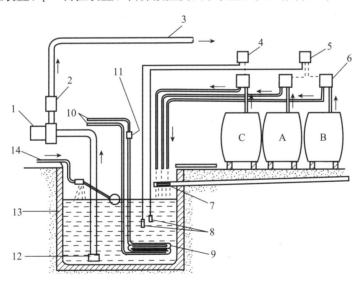

图 6 - 10　NFT 营养液自动控制装置示意
A、B. 浓缩营养液贮罐　C. 浓酸（碱）贮罐

1. 泵　2. 定时器　3. 供液管　4. pH 控制仪　5. EC 控制仪　6. 注入泵　7. 营养液回流管　8. EC 及 pH 感应器
9. 加温或冷却管　10. 暖气（冷水）来回管　11. 暖气（冷水）控制阀　12. 水泵滤网　13. 贮液池　14. 水源及浮球

①定时器。间歇供液是 NFT 水培特有的管理措施。通过在水泵上安装一个定时器可以实现间歇供液的准确控制，但设定间歇的时间要符合作物生长实际。

② 电导率（EC）自控装置。由电导率（EC）传感器、控制仪表及浓缩营养液罐（分A、B两个）加注入泵组成。当 EC 传感器感应到营养液的浓度降低到设定的限度时，就会由控制仪表指令注入泵将浓缩营养液注入贮液池中，使营养液的浓度恢复到原先的浓度。反之，如营养液的浓度过高，则会指令水源阀门开启，加水冲稀营养液使达到规定的浓度。

③ pH 自控装置。由 pH 传感器、控制仪表及带注入泵的浓酸（碱）贮存罐组成，其工作原理与 EC 自控装置相似。贮存罐中的酸一般为硝酸或磷酸，碱一般用氢氧化钠，有时也用氢氧化钾。

④ 营养液温度调节装置。液温太高或太低都会抑制作物的生长，通过调节液温改善作物的生长条件，比对大棚或温室进行全面加温或降温要经济得多。营养液温度调节装置主要由加温装置或降温装置及温度自控仪两部分组成。

⑤ 安全报警器。NFT 的特点决定了种植槽内的液层很薄，一旦停电或水泵故障就不能及时循环供液，很容易因缺水而使作物萎蔫。有吸水无纺布作槽底衬垫的番茄，夏季停液2 h 即会萎蔫。没有无纺布衬垫的种植槽种植叶菜，停液 30 min 以上即会干枯死亡。所以NFT 系统必须配置备用电机和水泵。还要在循环系统中装有报警装置，发生水泵失灵时及时发出警报以便及时补救。电导率、pH、温度等自动调节装置的质量要灵敏而稳定，每天要经常监视其是否失灵，以保证不出错乱而危害作物。

5. 其他水培设施

（1）浮板毛管水培设施。浮板毛管水培技术（Floating Hydroponics Technique，FCH）是由浙江省农业科学院和南京农业大学共同参考日本的浮根法，并经过改良、研制而开发的一种新型无土栽培技术（图 6-11）。这种深水培设施有效解决了营养液水气矛盾，使根际环境稳定，而且液位稳定，不怕中途停电停水，具有成本低、投资少、管理方便、节能实用、适应性广等特点，适宜我国南北方各种气候条件和生态类型应用。

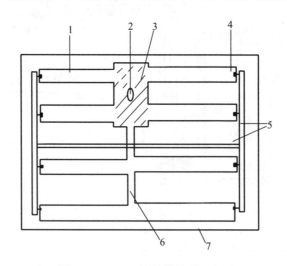

图 6-11　FCH 系统设施平面布置
1. 种植槽　2. 水泵　3. 贮液池　4. 空气混入器　5. 供液管道　6. 排液管道　7. 6 m×30 m 大棚

浮板毛管水培设施包括种植槽、贮液池、循环管道和控制系统四部分。除种植槽和在循环系统内装有空气混合器以外，其他三部分设施与营养液膜水培设施基本相同。种植槽（图 6-12）由定型聚苯乙烯板做成长 1 m 的凹形槽，然后连接成长 15～20 m 的槽，其宽 40～50 cm、高 10 cm，槽内铺 0.1 cm 厚的塑料薄膜。种植槽的坡降 1:100。营养液深度为 5～7 cm，液面漂浮厚 1.25 cm、宽 10～20 cm 的聚苯乙烯泡沫板，板上覆盖一层无纺布，两侧延伸入营养液内，通过毛细管作用使浮板始终保持湿润。定植板为厚 2.5 cm、宽 40～50 cm 的聚苯乙烯泡沫板，覆盖于种植槽上，其上开两排定植孔，孔径与定植杯外径一致，孔间距为 40 cm×20 cm。秧苗栽入定植杯内，然后悬挂在定植板的定植孔中，正好把槽内的浮板夹在中间，根系从定植杯的孔中伸出后，一部分根爬伸生长到浮板上，产生根毛吸收 O_2，一部分根伸到营养液内吸收水分和营养。种植槽的上端安装进液管，下端安装排液装置，进液管处同时安装空气混入器，增加营养液的溶氧量。排液管道与贮液池相通。槽内营养液的深度通过垫板或液层控制装置（图 6-12）来调节。

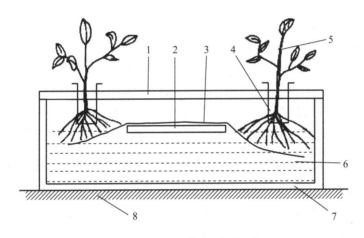

图 6-12 FCH 系统设施平面布置
1. 种植槽　2. 水泵　3. 贮液池　4. 空气混入器　5. 供液管道
6. 排液管道　7. 定型聚苯乙烯种植槽　8. 地面

　　循环供液系统由水泵、阀门、管道、空气混合器等组成。营养液循环路线为：贮液池→阀门→管道→空气混合器→栽培床→排液口→贮液池。控制系统有定时器和控温仪，主要用于水泵的开停和自控液温。

　　（2）动态浮根系统。动态浮根系统是我国台湾开发应用的一种深水培技术。作物根系置于栽培床的营养液中，可随营养液的液位变化而上下左右波动。栽培床为泡沫塑料板压制成型的长 180 cm、宽 90 cm、深 8 cm，中间有 2 cm 的凸起，以使栽培床更加牢固。栽培床坡度 1%～2%。栽培床上盖 90 cm×60 cm×3 cm 的泡沫板，板上每隔一定的距离挖 1 个 $\phi2.5$ cm 的孔，以便定植叶菜。孔距依作物的需要而定。这种栽培床还需要安装支架。空气混入器安装在营养液流进栽培床的入口处，其内部构造为两组"十"字形重叠的塑料闸门，会产生 8 条水流冲出，约可增加 30% 的空气混入，使溶氧量增加，维持 3～6 μg/mL。在栽培床的排水口处安装 1 个 0～8 cm 高的排水器，与定时器联合工作。每 667 m^2 水培面积可设 1 个容量 6 t 左右的地下贮液池或 100 L 以上的大贮液罐，并安装 1 个 750 W 的高速水泵。营养液层由浮动开关控制（图 6-13）。

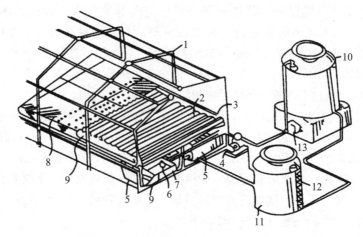

图 6-13　动态浮根系统的主要组成部分

1. 管结构温室　2. 栽培床　3. 空气混入器　4. 水泵　5. 水池　6. 营养液液面调节器

7. 营养液交换箱　8. 板条　9. 营养液出口堵头　10. 高位营养液罐　11. 低位营养液罐

12. 浮动开关　13. 电源自动控制器

（3）浮板水培设施。浮板水培技术（简称 FHT）是指植物定植在浮板上，浮板在栽培床中自然漂浮的一种深水培模式。栽培床中的营养液深度一般在 $10 \sim 100$ cm。根据栽培床中营养液的深浅，可分为深水漂浮栽培系统和浅池漂浮栽培系统。深水漂浮栽培系统适宜栽培各种叶菜，其定植板漂浮在营养液上，移动方便，并能根据植株的大小多次更换定植板以节省温室空间，这也是深水漂浮栽培的特征之一。虽然这种栽培方式投资大、生产成本高，但具有规模化、现代化的特点，真正实现了叶菜的工厂化生产，能够显著提高温室的利用率和单位面积的产量。而浅池漂浮栽培系统与传统 DFT 水培的主要区别是定植板和植物根系均漂浮在种植槽内的营养液中，并随液位变化而上下浮动。以下介绍深水漂浮栽培系统的设施结构。

深水漂浮栽培系统包括栽培床、定植板、循环供液系统、自动控制系统和营养液消毒装置（图 6-14）。栽培床一般为砖和水泥砌成的水池，整个温室内部除两端留出少量的空间作为工作通道及放置苗、定植的传送装置之外，全部建成一个或数个深为 $80 \sim 100$ cm 的水

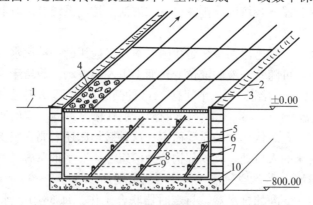

图 6-14　温室深液流水培设施示意（单位：cm）

1. 地面　2. 工作通道　3. 泡沫塑料定植板　4. 植株　5. 槽框　6. 营养液

7. 塑料薄膜　8. 供液管道　10. 槽底

池，池宽 4～10 m、长 10 m，大型连栋温室里往往多个栽培床平行排列，中间以过道分隔。栽培床底部安装有连接压缩空气泵的出气口以及连接浓缩液分配泵的出液口。栽培床内放入深 80～90 cm 的营养液。池中的营养液通过回流管道与另一个水泵相连接，通过该水泵进行整个贮液池中营养液的自体循环。

定植板为白色聚苯乙烯泡沫塑料板，其上有许多定植孔，孔距因作物种类和生长阶段的不同而异。定植板依靠浮力漂浮在营养液上，没有其他支撑。营养液循环系统包括贮液池、水泵、加液系统、回液系统及补氧装置。自动控制系统包括与计算机相连的电导率仪、pH 计、温湿度计、光照测定装置及报警装置等，可以随时对营养液的浓度、酸碱度、温度进行监测，对温室的温度、湿度和光照进行监测，并按照设定程序自动调节营养液 EC 值、pH 等。

（4）小型水培设施。小型水培设施主要用于家庭水培、科研单位的小型研究试验或用作中小学教具，大多结构简单，一般需要一个贮液的塑料容器和少量 PVC 管件组装而成，有的需要添加小型加氧泵。设施类型主要有简易 NFT 装置（图 6-15）、蔬菜墙（图 6-16）、简易静止水培箱（图 6-17）等。

图 6-15 简易 NFT 绿萝种植

图 6-16 蔬菜墙

图 6-17 简易静止水培箱

三、浅液流栽培管理技术

1. 种植作物的选定 宜选种容易栽培成功的作物，如叶用莴苣、番茄等，有经验后再种其他作物。

2. 育苗与定植 参照 DFT 水培内容。

3. 营养液配方的选择 由于 NFT 系统营养液的浓度和组成变化较快，因此要选择一些稳定性较好的营养液配方。

4. 供液方法 NFT 的供液方法是比较讲究的，因为它的特点是液层要很浅（不超过 2.0 cm）。这样浅的液层中含有的养分和氧很容易被消耗到很低的程度。当营养液从槽头一端输入，流经一段相当长的路程（以限 25 m 计算）以后，许多植株吸收了其养分和氧，这样从槽头的一株起，依次吸到槽尾的一株时，营养液中的氧和养分已所剩不多，造成槽头与槽尾的植株生长差异很大。供液量有时会对产量造成影响。说明 NFT 的供液量与多种因素有关。

NFT 在槽长超过 30 m，而植株又较密的情况下，要采用间歇供液法以解决根系需氧的问题。这样，NFT 的供液方法就派生为两种，即连续供液法和间歇供液法。

（1）连续供液法。NFT 的根系吸收氧气的情况可分为两个阶段，即从定植后到根垫开始形成，根系浸渍于营养液中，主要从营养液中吸收溶解氧，这是第一阶段。随着根量的增加，根垫形成后有一部分根露在空气中，这样就从营养液和空气两方面吸收氧，这是第二阶段。第二阶段出现的快慢与供液量多少有关。供液量多，根垫要达到较厚的程度才能露于空气中，从而进入第二阶段较迟；供液量少，则很快就进入第二阶段。第二阶段是根系获得较充分氧源的阶段，应促其及早出现。连续供液的供液量，可在 2～4 L/min 的范围内随作物的长势而变化。原则上白天、黑夜均需供液。如果夜间停止供液，则会抑制作物对养分和水分的吸收（减少吸收 15%～30%），导致作物减产。

（2）间歇供液法。间歇供液法是解决 NFT 系统中因槽过长、株过多而导致根系缺氧的有效方法。此外，在正常的槽长与正常的株数情况下，间歇供液与连续供液相比，产量和果实质量也是间歇供液的高。间歇供液在供液停止时，根垫中大孔隙里的营养液随之流出，通入空气，使根垫里直至根底部都吸到空气中的氧，这样就增加了整个根系的吸氧量。

间歇供液开始的时期，以根垫形成初期为宜。根垫未形成（即根系较少，没有积压成一个厚层）时，间歇供液没有什么效果。在槽底垫有无纺布的条件下种植番茄，夏季每小时供液 15 min，停供 45 min；冬季每两小时供液 15 min，停供 105 min，如此反复日夜供液。这些参数要结合作物具体长势与气候情况而调整。停止供液的时间不能太短，如果小于 35 min，则达不到补充 O_2 的作用；但也不能停得太长，太长会使作物缺水而萎蔫。

5. 液温的管理 由于 NFT 的种植槽（特别是塑料薄膜构成的三角形沟槽）隔热性能差，再加上用液量少，因此液温的稳定性也差，容易出现同一条槽内头部和尾部的液温有明显差别。尤其是冬、春季节槽的进液口与出液口之间的温差可达 6 ℃，使本来已经调整到适合作物要求的液温，到了槽的末端就变成明显低于作物要求的水平。可见，NFT 要特别注意液温的管理。各种作物对液温的要求有差异，以夏季不超过 30 ℃、冬季不低于 15 ℃为宜。

任务三　雾培设施建造与管理

一、雾培类型及设施

雾培（spray culture）是指作物的根系悬挂生长在封闭、不透光的容器（槽、箱或床）内，营养液经特殊设备形成雾状，间歇性喷到作物根系上，以提供作物生长所需的水分和养分的一类无土栽培技术，又称喷雾培或气雾培。根系生长在相对湿度100％的空气中，而不是生长在营养液中，作物茎叶的生长与一般栽培方式相同。

雾培以雾状的营养液同时满足作物根系对水分、养分和O_2的需要，根系生长在潮湿的空气中比生长在营养液或固体基质中更易吸收O_2，它是所有无土栽培方式中根系水气矛盾解决得较好的一种形式，这是雾培得以成功的生理基础。同时，雾培易于自动化控制和进行立体栽培，提高温室空间的利用率。

雾培最早出现在意大利，用来种植叶用莴苣、黄瓜、甜瓜、番茄等蔬菜。美国亚利桑那大学环境研究实验室的研究人员对雾培进行了发展和改进，并将这一先进的栽培技术展示在美国加利福尼亚的迪士尼乐园中，供游人参观。日本已用雾培技术规模化生产叶用莴苣。我国很多地方的现代化农业园区也有雾培技术的应用与展示。

1. A形雾培　这一栽培方式由美国亚利桑那大学研究开发，其设施结构见图6-18。A形的栽培框架是该类型雾培的典型结构，作物生长在侧面板上，根系侧垂于A形容器的内部，间歇性沐浴在雾状营养液中。如果框架侧边与底边的夹角为60°，则栽培作物的面积是占地面积的两倍。因此，A形雾培可以节约温室面积，提高土地利用率。这种栽培方式适用于狭小的空间。A形雾培的主要设施包括栽培床（图6-19）、喷雾装置、营养液循环系统和自动控制系统。

塔式气雾栽培系统及应用

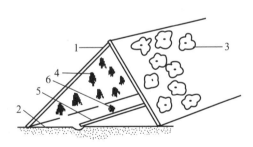

图6-18　A形喷雾培种植槽示意

1. 泡沫塑料板　2. 塑料薄膜　3. 结球生菜地上部分
4. 根系　5. 供液管　6. 喷头

图6-19　栽培床

2. 立柱式雾培　作物种植在垂直的柱式容器的四周，根系生长在容器内部，柱的顶部有喷雾装置，可将雾状营养液喷到根系上，多余的营养液经柱底部的排液管回收，循环使用（图6-20）。立柱式雾培的特点是充分利用空间，节省占地面积。这种栽培方式最初由意大利图比萨大学的研究人员开发。立柱式雾培的主要设施包括立柱、喷雾装置、营养液循环系统和自动控制系统。立柱的柱体高度1.8～2.0 m，直径25～35 cm，柱间距80～100 cm，一般用白色不透明硬质塑料制成，柱的四周有许多定植孔定植作物；喷雾装置的每根立柱的顶部均有喷嘴，将雾状营养液及空气喷到柱内，供根系生长需要。

3. 半雾培 半雾培是指作物的大部分根系或多数时间生长在空气中，少部分根系或短时间生长在营养液中。营养液以喷雾的形式喷入栽培床内，其依据喷液速度和栽培槽底可盛装液层的深度可分为多种形式。当喷液量大时，每次加液后，栽培床内迅速充满营养液，根系全部或部分浸泡在营养液中，停止喷雾后，栽培床内的营养液以一定的速度从床底部的排液管流出，根系重新暴

图 6-20　立柱式栽培

露在潮湿的空气中（图 6-21、图 6-22）。这种栽培方式最初由日本人设计而成，主要是为了解决水培供液与供氧的矛盾，节省能源的消耗。

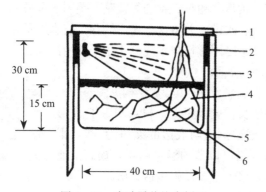

图 6-21　半喷雾栽培床剖面

1. 聚苯乙烯定植板（FS）　2. 固定栽培床形状的板条（T）

3. 桩（S）　4. 营养液（NS）　5. 塑料薄膜

（PS，厚 0.3 mm，宽 100 cm）　6. 喷嘴（SN）

（郭世荣，2003. 无土栽培学）

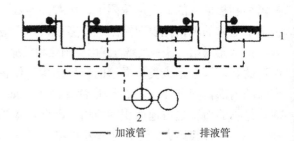

—— 加液管　---- 排液管

图 6-22　半雾培加液、排液管线

1. 栽培床　2. 泵

（郭世荣，2003. 无土栽培学）

半雾培的主要设施包括栽培床、喷雾装置、营养液循环系统和自动控制系统。栽培床宽 40 cm、高 30 cm，长度可根据需要灵活设计。栽培床上部盖有厚 2～3 cm 的聚苯乙烯泡沫定植板。喷雾装置在栽培床的侧壁上部，每隔 1～1.5 m 有 1 个喷嘴。该喷雾装置的加液量较大，每次加液可迅速使栽培床内充满营养液。

二、雾培的栽培管理

1. A 形雾培

（1）作物种类的选择。A 形雾培多用于种植叶菜等株型矮小的作物，如叶用莴苣等。也可种植番茄等大株型作物，需进行吊架栽培。

（2）育苗与定植。A 形雾培采用育苗移栽的方式。种子播在带孔的育苗钵内，1 钵 1 株。钵四周和底部有许多孔，根系可以长出钵外。定植前需检查设施是否运转正常，并准备好营养液。待幼苗长至适宜大小时（根系长出育苗钵底部约 3 cm）将育苗钵放入栽培床侧

面的定植孔即可。

（3）温湿度管理。雾培作物的根系生长在空气中，根温易受气温的影响，不如生长在营养液中稳定，具有相对稳定适宜的空气温度是所有雾培方式的基本要求。因此，雾培一般在条件较好的温室内进行，通过对温室气温的控制，保证作物根系生长在适宜的温度范围内。

由于 A 形雾培的栽培床具有一定的封闭性，根系生长在相对隔绝的空间，对温室大环境的湿度没有特殊要求，但栽培床内部必须保持 100% 的相对湿度。

（4）营养液管理。雾培营养液的配方及配制方法与其他水培方式相同。A 形雾培营养液日常管理要把握好每天喷雾开始的时间、喷雾结束的时间、喷雾次数、每次喷雾持续的时间及喷头的喷雾量。因作物需水量受光照、温度、湿度等环境因素及作物本身生长阶段的影响，因此，上述管理指标需根据季节、天气和作物生长阶段而调整。在光照强、外界温度相对较高的季节，要提早每天开始喷雾的时间，延迟结束喷雾的时间，适当增加喷雾次数（包括夜间）。植株大时与植株小时相比，每次喷雾持续的时间略长。要特别强调的是，喷雾供给根系的不仅是水分和养分，还包括空气。

移动式雾培的营养液管理主要通过设施的设计和调节支架的旋转速度来实现。

2. 立柱式雾培 立柱式雾培适于种植叶菜、小型果菜类及观赏植物，如叶用莴苣、香芹、草莓、矮牵牛及锦紫苏等。植物根系生长在相对封闭的容器内，因此栽培管理与 A 形雾培相似。

3. 半雾培 半雾培适用于种植各种蔬菜、花卉等园艺植物。植物对环境条件的要求与 A 形雾培相同。营养液管理的关键在于泵每天工作的次数（即加液次数）、每次工作时间的长短、营养液在栽培床内上升的高度及速度、排出栽培床的速度。这些管理措施因栽培季节、天气及植物生长阶段的不同而改变。在幼苗阶段，每次加液，液面高度可达定植板下沿，淹没全部根系；植株长大以后，液面高度适当降低，只淹没根系的下部。幼小的植株每天加液 1 次；大植株每天加液 2～4 次，每两次加液之间间隔 4 h，夜间一般不需加液。在一天当中温度最高的时间段（12:00—14:00）需安排一次加液，理想的加液是营养液经喷嘴喷出后，在栽培床内迅速上升到所需的高度；理想的排液为营养液能以相对较慢的速度排出，使根系能充分吸收水分和养分。每次加液停止后（泵停止工作），多余的营养液要彻底排出栽培床，排出的营养液可循环使用。

三、雾培设施建造与管理

1. 种植槽的建造 喷雾培的种植槽可用硬质塑料板、泡沫塑料板、木板或水泥混凝土制成，形状可多种多样。种植槽的形状和大小要考虑植株的根系，安装在槽内的喷头要有充分的空间将营养液均匀喷射到各株的根系上。因此，种植槽不能做得太狭小而使雾状的营养液喷洒不开，但也不能做得太宽大，否则喷头也不能将营养液喷射到所有的根系上。

图 6-23、图 6-24 分别为梯形和 A 形种植槽，槽的底部可用混凝土制成深约 10 cm 的槽，用于盛接多余的营养液。而在槽的上部可用铁条做成 A 形或梯形的框架，然后将已开了定植孔的泡沫塑料定植杯放置在这个框架上方，即可定植植物。

2. 供液系统的组装 供液系统主要由营养液池、水泵、管道、过滤器、喷头等部分组成，有些喷雾培不用喷头，而用超声气雾机来雾化营养液。

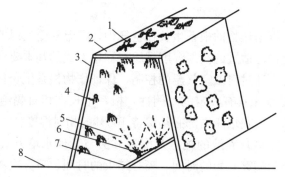

图 6-23 梯形喷雾培种植槽示意
1. 植株 2、3. 泡沫塑料板 4. 根系 5. 雾状营养液 6. 喷头 7. 供液管 8. 地面

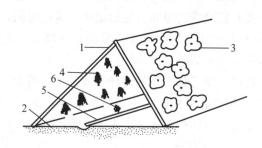

图 6-24 A 形喷雾培种植槽示意
1. 泡沫塑料板 2. 塑料薄膜 3. 结球生菜地上部分
4. 根系 5. 供液管 6. 喷头

（1）营养液池（贮液池）。规模较大的喷雾培可用水泥砖砌成体积较大的营养液池，而规模较小的可用大的塑料桶或箱来代替。池的体积要保证水泵有一定的供液时间，而不至于很快就将池中的营养液抽干，如果条件许可，营养液池的容积可做得大一些，但最小也要保证植物 1～2 d 的耗水需要。

（2）水泵。水泵的功率应与种植面积的大小、管道的布置以及选用的喷头及其所要求的工作压力来综合考虑而确定。选用耐腐蚀的水泵，一般 667 m² 的大棚要求水泵功率为 1 000～1 500 W。

（3）管道。管道应选用塑料管，各级管道的大小应根据选用的喷雾装置上的喷头工作压力大小而定。

（4）过滤器。因水或营养液的原料中含有一些杂质，可能会堵塞喷头，因此，要选择过滤效果良好的过滤器。

（5）喷头。可根据喷雾培形式及喷头安装的位置的不同来选用不同的喷头。有些喷头的喷洒面是平面扇形的，而有些则是全面喷射的。喷头的选用以营养液能够喷洒到设施中所有的根系并且雾滴较为细小为原则。

（6）超声气雾机。超声气雾机是利用超声波发生装置产生的超声波把营养液雾化为细小雾滴的雾流而布满根系生长的范围（种植槽内），取代了上述的供液系统。通过超声波雾化营养液有助于杀灭营养液中可能存在的病原菌，对作物生长有利。营养液池或罐的出水口应设在高于超声气雾机的入水口的位置，通过管件把营养液池或罐与超声气雾机的入水口相连，使营养液在重力的作用下流入超声气雾机内。由于超声气雾机中内置鼓风设备的功率有限，因此种植床不能过长，一般不超过 8 m。

3. 栽培管理 喷雾培定植方法可与深液流水培的类似。但如果定植板是倾斜的，则不能够用小石砾来固定植株，应用少量的岩棉纤维、聚氨酯纤维或海绵块裹住幼苗的根颈部，然后放入定植杯中，再将定植杯放入定植板中的定植孔内。也可以不用定植杯，直接把用岩棉、聚氨酯纤维或海绵裹住的幼苗塞入定植孔中，此时，裹住幼苗的岩棉、聚氨酯或海绵的量以塞入定植孔后幼苗不会从定植孔中脱落为宜，不要塞得过紧，以防影响作物生长。

4. 营养液管理 喷雾培的营养液浓度可比其他水培的高一些，一般高 20%～30%。这主要是由于营养液以喷雾的形式来供应时，附着在根系表面的营养液只是一层薄薄的水膜，因此总量较少，而为了防止在停止供液的时候植株吸收不到足够的养分，就要把营养液的浓度稍微提高。如果是半喷雾培，则不需提高营养液的浓度，可与深液流水培的一样。喷雾培是间歇供液，供液及间歇时间应视植株的大小及气候条件的不同而定。植株较大、阳光充沛、空气湿度较小时，供液时间应较长，间歇时间可较短一些。如果是半喷雾培，供液的间歇时间还可稍延长，而供液时间可较短，白天的供液时间应比夜晚长，间歇时间应较短。也有人为了省去每天调节供液时间的麻烦，将供液时间和间歇时间都缩短，每供液5～10 min，间歇 5～10 min，即供液的频率增加了，这样解决了营养液供液不及时的问题，但水泵需频繁启动，其使用寿命将缩短。

5. 雾培的优缺点

（1）优点。

① 可很好地解决根系氧气的供应问题，几乎不会出现由于根系缺氧而生长不良的现象。

② 养分及水分的利用率高，养分供应快速而有效。

③ 可充分利用温室内的空间，提高单位面积的种植数量和产量。温室空间的利用要比传统的平面式栽培提高 2～3 倍。

④ 易实现栽培管理的自动化。

（2）缺点。

① 生产设备投资较大，设备的可靠性要求高，否则易造成喷头堵塞、喷雾不均匀、雾滴过大等问题。

② 在种植过程中营养液的浓度和组成易产生较大幅度的变化，因此管理技术要求较高。

③ 在短时间停电的情况下，喷雾装置不能运转，很容易对植物造成伤害。

④ 作为一个封闭的系统，如果控制不当，易造成根系病害的传播、蔓延。

6. 其他雾培方式 半喷雾培是指部分根系浸没在种植槽下部的营养液层中，而另外的那部分根系则生长在雾化的营养液环境中。半喷雾培（图 6-25）的种植槽与深液流水培的类似，但槽的深度要比深液流水培的深，可达 25～40 cm，在槽的上部放置泡沫定植板，栽培作物时营养液从槽的近上部安装的管道上的喷头中喷出，而槽底可盛装 2～3 cm 深的营养液层（即半喷雾培），也可以不保留此营养液层，让多余的营养液随时流回贮液池中。

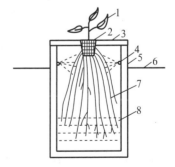

图 6-25 半喷雾培种植槽示意

1. 植株 2. 定植杯 3. 定植板 4. 喷头
5. 种植槽 6. 地面 7. 根系 8. 营养液层

任务四　固体基质栽培设施建造与管理

一、沙培

基质栽培设施

　　沙是无土栽培中应用最早的一种基质材料，取材广泛，价格便宜。不同粒径的沙物理性质差异很大，栽培效果截然不同。粗沙透气性好而持水力弱，细沙及粉沙相反。夏夫（Shive）研究结果表明，粒径 1.5～1.0 mm 的沙粒保水力为 26.8%，粒径 1.0～0.5 mm 的为 30.2%，粒径 0.5～0.32 mm 的为 32.4%，粒径 0.23～0.25 mm 的为 37.6%。

　　从沙的化学性质来看，由于沙的种类及来源不同，其 pH 和微量元素含量都有较大的差别。

　　沙作为无土栽培的基质，使用中应注意：①沙粒不宜过细，以选用粒径 0.6～2.0 mm 的为好。沙粒应均匀，不宜在大沙粒中加入土壤或细沙。道格拉斯认为粒径<0.6 mm 的沙粒应占50%左右，≥0.6 mm 的应占50%左右。王儒钧等试验沙培的粒径组成为沙子粒径≥2 mm 的占 1.1%，1～2 mm 的占 6.9%，1.0～0.5 mm 的占 19.7%，<0.5 mm 的占72.3%。②沙子在使用前应过筛，剔除大的砾石，用水冲洗以除去泥土及粉沙。③使用前进行化学分析，以确定有关成分含量，保持营养成分的合理用量和有效性。④确定合理的供液量和供液时间，防止因供液不足而造成缺水。

1. 沙培的设施结构

　　（1）种植槽。种植槽根据形状的不同可分为 V 形种植槽（图 6 - 26）、∧形种植槽（图 6 - 27）、平底种植槽（图 6 - 28）。平底种植槽槽底水平，可用 3～4 层红砖在地面平铺而成，槽内衬一层黑色塑料薄膜。

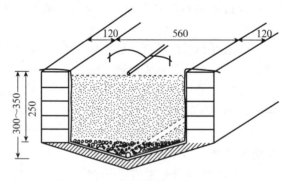

图 6 - 26　V 形种植槽（单位：mm）

　　种植槽内可用薄壁滴灌带来供液，薄壁滴灌带每隔 25～30 cm 打出一个或两个小孔，未使用前呈扁平状，直接铺在基质面上，供液时水流入后即把滴灌带撑胀起来而从小孔中喷射出营养液，一旦停止供液，滴灌带会瘪下去。这种滴灌带成本很低，使用方便。

　　（2）贮液池。采用水泵进行供液的，可把贮液池建在地下；采用重力自流式供液的，则要根据滴灌系统对压力的要求而把贮液池架高建在地面以上（图 6 - 29）。

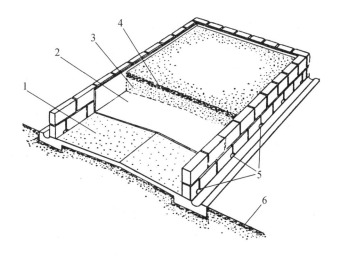

图 6-27　∧形种植槽

1. 两侧低、中间高的槽底　2. 塑料薄膜　3. 基质（沙）　4. 粗大石砾　5. 排液孔　6. 地面

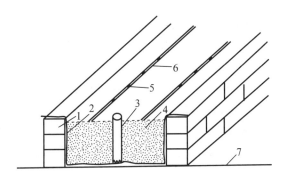

图 6-28　平底种植槽

1. 槽框　2. 塑料薄膜　3. 液位管　4. 基质　5. 滴头　6. 供液管　7. 地面

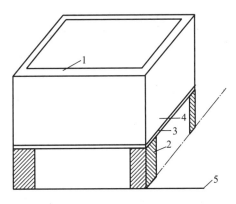

图 6-29　贮液池结构示意

1. 池体　2. 支撑柱　3. 清洗用排水口　4. 供液出水口　5. 地面

（3）供液系统。沙培通常采用滴灌方式供液，由供液主管道（$\phi 32 \sim 50$ mm）、支管道（$\phi 20 \sim 25$ mm）、毛管（$\phi 13$ mm）、滴管和滴头组成。滴管和滴头接在毛管上，每一植株有一个滴头，每株滴液量应相同。毛管在水平床面长度不能超过 15 m，过长会造成末端植株

的供液量小于进液口一端的供液量，导致作物长势不一致。

用多孔微灌软管代替上述滴灌系统较为经济、方便，而且能使毛管、滴管和滴头融为一体，出水口位于软管轴线的上方。多孔微灌软管的管壁一般厚 0.1～0.2 mm，出水孔的孔径为 0.7～1.0 mm，孔距为 250～400 mm，它对水源的要求也降低了许多，可以将其直接铺在行间，从微孔中流出营养液，湿润基质。微灌软管的出水孔采用特殊的机械加工方法制成，流量均匀。软灌软管的成本低，使用方便，但使用寿命较短。

灌溉系统用的营养液要经过一个装有 100 目纱网的过滤器，以防杂质堵塞滴头。

2. 沙培技术要点

（1）营养液管理。

① 配方及浓度。从沙的化学性质看，pH 一般为中性或偏酸，除钙的含量较高，其他大量元素含量都偏低。各种微量元素在沙中都有一定的含量，很多沙中铁的含量较高且可被植物利用，锰和钼含量仅次于铁，有时可以满足作物需要。

沙基质的缓冲能力较弱，且是采用开放式供液，在基质中贮液不多，所以基质中营养液的成分、浓度和 pH 变化较大。

因此，在选定营养液配方时，应根据所用沙的各种元素的含量对配方进行调整以确保各种养分的平衡。另外，营养液的生理酸碱性要比较稳定；若原始配方剂量较高，使用低剂量配方时可用其 1/2 的剂量。

② 供液量和供液方法。在正常情况下，可根据作物对水分的需要来确定供液次数。每天可滴灌 2～5 次，每次要灌足水分，允许有 8%～10% 的水排出，并以此来判断灌液量。

每周应对排水中的可溶性盐总量测定两次（用电导率测定仪）。可溶性盐总量超过 2 000 mg/L 时，则应改用清水滴灌数天，让其溶盐，降低浓度。当出现低于滴灌用的营养液浓度后，应重新改用营养液滴灌。

如遇连续低温阴雨天气，从对水分的需要来看可能不需要天天多次滴灌，但从养分需要来看，可能需要滴灌。此时，可继续滴加营养液，让新营养液替换掉已在沙中被作物消耗掉养分的旧营养液，以保证作物对养分的需要。遇到滴量不多就有不少水排出时，可将营养液的浓度提高（总营养盐浓度不要超过 2.5 g/L）再进行滴灌。

（2）基质消毒。一般每年进行 1 次，也可以 1 茬 1 次，以消除包括线虫在内的土传病虫害。常用消毒剂为 1% 福尔马林溶液、0.3%～1% 次氯酸钙或次氯酸钠溶液。药剂在床上滞留 24 h 后，用水清洗 3～4 次，直至将药剂完全洗去为止。此外，也可用溴甲烷等药剂消毒和其他方法消毒。

二、岩棉培

用岩棉（rock wool）作基质的无土栽培称之为岩棉培。1840 年美国人首先在夏威夷制造出岩棉；1968 年丹麦的荷兰格露丹（Grodan）公司开发出岩棉培；1970 年荷兰开始采用岩棉培，种植作物获得成功；1980 年以后，岩棉培在以荷兰为中心的欧洲各国迅速普及。目前，许多国家都在试验与应用，其中以荷兰的应用面积最大。

我国的岩棉培技术目前尚处于起步阶段。1987 年，江苏省农业科学院蔬菜研究所与南京玻璃纤维研究设计院合作，研制出了适宜无土栽培的国产农用岩棉。上海孙桥现代农业园区引进国外现代温室进行岩棉培，栽培黄瓜和番茄取得了成功。我国的岩棉原料资源极其丰富，国产岩棉的生产线几乎遍及全国。随着岩棉生产技术的不断更新，岩棉的生产成本还将下降。

1. 岩棉培的特征 岩棉是一种用多种岩石熔融在一起，喷成丝状冷却后黏合而成的疏松多孔可成型的固体基质，农用岩棉容重一般为 $80\sim90\ kg/m^3$，总孔隙度为97.2%。

浸水后岩棉的三相占比为：固相4.6%，液相45.2%，气相50.2%。它具有土壤栽培的多种缓冲作用，具有良好的吸水性能、保水性能和通气性能，质地柔软、均匀，有利于作物根系的生长。

岩棉培就是将植物种植于一定体积的岩棉块中，让作物在其中扎根锚定，吸水、吸肥。其基本模式是将岩棉切成定型的块状，用塑料薄膜包住，呈枕头状，称为岩棉种植垫（图6-30）。种植时，将岩棉种植垫的上薄膜割开一个小穴，种上带有苗块的小苗，并滴入营养液，植株即可扎根其中吸到水分和养分而长大。

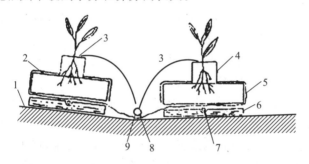

图6-30 开放式岩棉培种植畦及岩棉种植垫横切面

1. 畦面塑料膜 2. 岩棉种植垫 3. 滴灌管 4. 岩棉育苗块
5. 黑白塑料膜 6. 泡沫塑料块 7. 加温管 8. 滴灌毛管 9. 塑料膜沟

与其他的固体基质培及水培方式相比较，岩棉培的优点在于：

（1）岩棉培能很好地解决水分、养分和氧气的供应问题。水培主要靠配置曝氧装置、水面喷水、安装起泡器、营养液循环、薄层间歇供液等方法提高营养液的溶存氧，或使部分根系暴露在空气中，给根系补充氧气。而岩棉培则利用岩棉的保水和通气特性来协调肥、水、气三者关系，无须增加其他装置。

（2）岩棉培具有多种缓冲作用。利用其吸水、保水、保肥、通气和固定根群等作用，可以为作物的根系创造一个稳定的生长环境，受外界的影响较小。同时，由于岩棉质地均匀，栽培床中不同位置的营养液和氧的供应状况相近，不会造成植株间的太大差异，有利于平衡增产。

（3）岩棉培的装置简易，安装和使用方便。其栽培床只需岩棉毡、黑色塑料薄膜、无纺布，并配以滴灌装置。若改用薄棉毡作栽培床，或改用岩棉方块，不用岩棉毡，其用材还可节省。岩棉培由于采用滴灌供液，对地面坡降的要求不如NFT严格；营养液的供应次数可以大大减少，不受停电停水的限制，能节省水电。

（4）岩棉本身不传播病虫草害。在栽培管理过程中，土传病害很少发生，在不发生严重病害的情况下，岩棉可以连续使用1～2年或经过消毒后再度利用。

2. 岩棉培的设施结构 根据给液方式的不同岩棉培可分为开放式岩棉培和循环式岩棉培。

开放式岩棉培的主要特点是供给作物的营养液不循环利用。通过滴灌滴入岩棉种植垫内的营养液，多余的部分从垫底流出而排到室外。开放式岩棉培的主要优点：设施结构简单，施工容易，造价便宜，管理方便，不会因营养液循环而导致病害蔓延。在土传病害多发地区，开放式岩棉培是很有成效的一种栽培方式。开放式岩棉培的主要缺点：营养液消耗较多，多余的营养液弃之不用会造成对外界环境的污染（使外界环境氮、磷富营养化）。

循环式岩棉培是为克服开放式岩棉培的缺点而设计的。循环式岩棉培是指营养液被滴灌到岩棉中后，多余的营养液不是排掉弃去，而是通过回流管道流回地下集液池中，供循环使用。其优点是不会造成营养液的浪费及污染环境；缺点是设计较开放式复杂，建设投资较大，容易传播根际病害。

岩棉培的基本装置包括栽培床、供液装置和排液装置，采用循环供液则无需排液装置。

（1）栽培床。栽培床由畦和连接在一起的岩棉垫构成，岩棉垫外套黑色或黑白双色聚乙烯塑料薄膜袋，定植前在薄膜上开定植孔，定植带岩棉块的幼苗。

岩棉栽培床对建造工艺要求严格，栽培床地面一定要平整，否则会造成供液不均，甚至会使盐分积累，pH 升高，影响栽培效果。

两种类型的岩棉培因对排液的要求不同，故栽培床也有一定的差别，介绍如下。

① 开放式岩棉培的栽培床结构。

a. 筑畦。将棚室内地面平整后，按规格筑成龟背形的土畦并将其压实，畦的规格根据作物种类而定。以种番茄为例，畦宽（畦沟到畦沟之间）150 cm，畦高约 10 cm（畦沟底至畦面最高点），在距畦宽的中点左右两边各 30 cm 处开始平缓地倾斜而形成两畦之间的畦沟，畦长约 30 m，畦沟沿长边方向有一 1∶100 的坡降，以利于排水。整个棚室的地面都筑好压实的畦后，铺上厚 0.2 mm 的乳白色塑料薄膜，将全部畦连沟都覆盖住，膜要贴紧畦和沟，使铺膜后仍显出畦和沟的形状。铺乳白膜的作用：一是防止土中病虫和杂草的侵染；二是防止多余营养液渗入土中而产生盐渍化；三是增加光照反射率，使温室种植的高株型作物下部叶片光照度增大，有利于作物生长。

b. 岩棉种植垫在畦上的排列。在畦背上一个接一个地放置两行岩棉种植垫，垫的长边应与畦长方向一致。每一行都放在畦的斜面上，使垫向畦沟一侧倾斜，以利于将来排水。岩棉种植垫与畦沟的距离比与畦中央的距离短，造成畦背上两行之间的距离较大，隔着畦沟的两行之间的距离较小（图 6-31）。与大田种植不同的是，开放式岩棉种植畦是以畦背为行人工作通道，畦沟只作放置滴灌毛管及排去多余营养液之用，不作行人通道。

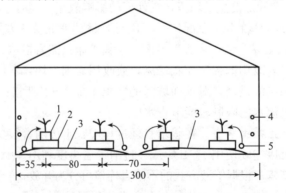

图 6-31 岩棉种植垫的排列（单位：cm）
1. 苗钵 2. 岩棉种植垫 3. 畦面 4. 暖气管道 5. 滴灌管

在冬季比较寒冷的地区，可设根部加温装置。方法是在全部连接成行的岩棉种植垫底下再垫一块硬泡沫塑料板，宽度与岩棉种植垫一致，厚约 3 cm，长度视工作方便而定，板的中央延长方向开一小凹沟，以放置加温管道。此时在泡沫塑料板与岩棉种植垫之间隔一幅白面黑底的塑料膜（厚 0.1 mm），幅宽要能跨过畦沟，将畦沟连同其两侧的两行泡沫塑料板都能盖住，并能弯到贴紧畦沟底部保持畦沟仍显示呈一条沟状，膜幅宽的两侧向上翻起，露出黑色的底面并盖在岩棉种植垫上，将整个垫面盖住，仅在定植作物的位置割出一孔穴，造成垫面为黑色，以利于吸收阳光的热量，从而达到增加垫温的目的。

② 封闭式岩棉培栽培床的结构。

a. 筑畦框。先用木板或硬泡沫塑料板在地面上筑成一个畦框，高 15 cm 左右，宽 32 cm 左右（以放得进宽 30 cm 的岩棉块及其包膜为标准），长 20～30 m，框内地面筑成一条小沟，沟按 1∶200 坡降向集液池方向倾斜，整个地面要压实。然后铺上厚 0.2 mm 的乳白色塑料薄膜，膜要贴紧地面的沟底，显出沟样，并能将放置于膜上的物件包起来。

b. 安置岩棉种植垫及排灌管。筑好畦框并铺以塑料薄膜后，在其上安置岩棉种植垫。岩棉种植垫的规格为宽 30 cm、长 91 cm、高 10 cm，用无纺布包住底部及两侧以防根伸到沟中去。在畦框底部的小沟中安置一条直径为 20 mm 的硬聚氯乙烯排水管，并将其接到畦外的集液池中。小沟两侧各安置一条高 5 cm、宽 5 cm，长与上述岩棉种植垫相同的硬泡沫塑料条块，作支撑岩棉种植垫之用，使种植垫离开底部塑料薄膜，以防止营养液滞留时浸到垫底。将岩棉种植垫置于硬泡沫塑料条块上，一个接一个排满全畦，垫与垫的相接处留一小缝，以便营养液排泄。在岩棉种植垫上安置一条直径为 20 mm 的软滴灌管，管身每隔 40 cm 开一个孔径为 0.5 mm 的小孔，营养液从孔中滴出，每孔流量约 30 mL/min，滴灌管接通室外供液池。

c. 岩棉种植垫规格的确定。种植垫大小涉及每株作物占有的营养面积或单位时间内拥有的营养液量。岩棉所持有的营养液量直接影响栽培效果，值得深入研究。目前大致提出一些范围，一般认为形状以扁长方形较好，厚度 7～10 cm，宽度 25～30 cm，长度 90 cm 左右。以种番茄、黄瓜为例，据有关研究资料，番茄、黄瓜的日最大蒸腾量为 3 L/株，加上 1/3 的供液保证系数，则为 4 L/株。一般岩棉体的孔隙度为 95%，有利于作物生长的最大持水量应不超过其体积的 60%，以上述两数值为基础，即可算出每株番茄需占有岩棉体的体积为 6.7 L，若以一个岩棉种植垫种两株作物为宜，则其体积应为 13.4 L，将这 13.4 L 体积的岩棉体制成长×宽×厚＝90 cm×20 cm×7.5 cm 的长方体即成，再用乳白色塑料薄膜将岩棉体整块紧密包住，即成为适合番茄、黄瓜等作物种植的岩棉种植垫。

（2）供液装置。开放式岩棉培都采用滴灌系统供液。滴灌是通过滴头以小水滴的方式慢速地（一个滴头每小时滴水量控制在 2～8 L）向作物供水的一种十分节省用水的灌溉方法。滴灌系统由液源、过滤器及其控制部件、干管和支管、毛管、滴头管组成。滴灌系统的各部分及其布置部位见图 6-32。

① 液源、过滤器及控制部件。液源有两种提供方式：第一种方式设有大容量的营养液池，在池内配制好可直接供给作物吸收的工作营养液。其容量要达到能满足一定时间、一定面积作物生长所规定供液量的需要。这种液池供液可以靠重力作用（建于高处）将营养液压入一个具有大于 100 目过滤网的过滤器，滤去沉淀等杂物后再进入输液干管（过滤器是滴灌系统必不可少的部件），然后分流到各支管以至灌区。过滤器的前后都设有压力表和流量控

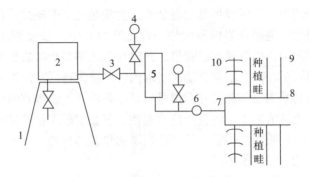

图6-32　开放式岩棉培重力滴灌系统
1. 铁支架　2. 高位营养液灌　3. 阀门　4. 压力表　5. 过滤器
6. 水表　7. 干管　8. 支管　9. 毛管　10. 滴头管

制阀。这种依靠重力供液的方式比较简单，对动力要求较低（只要有自来水即可），管理方便。这种大容量营养液池也可建于地下，这样就要增设一个一定功率的水泵，以将池中营养液泵向过滤器，然后分送到灌区。第二种方式是只设浓缩营养液贮藏罐（分A、B两种浓缩液），而不设大容量营养液池（图6-33）。在需供液时，用活塞式定量泵分别将A、B罐中的浓缩营养液输入水源管道中，与水源一起进入肥水混合器中，混合成任一设定浓度的工作营养液，然后像第一种方式一样通过过滤器过滤，再进入输送管道分送到灌区。这种液源提供方式关键在于定量泵和水源流量控制阀及肥水混合器，这些设备必须是严密设计的自动控制系统，根据指令能准确输入浓缩液量和水量并使它们混合均匀成指定浓度的工作营养液。这是由专门工厂成套制造出来供选购使用的，一般非专门工厂很难自己制造。它是自动控制程度较高的系统，从而对管理人员的技术水平要求较高。

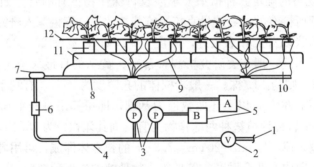

图6-33　开放式岩棉培不设大容量营养液池滴灌系统示意
1. 水源　2. 电磁阀　3. 浓缩营养液定量注入泵　4. 营养液混合器　5. 浓缩营养液灌　6. 过滤器
7. 流量控制阀　8. 供液管　9. 滴头管　10. 畦　11. 岩棉育苗块和岩棉种植垫　12. 支持铁丝

②　干管和支管。液源通过过滤器后，分送到各种植行之前的第一级和第二级管道，它们都用硬塑料管制成，管径大小与所需的供液量是相适应的，其长度根据输液距离而定。

③　毛管。毛管是进入种植行的管道。最末一级直接向植株滴液的滴头管就接在毛管上。毛管的直径通常为12～16 mm，是用有弹性的塑料制成的。每两行植株之间设一条毛管，长度与种植行一致，放在畦沟内。

④　滴头管。滴头管是直接向植株滴液的最末一级管，用有弹性的硬塑料制成。其一端

嵌入毛管上，方法是先在毛管上钻一孔径略小于滴头管外径的小孔，然后将滴头管迫紧嵌入孔中，要做到不易松脱和漏水。滴头管的另一端用小塑料棒架住，插在每株的定植孔上，滴液出口离基质面 2～3 cm，让营养液以很慢的速度滴出，落到定植孔中。最常用的滴头流量为 2～4 L/h。

滴头管有两种形式：一种称为发丝管。管内径很细，标准规格是 0.5～0.875 mm，水通过它时就会以液滴状滴出，所以这种发丝管本身就是一个滴头。其流量受管的长度影响，长度越长，流量越小，这是滴头的最早形式。其缺点是整段管的直径都太细，用在营养液滴灌上，比较容易堵塞而又较难疏通。另一种滴头管是用一条孔径较大（约 4 mm）的塑料管（称为水阻管）紧密套住一小段孔径很小（0.5～1.0 mm）的管，这段小孔径管就是滴头。水阻管一端嵌入毛管上，作滴头的一端则架在定植孔上，这种有水阻管的滴头容易排除堵塞。

（3）循环式岩棉培的供液装置。循环式岩棉培见图 6-34。

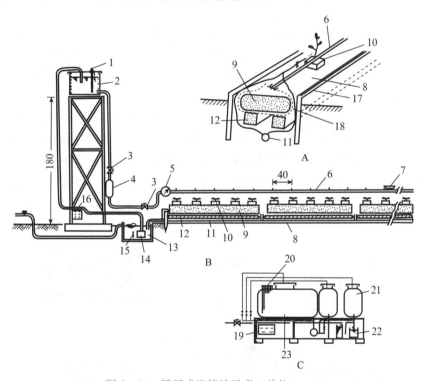

图 6-34　循环式岩棉培示意（单位：cm）

A. 循环式岩棉栽培系统　B. 循环式岩棉栽培供液系统　C. 循环式岩棉栽培储液系统

1. 液面电感器　2. 高架供液槽　3. 阀门　4. 过滤器　5. 流量计　6. 供液管　7. 调节阀　8. 聚乙烯薄膜
9. 岩棉种植垫　10. 岩棉育苗块　11. 回流管　12. 泡沫塑料块　13. 集液池　14. 水泵　15. 球阀　16. 控制盘
17. 畦框　18. 无纺布　19. 控制盘　20. 液面电感器　21. 母液罐　22. 肥料溶解槽　23. 混合罐兼贮备营养液

① 供液池设置于高 1.8 m 的架上，依靠重力作用将营养液输到各植畦内，设液面电感器以控制池内液位，并在输出管上设置电磁阀及定时器。

② 过滤器供液池出来的营养液要先经过过滤器过滤才流到各畦中去。

③ 畦内滴灌管滴孔以慢速滴出营养液，透过岩棉种植垫流到畦底的排水管中，然后流

回集液池中。

④ 集液池设于畦的一端地下，将回流来的营养液集中起来供循环利用。集液池中该液面电感器

⑤ 水泵设于集液池内，与液面电感器联系起来以控制其启动与关闭。

（4）排液设施。循环式岩棉培营养液循环利用，因此没有排液设施。开放式岩棉培的排液设施很简单，主要在岩棉种植垫的底部将塑料包装袋戳穿几个小孔，让多余的营养液流出，然后靠畦面斜坡的作用，使流出的营养液流到畦沟中，后集中流到设在畦横头的排液沟中，最后将其引出室外。室外应设有集液坑，将流出的营养液集中起来，如果营养液太多，应设法将其送回大田，用于大田作物施肥，不要使其四散污染环境。

三、岩棉培的育苗与定植

1. 岩棉块育苗 育苗用岩棉块的形状和大小可根据作物种类而定，一般有以下几种规格：3 cm×3 cm×3 cm、4 cm×4 cm×4 cm、5 cm×5 cm×5 cm、7.5 cm×7.5 cm×7.5 cm、10 cm×10 cm×10 cm。较大的方块面上中央开有一个小方洞，用以嵌入一块小方块，小方洞的大小刚好与嵌入的小方块相吻合，称为"钵中钵"。大块的岩棉块除上下两个面外，四周应用黑色或乳白色面不透光的塑料薄膜包上，防止水分蒸发和在四周积累盐分及滋生藻类。首先选一定大小的育苗箱或育苗床，后者在床底铺一层薄膜，以防营养液渗漏。然后将岩棉块平放其中，用清水浸泡 24 h 后方可使用。种子可直播在岩棉块中，也可将种子播在育苗盘或较小的岩棉块中，当幼苗第一片真叶开始出现时，再将幼苗移到大岩棉块中（图 6-35）。播种时先用竹竿或镊子在岩棉上刺一小洞后放入种子。每块 1~2 粒，播种宜浅不宜深。浇透水后盖上旧报纸或无纺布，直至出苗。出苗见真叶后开始浇营养液标准浓度的 1/3~1/2 量，直至成苗。在育苗过程中要不断拉开岩棉块的间距，防止幼苗徒长。

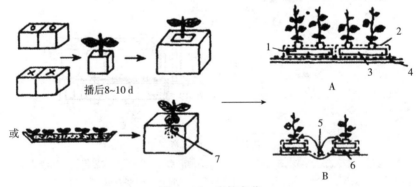

图 6-35 岩棉育苗
A. 纵面图 B. 剖面图
1. 岩棉垫 2. 塑料薄膜 3. 排水孔 4. 泡沫板 5. 滴灌 6. 加热管 7. 蛭石或岩棉粒

2. 定植 将用岩棉块育成的苗种植在已按规格排列好的岩棉种植垫上，即先将岩棉种植垫上面的包膜切开一个与育苗块底面积相吻合的定植孔，再引来滴灌系统的滴头管于其上，滴入营养液让整个岩棉种植垫吸够营养液，再在岩棉种植垫两端底部靠畦沟一边戳出几个小孔，使多余的营养液可流出。将带苗的育苗块安置在岩棉种植垫的定植孔上，

再将滴头管的滴头架设于育苗块之上，使滴入的营养液滴到育苗块中后再流到种植垫中去。待根伸入种植垫后，再将滴头移到种植垫上，使营养液直接滴到种植垫上。以后按需供液。

3. 营养液管理

（1）供液量的确定。无土栽培的供液量有别于大田灌溉，供水和供营养同时进行，要考虑两方面的需要。这里侧重从供水的角度来介绍，至于供营养则另做介绍。

供水量受三方面因素的制约：一是基质允许持水量；二是每株拥有基质的体积数；三是作物需水量。作物需水量又受作物种类、生育期和光、温等因素影响。目前资料所提供的数据多是经验性的或是一个安全范围，要靠人们在实际生产中灵活运用。现列出一些基本数据供参考，并举例说明运用这些数据的思路。

① 岩棉基质允许持水量。日本安井秀夫提出，岩棉体的持水量最大不应超过岩棉体积的80%，但考虑水分因重力作用而在岩棉体中分为上、中、下3层，如果按整体供水为80%，则下层便会出现超过80%的持水量，要保持下层的持水量不超过80%，总供水量应该定为总体积的60%，这样就会出现下层为80%、中层为60%、上层为40%的状况，这种状况可协调岩棉体中的水气矛盾。

② 作物需水量。表6-1为在无土栽培条件下作物的需水量。田中调查了日本52户农家用开放式岩棉培种植番茄的成功事例，其滴灌营养液的用量见表6-2。

表6-1 几种作物不同生育期吸水量

作物种类	定值初期/[L/(株·d)]	始花期以后/[L/(株·d)]	收获盛期/[L/(株·d)]
番茄	0.1~0.2	0.8~1.0	1.5左右
黄瓜	0.2~0.3	1.0左右	1.6左右
甜瓜	0.1~0.2	0.5左右	1.0左右
草莓	0.02左右	0.04左右	0.15左右

表6-2 开放式岩棉培番茄分月的滴灌供液量

单位：L/(株·d)

月份	1	2	3	4	5	6	7	8	9	10	11	12
平均值	0.79	0.74	0.84	1.14	1.52	1.53	1.64	1.85	1.48	1.05	0.81	0.67
标准差	0.28	0.25	0.25	0.27	0.46	0.38	0.41	0.33	0.14	0.23	0.22	0.23
样本数	13	11	13	17	18	20	13	8		11	16	20

这些数据都是一种粗略的参数，只能作为参考，必须结合具体实际（株型、天气情况等）进行调整，而且调整的幅度可能很大。例如，据山崎资料，番茄收获盛期每株日吸水量1.5 L，但这个"盛期"是个相当长的时期，株型不可能固定不变，同时也会有阴晴天气之别，因此1.5 L只是平均值，必然有变幅。

③ 确定供水量的第一种方法——测量基质持水量法。以番茄为例，上述已明确每株番茄要拥有6.7 L岩棉垫的体积，安全允许持水量为岩棉体积的60%，即每株番茄拥有基础营养液为4 L，这4 L足够番茄吸水量最高峰时1 d的需要。只要维持住这种持水状况，就可以

保证番茄对水分的需要。原则上被番茄从中吸走多少水就补回多少水。要想确定番茄吸去多少水，应用水分张力计去测定岩棉种植垫内持水量即可知道。方法是在种植范围内的多个不同位置，选定一些岩棉种植垫，在每一个垫的上、中、下3层各安放一支张力计，定时观测其刻度，算出其平均值。当其值显示基质的持水量低于原来的10%（即从60%降至50%）时，就要补充水分进去。具体补水量为 $6.7 L \times 10\% = 0.67 L$，若每个滴头的流量为 2 L/h，则需启动滴头工作 20 min。每天经常观测，一达到此限就补水。这种供水方法可以节省用液量，避免过量供液而造成外流污染环境。此法必须有可靠的水分张力计，有了张力计后，既可手工操作完成补液程序，也可串联于电脑控制的自动化装置上，代替手工操作。

④ 确定供水量的第二种方法——估计作物耗水量法。这是一种经验供水法。以番茄为例，参考山崎资料，番茄在始花期以后耗水量为 0.8～1.0 L/（株·d），现在对象是始花期后多天的番茄，其株型也比较大，遇上晴天光照强的时候，可能耗水量达 1.0 L/（株·d），这样，管理者凭经验设定增加30%的保险系数，则要 1.3 L/（株·d），这一估计也有可能偏大。定了每天总供水量后，分为几段时间段去完成，一般分 4～5 次去完成，从 5：00—15：00 分次进行，这种方法要由有经验的人掌握，并经常观察作物的反应，以便及时增减供水量。

（2）供液浓度的确定。按照山崎的理论，作物吸水和吸肥之间是按比例进行的。以 n/W 值为依据制订的营养液配方，在被作物吸收的过程中，水和肥是同时吸完的（不妨称之为水肥同步吸收型配方）。使用这种配方制出来的营养液供给相应的作物，当作物吸收了 1 L 营养液时，它既吸收了 1 L 的水，也将这 1 L 水的 1 剂量的养分都吸了。因此，使用山崎配方供液，只要将营养浓度控制在 1 个剂量的水平即可。如果使用日本园试配方，其浓度比山崎配方大 1 倍，则对番茄来说，日本园试配方用 1/2 剂量为宜。日本田中和夫的经验也认为此浓度是较安全的。

（3）循环供液系统的运行。采用 24 h 内间歇供液法，即在岩棉种植垫已处于吸足营养液的状况下，以每株每小时滴灌 2 L 营养液的速度滴液，滴够 1 h 即停止滴液。待滴入的液都返回集液池，并抽上供液池后，又重新滴液（因岩棉种植垫已处于最大持水状态，按每株拥有的种植垫体积，其持液量可达 22 L，而每株 1 d 才吸 1～2 L，所滴进去的营养液绝大部分都会返回集液池中）。自动控制运行时，在供液池已存有足够的营养液，传感器指令开启供液电磁阀，营养液即输到畦中，达到 1 h 时，定时器指令电磁阀关闭，停止供液。滴入畦中的营养液通过排液管集中到集液池中，当集液池的液位达到足够的高度，接触液面电感器时，指令水泵启动抽液到供液池中，当供液池中的营养液达到足够的高度，即指令水泵关闭，停止抽液，以免供液池中营养液外溢，同时指令供液电磁阀启开，又重新向种植畦中滴液。

（4）岩棉种植垫内聚积过多盐分的消除。由于种植时间长，营养液中的副成分残留于基质中，或使用的配方剂量较大，都会造成岩棉种植垫内盐分的聚积。聚积多了就使垫内营养液的浓度额外地增大，危害作物的生长。故岩棉培在一定的时候要用清水洗盐。方法是检测垫内营养液的电导率变化。一般每周取岩棉种植垫底部流出来的液样测定 2～3 次，现超过 3.5 mS/cm 时，即要停止供营养液。在短时间内滴入较多清水，洗去过多的盐分，当流出来的洗液的电导率降至接近清水时，重新改滴营养液。由于清水洗盐过程会使基质较长时间处于充满清水状态，会导致植株出现"饥饿"，故最好用稀营养液洗盐（1/4～1/2 原用浓度），当流出来的洗液电导率接近稀营养液时，重新改滴原营养液。

（5）岩棉种植垫的再利用。岩棉种植垫种过一茬作物以后，可以重复种第二茬作物。荷兰在商业性生产中，证明在新旧岩棉上种植黄瓜，产量差别不大，英国试验也证明岩棉至少可用 2 年，超过 2 年则产量下降，因岩棉体变紧实并已解体，导致通气性下降。

岩棉垫再利用时，原则上要进行消毒。具体做法可结合轮作来避免病害发生，以减少消毒工作。例如，种过番茄以后，再种番茄时则必须进行消毒，如再种黄瓜，则可以不消毒。这要根据具体作物之间传染病害的可能性而定。

鲁尼亚（1986）详细研究了岩棉种植垫的消毒方法，即将岩棉种植垫装入篓子，进行蒸汽消毒。消毒的岩棉叠高不宜超过 1.5 m。裸露的岩棉需用 2 h，包裹的需 5 h。对大多数病菌来说，在 70 ℃ 下消毒即可，对黄瓜病毒等则需 100 ℃。由于消毒费用太高，近年已研制了一种廉价、低密度、一次性使用的岩棉供科研生产使用。

（6）岩棉袋培简介。岩棉袋培又称袋状岩棉培，即将一定大小岩棉垫、岩棉下脚料、粒状岩棉用聚乙烯黑色薄膜或黑白双面膜包裹做成岩棉袋，以此组合成栽培床，并配以供液装置，将蔬菜定植其中，可将幼苗直接定植其上，也可先用岩棉块育苗然后定植。由于栽培床由各自封闭的岩棉袋组合而成，因此利于防病，一旦发现病株，即可将发病的岩棉袋销毁。岩棉袋培比成块的长条状岩棉栽培床的应用效果好。

图 6-36　开口筒式基质袋培

袋培的方式有两种：一种为开口筒式基质袋培，每袋装岩棉 10～15 L，种植一株番茄或黄瓜等大株型作物（图 6-36）；另一种称为枕头式袋培，每袋装基质 20～30 L，种植两株番茄或黄瓜等大株型作物（图 6-37）。

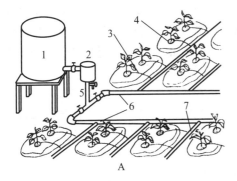

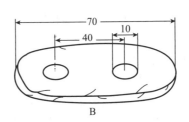

图 6-37　枕头式袋培（单位：cm）

A. 滴灌系统　B. 种植袋及定植孔

1. 营养液罐　2. 过滤器　3. 水阻管　4. 滴头　5. 主管　6. 支管　7. 毛管

通常用作袋培的塑料薄膜为直径 30～35 cm 的筒膜。将筒膜剪成 35 cm 长，用塑料膜封口机或电熨斗将筒膜一端封严后，将基质装入袋中，直立放置，即成为一个筒式袋。枕头式袋培是将筒膜剪成 70 cm 长，用塑料薄膜封口机或电熨斗封严筒膜的一端，装入 20～30 L基质，再封严另一端，依次摆放到栽培温室中（图 6-37 A）。定植时，先在袋上开两个直径为 10 cm 的定值孔，两孔中心距离为 40 cm。

在温室中摆放栽培袋以前，温室的整个地面应铺上乳白色或白色朝外的黑白双色塑料薄膜，以便将栽培袋与土壤隔开，同时有助于冬季生产增加室内的光照度。定植完毕即布设滴灌管，每株设置1个滴头。

无论是开口筒式袋培还是枕头式袋培，袋的底部或两侧都应该开2~3个直径为0.5~1.0 cm的小孔，以便多余的营养液能从孔中渗透出来，防止沤根。各种轻型基质，如珍珠岩、草炭、苇末、椰糠等都可用作袋培的基质。

一品红有机基
质生态型栽培

四、有机生态型无土栽培

1. 有机生态型无土栽培技术的特点　传统有机基质培是以各种无机化肥配制成一定浓度的营养液以供作物吸收利用。有机生态型无土栽培技术则是以各种有机肥的固体形态直接混施于基质中，作为供应栽培作物所需营养的基础，在作物的整个生长期中，可隔几天分若干次将固态有机肥直接追施于基质表面，以保持养分的供应。有机生态型无土栽培技术是有机基质培的一种形式，与传统的有机基质培相比，它具有以下优点：

（1）操作管理简单。传统无土栽培的营养液，需维持各种营养元素的一定浓度及各种元素间的平衡，尤其是要注意微量元素的有效性。有机生态型无土栽培因采用基质栽培及施用有机肥，不仅各种营养元素齐全，其中微量元素更是供应有余，因此在管理上主要着重考虑氮、磷、钾三要素的供应总量及其平衡状况，大大地简化了操作管理过程。

（2）大幅度降低无土栽培设施系统的一次性投资。由于有机生态型无土栽培不使用营养液，从而可全部取消配制营养液所需的设备、测试系统、定时器、循环泵等设施。

（3）大量节省生产费用。有机生态型无土栽培主要施用消毒有机固体肥，与使用营养液相比，其肥料成本降低60%~80%，从而大量节省生产成本。

（4）对环境无污染。在无土栽培的条件下，灌溉过程中20%左右的水或营养液排放到系统外是正常现象，排出液中盐浓度过高，则会污染环境。有机生态型无土栽培系统排出液中硝酸盐的含量只有1~4 mg/L，对地下水无污染。由此可见，应用有机生态型无土栽培方法生产蔬菜不但卫生洁净，而且对环境无污染。

（5）产品品质优，可达"绿色食品"标准。从栽培基质到所施用的肥料，均以有机物质为主，所用有机肥经过一定加工处理（如利用高温和厌氧发酵等）后，在其分解释放养分过程中不会出现过多的有害无机盐，在栽培过程中也没有其他有害化学物质的污染，从而可使产品达到A级或AA级绿色食品标准。

有机生态型无土栽培具有投资省、成本低、用工少、易操作和产品高产优质的显著特点。它把有机农业导入无土栽培，是一种有机与无机相结合的高效益低成本的简易无土栽培技术，适合我国目前的国情。

2. 设施结构及管理　设施由营养液池（罐）、栽培槽、加液系统、排液系统、循环系统几部分组成。

（1）营养液池（罐）。基质栽培的给液方式分为循环式给液和非循环式给液两种，这里介绍循环式给液。无论哪种循环方式供液，营养液池的容积均取决于栽培面积和作物种类。例如，200 m² 大棚可种甜瓜600株，每株甜瓜日最大耗液量为2 L，600株甜瓜每天耗液量为1 200 L，所以池的最小容量设计应不低于1.5 t。为减少每天配液的麻烦，减轻劳动强度，营养液池的容量设计为 4.5 t，即池长 2 m、宽 1.5 m、深 1.5 m，营养池由砖和水泥砌成，为防渗漏在底面和四周铺上油毡。为营养液池清洁工作方便，在泵的下方营养液池的一角砌一个 20 cm×20 cm 的小水槽。

有机基质栽培槽建设与应用

（2）栽培槽。基质栽培槽由槽体、基质和渗液层三部分组成。栽培槽的大小和形状取决于不同作物田间操作的方便程度，如番茄、黄瓜等高秧作物通常每槽种植两行以便于整枝、绑蔓和收获等田间操作，槽宽一般为 0.48 cm（内径宽度）；某些矮生植物可设置较宽的栽培槽，进行多行种植，只要保证手能方便地伸到槽的中间进行田间管理就行。栽培槽的深度以 15 cm 为好。为了降低成本也可采用较浅的栽培槽，但较浅的栽培槽在灌溉时必须特别细心。槽的长度由灌溉能力（灌溉系统必须能对每株作物提供同等数量的营养液）、温室结构以及田间操作所需走道等因素来决定。为了获得良好的排水性能槽的坡度至少应为 0.4%，如有条件，还可在槽的底部铺设一根多孔的排水管。

槽体可以由聚苯板、玻璃钢、银灰膜和水泥等材料制成，简易基质栽培的槽体由砖砌成，制作时先将设施内地面整平，做成由北向南 1/00 坡度倾斜面，即南边比北边低 20 cm，然后挖槽作栽培槽，槽长 20 m。先按图 6-38 所示从地面下挖一个上宽 48 cm、下宽 30 cm、深 20 cm 的土槽，然后沿槽边的地面砌两层砖，这样槽体就制成了。为了与土隔离开，沿床底面铺一层薄膜，在槽南侧下方将薄膜开一洞，用一根塑料管作一通向排液沟的排水口。排水口处于全栽培槽最低位置；塑料管 φ0～25 mm、长约 20 mm 左右。然后在薄膜上铺一层核桃大小的碎砖头或石子作为渗液层。为防止上面的基质混入，碎砖头上铺一层窗纱，窗纱上铺 20 cm 厚的基质。基质常用复合基质，如按 1∶1 比例混合的草炭和炉渣。基质上面中间部位铺一条软质喷灌管，管的一头用铁丝捆死，另一头接在加液管的支管上。

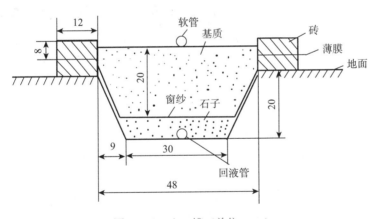

图 6-38 土 槽（单位：cm）

（3）加液、排液及循环系统。此系统可以是开放式，也可以是封闭式，这取决于是否回收和重新利用多余的营养液。在开放系统中营养液不进行循环利用，而在封闭系统中营养液则进行循环利用。

从营养液池通向栽培槽的软质加液管的主管道是 φ30 mm 的铁管，在主管道上设一水质过滤器。营养液由泵从栽培池抽出，经过滤器，进入喷灌软管，以喷灌方式加入栽培床，被作物吸收，剩余部分渗入由砖头构成的渗液层。由于渗液层下铺有薄膜，营养液不会渗入地下，而沿 1/100 的坡度流到栽培槽南侧的排液口，经排液口流入排液沟。排液沟是位于槽南侧的用砖和水泥砌成的沟，全部置于地下。营养液顺排液沟与营养液池相通的回液管流回营养液池（图 6-39、图 6-40）。

营养液循环系统

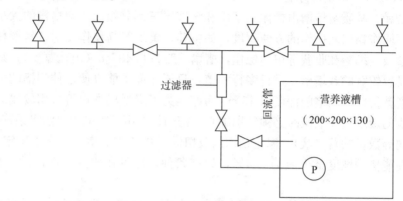

图 6-39　有机基质培营养液循环系统（单位：cm）

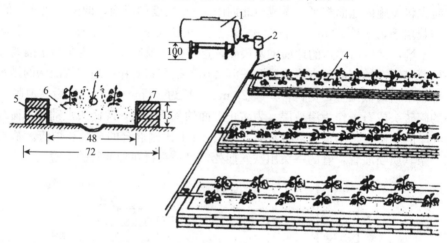

图 6-40　有机基质培系统（单位：cm）
1. 贮液罐　2. 过滤器　3. 供液管　4. 滴灌带　5. 砖　6. 有机基质　7. 塑料薄膜

3. 有机生态型无土栽培技术的操作管理

（1）营养管理。肥料供应量以氮、磷、钾三要素为主要指标，1 m³ 基质中应含有氮（N）1.5～2.0 kg、磷（P₂O₅）0.5～0.8 kg、钾（K₂O）0.8～2.4 kg。这一供肥水平，足够一茬番茄 666.7 m² 产 8 000～10 000 kg 的养分需要量。为了在作物整个生育期内均处于最佳供肥状态，通常依作物种类及所施肥料的不同，将肥料分期施用。向栽培槽内填入基质之前或在前茬作物收获后后茬作物定植之前，应先在基质中混入一定量的肥料作基肥，这样番茄、黄瓜等果菜类蔬菜在定植后 20 d 内不必追肥，只需浇清水，20 d 后每隔 10～15 d 追肥 1 次，均匀地撒在离根 5 cm 以外的周围。基肥与追肥的比例为（25∶75）～（60∶40），每次 1 m³ 基质追肥量为氮（N）80～150 g、磷（P₂O₅）30～50 g、钾（K₂O）50～180 g，追肥次数依所种作物生长期的长短而定。

（2）水分管理。根据栽培作物种类确定灌水定额，依据生长期中基质含水状况调整每次灌溉量。定植的前一天，灌水量以达到基质饱和含水量为度，即应把基质浇透。作物定植以后每天灌溉次数不定，每天 1～3 次，以保持基质含水量达 60%～85%（占干基质计）即可。一般在成株期，黄瓜每天浇水 1.5～2 L，番茄 0.8～1.2 L，甜椒 0.7～0.9 L。灌溉的水量必须根据气候变化和植株大小进行调整，阴雨天气停止灌溉，冬季隔 1 d 灌溉 1 次。

五、复合基质培

复合基质是指两种或两种以上的单一基质按一定的比例混合而成的基质。配制复合基质时所用的单一基质以 2～3 种为宜。制成的复合基质容重适宜，增加了孔隙度，提高了水分和空气含量的要求。

复合基质栽培包括槽式栽培、袋培、盆钵培。

1. 槽式栽培 槽式栽培就是在温室地面上用砖、水泥或木板等材料做成相对固定的栽培槽，把固体基质装入种植槽中，通过与种植槽配套的供液系统、排液系统、贮液池等设施进行作物栽培的方式（图 6 - 41）。

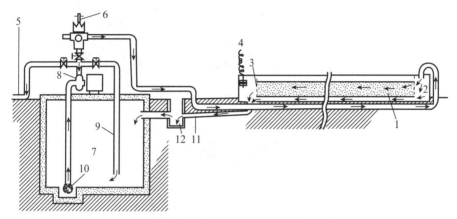

图 6 - 41　槽式栽培设施示意

1. 石砾层　2. 供液缓冲间　3. 排液缓冲间　4. 液位传感器　5. 供液管
6. 转换式供液阀　7. 贮液池　8. 水泵　9. 分液管　10. 水泵滤网　11. 排液管　12. 沉降池

种植槽的框由砖、水泥、砂浆砌成，或由水泥预制板制成，或由塑料板、木板做成。种植槽的规格视作物类别不同而异，一般长×宽×高为（150～300）cm×（50～120）cm×（25～35）cm。种植槽形状可以是矩形、V 形（6 - 42）、倒 V 形（图 6 - 43）等。矩形槽也称平底槽，即槽底呈水平状；V 形槽槽底较槽边框深，形成 V 形；倒 V 形是槽底中央位置较高，而两侧低处倾斜。

与种植槽相配套的供液和排液系统包括水泵、供液管道、电磁阀、定时器、自动转换轮灌阀门和控制水位及水泵工作的液位感应器等部分组成。其灌排过程是：在进行供液时，水泵把营养液抽起，通过供液管道输送至种植槽较高一端，然后注入供液缓冲间，再灌入槽底灌排管，此时排液缓冲间排液口阀门关闭，营养液液位在基质层内上升，当液面低于基质表面 3～5 cm 时，液面与排液缓冲间内上部浮球开关接触，随即切断水泵电源，同时开启排液阀门进行排液，将槽内全部营养液排到贮液池中。此时，基质表面、基质颗粒间互相接触的位置以及作物根系表面能吸附一定量的营养液供作物生长所需。

近年来滴灌设施在该栽培模式中大量应用。主要是供液过程中采用了滴灌设施，它包括输液管道和滴液部分。输液管道由干管、支管和毛管组成，干管是设施中主管道；支管把大

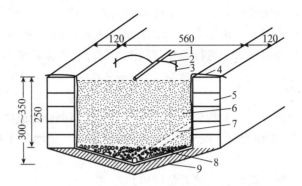

图 6-42 V形种植槽横切面示意（单位：mm）

1. 供液管 2. 水阻管 3. 滴头支架 4. 塑料薄膜 5. 红砖 6. 砌成的槽框 7. 排液管 8. 粗大石砾 9. 槽底

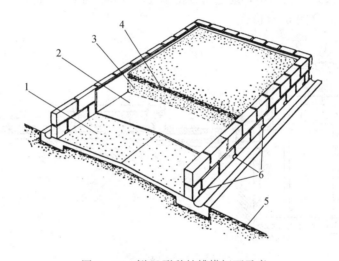

图 6-43 倒 V形种植槽横切面示意

1. 两侧低、中间高的槽底 2. 塑料薄膜 3. 基质（沙） 4. 粗大石砾 5. 排液孔 6. 地面

棚或温室中种植槽四周互相连通；毛管是在种植槽内由支管进入种植行管道，向植株滴液的滴头管嵌入其上，直径为 12～16 mm。滴液部分由滴头管和小塑料棒组成，滴头管一端嵌入毛管上，另一端用小塑料棒架住插在植株定植口上，直接向植株滴液。滴头管的出液口离基质面 2～3 cm。为了节省成本，也有的滴灌带将毛管和滴液部分合为一体，置于种植槽基质表面之上、地膜覆盖之下。

一般依据供液方式确定贮液池建造位置，如果采用水泵进行供液，可把贮液池建在地下，而如果采用重力自流式供液，则按照滴灌系统对压力要求而把贮液池架高设在地面以上。贮液池可用钢筋混凝土建造，池内壁应涂抹高标号的耐酸腐蚀水泥砂浆，并做好防渗处理。贮液池容积大小应根据供液控制面积以及种植作物种类来具体确定，至少应保证一天的供液量，一般约为基质总体积的 75%。

2. 袋培 把固体基质装入塑料袋中并供给营养液进行作物栽培的方式称为袋式栽培，简称为袋培。袋子通常由抗紫外线的聚乙烯薄膜制成，至少可使用 2 年。在高温季节或南方地区，塑料袋表面以白色为好，以便反射阳光防止基质升温；在低温季节或地区，袋表面应以黑色为好，以利于吸收热量，保持袋中的基质温度。

袋式栽培分有地面袋式栽培和立体袋式栽培两种形式。

（1）地面袋式栽培。地面袋式栽培又可分为筒式栽培、枕头式栽培。筒式栽培是把基质装入直径 30～35 cm、高 35 cm 的圆筒状塑料袋内，栽植一株大株型作物，每袋基质为 10～15 L；枕头式栽培是在长 70 cm、直径 30～35 cm 的枕头状塑料袋内装入 20～30 L 基质，在袋上开两个直径为 10 cm 的定植孔，两孔中心距离为 40 cm，种植两株大型作物。在温室或大棚中排放栽培袋之前，整修地面要铺上乳白色或白色朝外的黑白双面塑料薄膜，将栽培袋与土壤隔离，一方面防止土壤中的病虫侵袭，另一方面有助于增加室内的光照度。定植袋排好后布设滴灌管，每株一个滴头。值得注意的是袋式栽培的基质袋底部或两侧应开 2～3 个直径为 0.5～1.0 cm 的小孔，以便多余的营养液从孔中流出，以防止积液沤根（图 6 - 44）。

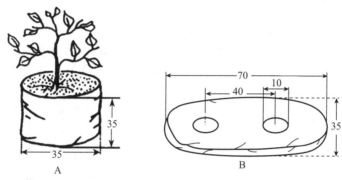

图 6 - 44　平面袋培（单位：cm）
A. 筒式栽培　B. 枕头式栽培

（2）立体袋式栽培。立体袋式栽培是用直径 15 cm、厚 0.15 mm 的聚乙烯塑料薄膜，底端扎紧，从上端装入基质，呈香肠形，在长约 2 m 处截断，待上端扎紧后悬挂在温室中，在袋的周围开一些直径 2.5～5.0 cm 的孔，以种植植物。养分和水分的供应是由安装在基质袋顶部的滴灌系统来完成，营养液从顶部灌入，通过整个栽培袋向下渗透，多余的营养液从排水孔排出。每月要用清水洗盐一次，以防盐分集结。

3. 盆钵培　盆栽属于基质栽培的一种，也是无土栽培中最简单的一种栽培方式。盆体体积比较大，能够容纳的基质土比较多，适合种植大根系的植物和爬藤型植物，如番茄、南瓜、甘薯等。

盆培也称为盆栽、盆钵栽培，主要是栽培容器小型化，以盆、钵形式作为栽培容器。栽培管理技术与箱培类似。栽培方法是在距塑料花盆的底部 1/3 高处打 $\phi 5$ mm 的孔。塑料桶底部装水洗炉渣，上面装入岩棉等基质，每 3～5 d 浇施一次营养液至溢流口排液为止，每个月浇一次清水，可栽培各种花卉、果菜和绿叶菜。

家庭也可采用小型滴灌式栽培。在窗台上方吊一塑料桶用来盛装营养液，安装医院用过的滴流（点滴）管，下面插入栽培盆表层。栽培盆选用塑料桶或盆，在离盆底部 3 cm 处打一孔，安上废输液管，栽培盆内装满基质，每日滴灌 3 次，每次滴 30 min。此设施可以栽培果菜和中型花卉。

六、立体栽培

立体栽培也称垂直栽培，是立体化的无土栽培，这种栽培是在不影响平面栽培的条件下，通过四周竖立起来的栽培柱向空间发展，充分利用温室空间和太阳能，以提高土地利用率 3～5 倍，可提高单位面积产量 2～3 倍。

20 世纪 60 年代，立体无土栽培在发达国家首先发展起来，美国、日本、西班牙、意大利等国家研究开发了不同形式的立体无土栽培，如多层式、悬垂式、香肠式、单元叠加式等。我国自 20 世纪 90 年代起开始研究推广此项技术，立柱式无土栽培因其高科技、新颖、美观等特点而成为休闲农业的首选项目。

1. 柱状栽培 栽培柱采用石棉水泥管或硬质塑料管，在管四周按螺旋位置开孔，植株种植在孔中的基质中，也可采用专门的无土栽培柱，栽培柱由若干个短的模型管构成。一个模型管有几个突出的杯状物，用以种植作物（图 6-45、图 6-46）。

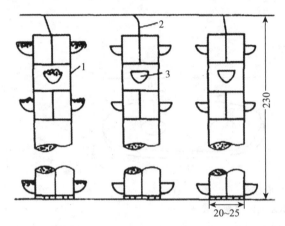 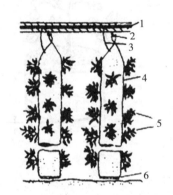

图 6-45　柱状栽培示意（单位：cm）

1. 水泥管　2. 滴灌管　3. 种植孔

图 6-46　长袋状栽培示意

1. 养分管　2. 挂钩　3. 滴灌管　4. 塑料袋
5. 孔中生长的植物　6. 排水孔

考虑到设施成本、栽培效果和对温室大环境的要求等因素，立柱式无土栽培具有一定的观赏价值，且投资少、效益高，在我国各地应用较多。下面就以立柱式栽培为例，介绍其设施结构与管理。

2. 立柱式无土栽培设施结构 立柱式无土栽培设施由营养液池、平面水培系统、栽培立柱、立柱栽培钵和立柱栽培的加液回液系统等几部分组成。

（1）营养液池容积按 667 m² 的水培面积需要 15～20 t 营养液的标准设计。具体建造方法同前面所述。

（2）平面水培系统参照水培的有关内容。

（3）栽培立柱是用来支撑和固定栽培钵和滴液盒的载体，立柱使各栽培钵穿于一体，通向空中立柱由水泥墩和铁管两部分组成。水泥墩的规格为 15 cm×15 cm，中间有一直径 30 mm、深 10 cm 的圆孔，埋在水培床的两边地下用以固定立柱铁管，墩距为 90 cm。铁管直径 25～30 mm、长约 2 m，材料用薄壁铁管或硬质塑料管均可，管下端插入水泥墩的孔中。

（4）栽培钵是立柱上栽植作物的装置，形状为中空、六瓣体塑料钵，高 20 cm、直径 20 cm、瓣间距 10 cm，钵中装入粒状岩棉或椰子壳纤维。瓣处定植 6 株作物，根据温室的高度将 8～9 个栽培钵和滴液盒组成一个栽培柱。栽培钵错开花瓣位置叠放在立柱上，串成柱形。

（5）加液回液系统立柱栽培的加液系统由水泵加液主管、加液支管组成。加液主管为

$\phi40\sim50$ mm 的硬质滴液管，加液支管为 $\phi16$ mm 的无孔硬质滴管，滴液盒为一圆形塑料盒，盒的两端有两截空心短柄，用于连接加液支管，盒的底部四周有 6 个小孔，使营养液能下流。滴液盒的底部中心固定在立柱上方。

供液时营养液由水泵从液池中抽出，经加液主管、加液支管进入滴液盒，从滴液盒流入栽培钵，再通过栽培钵底部小孔，流入第二个栽培钵，依次顺流而下到达最下面一个栽培钵，然后流入平面水培床，再流回营养液池，完成一个循环。

3. 立柱式无土栽培注意事项

（1）栽培蔬菜的选择。立柱式栽培并不适用于所有蔬菜，扬长避短才能发挥立柱的作用，一般矮生型叶菜类适合立柱式栽培，其向上生长的高度一般不宜超过 45 cm，目前已试验成功的有紫背天葵、草莓、大叶茼蒿、叶用莴苣、油菜、三叶芹等小株型的叶菜类。株型较高的蔬菜会因空间限制和重力作用使茎秆倒下，影响生长；果菜类对光照条件要求较高，一般不宜进行立柱栽培，但可以采取立柱最上部 2～3 层种植矮生型果菜（如草莓），下部种植叶菜的方法。由于立柱的特殊构型，蔬菜不能前后左右对称生长，结球蔬菜因外形不美观、商品性差而不适宜立柱式栽培。

（2）光照是影响立柱式栽培产量和品质的重要环境因子。在立柱式栽培模式下，光照度随着栽培钵层数的下降而递减，并且立柱阳面植株获得的光照好于阴面。据测定，立柱从上到下每下降一层光照度平均减少 15%，除最高一层阴面与阳面光照接近外，其余各层的阴面只有阳面光照的 50%左右。

为了弥补光照的不足和差异，需要定期对立柱进行旋转，使每一层的 6 株作物都能接受足量的阳光，这是保证作物整齐生长和提高产量的重要方法。另外，也可以采取人工补光的方法弥补光照的不足。

思政天地

　　韭菜是人们爱吃的一种蔬菜。但种植过韭菜的人都知道，韭蛆就像韭菜的影子，有韭菜的地方总是有韭蛆，它是韭菜的杀手，很难根治。化学防治韭蛆是韭菜生产上常用的方法，但会造成韭蛆的抗药性，迫使人们采用毒性更强的农药，结果导致了农药残留事件频频发生，生产出的"毒韭菜"让很多消费者开始对韭菜敬而远之。食品安全重于泰山，人们开始采用覆盖防虫网等物理防治的方法来防治韭蛆，但完全密闭的环境很难实现，该方法虽然有效，但效果并不是很理想。专家们又找到了一种线虫寄生在韭蛆的幼虫上的生物防治方法，但成本太高，防治效果也比较缓慢，并且韭蛆并不会被完全消灭，韭蛆危害韭菜的现象依旧存在。北京市农林科学院蔬菜研究中心的专家们通过技术攻关，发明了一种韭菜水培育苗棉纸，实现了韭菜水培育苗，从源头上解决了韭蛆问题，并在"流水不腐，户枢不蠹"的启发下，经过反复摸索，开发了韭菜水培生长系统，实现了"安心韭菜"的生产梦想。由此可见，只要大胆尝试，勇于创新，不断耕耘，定能绽放出成功的花朵。

（根据相关报道整理改编而成）

项目小结

【重点难点】

（1）重点掌握深液流栽培的优缺点及特征。

（2）掌握深液流栽培的管理方法。

（3）重点掌握浅液流栽培的优缺点及特征。

（4）掌握浅液流栽培定时器、电导率、pH、温度等装置的管理方法。

（5）掌握雾培的优缺点。

（6）掌握雾培营养液的管理方法。

【经验技巧】

（1）深液流水培技术因管理方便、设施耐用、后续生产资料投入较少等已成为一项实用、高效的无土栽培技术，在我国的南方地区应用较广泛。深液流水培装置的建造包括营养液种植槽、定植板（或定植网框）、贮液池、营养液循环流动系统及控制系统等四大部分的建造，在进行深液流水培时，初生产应选用一些较适应水培的作物种类来种植，以取得水培的成功。

（2）浅液流水培的营养液层较浅，能够较好地解决根系呼吸对氧的需求。在进行具体的管理时要注重选用稳定性较好的营养液配方，有针对性地采取供液方法，加强对液温的管理。

（3）雾培能够很好地解决根系供氧问题，几乎不会出现由于根系供氧而生长不良的现象，养分和水分的利用率高，养分供应快速而有效；可充分利用温室内的空间，提高单位面积的种植数量和产量。

（4）槽培是固体基质最常见的无土栽培形式，基质栽培设施简单，成本低，由于基质有缓冲作用，养分、水分和温度等环境变化缓和，其栽培技术与传统土壤栽培有很多相似之处，容易掌握，适合我国国情，也是我国无土栽培最常见的形式。在无土栽培时，各地可根据情况选择合适的基质，采用适合本地经济状况的栽培形式。在选择栽培槽时，可根据情况选择合适的栽培槽。

（5）基质袋培在我国应用比较普遍，装基质所用的栽培袋可因地制宜选择材料，可以用定型的塑料袋，还可以用装水泥、面粉、化肥等废弃的包装袋作为容器。所用基质也可因地制宜选择，可以选择单一基质，如稻壳、蘑菇渣、玉米壳、麦糠等有机基质，也可以选择沙、石砾、炉渣等无机基质，还可以选择混合基质。基质袋培栽培设施简单，管理方便，适合栽培的植物种类多种多样，被广大使用者认可。

（6）岩棉培在我国起步比较晚，我国生产的岩棉主要用作隔热保温材料，质量难以满足生产要求，现在生产上所用的岩棉基本上从国外进口，大大影响了岩棉培的发展速度，目前在我国采用岩棉培的面积并不大，主要应用于观光农业中。

（7）立体基质栽培在实际生产应用相对较少，主要应用于观光农业中，可以合理地利用空间，提高设施利用率，增加种植面积，增加观赏效果。

技能训练

技能训练 6-1 深液流水培设施建造

一、目的要求

通过深液流水培设施栽培的实地考察，结合学到的知识，能设计和建造深液流水培设施或关键部件。

二、材料与用具

1. **材料** 红砖、水泥、河沙、$\phi 8$ mm 钢筋、硬泡沫聚苯乙烯板、混凝土、防水涂料、塑料定值杯、硬塑料管、橡胶塞、胶管等设施建造用材料；水泵、过滤器、塑料胶、深色水桶、泡沫箱、PE 或 PVC 管件（包括 $\phi 40$ mm 或 $\phi 25$ mm 塑料管、三通、二通、阀门、弯头、堵头、滴灌管）等组装供液、回流系统用配件；营养液。

2. **用具** 皮尺、钢卷尺、测角仪（坡度仪）水平仪等测量用具；铅笔、橡皮、直尺等画图、记录用具；铁锹、铁耙、钢锯、毛刷、剪子等施工用具。

三、方法步骤

1. **种植槽设施的建造** 确定好温室内种植槽的布局，画出简易施工图，按施工图要求测量、画线，建造平面种植槽。槽南北延长，槽长度为 10～20 m，槽内深度控制在 12～15 cm，最深不超过 20 cm。方法：首先把地面整平、打实，在建槽的位置铺上一层 3～5 cm 的河沙或石粉打实，然后在河沙或石粉层上铺上 5 cm 厚的混凝土作为槽底，并在混凝土层中每隔 20 cm 加入一条 $\phi 8$ mm 钢筋，上面的四周用水泥砂浆砌砖成为槽框，再用高标号水泥砂浆批荡种植槽内外，最后再加上一层水泥膏抹光表面，以防止营养液的渗漏。在建好种植槽框批荡时加入防水涂料以防渗漏。

2. **定植板制作** 在厚 2～3 cm 的硬泡沫聚苯乙烯板面按种植蔬菜种类要求的株行距开若干个定植孔，孔径为 5～6 cm。定植孔内嵌一只塑料定植杯，高 7.5～8.0 cm，杯口的直径与定植孔相同，杯口外沿有一宽约 5 mm 的唇，卡在定植孔上，不掉进槽底。杯的下半部及底部开许多 3 mm 的孔。定植板的宽度与种植槽外沿宽度一致，使定植板的两边能架在种植槽的槽壁上，使定植板连同嵌入板孔中的定植杯悬挂起来。定植板的长度一般为 150 cm，视工作方便而伸缩，定植板一块接一块地将整条种植槽盖住，使光线透不进槽内。

3. **贮液池建造** 地下贮液池以不渗漏为建造的总原则来进行。建造时池底用 10～15 cm 混凝土，并加入 $\phi 8$ mm 钢筋制成而成，池壁用 18～24 cm 砖砌，100# 水泥砂浆批荡，水泥砂浆批荡，用水泥膏抹光，建池所用的水泥应为高标号、耐泥膏抹光，同时地下贮液池池面要比地面高出 10～20 cm，并要有盖，防止雨水或其他杂物落入池中，保持池内黑暗以防藻类滋生。

技能训练 6-2　营养液膜水培设施建造

一、目的要求

掌握营养液膜水培设施的设计要求与建造方法。

二、材料与用具

1. 材料　红砖、水泥、河沙、$\phi 8$ mm 钢筋、硬泡沫聚苯乙烯板、混凝土、防水涂料、塑料定植杯、硬塑料管、橡胶塞、胶管、聚乙烯薄膜等设施建造用材料；水泵、过滤器、塑料胶、深色水桶、泡沫箱、PE 或 PVC 管件（包括 $\phi 40$ mm 或 $\phi 25$ mm 塑料管、三通、二通、阀门、弯头、堵头、滴灌管）等组装供液、回流系统用配件；营养液。

2. 用具　皮尺、钢卷尺、测角仪（坡度仪）水平仪等测量用具；铅笔、橡皮、直尺等画图、记录用具；铁锹、铁耙、钢锯、毛刷、剪子等施工用具。

三、方法步骤

1. 种植槽的建造　栽培大株型作物用的种植槽的建造：用 $0.1 \sim 0.2$ mm 厚的面白底黑的聚乙烯薄膜临时围合起等腰三角形槽，槽长 $20 \sim 25$ m，槽底宽 $25 \sim 30$ cm，槽高 20 cm。即取一幅宽 $75 \sim 80$ cm、长 $21 \sim 26$ m 的上述薄膜，铺在预先平整压实且有一定坡降的（1：75 左右）地面上，长边与坡降方向平行。定植时将带有苗钵的幼苗置于膜宽幅的中央排成一行，然后将膜的两边拉起，使膜幅中央有 $20 \sim 30$ cm 的宽度紧贴地面，拉起的两边合拢起来用夹子夹住，成为一条高 20 cm 的等腰三角形槽。植株的茎叶从槽顶的夹缝中伸出槽外，根部置于不透光的槽内底部。

2. 贮液池的建造　同深液流水培设施贮液池的建造，一般设在地面以下，以便让种植槽中流出的营养液回流到贮液池中。

3. 营养液循环流动装置　供液管是从水泵接出塑料主管，在主管上接出支管。其中一条支管引回贮液池上，使一部分抽起来的营养液回流贮液池中，一方面起搅拌营养液作用，使之更均匀并增加液中的溶存氧；另一方面可通过其上的阀门调节流量。在支管上再接许多毛管输到每个种植槽的高端，每槽的毛管设流量调节阀，然后在毛管上接出小输液管引入种植槽中。大株型种植槽每槽设几条 $\phi 2 \sim 3$ mm 的小输液管，管数以控制每槽的流量在 $2 \sim 4$ L/min 为度。多设几条小输液管的目的是在其中有 $1 \sim 2$ 条堵塞时，还有 $1 \sim 2$ 条畅通，以保证不会缺水。小株型种植槽每个波谷都设两条小输液管，保证每个波谷都有液流，每谷流量为 2 L/min。

技能训练 6-3　雾培设施建造

一、目的要求

掌握雾培设施的工作原理及建造方法。

二、材料与用具

1. 材料　红砖、水泥、河沙、铁条、硬泡沫聚苯乙烯板、混凝土、喷头、塑料定植杯、供液管、塑料薄膜等设施建造用材料；水泵、过滤器、喷头、管道、塑料胶、塑料桶、泡沫箱等组装供液、回流系统用配件；营养液。

2. 用具　皮尺、钢卷尺、测角仪（坡度仪）水平仪等测量用具；铅笔、橡皮、直尺等画图、记录用具；铁锹、铁耙、钢锯、毛刷、剪子等施工用具。

三、方法步骤

1. 种植槽的建造　用混凝土制成深约 10 cm 的槽，在槽的上部用铁条做成 A 形或梯形的框架，然后将已开了定植孔的泡沫塑料定植板放置在这个框架上方。种植槽的形状和大小要考虑植株的根系伸入槽内之后，确保安装在槽内的喷头要有充分的空间将营养液均匀喷射到各株的根系上。

2. 贮液池的建造　规模较大时用水泥砖砌成较大体积的营养液池，池的体积以保证水泵有一定的供液时间而不至于很快就将池中的营养液抽干为准，如果条件许可，营养液池的容积可做得大一些，但最小也要保证植物 1～2 d 的耗水需要。规模较小时贮液池可用大的塑料桶或箱来代替。

3. 供液系统　喷头的选用以营养液能够喷洒到设施中所有的根系并且雾滴较为细小为原则，营养液以喷雾的形式来供应。多余的营养液可用种植槽底部的槽来盛接，并用管道连接回流到贮液池。

技能训练 6-4　槽式设施建造

一、目的要求

掌握槽式基质培设施的设计和槽式基质培设施的建造方法，设计科学合理，建造符合设计要求，操作规范、熟练。

二、材料与用具

1. 材料　红砖、水泥、河沙、φ8 mm 钢筋、2.5 cm 厚加密苯板、塑料薄膜（厚 0.1～0.2 mm）、松木板（厚 3～5 cm）、普通床架、编织袋、亮油等设施建造用材料；水泵、过滤器、塑料胶、深色水桶、泡沫箱、PE 或 PVC 管件（包括 φ40 mm 或 φ25 mm 塑料管、三通、二通、阀门、弯头、堵头、滴灌管）等组装供液、回流系统用配件；泥炭（椰糠）、珍珠岩、有机消毒膨化肥料等基质；电热线、插座等基质加温设备；硝酸或磷酸；编织袋。

2. 用具　皮尺、钢卷尺、测角仪（坡度仪）水平仪等测量用具；铅笔、橡皮、直尺等画图、记录用具；铁锹、铁耙、钢锯、毛刷、剪子等施工用具。

三、方法步骤

1. 槽式基质培设施的建造　基质培设施主要包括贮液池、种植槽和滴灌系统。贮液池的建造与水培的贮液池建造方法相同，但不埋设回流管。

确定好温室内种植槽的布局，画出简易施工图，然后平整地面并压实，按施工图要求测量、画线，建造平面种植槽。

（1）槽南北延长，长度视温室跨度而定，内径 48 cm，外径 72 cm，槽间距 80 cm，槽边框用 24 cm×12 cm×5 cm 的标准红砖平地叠起 3 层砖，砖与砖之间不用泥浆，在槽底的中间位置开一条宽 20 cm、深 10 cm 的 U 形槽，并保持 0.5％的坡度。槽底部铺一层 0.1 mm 厚的聚乙烯薄膜，薄膜两边压在第二和第三层砖之间。考虑冬季无土生产，需建电热温床。建造方法是在槽底铺一层苯板，其上铺一层 2 cm 厚的干沙，在沙中按照 80～100 W/m² 的功率铺电热线，其上再铺塑料薄膜。

（2）把泥炭（椰糠）、珍珠岩、有机消毒膨化肥料按 6∶3∶1 的比例混配，并充分混匀，然后用甲醛消毒。

（3）先在槽内装 3～5 cm 厚经暴晒 1 d 后的粗沙，以利于排水，再在其上铺 1～2 层干净的编织袋，以阻止作物根系伸入排水层中。将混拌均匀且消过毒的基质填入槽内，基质厚 12～15 cm，浇透水。然后槽上覆膜，既可以进行高温消毒，又可以防止用前槽内积存杂物。至此常用栽培槽建好。基质消毒也以在槽内进行，种植槽建好后铺设滴灌系统。一般 48 cm 的种植槽内铺设两条 ϕ10 mm 硬质滴灌管或铺设供液支管或毛管，再在其上接出多个滴头管。在供液支管上打孔，滴灌管一端与供液支管相连，另一端塞上堵头，平直放在基质槽表面即可。

2. 栽培基质混配 将草炭、珍珠岩和腐熟鸡粪按 6∶3∶1 的比例充分混匀。复合肥可在基质混配时施入，也可在基质装填后施入，一般以前者为首选。

3. 基质装填与消毒 先在槽内装填 5 cm 厚的粗基质，然后铺上一层编织袋，将栽培质填入槽内，基质厚度 12～15 cm。基质装填后浇水。槽上覆塑料膜，进行高温太阳能消毒，同时能够防止使用前槽内存有杂物。也可以结合基质混配用 40％甲醛水剂 100 倍液进行药剂消毒。

4. 定植 在槽宽 90 cm 的种植槽内按行距 40～45 cm、株距 35～40 cm 的栽培密度进行双行定植，每 667 m² 用苗 2 400～3 000 株。

5. 铺设滴灌系统 幼苗定植后按栽培行铺设滴灌带（或滴灌管），并与供液管道连成一体，组成完整的滴灌系统。

技能训练 6-5 袋式栽培设施制作

一、目的要求

掌握袋式基质培设施的设计要求和袋式基质培设施的建造方法。

二、材料与用具

1. 材料 水泥方砖或红砖、塑料薄膜封口机或电熨斗、ϕ30～35 cm 的筒膜、滴灌带等。
2. 用具 剪刀等。

三、方法步骤

1. 苗床准备 在温室内将地面整平夯实，可根据需要在地面铺水泥方砖或红砖。
2. 筒式栽培袋的制作

（1）将 ϕ30～35 cm 的筒膜剪成 35 cm 长，用塑料薄膜封口机或电熨斗将筒膜一端封严即可，每袋装基质 10～15 L，直立放置即成为一个筒式袋。

（2）枕头式栽培袋的制作。将筒膜剪成 70～100 cm 长，用塑料薄膜封口机或电熨斗封严筒膜的一端，每袋装基质 20～30 L，再封严另一端即成枕头式栽培袋，依次摆放到温室中。枕头式栽培袋定植前先在袋上开两个 ϕ10 cm 的定植孔，两孔中心距为 40 cm。无论是哪种栽培袋，都应袋的底部或两侧开 2～3 个 ϕ0.5～1.0 cm 的小孔，以便多余的营养液能从孔中渗透出来，防止沤根。此外，也有将塑料薄膜裁成 70～80 cm 宽的长条形后平铺于温室的地面上，沿中心线装填宽 20～30 cm、高 15～20 cm 的梯形基质堆，再将沿塑料薄膜长向的两端兜起，每隔 1 m 用塑料夹夹住或用耐老化的玻璃丝拢住即成长筒形栽培袋。

（3）营养液供应系统，一般采用非循环式营养供应系统，用滴灌的形式来供液，基质中除了在种植袋底部会残留 2～3 cm 的水层外，多余的营养液通过排水沟排到温室或大棚的外部。

技能训练 6－6　岩棉培设施建造

一、目的要求

掌握岩棉培设施的设计要求和岩棉培设施的建造方法。

二、材料与用具

0.2 mm 厚的乳白色塑料薄膜、岩棉种植垫、带岩棉块的幼苗。

三、方法步骤

1. 栽培床建造　岩棉栽培床对建造工艺要求严格，栽培床地面一定要平整，否则会造成供液不均，甚至会使盐分积累，pH 升高，影响栽培效果。将棚室内地面平整后，按规格筑成龟背形的栽培床（土畦）并将其压实。栽培床的规格根据作物种类而定。在距畦宽的中点左右两边各 30 cm 处，开始平缓地倾斜形成两畦之间的畦沟，畦长约 30 m，畦沟沿长边方向的坡降为 1‰。整个棚室的地面都筑好压实的畦后，铺上 0.2 mm 厚的乳白色塑料薄膜，将全部畦连沟都覆盖住，膜要贴紧畦和沟。在畦背上纵向摆放两行岩棉种植垫，垫的长边应与畦长方向一致。每一行都放在畦的斜面上，使垫向畦沟一侧倾斜，以利于排水。

2. 岩棉垫摆放　在畦背上纵向摆放两行岩棉种植垫，垫的长边应与畦长方向一致。每一行都放在畦的斜面上，使垫向畦沟一侧倾斜，以利排水。考虑每株作物占有的营养面积，一般岩棉种植垫形状以扁长方形较好，厚 7～10 cm、宽 25～30 cm、长 90 cm 左右，用黑色或黑白双色聚乙烯塑料薄膜将岩棉块整块紧密包住。定植前在薄膜上开定植孔，定植带岩棉块的幼苗。

技能训练 6－7　叠盆式立体栽培设施建造

一、目的要求

掌握叠盆式立体栽培设施的设计要求，建造符合设计要求的叠盆式立体栽培设施。

二、材料与用具

盆钵、直径 25 mm 厚壁镀锌钢管、聚氯乙烯薄膜、陶粒、水泵等。

三、方法步骤

1. 立柱安装 叠盆式立体栽培设施的主要构件为盆钵，由 ABS 工程塑料注塑成梅花圆筒形，花瓣部分是栽培孔，盆钵高 18 cm，直径 18 cm。盆钵中央有中轴管道，栽培株的中心柱由此串联的 12 个盆钵构成柱体。在柱体上，两盆钵通过盆钵上的凸凹扣扣紧，使 12 个盆钵构成稳固的整体，并能围绕中心柱旋转，保证蔬菜受光均匀，盆体的 5 个栽培孔用于定植蔬菜，上下相邻的两盆钵上的蔬菜植株错位排列，不会互相遮光。立柱底座用 ABS 塑成圆盘形，高 2~3 cm，直径 10~15 cm，中心柱用直径 25 mm 的厚壁镀锌钢管制作，长度视所串盆钵数目而定，一般长 1.8~2.2 m，可串 10~12 个盆钵，树立于底座之上。中心柱顶端安装蘑菇形喷淋头，用于喷淋营养液。

2. 栽培槽建造 栽培槽用于安装盆钵栽培柱，并容纳从栽培柱渗下的营养液，使多余的营养液流到回液槽、贮液池。槽长视温室宽度而定，一般长 6~7 m、宽 120 cm、深 10 cm。槽间距 40 cm，用作通道。

地槽式基质栽培槽的建造

建造时，把地面整平夯实，开挖栽培槽，比降 1∶500。用砖砌栽培槽的槽框和槽底，槽框和槽底厚 5 cm，槽内铺双层聚氯乙烯薄膜，在膜上竖立栽培柱。每个栽培槽设置两列立柱，列间距 80 cm，同一列相邻两立柱间的距离也是 80 cm。用 10# 钢丝在立柱顶端纵横拉线，将栽培柱固定好，防止倾斜和倒伏。

栽培槽内铺 7 cm 厚的膨胀陶粒，定植蔬菜，也可在膨胀陶粒上放定植板，厚 2 cm，定植孔间距 15~20 cm，直径 3 cm，用于定植矮生蔬菜。

3. 营养液循环系统建造 贮液池建于温室一侧，大小一般每 667 m² 容积为 8 m³，严防渗漏，上加盖板。用水泵供液，水泵出水量 6 m³/h，扬程 30 m，用聚氯乙烯硬质塑料管或聚氯乙烯软管作供液管道，主管道直径 50 cm，首段连接水泵，尾部用橡胶塞封堵，中间连接支管，每列栽培柱顶端悬吊一条支管，直径 12~15 mm，截成 70 cm 长的小段，将同一列相邻栽培柱顶部的喷头连接起来，每列栽培支管尾端封堵。

回流槽设在温室南端，东西走向，宽 50 cm，东西比降 1∶100，收集各栽培槽多余的营养液，最终回流到贮液池。

技能训练 6-8 超高垄草莓栽培设施建造

一、目的要求

掌握超高垄草莓栽培设施的设计要求，建造符合设计要求的超高垄草莓栽培设施。

二、材料与用具

生态环保作物秸秆集成模块、φ22 mm 镀锌管（可以使用废旧大棚钢管）、φ1.5 mm 钢丝绳、清洁网、防草布等。

三、方法步骤

1. 栽培槽制作 超高垄草莓栽培设施的主要构件为栽培槽。在搭建栽培槽时，首先将一行长 1~1.3 m、φ22 mm 的镀锌管间隔 50~60 cm 插入陆地，然后人工沿镀锌管方向开一个深 30 cm、宽 15～20 cm 深沟。选择宽 90～130 cm、长 150～180 cm 的生态环保作物秸秆集成模块，横向放入深沟内，填埋固定。然后间隔 35～40 cm 对应一侧插入 φ22 mm 镀锌管，与对侧镀锌管在同一平行位置，沿镀锌管方向开一个深 30 cm、宽 15～20 cm 深沟，深沟临近镀锌管位置放入生态环保作物秸秆集成模块。回填土壤，固定生态环保作物秸秆集成模块，在栽培槽起始位置，截取宽度 35～40 cm、高 90～130 cm 生态环保作物秸秆集成模块封合栽培槽首尾端，并使用两根镀锌管固定，使生态环保作物秸秆集成模块形成栽培槽，槽底所填土壤与过道土壤高度一致。留 60～80 cm 过道，重复上面步骤进行栽培槽的制作，一般跨度为 8 m 塑料温室可做 6 行栽培槽。栽培槽顶端可以补充栽培基质，铺设滴灌带，进行草莓苗定植。后期安装清洁网并铺设防草布，保证果实表面洁净。

2. 功能生物菌剂（肥）蘸（灌）根

（1）定植前。选用多粘类芽孢杆菌＋枯草芽孢杆菌，或木霉菌（哈茨木霉菌）＋碧护液。处理方法为：用高于 15 cm 容器，放入药液，深度 6～10 cm，将草莓苗根部整齐的浸在药液中 10～20 min，取出放在阴凉处，准备栽种。

（2）定植后。可以选择以下 3 种组合进行灌根：枯草芽孢杆菌＋多粘芽孢杆菌；木霉菌或哈茨木霉菌；木霉菌＋多粘或枯草芽孢杆菌等。

拓展任务

【复习思考题】

（1）什么是深液流水培技术？它有哪些特点？

（2）进行种植槽或贮液池处理采用什么酸较好？为什么？

（3）在营养液膜技术的种植槽底加无纺布有何益处？

（4）营养液膜技术为何采取间歇供液方式？

（5）试比较深液流技术和营养液膜技术有何异同。

（6）雾培的设施结构包括哪几部分？如何管理？雾培与水培有何区别？

（7）探索几种无土栽培方式在生产中的具体应用。

（8）常见的袋培类型有哪两种？袋培时应注意什么问题？

（9）基质培与水培相比有什么好处？

（10）比较各种基质培的设施结构的异同。

（11）岩棉培有何特征？开放式岩棉培与循环式岩棉培有何不同？

（12）如何制做岩棉种植畦？怎样确定岩棉培的供液量？

（13）如何理解立体栽培的含义？与平面栽培相比，立体栽培有何应用价值？

（14）立体栽培分哪些类型？各有何特点？

（15）立柱盆钵式无土栽培的设施结构有何特点？如何建造？栽培时要注意哪些问题？

（16）生产中常见的立体栽培方式有哪些？各有何特点？

【案例分析】

无土栽培新技术可在沙漠里面种蔬菜

在科威特，每到夏季，气温就会蹿升到 60 ℃甚至更高，在如此炎热和干旱的环境中，当地几乎寸草不生，因此科威特的食品几乎完全依赖进口。如今一项新技术使科威特人吃上本地蔬菜不再是奢望。

来自澳大利亚的农业专家格伦·卡里根和科威特的阿卜杜勒博士采用全新的无土栽培技术，可以确保蔬菜安然度过当地的酷暑。在温室中，蔬菜被放在无土的特殊容器中。上面都是一层特殊的遮光罩，它能反射大约50%的阳光，使气温降低10℃左右，大大减轻了太阳辐射的热量对蔬菜的伤害。

澳大利亚农业专家格伦·卡里根说："我们还增加空气中的湿度。因为在沙漠中夏季里正常的湿度是在7%~11%，非常干燥。增加空气中的湿度可以降低气温。所以通过增加空气中的水汽，可以将气温从四五十摄氏度降到二三十摄氏度。这对蔬菜的生长非常有利。"用于加湿的水被收集到水箱中循环使用，这在水贵如油的科威特是十分必要的。目前农场里使用的水都采自40 m深的地下，通常略带盐分。阿卜杜勒博士说："水在科威特非常宝贵。为使水质变好，我们将水彻底净化，以便获得淡水，希望在不久的将来还能用它来养鱼。进入冬季后，蔬菜就可放在室外种植，到3月气温回升时再搬进温室。这些蔬菜生长在几乎无菌的环境里，所以不需要喷洒任何农药。"

在科威特，这是第一家采用无土栽培技术的农场，在2 000 m² 的温室里种植着莴苣、西芹等蔬菜。每天刚刚采摘的新鲜蔬菜在3 h内就能上市供顾客挑选。阿卜杜勒博士还希望能尽快扩大规模，将产量提高3~4倍。

项目七　无土栽培保护设施及环境调控

学习目标

◆ 知识目标
- 了解无土栽培保护设施的类型及主要特点，会根据生产需求选择合适的设施类型。
- 了解设施内各环境因子的特点和影响因子。
- 掌握设施环境综合调控的目标与原则。
- 掌握设施环境内各环境因子的具体调控措施。

◆ 技能目标
- 能够正确观测设施内各种环境因子的变化。
- 能够掌握本地区主要设施类型的环境变化特点，并能进行有效的调控。

任务实施

任务一　保护设施选择

无土栽培是保护地设施栽培中的一种高效技术。它之所以较土壤栽培高产、优质和高效，不仅是因为无土栽培设施本身有调控作物根际环境的功能，还需有与其配套的温室大棚等环境保护设施，使作物的地上部生长条件同地下都一样处于最佳状态。无土栽培设施本身不具有反季节和周年生产作物的功能，而只有在温室大棚等保护设施配合的条件下，才能实现反季节栽培或周年供应，从而提高了设施的利用率。所以，无土栽培设施与温室设施既有密切联系，又是两种不同的设施。无土栽培生产一般都是在保护设施内进行综合环境调控的条件下进行的。

一、保护设施的类型及分类

环境保护设施是指为调控温、光、水、气等环境因子，其栽培空间覆以透光性的覆盖材料，人可入内操作的一种栽培设施。依覆盖材料的不同，温室通常分为玻璃温室和塑料温室两大类，塑料温室依覆盖材料的不同又分为硬质塑料（PC 板、FRA 板、FRP 板、复合板等）温室和软质塑料（PVC、PE、EVA 膜等）温室；依形状分为单栋与连栋两类；依屋顶的形式分为双屋面、单屋面、不等式双屋面、拱圆屋面等。

三种不同越冬
栽培设施

　　我国目前常用于无土栽培的环境保护设施主要有日光温室、塑料大棚、现代化温室、防雨棚和遮阳网等。塑料大棚在全国各地大面积应用，尤其是南方地区规模较大，近年来正朝着连栋化、高大化、规模化方向发展；日光温室主要在北纬330°～460°的北方地区推广应用，在－20～－15 ℃的高寒地区基本不需加温即可实现冬季喜温性果菜的生产，在我国设施园艺发展史上谱写了辉煌的篇章；进入20世纪90年代后，从国外引进大型现代化温室，通过学习、消化、吸收，研究开发出国产化现代温室设施，推动了我国温室园艺的科技进步和农业的现代化，为无土栽培技术的发展提供了巨大的空间；防雨棚和遮阳网等夏季保护设施在夏季高温期，尤其是南方地区，为克服夏季高温暴雨、台风和病虫害多发等灾害性气候与不利环境的胁迫起到了重要的作用，对缓解南方地区夏秋淡季园艺产品的供应，提供了一条简易有效的新途径，使无土栽培的季节从冬春季拓展到夏秋季。由于各地自然、气候、经济、技术、劳力等条件的不同，设施类型、结构材料、规模大小各异，应因地制宜。

　　1. 塑料大棚　　通常把只以竹、木、水泥或钢材等杆材作骨架，在表面覆盖塑料薄膜的大型保护栽培设施称为塑料薄膜大棚，简称塑料大棚。根据棚顶形状分为拱圆形和屋脊形两类，以拱圆形屋顶为多。根据骨架材料可分为竹木结构、钢架（管）结构、钢竹混合结构、混凝土钢架结构、充气式等类型；根据连接方式又可分为单栋大棚、双连栋大棚及多连栋大棚。塑料大棚设施简单，一般没有环境调控设备，依靠自然光照进行生产，在气候温暖的南方地区发展较快。

　　目前，塑料大棚主要有竹木结构大棚（图7-1）、悬梁吊柱式竹木拱架大棚（图7-2）、钢筋焊接式无立柱大棚（图7-3）和装配式镀锌钢管大棚等形式，其中装配式镀锌薄壁钢管大棚棚内空间较大，无立柱，作业方便，属于国家定型产品，规格统一，组装拆卸方便，盖膜便利，生产上普遍采用（图7-4）。

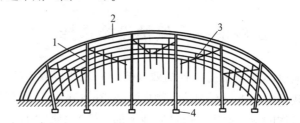

图7-1　竹木结构大棚
1. 立柱　2. 拱杆　3. 拉杆　4. 立柱基座

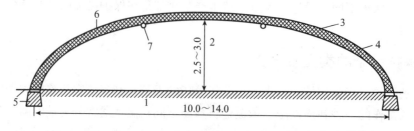

图7-2　悬梁吊柱式竹木拱架大棚（单位：m）
1. 立柱　2. 拱杆　3. 纵向拉杆　4. 吊柱　5. 压膜线　6. 地锚

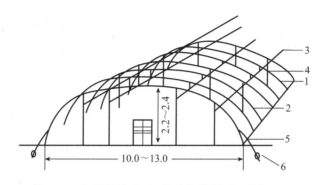

图 7-3 钢筋焊接式无立柱大棚横断面（单位：m）
1. 棚宽 2. 中高 3. 上弦 4. 下弦 5. 水泥墩 6. 上下弦间"人"字形钢条 7. 拉杆

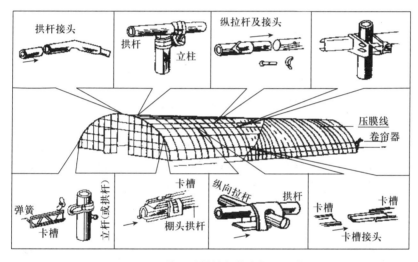

图 7-4 装配式镀锌钢管大棚及配件

2. 日光温室 日光温室是指三面围墙，脊高在 2 m 以上，跨度在 6~8 m，热量来源（包括夜间）主要为太阳辐射能的园艺保护设施。大多以塑料薄膜为采光覆盖材料，以太阳辐射为热源，靠最大限度的采光、加厚的墙体和后坡以及防寒沟、纸被、草苫等一系列采光、保温御寒设备以达到增温、保温的效果，从而充分利用光热资源，减弱不利气象因子的影响。一般不进行加温，或只进行少量的辅助性补温。日光温室主要有矮后墙长后坡日光温室、高后墙短后坡日光温室、琴弦式日光温室、钢竹混合结构日光温室和全钢架无支柱日光温室（图 7-5）等形式。塑料薄膜覆盖的节能型日光温室是我国北方地区蔬菜保护地设施的主要形式，投资少、效益高，适合我国当前农村的技术及经济条件；它在采光性、保暖性、低能耗和实用性等方面都有明显的优势，是北方农户乐于应用、面积年年持续增长的设施栽培方式。

3. 现代化温室 现代化温室是设施园艺中一种高级类型。设施内的环境实现了计算机自动控制，基本上不受自然气候条件下灾害性天气和不良环境条件的影响，能周年全天候进行园艺作物生产的大型温室。目前，我国引进的现代化温室主要有荷兰研究开发而后流行全

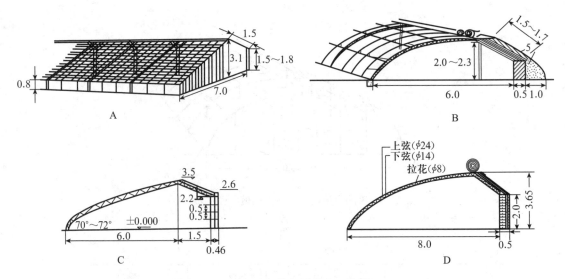

图7-5 日光温室的主要形式（单位：m）

A. 琴弦式日光温室 B. 钢竹混合结构日光温室 C. 辽沈Ⅰ型日光温室 D. 改进冀优Ⅱ型节能日光温室

世界的多脊连栋小屋面的芬洛型（venlo type）玻璃温室（图7-6）、法国瑞奇温室公司研究开发的一种流行的塑料薄膜里歇尔（Richel）温室、顶侧屋面可将覆盖薄膜由下而上卷起通风透气的一种拱圆形连栋卷膜式全开放型塑料温室（full open type）和由意大利温室气体公司开发的一种全开放型玻璃温室（future greenhouse）。国内自行设计制造的典型现代化自控温室有双层充气式塑料连栋温室、双坡面玻璃温室、华北型大型连栋塑料温室、华南型大型连栋塑料温室、金顶型连栋温室、LGP-732型连栋温室、XA和GK型系列温室、FRP（轻质玻璃钢）连栋温室（图7-7）等。

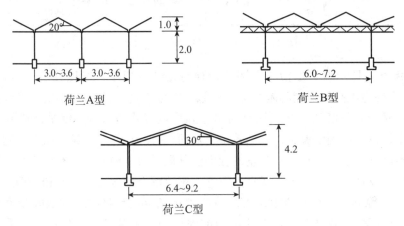

图7-6 荷兰芬洛型玻璃温室（单位：m）

4. 植物工厂 植物工厂是指在工厂般的全封闭建筑设施内，利用人工光源，实现环境的自动化控制，进行植物高效率、省力化、稳定种植的生产方式。根据光源的不同，植物工厂分为三类，即人工光照型、自然光照型和人工光照与自然光照合用型，属"可控农业"。它是园艺保护设施的最高层次，其管理完全实现了机械化和自动化。作物在大型设施内进行

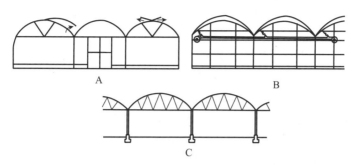

图7-7　几种构型的连栋温室
A. 拱圆形塑料连栋温室　B. 双层充气式塑料连栋温室　C. FRP连栋温室

无土栽培和立体种植，环境要素的变化通过传感器传输到计算机，通过运算能够精确控制各种环境调控设备的运行和生产的各个环节，所需要的温、湿、光、水、肥、气等均按植物生长的要求进行最优配置，不仅全部采用电脑监测控制，而且采用机器人、机械手进行全封闭的生产管理，实现从播种到收获的流水线作业，完全摆脱了自然条件的束缚。做到合理利用空间及设施，达到经济、高效生产，实现全天候、无季节、无公害生产。具有高度集成、高效生产、高商品性、高投入的特征。

　　现介绍日本M式水耕研究所提供的一种中型双栋玻璃温室（图7-8）。它长60 m、宽50 m、高4 m，每一个单位面积为3 000 m²。在环境控制方面，由室内外传感器进行监测，包括日照传感器（测定日照时间）、室外温度传感器和室内温度传感器、风速风向传感器和降水传感器，共同控制天窗、侧窗、天幕的开闭及冷暖供应机组的运转。湿度传感器则控制细雾器和除湿机的运转。营养液的供应需借助营养液箱组（4个）和水泵。电导率仪、酸度计、液温传感器、水位测量器等控制营养液组分、液温、pH和均衡定时供液。CO_2传感器用于测定温室内CO_2浓度，给CO_2发生装置传送信号，以保持温室内CO_2浓度。上述数据

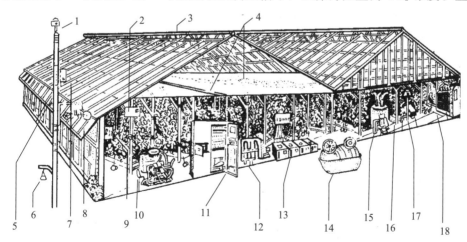

图7-8　M式水耕研究所无土栽培番茄双栋全自动电脑控制温室
1. 日照传感器　2. 温度传感器　3. 天窗及开闭装置　4. 喷雾加温装置　5. 侧窗及开启装置
6. 室外气温传感器　7. 雨量传感器　8. 风向风速传感器　9. CO_2传感器
10. 增湿机组　11. 电脑控制柜　12. 营养液泵　13. 4种肥料液桶　14. 营养液槽
15. 冷暖风控制　16. 室温传感器　17. CO_2发生装置　18. 营养液加温装置

均输入一台电子计算机，按栽培的作物种类设定各项参数，实现全自动化控制。我国引进与此类似的温室是南京市蔬菜科学研究所无土栽培温室。

5. 防雨棚和遮阳网装置 夏季雨水多，且易受强光照射和高温胁迫，病虫害多发，使蔬菜等作物的生长受抑制，生产没有保证。利用大棚骨架，仅覆盖顶幕（天幕）而揭除边膜（围裙幕），使夏季能防雨，而又四周通风，这是一种最简易的防雨棚栽培。如果在顶幕上面再覆盖上银灰色或黑色的遮阳网则能减弱强光照射，使棚内基质温度在夏日中午下降 8～12 ℃，有效地减轻高温的危害，而且能在夏季进行叶菜、根菜类的反季节栽培。作为其他保护设施的夏季辅助设施——遮阳网和防雨棚的存在，使大棚、日光温室在夏季也能进行无土栽培。一些夏季难以栽培的番茄、黄瓜、甜瓜、莴苣、菠菜等的越夏防雨栽培成为现实。

二、主要环境保护设施的结构及性能

（一）塑料大棚

1. 塑料大棚的结构 塑料大棚结构较简单，骨架主要包括拱架、纵梁、立柱、山墙立柱、骨架连接卡具和门等，由于建造材料不同，骨架构件的结构也不同。拱架是塑料大棚承受风、雪荷载和承重的主要构件，按构造不同，拱架主要有单杆式和桁架式两种形式；纵梁是保证拱架纵向稳定，使各拱架连接成为整体的构件，纵梁也有单杆式和格架式两种形式；拱架材料断面较小，不足以承受风、雪荷载，或拱架的跨度较大，拥体结构强度不够时，则需要在棚内设置立柱，直接支撑拱架和纵梁，以提高塑料大棚整体的承载能力；山墙立柱即棚头立柱，常见的为直立型，在多风强风地区则适于采用圆拱型和斜撑型；塑料大棚的骨架之间连接，如拱架与山墙立柱之间、拱架与拱架之间、纵梁与棚头拱架之间的连接固定，除竹木结构塑料大棚采用线绳和铁丝捆绑之外，装配式镀锌钢管结构塑料大棚和钢筋-玻璃纤维增强水泥结构塑料大棚均由专门预制的卡具连接；塑料大棚的门既是管理与运输的出入口，又可兼作通风换气口，单栋大棚的门一般设在棚头中央，为了保温，棚门可开在南端棚头，气温升高后，为加强通风，可在北端再开一扇门，棚门的形式有合页门、吊轨推拉门等。作为无土栽培的塑料大棚，应结构牢固，抗风雪能力强，有一定生长空间和较大的面积，同时易于通风换气，进行环境调控，一般以钢结构的无支柱或少支柱大棚为宜，跨度在 8～12 m，长 40～60 m，脊高 2.4～3.0 m。目前以装配式镀锌薄壁钢管大棚为多。

塑料大棚在 20 世纪 80 年代就有定型产品，主要有中国农业工程设计院研制的 GP 系列、中国科学院石家庄农业现代化研究所研制的 PGP 等系列产品，主要产品规格见表 7-1 所示。

表 7-1 GP、PGP 系列塑料大骨架规格表

型 号	结构尺寸/m					结 构
	长	宽	高	肩高	拱间距	
GP-Y8-1	42	8.0	3.0	0	0.5	单拱，5 道纵梁，两道纵卡槽
GP-Y825	42	8.0	3.0	—	0.5	单拱，5 道纵梁，两道纵卡槽
GP-Y8.525	39	8.5	3.0	1.0	1.0	单拱，5 道纵梁，两道纵卡槽

（续）

型　号	结构尺寸/m					结　构
	长	宽	高	肩高	拱间距	
GP - C625 - Ⅱ	30	6.0	2.5	1.2	0.65	单拱，3 道纵梁，两道纵卡槽
GP - C825 - Ⅱ	42	8.0	3.0	1.0	0.5	单拱，5 道纵梁，两道纵卡槽
GP - C1 025 - S	66	10.0	3.0	1.0	1.0	双拱上圆下方，7 道纵卡槽
PGP - 5 - 1	30	5.0	2.1	1.2	0.5	拱架管径：20 mm×1.2 mm
PGP - 5.5 - 1	30	5.5	2.6	1.5	0.5	拱架管径：20 mm×1.2 mm
PGP - 7 - 1	50	7.0	2.7	1.4	0.5	拱架管径：25 mm×1.2 mm
PGP - 8 - 1	42	8.0	2.8	1.3	0.5	拱架管径：25 mm×1.2 mm

2. 塑料大棚的性能　塑料大棚以覆盖塑料薄膜为特点，具有采光好、光照分布均匀、短波辐射易于进入，而长波辐射较难透过、密闭性好的特点。

（1）光照。大棚内的垂直光照度由高到低逐渐递减，以近地面处为最低。大棚内的水平光照度：南北延长的大棚比较均匀，东西延长的大棚南侧高于中部及北侧。单株钢材及硬塑结构的大棚受光较好，单栋竹木结构棚及连栋棚受光条件较差。另外，大棚的跨度越大，棚架越高，棚内光照越弱。

（2）温度。在晴好天气，白天温度上升迅速，夜间又有一定的保温作用。尽管如此，由于缺乏夜间加温措施，存在着明显的温度日变化和季节变化，并且缺乏必要的环境调控设备，多数只是通过通风窗来调节温度、湿度变化，室内环境要素变幅较大。晴日白天太阳出来 1～2 h 就会进入快速升温期，8～10 h 进入直线升温期，每小时升温 5～8 ℃，11:00—13:00 升温速度渐缓，并达到最高温度，可高出露地 20 ℃以上，随后开始下降，15:00—17:00 进入快速降温阶段，平均降温幅度在 5～6 ℃/h，随着内外温差的缩小，夜间降温幅度会迅速变小，大约为 1 ℃/h，到凌晨时，室温仅比露地高 3～5 ℃。有时室内温度还会低于外界温度，称之为逆温现象，逆温现象多发生在早春或晚秋、晴天微风的清晨。

（3）湿度。由于薄膜的密闭性较好，棚内湿度与露地相比明显较大，日平均提高 35%～40%（表 7-2）。在四季明显的北方地区，由于冬季低温期长，利用时间有限（仅比露地提早或延后 1 个月左右），塑料大棚发展相对较慢，而南方温暖地区或气候温和地区使用较多。无土栽培时，基质培以生长期较长的果菜类蔬菜为主，水培多生产生长速度快、周期短的叶菜类蔬菜。

表 7-2　大棚内外的空气湿度日变化

项目	场所	时刻/时												平均
		2	4	6	8	10	12	14	16	18	20	22	24	
绝对湿度/（g/m²）	露地	4.5	4.3	4.3	2.7	2.0	1.6	3.7	2.6	5.7	4.7	4.7	4.5	3.8
	大棚	8.2	7.5	6.7	8.8	18.5	22.3	19.8	19	13.7	11.1	10.5	8.8	12.9
相对湿度/%	露地	87	100	100	41	15	10	27	19	55	66	71	77	55.7
	大棚	99	100	94	99	89	71	90	94	95	96	100	96	93.7

（二）日光温室

1. 日光温室的结构　日光温室属单屋面温室，俗称"冬暖大棚"，是我国淮河以北地区面积最大的保护生产设施。日光温室骨架由后墙、后坡、前屋面和两山墙组成，各部位的长宽、大小、厚薄和用材决定了它的采光和保温性能，总体要求为采光好、保温好。成本低、易操作、高效益。表 7-3 为我国常见日光温室的结构参数。

表 7-3　我国日光温室主要类型的结构参数

单位：m

类型	内跨度	屋脊高	后墙高	后墙厚	后屋面长	前窗高	所在地
北京改良式	5.15	1.75	1.35	0.7	2.15	1.1	北纬 40°
天津三折式	6.5	2.0	1.7	0.7	1.05	0.8	北纬 40°
辽宁海城式	6.0	2.7	0.5	1.5	2.7	0.8	北纬 41°
山东寿光式	7.2	3.0	2.0	1.8	0.9	0.8	北纬 37°
鞍 II 型	6.0	2.8	1.8	0.5	1.6	1.3	北纬 41°
辽沈 I 型	7.5	3.5	2.2	0.5	2.0	0.8	北纬 42°

日光温室的基本结构一般采用坐北面南、东西延长的方位，有一个较大的受光面和进光角度，利用太阳能作为温室主要能源。为提高保温性，日光温室的北侧、东西山墙可采用中空墙体结构，后屋顶也可由多层复合材料建成保温结构。第一代日光温室多由竹木、土墙建成，造价较低，内部有支柱（分前柱、中柱、后柱），一般每 3 m 一排，称其为一间。第二代日光温室多由钢材、砖墙建成，内部无支柱，空间扩大，操作性变好，结构牢固，抗风、雪能力较第一代有所提高，使用年限延长，造价较高，但折旧费用较低。也有的采用钢竹混合结构、GRC 骨架结构等多种形式。

2. 日光温室的性能　日光温室的特点主要体现在保温性上，从结构上看，进光不及塑料大棚多，尤其是散射光进入室内较少，室内光照分布不均匀，南侧较强、北侧显低（表 7-4）。同时，保温草帘的覆盖，会影响见光时间，在冬季可减少见光时间达 2～3 h/d 以上。覆盖草帘一般是在温度减低到 18 ℃ 左右时（16:00 前后），直到翌日清晨 8:30 前后揭开，最低温度能够维持在 8～13 ℃，平均降温幅度在 0.4～0.6 ℃/h，远远低于塑料大棚的降温幅度（1 ℃/h），使得日光温室温度日较差显著低于大棚，最低温度大幅度提高（5～8 ℃），作物生长期较塑料大棚可提早（春季）或延后（秋季）各 35～45 d。日光温室内的湿度与塑料大棚相类似，由于容积小，气温和湿度受辐射量变化影响大，在上午快速升温阶段湿度迅速下降，甚至可降低到 15% 左右，下午快速降温阶段，相对湿度迅速提高，16:00 前后湿度就会超过 80%，在降温迅速的傍晚，室内常会产生雾气，在植株上结露，诱发病害发生。同时，由于室内温度分布不均匀，存在一定的局部湿度差，散热较快的南侧早晚湿度较大。

表 7-4　不同类型日光温室内光照度的水平分布

温室类型	室内不同部位光照						室外光照度/ 万 lx
	前部		中部		后部		
	光照度/ 万 lx	透光率/ %	光照度/ 万 lx	透光率/ %	光照度/ 万 lx	透光率/ %	
海城式	1.97	85.2	1.48	64.0	1.01	43.7	2.31
鞍 II 型	2.93	73.8	2.76	69.5	1.95	49.0	3.97
无后坡	1.77	85.0	1.44	56.5	0.95	45.8	2.07

3. 现代化温室 现代化温室能够对各种环境要素实现综合控制，达到适宜作物生长发育的要求。塑料大棚和日光温室可以说是"利用自然"的保护设施形式，现代化温室则是"创造自然"的保护设施形式，除主体结构规模较大外，内部有各种环境调控设备，包括加温系统、保温系统、降温系统、加湿或降湿系统、CO_2施用系统、强制通风系统和自然通风系统、补光或遮阳系统、供肥供水系统、排水集雨系统、防护系统（防虫网、除雪设备）、气象站、动力系统、控制系统等。由于系统的构成不同、设备选型不同，造价有较大的差异，扩大温室规模是降低单位面积设备成本的主要途径，将单栋温室连栋化是扩大温室规模的有效途径，大型化是温室的趋向。

现代化温室使用年限多在20~50年，多用热镀锌钢材或铝型材作结构材料，混凝土作基础材料，采用桁架结构。一般南北向东西延长，见光面积大，冬季进光量较多；而东西向南北延长，室内温、光均匀。由于不同国家、不同地区气候特征不同，尤其是风、雪、雹等灾害性天气状况不同，在温室设计方面差异较大，不同国家和一些国内厂家生产的温室结构见表7-5。

表7-5 国内外一些厂家生产的温室结构规格

温室类型	长度/m	跨度/m	脊高/m	肩高/m	间距/m	屋顶形状	生产或设计单位
华北型	33	8.0	4.5	2.8	3.0	拱圆形	中国农业大学
韩国型	48	7.0	4.3	2.5	2.0	拱圆形	韩国温室设计公司
以色列型		7.5	5.5	3.75	4.0	拱圆形	阿兹若姆温室设备公司
法国型		8.0	5.4	4.2	5.0	拱圆形	里歇尔温室设计公司
坡地型	48~96	6~8			6.0或4.0	椭拱形	山西农业大学

现代化温室一般建筑面积较大，环境调控能力较强，但室内通风、夏季降温能力较低。研究表明，当温室总跨度超过40 m时，中部就会出现高温"郁闭"区，影响CO_2的输送和植物生长，为此，需要增加强制换气设备或微喷系统、降温系统（遮阳或喷雾）。另外，大型连栋温室难以实施外保温，夜间降温迅速，冬季加温耗能多，为了节能常采用内保温系统。花卉及一些果菜栽培中为调节花期，需进行光照调节，因此，温室应增加补光设备。为控制病害发生，地面需要薄膜覆盖以降低空气湿度，在无土栽培时常将地面硬化，这样导致CO_2缺乏来源，必须通过CO_2发生器供给，以满足光合成的需要。为防止虫害侵入，在温室通风口及出入口应该设置防虫网（30目左右的尼龙网）。为保持长期稳定的环境，还需设置功率匹配的通风、调湿、加温系统。环境综合调控是一项复杂的系统工程，人工的手动控制和机械控制难以达到经济生产的要求，计算机控制系统是现代化温室采用的主要形式。现代化温室的设备较为完善，温室环境要素能够根据作物生长发育要求来控制，做到周年生产，使温室作物生产保持稳产、高产、优质。但是温室的建设费用较高，与无土栽培技术结合能够更好地发挥温室设施的生产效能，是无土栽培发展的主要场所。

任务二　温度调控技术

一、设施内温度变化的特征

无加温温室内温度的来源主要靠太阳辐射引起的温室效应。温室内温度变化的特征是温

大棚温室效应

室内的温度随外界的阳光辐射和温度的变化而变化，有季节性变化和日变化，而且昼夜温差大，局部温差明显。

1. 季节性变化与日变化 北方地区保护设施内存在着明显的四季变化。日光温室内的冬季天数可以露地缩短 3～5 个月，夏天可延长 2～3 个月，春秋季也可延长 20～30 d。所以，北纬 33°～41°地区高效节能日光温室（室内外温差保持 30 ℃左右）可四季生产喜温果菜，而大棚冬季只比露地缩短 50 d 左右，春秋比露地只增加 20 d 左右，夏天很少增加，所以果菜只能进行春提前、秋延后栽培，只有在多重覆盖下，才有可能进行冬春季果菜生产。从日变化来看，北方冬春季节不加温温室的最高与最低气温出现的时间略迟于露地，但室内日温差显著大于露地。由于采光、保温性好，我国北方节能型日光温室冬季日温差高达 15～30 ℃，在北纬 40°左右地区不加温或基本不加温下也能生产出喜温果菜。

2. 设施内逆温现象 通常温室内温度都高于外界，但在无多重覆盖的塑料拱棚或玻璃温室中，日落后的降温速度往往比露地快，如再遇冷空气入侵，特别是较大北风后的第一个晴朗微风夜晚，温室、大棚夜晚通过覆盖物向外辐射放热更剧烈。室内因覆盖物阻挡得不到热量补充，常常出现室内气温反而低于室外气温 1～2 ℃的逆温现象。逆温现象一般出现在凌晨，以春季危害最大。

3. 气温与地温分布不均匀 一般室温上部高于下部，中部高于四周，北方日光温室夜间北侧高于南侧，保护设施面积越小，低温区比例越大，分布越不均匀。而地温的变化，无论季节与日变化，均比气温变化小。温室内周围的地温低于中部地温；地表的温度变化大于地中的温度变化，但随着土层深度的增加，地温的变化越来越小。

二、设施内温度条件的调控

任何作物的生长发育和维持生命活动都要求一定的温度范围。温度高低和昼夜温度变化会影响作物的生长发育、植株形态、产量和品质。因此，温度是作物设施栽培的首要环境条件，并且是作为控制温室作物生长的主要手段被生产者使用。但综合各方面因素考虑，经济生产的管理温度与作物生长的最适温度是有区别的，而且管理温度的确定要使作物生产能适合市场需要时上市，以获得最大效益。

人为创造稳定的温度环境是作物稳定生长、长季节生产的重要保证，温室的大小、方位、对光能的截获量及建筑地的风速、气温等都会影响温室内温度的稳定。设施内温度环境的调控一般通过保温、加温、降温等途径来进行。

1. 保温措施

（1）日光温室保温。

① 采用多层覆盖。温室大棚内搭拱棚、设二道幕，或在透明覆盖物上外覆草帘、纸被、保温被、棉被等，实施外保温，比较简单易行。

② 提高温室透光率。通过合理设计温室方位和屋面坡度，保持屋面洁净，尽量减少建材的阴影，使用透光率高的覆盖材料等，提高温室的透光率，增加设施的总蓄热量。

③ 增大保温比。保温比是指土地面积与保护设施覆盖及围护材料表面积之比，即保护设施越高，保温比越小，保温越差。但日光温室由于后墙和后坡较厚（类似土地），因此增加日光温室的高度对保温比的影响较小，反而有利于调整屋面角度，改善透光，增加室内太

阳辐射，起到增温的作用。

④ 设置保温墙体。加固后坡，使用聚苯乙烯泡沫板隔热。

⑤ 设置防寒沟。防寒沟设置在日光温室周围，通常防寒沟宽 30～50 cm、深 50～70 cm，沟内填充稻壳、蒿草等导热率低的材料。

⑥ 保持温室相对封闭。尽量减少通风换气。

（2）大型温室保温。

① 采用双层充气膜或双层聚乙烯板。利用静止空气导热率低来进行透明屋面的保温。

② 设置二层保温幕。二层保温幕的开发和应用在大型温室的保温中发挥了重要的作用。保温幕材料有薄膜、纤维、纺织材料和非纺织材料（无纺布）以及这些材料的复合体。目前使用的保温幕材料多由 3 种原料组成，即聚乙烯、聚酯纤维、丙烯酸纤维。主要方式为用永久幕和半固定幕系统（部分可移动）或可移动幕系统（可以平等移动）张挂保温幕。

③ 设置垂直幕保温。近年来温室四周侧面的保温（垂直幕）也被重视起来，在国外采用铝箔反光材料，做成皱折状的折叠幕，或建成滚动、滑动幕。我国在温室四周用双层膜或玻璃，北侧采用墙体结构等进行保温。

2. 加温措施 冬季生产设施温度低，作物生长缓慢时，可通过空气加温、基质加温、营养液加温等方式适当加温。

（1）空气加温。空气加温方式有热水加温、蒸汽加温、火道加温、热风加温等。热水加温的热稳定性好，室温较稳定且分布均匀，波动小，生产安全可靠，供热负荷大，是大中型温室常用的加温方式。蒸汽、热风加温效果效应快，但温度稳定性差。火道加温建设成本和运行费用低，是日光温室常采用的形式，但热效率低。

（2）基质加温。提高基质温度的方法有酿热物加温、电热加温和水暖加温，以电热加温方式最常用。电热加温使用专用的电热线，埋设和撤除都比较方便，热能利用效率高，采用控温器容易实现高精度的控制，但耗电多。电热线耐用年限短，一般多用于育苗床。

（3）营养液加温。液温太高或太低都会抑制作物的生长，通过调节液温以改善作物的生长条件，比对大棚或者温室进行全面加温或者降温要经济得多。冬季 NFT 水培时，在贮液池内可以安装不锈钢螺旋管，应用暖气给营养液加温，或者用电热管给营养液加温，用控温器控制营养液液温。冬春对营养液加温一般可以提高产量 5％以上。为保证营养液温度稳定和节约能源，供液管道需要进行隔热处理，即用锡箔纸岩棉等包被管道。

除了以上加温方式外，利用地热、工厂余热、地下潜热、城市垃圾酿热、太阳能等加温方式也可以进行设施内加温，有时采用临时性加温，如燃烧木炭、锯末及熏烟等。

3. 降温措施 夏季设施降温的途径有减少热量的进入和增加热量的输出，如用遮阳网遮阳、透明屋面喷涂涂料和通风、喷雾、安装湿帘风机系统等。

（1）遮光降温法。夏季强光、高温是作物生长的限制性因素，可通过利用遮阳网或遮光幕遮光降温，分内遮光和外遮光两种。外遮光是在温室大棚屋顶外每相距 40 cm 左右的距离处张挂遮光幕，对温室降温效果较好，当遮光 20％～30％时，室温可相应降低 4～6 ℃。内遮光是在温室内安装遮阳网来降温。

（2）屋顶面流水降温法。屋顶面形成的流水层可以吸收投射到屋面的太阳辐射 8％左右，并可以吸热来冷却屋面，室温一般可以降低 3～4 ℃。水质硬的地区需要对水质软化处理再用。

（3）蒸发冷却法。蒸发冷却法是使空气先经过水的蒸发冷却降温后再送入室内达到降温目的。

① 湿热排风法。在温室进风口内设 10 cm 厚的纸垫窗或棕毛垫窗，不断用水将其淋湿，温室另一端用排风扇抽风，使进入室内的空气先通过湿垫窗被冷却再进入室内。试验证明，湿帘风机降温系统可降低室温 5～6 ℃。湿帘降温系统的不利之处是在湿帘上会产生污物并滋生藻类，且在温室内会引起一定的温度差和湿度差，在湿度大的地区，其降温效果会显著降低（图 7-9）。

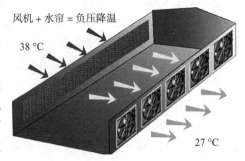

风机 + 水帘 = 负压降温

38 ℃

27 ℃

图 7-9　温室湿帘降温系统

②细雾降温法。在室内喷出直径＜0.5 mm 的浮游型细雾，用强制通风气流使细雾蒸发达到全室降温。喷雾适当时室内可均匀降温。此种降温法比湿热排风法的降温效果要好，尤其是对一些观叶植物，因为许多观叶植物会在风扇产生的高温气流的环境里被"烧坏"。注意喷雾降温只适合于耐高温的蔬菜或花卉作物。

③ 屋顶喷雾法。在整个屋顶外面不断喷雾湿润，使屋面降温接近室外湿球温度，在屋面下使冷却了的空气向下对流。

当水质不好时利用以上方法，蒸发后留下的水垢会堵塞喷头和湿垫，需对水质进行处理。

（4）通风。通风是降温的重要手段，自然通风的原则为由小渐大、先中、再顶、最后底部通风，关闭通风口的顺序则相反。强制通风的原则是空气应远离植株，以减少气流对植物的影响，并且许多小的通风口比少数的几个的通风口要好，冬季用排气扇向外排气散热，可防止冷空气直吹植株，冻伤植株，夏季可用带孔管道将冷风均匀送到植株附近。在通风换气时也可直接向作物喷雾，通过叶面水分的蒸发来降低作物体表的温度。

（5）营养液降温。在贮液池内可以安装不锈钢螺旋管，通过循环地下水降温。

温度是园艺植物设施栽培的首要环境条件，任何作物的生长发育和维持生命活动都要求一定的温度范围。温度高低直接关系到作物的生长、花芽分化和开花，昼夜温度影响植株形态和产品产量、质量。因此，生产者首先要把温度调控作为控制温室作物生长的主要手段。综合各方面因素，明确了作物生长的最适温度与经济生产的最适温度是有区别的，而且所确定的管理温度能够使作物生产满足市场需要，获得最大效益。

任务三　光照调控技术

一、设施的光照条件与影响因素

1. 保护设施的光照条件　保护设施内的光照条件包括光照度、光质、光照时间和光的分布，它们分别对温室作物的生长发育产生不同的影响。设施内光照条件与露地光照条件相比具有以下特征：

（1）总辐射量低，光照度小。设施内的总辐射量主要取决于光照度和光照时间。设施内的光照度随着白天外界光照的变化而呈现出相应的变化，同时受到透明覆盖材料的种类、老化程度、洁净度的影响，相对较弱。冬春季节保护地生产时，为了防寒保温，需要覆盖蒲席、草苫等不透明覆盖材料，受其揭盖时间的影响，温室等设施内的受光时数明显少于露地。因此，受光照度小和光照时间短的影响，保护设施内的总辐射量低，仅为室外的50%～80%，这种现象在冬季往往成为喜光作物生产的主要限制因子。

（2）光质变化大。光质是指光谱成分。露地栽培时太阳光直接照射在作物上，光的成分一致，不存在光质差异。而保护设施内由于透光覆盖材料对光辐射不同波长的透过率不同，所以其辐射波长的组成与室外有很大差异，一般紫外光的透过率低，但当太阳短波辐射进入设施内被作物和土壤或基质等吸收后，又以长波的形式向外辐射时，因受到玻璃或薄膜等覆盖材料的阻隔，从而使整个设施内的红外光长波辐射增多，这也是设施具有保温作用的重要原因。塑料薄膜、玻璃与硬质塑料板材等覆盖材料的特性直接影响设施内的光质组成。

（3）光照分布极不均匀。温室内的太阳辐射量，特别是直射光日总量在温室的不同部位、不同方位、不同时间和季节，分布都极不均匀。设施内光照在时间和空间上分布的不均匀性，使得作物的生长发育也不一致，特别是高纬度地区冬季设施内光照弱，光照时间短，作物的生长发育受到的影响更严重。

2. 影响设施内光照条件的因素

（1）屋面角度和屋面形状。在其他因素一致的情况下，屋面角度（前窗和屋脊的连线与地平面的夹角）对采光影响很大。对于特定的地区，太阳高度角呈规律性的变化，因此屋面角的大小成为影响入射量关系最为密切的因子。尤其是容量较小的日光温室，屋面角度大，进入的光就比较多，但同时会使屋脊升高，建筑成本加大，相应的散热面积也会增加，不利于保温。我国日光温室的屋面角一般为18°～28°，华北地区平均屋面角要达到25°以上，国外大型玻璃温室的屋面角不低于25°。

（2）温室方位。温室方位是指温室的朝向，对温室的采光影响很大，从我国温室分布的中高温纬度地区看，冬季以东西向温室的光透过率最高，其次是东西向的连栋温室，而南北向温室的光透过率在冬季不及东西向，但到了夏季，这种关系会发生逆转。因此，从光透过率的角度看，东西向优于南北向，但从室内光分布状况来看，南北向温室比东西向均匀。

（3）透明覆盖材料。温室不同覆盖材料之间的透光性存在较大的差异。塑料薄膜作为透明覆盖材料，因其具有透光性好、质地轻、价格低、柔软可随弯就曲、对骨架材料要求不严格、设计与建设成本较低的特点，被亚洲、非洲和地中海国家广泛采用。塑料薄膜根据制作母料可分为聚乙烯膜（PE膜）、聚氯乙烯膜（PVC膜）和乙烯-醋酸乙烯膜（EVA膜）三大类，后者的综合性能优于前两者（图7-10）。新玻璃的透光性可以达到90%以上，比塑料薄膜好，而且玻璃容易清洗，可保持较高的透光率，保温性好，作物生长较快，但建设成本高，一般用于高档温室，欧洲国家应用广泛。聚碳酸树脂板（PC板）作为硬质材料板之一，具有透光性好、使用寿命长、安装简便、不易破碎等优点，是新一代的透明覆盖材料而得到迅速发展，但存在价格高、容易老化的问题。

另外，覆盖材料的老化程度、清洁度、内面结露的水珠等也对温室的光照有一定的影响。如新的塑料薄膜透光率达80%以上，使用2 d后，因为尘染可使其透光性下降14%，使用10 d后下降25%，塑料薄膜老化后其透光率会下降20%～40%。

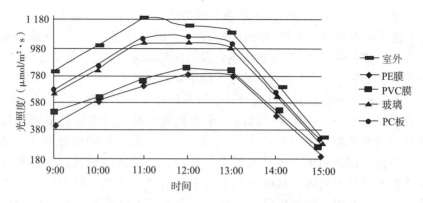

图 7-10　不同覆盖材料温室的内外光强比较

（4）骨架材料。设施骨架材料的大小、多少、形状、使用方向等影响设施的透光率和设施内光的分布。骨架材料越多、越大、越厚，遮光面积就越大；入射角越小，骨架遮光面积越小，太阳高度角越小，骨架遮光面积越大。因此，在结构安全性允许的情况下，尽可能采用细而坚固的建材作骨架材料。

（5）温室的连栋数目。东西向连栋温室的连栋数目越多，其透光率越低，但超过 5 连栋以后，透光率变化较小。南北向连栋温室的透光率与连栋数关系不大。

（6）相邻温室或塑料大棚间的间距。东西延长的相邻温室之间的距离应不小于温室的脊高加上草帘卷起来的高度的 2 倍，而南北延长的温室的相邻间距要求为脊高的 1 倍左右，以保证在太阳高度最低时（冬至前后）温室内也有较充足的光照。

（7）作物群体结构的影响。作物群体结构对设施内部光照的分布影响很大。如茄子植株（高 60 cm）自群体顶部向下 20 cm 处的光照较其顶部下降了 50%～60%。在行距较小的情况下，南北向畦较东西向畦其作物群体内部的光照分布均匀，作物生长好、产量高。

二、设施内光照条件的调控

光照是作物生长的基本条件，并且对温室作物的生长发育会产生光效应、热效应和形态效应。因此，加强设施内光照条件的合理调控，尽量满足作物生长发育所需的光环境要求是必要和必需的。具体的调控措施有以下几个方面：

1. 设施结构建造合理　温室采用坐北面南、东西延长的方位设计；从加强采光的角度考虑，除现代化连栋温室外，尽量选用单栋温室，选择适宜的棚室跨度、高度、屋角面，保持邻栋温室合理间距；选用防尘、防滴、防老化、透光性强的透明覆盖材料。目前首选乙烯-醋酸膜（EVA 膜），其次是聚乙烯膜（PE 膜）和聚氯乙烯膜（PVC 膜）；尽可能选用细而坚固的骨架材料等，从而提高室内采光量，降低温室结构材料的遮光面积。

2. 加强设施管理　经常打扫、清洗，保持屋面透明覆盖材料的高透光率。在保持室温的前提下，不透明内外覆盖物（保温幕、草苫等）尽量早揭晚盖，以延长光照时间，增加透光率。在温室张挂聚酯镀铝镜面反光幕或玻璃温面涂白，以增加光照度和光分布的均匀度。

3. 加强栽培管理　作物合理密植，注意行向（一般南北向为好），扩大行距，缩小株距，摘除秧苗基部的侧枝和老叶，增加群体的光透过率。

4. 适时补光 人工补光的目的：一是作为光合作用的能源，补充自然光的不足；二是抑制或促进花芽分化，调节开花期，即以满足蔬菜光周期需要为目的。这种补充光照要求的光照度较低，称为低强度补光或日长补光。作为人工补光的电光源有 3 种要求：①要求有一定的强度（使床面上光照在光补偿点以上和饱和点以下）；②要求光照度具有一定的可调性；③要求有一定的光谱能量分布，可以模拟自然光照，具有太阳光的连续光谱。电照栽培多用白炽灯，补光栽培的多用高压气体放电灯，而荧光灯则两种栽培方式都可利用。补光灯设置在内保温层下侧，温室四周常采用反光膜，以提高补光效果。补光强度因作物而异。因补光不仅设备费用大，耗电也多，运行成本高，只用于经济价值较高的花卉或季节性很强的育苗生产。荧光灯和碘钨灯是温室常用的补光光源。

5. 根据需要遮光或遮黑 园艺植物进行短日照处理、越夏栽培、软化栽培时，需要利用遮光或遮黑来调控。生产上一般根据光照情况选用 25%～85% 的遮阳网或铝箔复合材料，要求具有一定的透光性、较高的反射率和较低的吸收率，而且最好是活动式的，使用时要协调好温度与光照之间的矛盾，适时张开和合拢。玻璃温室也可在温室顶喷涂石灰等专用反光材料，以减弱光强，夏季过后再清洗掉。保持设施黑暗，可选用黑色的 PE 膜、黑色编织物等。

任务四 湿度调控技术

园艺设施是一种封闭或半封闭的系统，空间相对较小，气流相对稳定，使得设施内部的空气湿度有着与露地不同的特性。

一、设施内空气湿度的特点和影响因素

1. 设施内空气湿度特点 由于密闭或半密闭的设施内空间相对较小，气流相对稳定，使得设施内空气湿度有着和露地不同的特性。设施内空气湿度变化具有以下特点。

（1）湿度大。温室、塑料大棚内的相对湿度和绝对湿度均高于露地，平均相对湿度一般在 90% 左右，夜间经常出现 100% 的饱和状态。特别是日光温室及中、小拱棚，由于设施内的空间相对较小，冬、春季节为保温，又很少通风换气，空气湿度经常达到 100%。

（2）季节性变化和日变化明显。一般低温季节相对湿度高，高温季节相对湿度低；夜晚湿度高，白天湿度低，白天的中午前后湿度最低。设施空间越小，这种变化越明显。

（3）湿度分布不均匀。由于设施内温度分布存在差异，导致相对湿度分布也存在差异。一般情况下，温度较低的部位相对湿度较高，而且经常导致局部低温部位产生结露现象，对设施环境和植物生长发育造成不利影响。

2. 设施内空气湿度的影响因素

（1）设施的密闭性。在相对条件下，设施环境密闭性越好，空气中的水分越不易排出，内部空气湿度越高。

（2）设施内温度。温度对设施内湿度的影响在于：一方面温度升高，使土壤水分蒸发量和植物蒸腾量升高，从而使空气中的水汽含量增加，进而提高相对湿度；另一方面由于叶面温度影响空气中的饱和含水量，温度越高，空气湿度下降，反之则空气湿度升高。温室内的

水分移动情况见图 7 - 11。

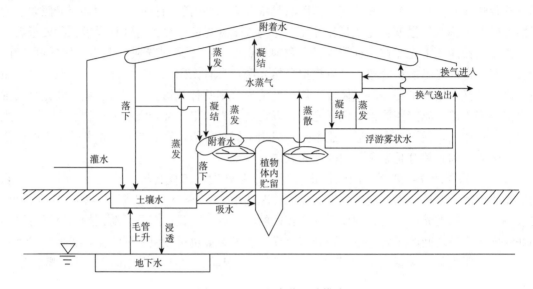

图 7 - 11　温室水分运移模式

（王振龙，2014. 无土栽培教程）

二、空气湿度的调控

空气湿度主要影响园艺作物的气孔开闭和叶片蒸腾作用，直接影响作物生长发育。如果空气湿度过低，将导致植株叶片过小、过厚、机械组织增多，开花坐果差，果实膨大速度慢；湿度过高则极易使作物发生茎叶生长过旺，开花结实变差，生理功能减弱，抗性不强，出现缺素症，使产量和品质受到影响。大多数蔬菜作物生长发育适宜的空气相对湿度为 50%～85%。另外，许多病害的发生与空气湿度密切有关。多数病害发生要求高湿条件，在高湿低温条件下，植株表面结露及覆盖材料的结露滴到植株上，会加剧病害发生和传播。在低湿条件，特别是高温干旱条件下容易发生病害。因此，从创造植株生长发育的适宜条件、控制病害发生、节约能源、提高产量和品质、增加经济效益等多方面综合考虑，空气湿度以控制在 70%～90% 为宜。

湿度调节的途径主要有控制水分来源、调节温度、通风、使用吸湿剂等。设施栽培条件下，设施内经常空气湿度过高，因此除湿是湿度调控的主要内容（表 7 - 6）。

表 7 - 6　蔬菜作物对空气湿度的基本要求

类型	蔬菜种类	适宜相对湿度/%
高湿型	黄瓜、白菜类、绿叶菜类、水生菜类	85～90
中湿型	马铃薯、豌豆、蚕豆、根菜类（胡萝卜除外）	70～80
低湿型	茄果类、豆类（豌豆、蚕豆除外）	55～65
干型	西瓜、甜瓜、胡萝卜、葱蒜类、南瓜	45～55

1. 除湿　除湿的主要目的是防止作物沾湿和降低空气湿度，从而调整植株整理状态和抑制病害发生。根据是否使用动力，除湿方法分为主动除湿和被动除湿。

（1）**主动除湿**。主动除湿主要靠加热升温和通风换气（特别是强制通风）来降低室内湿度。热交换型除湿机就是一种通过强制通风换气来降低气温的设备。其工作原理就是通过热交换中的吸气和排气两台换气扇，从室外吸入低温低湿空气，进入温室后先变成高温低湿空气，进而吸湿形成高温高湿空气，然后排出温室外变成低温高湿空气，从而在早晨日出后消除夜晚在植物体上的结露。

（2）**被动除湿**。目前使用较多的方法有：

① 自然通风。通过打开通风窗、揭薄膜、扒缝等通风方式来降低设施内湿度。

② 地面硬化和覆盖地膜。将温室的地面做硬化处理或覆盖地膜，可以减少地表水分蒸发，使空气湿度由95％～100％降低到75％～80％，从而减少设施内部空气水分含量。

③ 科学供液。采用滴灌、渗灌、地中灌溉方式，特别是膜下滴灌，可有效减少空气湿度。也可以通过减少供液次数、供液量等降低相对湿度。

④ 采用吸湿材料。如设施的透明覆盖材料选用无滴长寿膜，二层幕用无纺布，地面铺放稻草、生石灰、氧化硅胶、氯化锂等，以吸收空气中的湿气或者承接薄膜滴落的水滴，可以有效防止空气湿度过高和作物沾湿。

⑤ 喷施防蒸腾剂。喷施防蒸腾剂可减少绝对湿度。

⑥ 植株调整。通过植株调整，有利于株行间通风透光，减少蒸腾量，降低湿度。

2. 加湿 在夏季高温强光条件下，空气湿度过分干燥对作物生长不利，严重时会引起植物萎蔫或死亡，尤其是栽培一些要求湿度高的花卉、蔬菜时，一般相对湿度低于40％就需要提高湿度。常用方法是喷雾或地面洒水，如电动喷雾加湿器、空气洗涤器、离心式喷雾器、超声波喷雾器等（图7-12）。湿帘降温系统也能提高空气湿度，此外，也可以通过降低室温或减弱光强来提高相对湿度或降低蒸腾强度。通过增加浇水次数和浇灌量、减少通风等措施，也会增加空气湿度。

图7-12 温室内常见喷雾加湿设备

任务五 CO_2 调控技术

一、增施 CO_2 气肥的技术原理和主要作用

CO_2 气体是作物光合作用的重要元素，CO_2 供给不足会直接影响作物正常的光合作用，而造成减产减收，它对作物生长发育起着与水肥同等的作用。有研究表明，如果把 CO_2 浓度从

大气的浓度（300 mg/kg 左右）提高到 1 000 mg/kg，植物的光合效率可提高 1 倍以上；而如果把 CO_2 浓度降低到 50 mg/kg，光合作用因缺乏原料而停止。CO_2 浓度在 100～2 000 mg/kg，作物产量随 CO_2 浓度增加而提高。在草莓、西瓜、茄子、黄瓜、番茄、南瓜等作物上增施 CO_2 气肥，主要有五方面作用：一是提高植物的光合效率，使植株生长健壮；二是可提高农产品的内外品质，增加效益；三是提高产量，尤其是瓜果类的前期产量；四是提早上市时间；五是可增强植株的抗性，提高产品的耐贮藏性。

二、设施内 CO_2 的特点和影响因素

1. 设施内 CO_2 浓度变化的特点

（1）设施内 CO_2 的日变化。以塑料薄膜、玻璃等覆盖的保护设施处于相对封闭状态，内部 CO_2 浓度日变化幅度远远高于外界。图 7 - 13 是温室内 CO_2 浓度的日变化曲线。从图中可见，早晨日出前由于夜间作物呼吸释放 CO_2 累积，使其浓度较高；日出后 1～2 h，作物光合作用吸收大量 CO_2，温室内 CO_2 浓度迅速下降到很低水平；傍晚又开始缓慢回升。晴天的白天，作物光合作用旺盛，CO_2 浓度较低，阴天则较高。

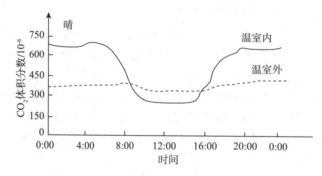

图 7 - 13　温室内外 CO_2 体积分数日变化曲线

（2）设施内不同部位的 CO_2 浓度分布情况。设施内不同部位的 CO_2 浓度分布情况并不均匀。图 7 - 13 是玻璃温室内 CO_2 浓度的分布状况。从中午 CO_2 浓度分布来看，群体生育层上部以及靠近通道和地表面的空气中 CO_2 浓度较高，生育层内部 CO_2 浓度较低。由此可见，CO_2 供应源主要来自土壤和外界空气。在夜间，靠近地表面的 CO_2 浓度往往很高，生育层内 CO_2 浓度较高，而上层浓度较低。

2. 影响设施内 CO_2 浓度的因素　设施类型、空间面积大小、通风状况以及栽培的作物种类、生育阶段和栽培床条件等不同，设施内部 CO_2 浓度会有很大差异。设施土壤条件对 CO_2 环境有明显影响。如增加厩肥或其他有机质的施用量，可以提高设施内部的 CO_2 浓度。无土栽培设施内基质散发的 CO_2 极少，特别是在换气量少的冬季，CO_2 亏缺更加严重。需要追施 CO_2 气肥来保证作物生产所需。

三、设施 CO_2 浓度的调控

CO_2 是作物进行光合作用的重要原料。但设施内有限的 CO_2 含量远不能满足作物光合作用的需要，限制了作物的生长速度。由于温室的有限空间和密闭性，使 CO_2 的施用（气体施肥）成为可能。无论光照条件如何，在白天施用 CO_2 对作物的生长都有促进作用。

我国北方地区冬季密闭严，通气少，室内 CO_2 亏缺严重。目前推广的 CO_2 施肥技术取得的效果十分显著。一般黄瓜、番茄、辣椒等果菜类 CO_2 施肥平均增产 $20\%\sim30\%$，并可提高品质；鲜切花施 CO_2 可增加开花数，增加和增粗侧枝，提高花的品质。CO_2 施用不仅能提高单位面积产量，也能提高设施利用率、能源利用率和光能利用率。

1. CO_2 来源与施用方法

（1）液态 CO_2。不含有害物质，使用安全可靠，成本较高。通常装在高压钢瓶内，施肥时打开瓶栓直接释放，并借助管道输散，较易控制施肥用量和时间。液态 CO_2 的主要来源为酿造工业、化工工业的副产品。

（2）干冰埋放法。在大棚内每平方米挖个坑，坑内埋入少量干冰，使 CO_2 可以缓慢释放到大棚内，这种方法费用高，劳动强度大，无法做到定时、定量。

（3）燃料燃烧。欧美部分国家及日本等国常利用低硫燃料，如天然气、白煤油、石蜡、丙烷等燃烧释放 CO_2，应用方便，易于控制。白煤油是常温常压的液体，便于贮运，1 kg 白煤油完全燃烧可产生 3 kg CO_2。国外装置主要有 CO_2 发生机和中央锅炉系统，在我国有人将燃煤炉具进一步改造，增加对烟道尾气的净化处理装置，输出纯净的 CO_2 进入设施内部。此装置以焦炭、木炭、煤球、煤块等为燃料，原料成本较低，施用时间和浓度易调控。此外，在某些地区，以沼气或酒精为燃料的沼气炉、酒精灯也用于 CO_2 施肥。采用燃烧后产生的 CO_2，要注意燃烧不完全或燃料中杂质气体，如乙烯、丙烯、硫化氢、一氧化碳（CO）、二氧化硫（SO_2）等对作物造成的危害。

（4）CO_2 颗粒气肥。山东省农业科学院研制的固体颗粒气肥以碳酸钙为基料，有机酸作调理剂，无机酸作载体，在高温高压下挤压而成，施入土壤后在理化、生化等综合作用下可缓慢释放 CO_2。该类肥源使用方便，安全，但对贮藏条件要求极其严格，释放速度难以人为控制。

（5）化学反应。利用强酸与碳酸盐反应产生 CO_2 硫酸-碳酸氢铵反应法是应用最多的一种类型。近几年相继开发出多种成套 CO_2 施肥装置，主要结构包括贮酸罐、反应桶、CO_2 净化吸收桶和导气管等部分，通过硫酸供给量控制 CO_2 生成量，方法简便，操作安全，应用效果较好。

（6）其他方法。除了上述增加设施内 CO_2 浓度的方法外，还可以采用强制或自然通风增施有机肥，生物生态法等方法来增加和补充设施内的 CO_2。温室基质培生产中多施有机肥，对缓解 CO_2 不足，提高产量效果很显著；栽培床下同时生产食用菌，可使室内 CO_2 保持在 $800\sim980$ $\mu mol/mol$。

2. CO_2 施用浓度 对于一般的园艺植物来说，经济又有明显效果的 CO_2 浓度约为大气浓度的 5 倍。日本学者提出温室 CO_2 的浓度在 0.01% 为宜，但在荷兰温室生产中施用量多数维持在 $0.004\,5\%\sim0.005\%$，以免在通风时因内外浓度过大，外逸太多，经济上不合算。CO_2 施肥的最适浓度和施用量与作物特性和环境条件有关。一般随光照度的增加应相应提高 CO_2 的浓度。阴天施用 CO_2 可提高植物对散射光的利用；补光时施用 CO_2 具有明显的协作效应。

作物光合作用的 CO_2 饱和点很高，并且因环境要素而有所改变，所以 CO_2 的施用浓度应以经济生产为目的和原则。CO_2 浓度过高不仅增加成本，而且会引起作物的早衰或形态改变。

3. CO_2 施用时期 从理论上讲，CO_2 施肥应在作物一生中光合作用最旺盛的时期和一天中光照条件最好的时间进行。苗期 CO_2 施肥应及早进行。定植后的 CO_2 施肥时间取决于作物种类、栽培季节、设施状况和肥源类型。果菜类蔬菜定植后到开花前一般不施肥，待开花坐果后开始施肥，主要防止营养生长过旺和植株徒长；叶菜类蔬菜则在定植后立即施肥。荷兰利用锅炉燃气进行 CO_2 施肥，且常常贯穿于作物整个生育期。

每天的 CO_2 施肥时间应根据设施内 CO_2 变化规律和植物的光合特点进行。日本和我国 CO_2 施肥多从日出或日出后 $0.5 \sim 1\,h$ 开始，通风换气之前结束；严寒季节或阴天不通风时，可到中午停止施肥。在北欧地区，如荷兰等国家，CO_2 施肥则全天进行，中午通风开窗至一定时间后自动停止。

4. CO_2 施肥过程中的环境调节

（1）光照。CO_2 施肥可以提高光能利用率，弥补弱光的损失。研究表明，强光下增加 CO_2 浓度对提高作物的光合速率更有利，因此，CO_2 施肥的同时应注意改善群体受光条件。

（2）温度。从光合作用的角度分析，当光强为非限制性因子时，增加 CO_2 浓度提高光合作用的程度与温度有关，高 CO_2 浓度下的光合适温升高。由此可以认为，在 CO_2 施肥的同时提高温度管理水平是必要的。

（3）肥水。CO_2 施肥能促进作物生长发育，增加对水分、矿质营养的需求。因此，在 CO_2 施肥的同时，必须增加水分和营养的供给，满足作物生理代谢需要。

任务六　设施环境综合智能调控技术

温室的环境要素对作物的影响是综合的，环境要素之间相互联系，具有联动效应。因此，尽管我们可以通过传感器和设备控制某一要素在一日内的变化，如用湿度计与喷雾设备联动，以保持最低空气湿度，或者用控温仪与时间控制器联动实行变温管理等，但都显得有些机械或不经济。

随着计算机技术的不断发展与应用，使复杂的计算分析能快速进行，为温室环境要素的综合调控创造了条件，从静态管理变为动态管理，从单一因素控制变为多因素综合控制。把计算机与室内外气象站和室内环境要素控制设备相连接，构成计算机控制系统，对温室中的温、光、气等环境因子实现自动控制，具有功能强、可靠性强、通用性强、灵活方便、效率高、节能增收等特点。一般根据日照射量和栽培种类，先确定温室内温度、湿度等的合理参数，然后启动智能化控制设备，不间断自动观察、记录室内外环境气象要素值的变动和设备运转情况，并通过对产量、品质的比较，科学分析、调整原设计程序，改变调控方式，以达到经济生产。荷兰近年来通过综合控制技术的进步，使番茄产量从 $40\,kg/m^2$ 上升到 $75\,kg/m^2$，而能耗、劳动力等生产成本显著降低，大幅度提高了温室生产的经济效益。计算机系统还可设置预警装置，当环境要素出现重大变故时，能及时处理；出现停电、停水、泵力不够、马达故障时，可及时报警，并将其记录下来，为今后调整改进提供依据。温室环境计算机控制系统的开发和应用，使复杂的温室管理变得简单化、规范化、科学化。

设施环境智能温室监测系统通过实时采集设施内空气温度、湿度、光照、土壤温度、土壤水分等环境参数，根据农作物生长需要进行实时智能决策，并自动开启或者关闭指定的环境调节设备。通过该系统的部署实施，可以为农业生态信息自动监测、对设施进行自动控制和智能化管理提供科学依据和有效手段。

大棚监控及智能控制解决方案是通过可在大棚内灵活部署的各类无线传感器和网络传输设备,对农作物温室内的温度、湿度、光照、土壤温度、土壤含水量、CO_2浓度等与农作物生长密切相关环境参数进行实时采集,在数据服务器上对实时监测数据进行存储和智能分析与决策,并自动开启或者关闭指定设备(如远程控制浇灌、开关卷帘等)。

一、设备需求

在每个智能设施内部署无线空气温湿度传感器、无线土壤温度传感器、无线土壤含水量传感器、无线光照度传感器、无线 CO_2 传感器等,分别用来监测大棚内空气温湿度、土壤温度、土壤水分、光照度、CO_2 浓度等环境参数。为了方便部署和调整位置,所有传感器均应采用电池供电、无线数据传输。大棚内仅需在少量固定位置提供交流 220 V 市电(如风机、水泵、加热器、电动卷帘)。

每个设施园区部署一套采集传输设备(包含路由节点、长距离无线网关节点、无线网关等),用来覆盖整个园区的所有设施,传输园区内各设施的传感器数据、设备控制指令数据等到互联网上与平台服务器交互。

在每个需要智能控制功能的大棚内安装智能控制设备(包含一体化控制器、扩展控制配电箱、电磁阀、电源转换适配设备等),用来接受控制指令、响应控制执行设备。实现对大棚内的电动卷帘、智能喷水、智能通风等的控制。

二、智能温室监测系统架构设计

1. 总体架构 系统的总体架构分为现场数据采集、网络传输、智能数据处理平台和远程控制 4 部分(图 7-14)。

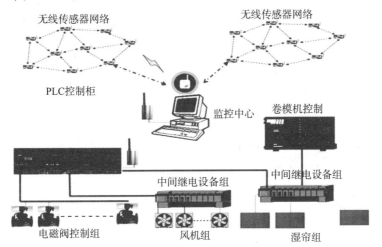

智能温室类型与结构

图 7-14 智能温室监测系统架构设计

2. 智能温室监测系统有两种典型配置结构

(1)两层网络。两层网络指系统由两类点构成:一是无线传感器节点,包括无线空气温湿度传感器、无线土壤温度传感器、无线土壤含水量传感器、无线光照度传感器、无线 CO_2 传感器等;二是无线网关节点,包括 Wi-Fi 无线网关或 GPRS 无线网关。

该结构适用于园区已经有 Wi‑Fi 局域网覆盖，或是可以采用 GPRS 直接上传数据的场景。在此结构中，只需要在合适的区域部署无线网关，即可实现传感器数据的采集和上传。

（2）三层网络。三层网络指系统由三类点构成：一是无线传感器节点，包括无线空气温湿度传感器、无线土壤温度传感器、无线土壤含水量传感器、无线光照度传感器、无线 CO_2 传感器等；二是无线网关节点；三是数据路由器。

该结构适用于园区没有 Wi‑Fi 局域网覆盖，也不准备采用 GPRS 直接上传数据的场景。在此结构中，需要部署数据路由节点和无线网关，无线网关与数据路由节点之间以长距离无线通信方式进行数据的交换，在区域较大，节点间通信距离不足时，无线网关还可以相互之间进行自动数据中继，扩大监控网络的覆盖范围。

3. 传感信息采集　在监控网络中，无线空气温湿度传感器、无线土壤温度传感器、无线土壤含水量传感器、无线光照度传感器、无线 CO_2 传感器等传感器均支持低功耗运行，可使用廉价的干电池供电长期工作。同时，所有的无线传感器节点均运行低功耗多跳自组网协议，可为其他节点提供数据的自动中继转发，以扩大监测网络的覆盖范围，增加部署灵活性。

传感器数据通过协议传送到无线网关节点上，无线网关节点再经过数据路由节点或直接将传感器数据发送到数据平台的服务器上。用户可以通过有线网络/无线网络访问数据平台，实时监测大棚现场的传感器参数，控制大棚现场的相关设备。

三、大棚现场布点

大棚现场主要负责大棚内部环境参数的采集和控制设备的执行，采集的数据主要包括农业生产所需的光照、空气温度、空气湿度、土壤温度、土壤水分、CO_2 浓度等参数（图 7‑15）。

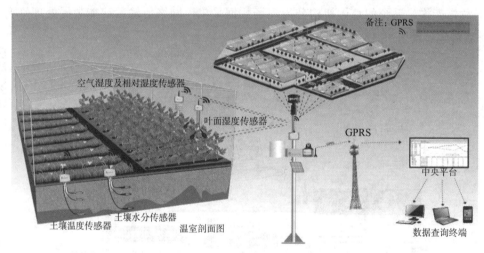

图 7‑15　迈特斯温室环境自动监控系统

传感器的数据上传采用低功耗无线传输模式，传感器数据通过无线发送模块，采用协议将数据无线传送到无线网关节点上，用户终端和一体化控制器间传送的控制指令也通过无线发送模块传送到中心节点上，省却了通信线缆的部署工作。中心节点再经过边缘网关将传感器数据、控制指令封装并发送到位于互联网上的系统业务平台。用户可以通过有线网络/无线网络访问系统业务平台，实时监测大棚现场的传感器参数，控制大棚现场的相关设备。低功耗无线传输模式使得大棚现场内各传感器部署灵活、扩展方便。

控制系统主要由一体化控制器、执行设备和相关线路组成，通过一体化控制器可以自由控制各种农业生产执行设备，包括喷水系统和空气调节系统等，喷水系统可支持喷淋、滴灌等多种设备，空气调节系统可支持卷帘、风机等设备。

业务平台负责对用户提供智能大棚的所有功能展示，主要功能包括环境数据监测、数据空间/时间分布、历史数据、超阈值告警和远程控制 5 个方面。用户还可以根据需要添加视频设备实现远程视频监控。数据空间/时间分布将系统采集到的数值通过直观的形式向用户展示时间分布状况（折线图）和空间分布状况（场图），历史数据可以向用户展示之前一段时间的数值；超阈值告警则允许用户制定自定义的数据范围，并将超出范围的情况反映给用户。

四、平台软件

系统平台软件共由以下四部分组成：

1. 数据收集、存储服务软件 完成传感器数据的获取、解析、分类，最后按预设的格式存入数据库。

2. 展示、决策软件 图形化界面从数据库中读取相应数据，以表格和曲线的方式将传感器数据显示出来，支持多种查询显示方式。可自定义决策系统控制对象及决策算法，与对象控制软件互联实现自动化控制。

3. 远程控制软件 完成现场控制对象的操作，将操作界面图形化，支持重命名远端开关名称等信息，可与决策软件进行对接，实现自动化控制。

4. 二次开发包 通过开发包，用户可以完全用自己熟悉的开发平台开发自主知识产权的数据展示和决策平台，使用户在无须了解本系统的硬件等底层信息的前提下，完成一套环境监测应用系统的开发。

五、常用的传感器

1. 空气温湿度传感器 用于检测设施农业的空气环境温湿度，一般使用的有效温度范围在 $0 \sim 50$ ℃，有效湿度范围在 $30\% \sim 90\%$。大部分安装在温室、大棚或畜禽舍中空气流通较好的遮阳处，一般根据温室、大棚或畜禽舍长度安装 $1 \sim 4$ 个，以避免空气流通差导致的局部小气候效应。

2. 土壤温度传感器 用于检测土壤温度，一般使用的有效温度范围在 $10 \sim 40$ ℃（土壤热容积较大，温度变化不很明显），安装在作物根部土壤中，以测量作物的生长、发育的土壤温度及浇水后土壤温度变动情况。根据温室或大棚长度安装 $2 \sim 4$ 个，安装时根据不同作物根系深度确定埋土深度。

3. 土壤水分传感器 用于检测土壤中水分含量，便于及时和适量浇灌。目前有两种表示方式，其一为容积含水量，即 $V/V\%$，其二为质量含水量，即 $M/M\%$，大部分产品以容积含水量表示，一般有效范围在 $10\% \sim 70\%$。因不同土质能容纳水量不同，故不同土质在浇灌等量水后，所显示的容积含水量会有所不同。根据温室或大棚长度安装 $2 \sim 4$ 个，安装时根据作物根系深度确定埋土深度。

4. CO_2 含量传感器 用于检测环境中 CO_2 含量，便于决定是否增施气肥或需通风换气。

一般以 mg/kg 为单位，有效范围在 $100\sim1\,000$ mg/kg。可以用在温室、大棚中，也可以用在密封或半密封的畜禽舍中。温室、大棚中主要检测有光照情况下 CO_2 含量是否低于作物光合作用的最佳浓度，在畜禽舍中主要检测密封环境下 CO_2 浓度是否超出影响畜禽能生长发育的最大浓度，以便及时通风换气。独栋温室、大棚安装 1 个即可。

思政天地

　　光照是植物进行光合作用的重要能量来源，也是影响植物光周期生长规律的重要因素。通过补光可以杜绝因光照度小影响植物生长的问题；通过调控光照时间可以调控光周期，进而调控长日照植物和短日照植物的花芽分化和开花。传统光源如白炽灯、荧光灯、金属卤化灯等，是通过调控供电电压的方法调控光输出强度，不但光源寿命较短、散发热量较大，而且电能利用率较低。LED 最早用于商用交通信号灯和建筑照明，随着现代农业兴起和智慧农业的发展，LED 光源在植物照明市场焕发出巨大活力。2020 年全球植物照明 LED 年增 57%，市场产值增长至 3.01 亿美元。LED 属于冷光源，光源产热低，光的转化效益高，而且可以根据植物生长需求调控光质，获得不同光质的补光效果。此外，有数据显示 1 盏 5W 的 LED 灯减排 CO_2 约 0.296 t，342 亿盏可减排 CO_2 101.23 亿 t，相信在"碳达峰、碳中和"目标的指引下，LED 芯片的制造会更加节能与高效，我国 LED 产业将迎来新的发展契机，LED 光源将进一步促进农业生产发展。

（根据相关报道整理改编而成）

项目小结

【重点难点】

（1）设施园艺实现了可调控内部环境因子、改善内部作物生长环境，打破地域、气候、环境差异，创造作物正常生长的环境载体。在设施环境栽培中，环境因子由温度、光照、水分、气体等构成，各环境因子的影响因素很多，掌握各个设施因子的变化规律，对于调控设施环境变化，满足植物对于各个环境因子的需求意义重大。

（2）综合运用各种知识，掌握设施温度、光照、水分、气体、土壤等环境调控技术，在作物的不同生长阶段，科学调控每个环境因子的参数指标，达到设施栽培高产、高效、高创收的目标。

（3）设施环境智能调控系统通过实时采集设施内空气温度、湿度、光照、土壤温度、土壤水分等环境参数，根据农作物生长需要进行实时智能决策，并自动开启或关闭指定的环境调节设备，从而提升农作物的生产产量与生产水平，促进信息化农业建设的发展。

【经验技巧总结】

（1）日光温室综合环境调控，要以任意一种蔬菜为例，利用辐射照度计、温湿度检测仪、CO_2 检测仪等仪器，通过日光温室光照、温度、湿度及 CO_2 调控设备和方法，按照蔬菜对环境条件的要求，制订环境综合控制方案，并加以实施。

（2）现代温室综合环境调控需要首先了解现代温室的环境综合管理系统，根据种植蔬菜作物对环境条件的要求，设定环境综合管理系统的参数，并观察、记录实际执行情况。

技能训练

CO₂ 肥料施肥

一、目的要求

由于大棚、日光温室、连栋温室等设施相对密闭，在植物生长阶段经常出现 CO_2 不足现象，一般早、晚的 CO_2 浓度相对较高，凌晨的 CO_2 浓度可达到 $500\sim600$ mg/kg，随着光合作用的进行，设施内 CO_2 被叶片吸收，CO_2 浓度不断下降，到中午前后，浓度已很低（一般小于 100 mg/kg），达不到设施内蔬菜进行光合作用所需的 CO_2 浓度要求，设施内 CO_2 经常处于亏缺状态，严重影响作物的光合作用和生长发育。因此，在保护地内增施 CO_2 也成为设施栽培获得高产、优质、高效的重要手段。

二、材料与用具

CO_2 气体测定仪、CO_2 钢瓶、直尺等。

三、方法步骤

1. CO_2 施用时期 在作物生长初期即可施用，果菜类蔬菜育苗阶段增施 CO_2 对缩短苗龄、促进花芽分化、培育壮苗作用明显；果菜类蔬菜坐果及果实膨大期是增施 CO_2 的最佳时期。不同季节 CO_2 施用时间不同，一般 11 月至翌年 2 月在日出后 2 h 进行，3 月至 4 月中旬在日出后 1 h 进行，4 月下旬至 5 月在日出后半小时进行。育苗期一般要求在日出后 1.5 h 进行。一般情况下每日一次，操作完毕后闭棚 $1.5\sim2$ h，然后放风。

（1）育苗期。从 $3\sim5$ 片真叶开始，CO_2 施用浓度为 0.5 mL/L，随着植株的生长可逐渐加大到 0.8 mL/L，到定植前 $5\sim7$ d 停止施用，连续施用 $18\sim20$ d 就能取得明显效果。

（2）定植后。大棚定植后从缓苗开始（$7\sim10$ d），定植后 $15\sim20$ d 开始连续施放 $30\sim35$ d，就能取得最大的增产效果。大棚施放浓度为 1 mL/L，温室施放浓度为 $0.8\sim1$ mL/L。晴天按规定浓度施用，阴天用量减少，雨雪天停止施用。

每天施用时间，应根据设施内 CO_2 浓度日变化规律，早晨揭苫后半小时开始施放 CO_2，晴天持续施放 2 h 以上并维持较高浓度，至通风前 1 h 停止，阴雨天气和无日光天气应停止施用。

2. CO_2 施用浓度 光照充足、作物生长旺盛的封闭温室里 CO_2 常常较为缺乏；当浓度低于 80 mg/L 时将严重制约蔬菜的正常生长。施用 CO_2 的最适浓度与作物种类、生育阶段、天气状况等密切相关，在温、光、水、肥等较为适宜的条件下，一般蔬菜作物在 $600\sim1\,500$ mg/kg CO_2 浓度下光合速率最快，其中果菜类以 $1\,000\sim1\,500$ mg/kg、叶菜类以 $1\,000$ mg/kg 的浓度比较合适。

拓展任务

【复习思考题】

（1）园艺设施内增温、保温的措施有哪些？

（2）影响设施内光照环境的因素有哪些？

（3）分别从加湿和除湿两个方面简述温室湿度的调控措施。

（4）简述 CO_2 的施用方法。

（5）联系生产实际，理解设施栽培环境综合调控的目标与原则。

【案例分析】

"互联网十"设施农业智能管理系统

随着物联网技术的发展，物联网技术在农业信息化领域已经有了初步应用，如传感技术在精准农业的应用、智能化专家管理系统、远程监测和农产品安全追溯系统等，为提升农业技术推广，农业植物病虫害的监测、预报、防治和处置，农业资源、农业生产经营的科学决策提供有效支撑。

结合现实需求，以云计算、物联网、知识工程、3S 等前沿信息技术为支撑，研发一整套开放式、低成本、智能化、广覆盖的园区智能化应用解决方案——设施农业智能应用管理系统，主要是利用物联网技术，营造相对独立的作物生长环境，同时对园区进行设施农业生态信息采集、设施智能控制、智能视频监控，通过应用现代农业科学技术和现代管理方式，推进农业向高产、高效、优质、生态安全为目标的农业可持续发展模式，从而实现农业生产智能化、科学化及集约化，促进现代农业的转型升级，为设施农业发展带来新的进程。

该系统主要是通过集成通信技术、无线网络及 Zigbee 技术，通过传感网络、数据采集模块、视频监控模块，实时远程获取设施农业温棚内部的空气温湿度、土壤水分温度、CO_2 浓度、光照度及视频图像，通过智能控制进行模型分析，自动控制湿帘风机、喷淋滴灌、内外遮阳、顶窗侧窗、加温补光、水肥一体化等设备，保证温室大棚环境最适宜作物生长，为农作物优质、高产、高效、安全创造条件。系统可以通过手机、计算机等信息终端发布实时监测信息、预警信息等。

设施农业智能化管理系统可广泛应用于设施农业、园艺等领域，在需要特殊环境要求的场所实施监控管理，为实现对生态作物的健康成长和及时调整栽培、管理等措施提供及时的科学依据，同时实现监管自动化。建设完善的温室智能控制采集系统、音视频诊断监控系统、园区外围视频监控系统、区域环境监测展示系统、水肥一体化系统整合、综合展示服务中心等，主要通过集成通信技术、无线网络及 Zigbee 技术实现园区大棚空气温湿度、土壤温湿度、CO_2 浓度等环境因子及温室内视频监控系统数据实时展示和大棚卷帘、通风、灌溉等的控制；远程视频诊断将园区视频信息与语音对讲信号传输至管理中心，实现真正远程智能管理、培训、展示等功能；实现实时的音视频对讲，视频图像与语音对讲集成整合，管理服务中心可以和任何一个温棚内操作人员进行实时互动，也可以实现现场技术指导培训。依托展示服务中心通过高速网络链路实现园区温室数据信息、视频诊断数据、视频监控数据等与综合展示中心互通，实现对园区视频监控数据进行信息化管理、集中显示并进行实时预览、查看等。真正地实现了智能温棚互联联动，一个人可以管理 50 个甚至更多个大棚，既可以单棚控制，也可以集群控制，满足不同作物生长的管理需求，极大地减少了人力和物力的投入，为作物高产、优质、高效、生态、安全创造条件，实现了整个示范基地的集约化、网络化、规模化生产管理，同时提高信息的收集、加工、分析、发布的速度和准确性，通过计算机自动控制系统降低了工作量，而且由于能精准控制农作物生长环境，作物产量和质量都大幅度提高，为政府部门提供农业信息作为制定政策的依据，指导农业生产和经营，降低风险。通过应用现代农业科学技术和现代管理方式，推进农业走向以高产、高效、优质、生态安全目标的可持续发展模式，从而实现农业生产智能化、科学化及集约化，促进现代农业的转型升级，为设施农业发展带来新的进程。

项目八　无土栽培生产实例

学习目标

◆ 知识目标

• 了解常见果菜类蔬菜、叶菜类蔬菜、花卉、草莓、葡萄与营养液及环境条件的关系。

• 掌握常见果菜类蔬菜、叶菜类蔬菜、花卉、草莓、葡萄的无土栽培技术。

• 掌握芽苗菜的生产条件、生产程序、生产技术、生产中常见问题原因分析及解决措施。

◆ 技能目标

• 能够综合运用所学理论知识和技能，独立从事蔬菜、花卉和果树的无土栽培生产与管理。

• 能独立进行芽苗菜的生产和管理，熟练掌握种子播前处理、叠盘催芽、环境调控和收获技术。

任务实施

任务一　果菜类蔬菜无土栽培

一、番茄有机生态型无土栽培

1. 设施构造

（1）栽培槽。栽培槽框架可以使用砖、水泥板、塑料泡沫板和木板等建造。但总体来说，砖的成本较低，操作管理方便，而且易于观察根系生长情况。栽培槽为南北走向，用砖垒成内径宽 48 cm、边框高 24 cm（平放 4 层砖）的槽子，也可直接在地上挖半地下式栽培槽，深 12 cm，两边再用两层砖垒起。槽距为 70～80 cm，温室内北边留 80 cm 的走道，南边留 30 cm。槽间走道可用水泥砖、红砖、编织布、塑料膜、沙子等与土壤隔离，保持栽培系统清洁。栽培槽的底部采用塑料膜把基质和土壤隔开，膜边用最上层的砖压紧即可。塑料膜上铺厚 5 cm 左右的消毒过的粗基质，用于贮水和贮气，粗基质可选用粗沙、石子、粗炉渣等。粗基质上铺一层可以渗水的塑料编织布，在塑料编织布上铺栽培基质，塑料编织布可

214

以用普通编织袋剪开后代替，能有效降低成本。

（2）栽培基质。有机基质采用玉米秸、菇渣、棉籽壳、向日葵秸、玉米芯、蔗渣、锯末、树皮、刨花等。使用前将所选基质进行发酵和消毒处理，具体方法见附录二。并且加入一定比例的无机基质进行混配，如炉渣、沙、珍珠岩等。例如，采用草炭：玉米秸：炉渣＝2：6：2比例混合的基质栽培。另外，定植前栽培基质需要施基肥，可采用有机生态型无土栽培专用固态肥。每立方米基质所施用的肥料内应含有氮（N）1.5～2.0 kg、磷（P_2O_5）0.5～0.8 kg、钾（K_2O）0.8～2.4 kg。如每立方米基质中添 10 kg 腐熟消毒鸡粪、1 kg 磷酸二铵、1.5 kg 硫酸铵和 1.5 kg 硫酸钾作基肥，足够一茬番茄每 667 m² 产 8 000～10 000 kg 的养分需要量。基质与肥料混匀后即可填槽。每茬作物收获后可进行基质消毒，基质更新年限一般为 3～5 年。

（3）灌溉设施。在温室内建一蓄水池，外管道和棚内主管道及栽培槽内的滴灌带可用塑料管道。槽内铺设滴灌带 1～2 根，并在滴灌带上覆盖一层塑料薄膜，以防滴灌水外喷，用于膜下灌溉。

2. 生产技术

（1）品种选择。选择抗性强、早熟、高产、品质好、结果期长、耐贮藏的品种，如中杂系列、宝冠系列、佳粉系列等。

（2）育苗。为了杀灭种子上可能携带的病原菌和虫卵，催芽前必须对种子进行消毒，常用的消毒方法有温烫浸种和药剂处理。温烫浸种的水温 50～55 ℃，浸种时种子需要不断搅动，并随时补充温水，保持 50～55 ℃水温 10～15 min，之后水温自然下降至 30 ℃时停止搅动。按要求继续进行浸种 8～10 h。药剂消毒有药粉拌种和药液浸种。药粉拌种常用多菌灵、克菌丹等杀菌剂和敌百虫等杀虫剂进行拌种，用药量为种子质量的 0.2%～0.3%。药液浸种可用 1%的高锰酸钾溶液浸泡 10～15 min，捞出用清水洗净，再进行浸种。

温室番茄高效生产技术

将浸种后的种子搓洗干净，用清水淘洗 2～3 遍，从水中捞出，稍晾，用湿纱布、毛巾或麻袋片包裹，置于 25～30 ℃下催芽，时间为 2～4 d。催芽期间经常检查和翻动种子，使种子受热均匀。并用清水淘洗种子，待大部分种子（60%～70%）露白时停止催芽，即可播种。

播种前先按草炭：蛭石＝3：1 的比例配好基质，每立方米基质中再加入 5 kg 消毒鸡粪和 0.5 kg 有机生态无土栽培专用肥，混匀后填入穴盘，穴盘要与地面隔开，浇透水后就可以播种了，每穴 1 粒种子，上覆蛭石 1 cm，表面稍稍洒点水，冬春季盖上塑料薄膜保温，夏秋季盖报纸保湿降温，出苗后应及时撤去这些覆盖物。出苗前温度保持 25～30 ℃，出苗后温度白天 22～25 ℃，夜间 10～15 ℃，苗盘保持湿润，经过约 30 d，苗 2～3 片真叶时白天 20 ℃，夜间 13 ℃，持续 10～12 d，有利于花芽分化，当苗有 3～4 片真叶时可出盘定植。

（3）定植。定植前，首先要适当地进行蹲苗、炼苗，有利于培育壮苗。并将基质翻匀整平，每个栽培槽内基质进行大水漫灌，使基质充分吸水，水渗后番茄按每槽两行定植，株距 30 cm，每行植株距栽培槽内边 10 cm 左右，定植后立即按每株 200 mL 的量浇灌定植水，以利于基质与根系密切接触。

（4）定植后管理。

① 肥水管理。番茄有机无土栽培时，浇水宜根据植株的形态、外界气候进行。定植后

前期注意控水，开花坐果前维持基质湿度 60%～65%，开花坐果后以促为主，保持基质湿度在 70%～80%。一般定植后 5 d 浇一次水，保持根际基质湿润，不可使植株过旺徒长，也不能控成"小老苗"。坐果后勤浇，一般晴天上午、下午各浇一次，时间均为 15～20 min，阴天可视具体情况少浇或不浇。追肥一般在定植后 20 d 开始，此后每隔 10～15 d 追肥一次，每次每株追专用肥 10～15 g；坐果后 7 d 追施一次肥，每次每株 25 g，肥料均匀撒在离根 5 cm 处，即可随滴灌水渗入基质。针对温室内 CO_2 气体亏缺的实际，可于棚内进行 CO_2 气体追肥，以增强番茄的抗逆性，提高产量。

② 温度、光照管理。番茄定植后，温度应保持白天 22～25 ℃、夜间 10～15 ℃。坐果后提高温度，保持白天 25～28 ℃、夜间 12 ℃左右。深冬季节棚温可短时达到 30 ℃，不可通大风降温，以防湿度过低。严冬过后，恢复正常温度管理。番茄喜光性强，在整个栽培期间，应保证正常的室温，不过分降低棚内温度，早拉晚放草苫，尽量让植株多见光。

③ 植株调整。当植株高达 30 cm 左右时，要及时搭架或吊蔓。搭架栽培的番茄需要进行绑蔓。绑蔓时要注意植株的长势，有助于其顶端优势的发挥，增强植株长势。

温室无土栽培番茄大多采用无限生长型的品种，整枝方式一般采用单干整枝，即只留主蔓生长结果，摘除全部叶腋内的侧枝。为保证植株生长健壮，打杈应在侧枝 10～15 cm 长时进行。一般春茬留果实 6～8 穗后摘心，秋茬留 4～5 穗后摘心，以利于果实提早成熟和按时拉秧，不影响后茬的基质准备工作。

在生长期间摘除病叶、老叶、黄叶，有利于植株下部通风透光，减轻病害的发生和蔓延，减少养分消耗，促进植株良好发育。摘叶的适宜时期是在生长的中后期，摘除基部色泽暗绿、继而黄化的叶片及严重患病、失去同化功能的叶片。摘叶宜选晴天上午进行，用剪子留下一小段叶柄剪除。操作中也应考虑病菌传染问题，剪除病叶后宜对剪刀做消毒处理。摘掉的老叶、病叶等应集中于专门的残叶碎枝收集袋里，然后运出温室处理，以防止病虫传播。

④ 花果管理。番茄授粉方式较多，主要有激素处理、机械授粉和昆虫辅助授粉等方式。常用的激素有番茄灵等，处理即将开放的花朵效果比较好。为了节省劳动力，一个花序可以只喷一次，当第一朵花开放，其余的花有些还是花蕾时进行。生长素的浓度要严格按照使用说明配制，一般番茄灵使用浓度为 20～30 mg/L。生长素处理最好选晴天。机械授粉有人工振荡授粉和振荡器振荡授粉等方式，开花后每天 10:00—11:00 进行震荡授粉，其授粉效果比激素处理好。规模化蔬菜生产可以利用昆虫辅助授粉。

大果型品种每穗留果 3～4 个，中果型留 4～5 个。疏花疏果分两次进行，每一穗花大部分开放时疏掉畸形花和开放较晚的小花，果实坐住后再把发育不整齐、形状不标准的果疏掉。

（5）采收。采收后需长途运输 1～2 d 的，可在转色期采收，此时果实大部分呈白绿色，顶部变红，果实坚硬，耐贮运。采收后在当地销售的，可在成熟期采收，此时果实 1/3 变红，果实未软化，口感最好。

二、番茄岩棉培

1. 育苗　在番茄品种选择上，多以荷兰的栽培品种居多，包括红、粉、黄、橘色等多种颜色的大、中、小、微型果。

采用穴盘育苗，穴盘为 10×24 孔的聚苯板材料制成，在孔穴中放入直径大小一致的岩

温室番茄岩棉
栽培技术

棉塞。播种前将放入岩棉塞后的穴盘，用 EC 值为 1.5～2.0 的营养液浸泡，使之吸足水分，然后将种子播入岩棉塞，在 25 ℃条件下密闭遮光催芽，待种子萌芽后，再在上面覆盖 1 mm 厚的蛭石，促使根系向下伸展，子叶去壳出土。育苗期温度应保持在 25 ℃左右，这样 10 d 后就可以长出较多的根，并保证番茄在长到第九片叶后花芽分化；如果温度较低（18 ℃左右），则根较少，生物学苗龄就推迟一周，并且番茄在第七片叶就提早花芽分化，这样就影响番茄后期产量。

2. 移栽　当番茄小苗长到 2 片真叶时，就需要将带小苗的岩棉塞移栽到双孔的岩棉块中。从育苗到移栽约为 20 d 左右。荷兰芬洛（venlo）型玻璃温室的标准跨度为 6.4 m，可以每跨放置 4 行岩棉条种植番茄，行宽为 1.6 m，每行岩棉条之间为暖气加热管道，同时作为采摘车行驶轨道。移栽小苗前先将岩棉条放好，将双孔岩棉块顺向摆放到岩棉条上，再将滴灌插头插入岩棉块中，用 EC 值为 2.5 的营养液浸透岩棉块。然后将小苗移栽到岩棉块中，促使形成更多的根，为以后番茄高产提供保证。

在番茄移栽入岩棉块后到定植到岩棉条之前，不需要给太多的水，保持岩棉块中含有 80% 水和 20% 空气，通过控水促进根系生长，等到岩棉块捏不出水时再给水。移栽一周以后，检查番茄小苗生长情况，将生长不好、叶片节间较短的苗拔除，并补上健壮小苗。

3. 定植　当番茄第一穗花序开始坐果时，开始将岩棉块定植到岩棉条定植孔内，使根系伸入岩棉条，扩大根系营养面积。番茄岩棉栽培在开花之前需要一段营养生长控制时期，如果移栽时直接将岩棉块放入岩棉条定植孔内，则番茄营养生长旺盛，会影响生殖生长。

定植前用 EC 值为 3.0 的营养液将岩棉条浸透，岩棉条两端留排水口排水。定植时只要将岩棉块顺向放入岩棉条定植孔里即可，定植后一周内应尽量减少操作，避免晃动植株，以免根系破损。

4. 栽培管理

（1）营养液管理。可选用荷兰温室作物研究所岩棉培滴灌用配方。番茄岩棉栽培的主要环节为营养液供应，应根据番茄生长的不同阶段及时调整营养液配方。幼苗期提高氮的含量可以促进营养生长，坐果期提高钾的含量可以促进根系生长。灌溉时可通过计算机控制系统调整滴灌时间，控制岩棉内营养液含量，白天保持在 80%，晚上保持在 60%，保证岩棉内有一定的空气含量，促进根系发育。

（2）温度调控。番茄生长所需适宜温度通过计算机自动化控制系统控制。冬季保持温度在 20 ℃左右可以促进营养生长，阴天保持在 18 ℃可以防止徒长。生殖生长阶段采用变温处理：冬季白天保持在 20 ℃，日落到 24:00 保持在 16 ℃，24:00 到日出前保持在 18 ℃。夏季变温处理：白天保持在 28 ℃，夜间保持在 20 ℃。

（3）湿度调控。番茄需要空气相对湿度在 60%～80%。温室内空气湿度较大时，夏季需通风降低空气相对湿度，而冬季加温后，热空气遇到冷的玻璃表面水汽冷凝后流入集露槽可排出室外，从而降低空气湿度。

（4）气体调控。在栽培过程中应注意温室内 CO_2 含量，适宜 CO_2 浓度为 600～1 000 mg/L。夏季由于经常通风，温室内 CO_2 得到补充，而在冬季，在没有 CO_2 发生装置的情况下，应在中午温度较高时加强自然通风来补充室内 CO_2 含量，这样可增加产量 10%～15%。生产上可采用硫酸与碳酸氢铵反应产生 CO_2。每 667 m^2 温室每天约需要 2.2 kg 浓硫酸（使用时加 3 倍水稀释）和 3.36 kg 碳酸氢铵。每天在日出 0.5 h 后施用，并持续 2 h 左右，或施用

液化 CO_2 2 kg 左右，也可通过燃煤产生 CO_2。要注意应将 CO_2 气体通过管道均匀输送到温室上部空间。

（5）整枝及授粉。多数番茄品种属于无限生长型，分枝能力强。在番茄长到 30 cm 左右高时，需要开始吊蔓，并及时打杈。在冬季光照较弱，要留较少的分枝，而进入春季以后，随着光照增加，可适当多留一些分枝，这样到夏季有较多的叶片蒸腾作用，可起到降低室内温度的作用。分枝不可留太多，以免影响果实大小。

番茄岩棉栽培属于长季节栽培，一般一年一茬，平均每株番茄可长到 20 穗果以上。为了保持果实大小一致，可采取疏花疏果措施，保持每穗 4～6 个果（有些番茄品种不需要疏果，因为在营养条件均衡的条件下，果实大小均匀一致）。为了提高番茄果柄韧性，在刚开花的花序果柄上用手捏一下，使果柄受伤，可以使番茄在愈伤后加粗。番茄每穗果采收后应及时剪除老叶，并落蔓。

授粉方式可参照番茄有机生态型无土栽培的方法。

三、黄瓜有机生态型无土栽培

1. 设施构造

（1）栽培槽。栽培槽的建造参考番茄有机生态型无土栽培。

（2）栽培基质。栽培基质可按炉渣∶玉米秸秆∶菇渣＝5∶3∶2 的比例混合，也可按河沙∶锯末∶玉米蕊粉∶豆秸粉＝1∶2∶1∶1 的比例混合，每立方米加入 3 kg 有机无土栽培专用肥、10 kg 腐熟的鸡粪，混合均匀后可填入栽培槽内，每茬作物收获后对基质进行消毒处理。基质更新年限一般为 3～5 年。

（3）灌水设施。同番茄有机生态型无土栽培。

2. 生产技术

（1）品种选择。选耐寒性较强、耐低温、长势强、抗多种病害、丰产潜力大、品质好的品种，目前生产上常用的品种有长春密刺、津杂 1 号、津杂 2 号、津春 3 号和由荷兰引进的小型黄瓜等品种。

（2）育苗。先用 55 ℃温水浸泡 10～15 min，再用 40％甲醛水剂 100 倍液浸泡 20 min，捞出用清水冲洗直到没有气味，最后用清水浸泡 6～8 h，将浸过的黄瓜种子冲洗 3 次，用湿纱布包好，放在 25～30 ℃恒温箱中催芽，每天早、晚各用与室温相同的清水投洗 1 次，当大部分种子露白后即可播种。

可采用育苗盘，也可采用营养钵育苗，按草碳∶蛭石＝3∶1 的比例配好基质，每立方米混入 5.0 kg 的腐熟鸡粪和 0.5 kg 的无土栽培专用复合肥，混匀后填入 72 孔穴盘或装入 8 cm×10 cm 规格的营养钵内，盘或钵下面要铺一层塑料与地面隔开。每穴或每钵 1 粒种子，覆蛭石 1 cm，表面稍稍洒点水，根据季节表面用塑料薄膜保温或用多层遮阳网保湿遮光。出苗前温度白天保持 25～30 ℃，夜间保持 15～20 ℃；出苗后温度白天 22～25 ℃，夜间 12～15 ℃，苗盘保持湿润。经过约 30 d，苗 3～4 片真叶时即可出盘定植。

（3）定植。当株高 8～10 cm、茎粗 0.6 cm 以上、叶片数 3～4 片、子叶健壮齐全、根发达时即可定植。定植前，先将基质翻匀整平，每个栽培槽内的基质进行大水漫灌，使基质充分吸水，水渗后按槽两行、株距 25～30 cm 挖穴将苗坨埋入，基质表面与苗坨表面平齐为宜，定植后浇小水。

（4）定植后管理。

① 肥水管理。定植 7 d 后浇一次缓苗水，以后根据植株长势、基质条件和气候条件，确定浇水次数，一般每 5～7 d 灌一次水，以保持基质湿润，控制黄瓜长势，防止徒长。坐果后，晴天上、下午各浇一次水，阴天可视具体情况少浇或不浇。追肥一般在定植后 20 d 开始，此后每隔 10 d 追一次肥。可追专用复合肥，每次 20 g/株，坐果后每次 30 g/株；将肥均匀撒在距根 5 cm 处，随水渗入基质中，也可混于基质中，但是不能与根接触。

② 温湿度管理。适宜昼温 22～27 ℃，夜温 18～22 ℃，基质温度 25 ℃。气温低于 10 ℃，生长缓慢或停止生长，高于 35 ℃ 光合作用受阻。空气湿度宜保持在 60%～70%，湿度太高不利于生长，易染病。

③ 光照管理。可采取一些措施来增加光照。如在室温不受影响的情况下，早揭晚盖草苫，尽量延长光照时间；遇阴天只要室内温度不低于蔬菜适应温度下限，就应揭开草苫。

④ 植株调整。黄瓜定植后生长迅速，应及时进行吊蔓，采用单蔓整枝，植株长到 7～8 叶后要及时把植株绕在吊绳上，一般每 2～3 d 绕 1 次。摘除侧枝、卷须、雄花。生长中后期摘除植株底部的病叶、老叶，以利于通风透光，减少养分消耗和病害发生、传播。瓜秧达一定高度时，及时落蔓回盘到根际周围，注意不要与基质接触，使龙头离地面始终保持在 1.6 m 左右，处于最佳的受光状态。

（5）采收。一般果长在 20 cm 左右采收，每 2～3 d 采收一次，至拉秧为止。采收时和运输过程中应尽量减少对果实的伤害，并避免阳光直晒，尽快进行包装储藏，以免果实表面失水影响新鲜度。

四、丝瓜无土栽培

1. 品种选择 丝瓜分有棱丝瓜、无棱丝瓜两大类。无棱丝瓜表面无棱，光滑或具有细皱纹。瓜条多为圆柱形，幼瓜肉质较柔嫩。生长势强，产量高，分布广，适应性强，南北均有栽培。优良品种有白玉霜、线丝瓜、杭州肉丝瓜等。有棱丝瓜植株长势比无棱丝瓜弱，果实为长棒形或纺锤形，最大特点是果实表面有明显的 9～11 条凸起的棱线。优良品种有青皮丝瓜、绿旺丝瓜等。

2. 栽培方式 丝瓜无土栽培可采用水培和基质栽培。基质栽培管理技术比水培容易，尤其目前在"瓜果长廊"设计上，也有种植丝瓜的，所以借助棚架设施，采用砖槽式、袋式、盆钵式、箱式等形式进行丝瓜基质栽培，效果很好。

3. 栽培技术

（1）育苗。采用营养钵育苗。把精选的种子温汤浸种 4 h，再用 0.1% 高锰酸钾消毒 2～3 h，捞出用清水冲洗，在 25～30 ℃ 恒温条件下催芽。当 80% 芽长至 0.3～0.5 cm 时，选择晴天上午点播到装好基质的营养钵中，播后盖上 1 cm 厚的基质，之后再覆一层薄膜保温保湿。

（2）苗期管理。

① 温度管理。播后 3～4 d 白天保持在 30～32 ℃，夜间 18～20 ℃。出苗后及时去掉地膜，齐苗后适当降低温度，白天保持在 25 ℃ 左右，夜间 15～18 ℃。经 30 d 左右，当秧苗有 3～4 片真叶时就可定植，定植前 10 d 应加强炼苗。

② 水分管理。基质水分要达到田间持水量的 60%～70%。以上午浇水最好。

③ 光照管理。苗期是花芽分化的关键时期，低夜温短日照有利于促进花芽分化和雌花形成，因此要调节好光照时间和昼夜温差。可通过小拱棚遮光，使每天日照时间控制在8～9 h。

（3）栽培槽规格及基质配比。如果在温室或大棚内生产，栽培槽规格为宽70～80 cm，深25～30 cm，长度视温室跨度而定。如果是用来在"瓜果长廊"设计上栽培，在长廊两边采用槽式栽培或袋式栽培均可，种植槽宽40 cm即可。栽培槽底平铺一层带有排水孔的塑料膜。栽培基质按体积比选用草炭：蛭石：珍珠岩＝6：2：1，混配均匀消毒后填入栽培槽中，基质略高于栽培槽，基质做成龟背形，上铺一层黑色塑料薄膜，栽培前基质浇透水。

（4）定植。当丝瓜幼苗具3～4片真叶时即可定植。选择晴朗天气的上午定植为宜，温室槽式栽培采用双行定植，小行距60 cm，株距40 cm，种植槽间距为80～100 cm。注意保护根系完整和不受伤害。定植密度依品种、栽培地区、栽培季节和整枝形式而有所不同，一般控制在每667 m² 定植2 000株左右。

（5）温湿度管理。定植后一周内应维持较高的环境温度，白天在28 ℃左右，夜间在15～18 ℃，为防止高温对植株伤害，可增加环境湿度。缓苗后为促进根系发育，防止茎叶徒长，白天温度控制在20～28 ℃，夜间12～18 ℃。开花结果期温度稍提高一些，但棚内最高气温不能超过35 ℃，夜温不低于10 ℃。在保温同时加强通风换气，环境湿度应控制在60％～70％。

（6）营养液管理。

① 营养液配方。可选用日本园试配方（1966）。

② 营养液浓度管理。营养液浓度管理指标（EC值）是：苗期1.0 mS/cm，定植至开花期2.0 mS/cm，果实膨大期2.5 mS/cm，成熟期至采收期2.8 mS/cm。

③ pH。丝瓜生长的适宜 pH 6.0～6.8。

④ 供液量及水分管理。丝瓜喜湿润气候，耐高湿，要保持基质湿润。一般幼苗期每1～2 d供液一次，成龄期每天供液1～2次，每次供液量根据植株大小为每株0.5～2 L。晴天可适当降低营养液浓度，阴雨天气和低温季节可适当提高营养液浓度。浇2～3次营养液后可浇1次清水。

（7）植株调整。温室内槽式栽培，定植后植株开始抽蔓时应及时吊蔓。在种植槽上方南北方向在温室骨架和后墙之间拉一根铁丝，在铁丝上对应植株处系一根尼龙绳，然后人工引蔓，辅助上架。丝瓜的主蔓和侧蔓均可结瓜，通常将第一雌花以下的侧蔓全部去除，之后出现的侧蔓，选留生长健壮的，结瓜后于瓜前留1片叶摘心。每株留2～3个丝瓜。后期只需剪除细弱或过密的枝蔓。随着茎蔓的生长，要及时缠蔓落蔓，使植株茎蔓始终保持在1.5 m左右的高度，落蔓前摘除中下部老叶、病叶、黄叶及卷须，可改善通风透光条件。如果在瓜廊两侧栽培，上棚架前侧蔓均摘除，爬上棚架后的侧蔓一般不再摘除，但要注意引蔓。盛果期如果植株生长过旺，叶片繁茂，摘除过密的老叶、黄叶及多余的雄花，把搭在架上或被卷须缠绕的幼瓜及时调整使之垂挂在棚架内生长，摘除畸形瓜以减少养分消耗并增加观赏效果。

（8）保花保果。丝瓜无单性结实能力，棚室内栽培需进行人工辅助授粉，可于8：00—10：00 没有露水时进行人工授粉。摘下刚开放的雄花，去掉花瓣，用花药轻轻涂抹雌花柱头即可。如雄花量不足或散粉困难时，可用25 mg/L的坐果灵进行喷花。

（9）采收。丝瓜从雌花开放到采收仅为10～12 d，当瓜柄光滑稍变色，果面茸毛减少，果皮用手触之有柔软感即可采摘食用。过期采收，果实容易纤维化，种子变硬味苦，不能食用。因此，盛花期最好每隔 1~2 d 采收一次，采收时间宜在早晨，要用剪刀在齐果柄处剪断。由于丝瓜果皮幼嫩，采收时要轻放忌压，以免影响商品性。

五、甜椒无土栽培

1. 品种选择　选用无限生长型的温室专用品种，如荷兰的马拉托（Maratos）红色甜椒、卡匹奴（Capino）黄色甜椒、拉姆（Lame）紫色甜椒等。

2. 育苗和苗期管理

（1）育苗。

① 基质准备。用草炭：蛭石＝1：1 的混合基质作为育苗基质。消毒方法同黄瓜，消毒后装盘备用。

② 种子处理。用 55~60 ℃热水浸种 20 min，再降至 30 ℃浸种 6 h，即可杀灭大多数病菌。也可将种子在清水中预浸 4~5 h，再用 10％磷酸三钠浸种 20~30 min 或 1％硫酸铜浸种 5 min，都有钝化病毒的作用。用 1 000 mg/L 氯化汞浸种 5 min 或 1 000 mg/L 硫酸链霉素浸种 30 min，对防治青枯病和疮痂病较好。

催芽方法同黄瓜。大多数种子 4~7 d 可以发芽，有的可长达 10 d。

③ 播种。温室内四季均可播种。冬季温度低，可做小拱棚，有利于种子尽快出苗和出苗整齐，可使基质温度保持在 22 ℃左右。播前用日本山崎甜椒配方 0.6 个剂量的营养液浇透基质，播种后上覆 0.5~1 cm 厚的基质。

（2）苗期管理。

① 温湿度的管理。为促进出苗，出苗前应保持较高温湿度。出苗后白天可降至 20~25 ℃，夜间 10~15 ℃，并适当降低苗床湿度。

② 营养液管理。要根据苗情、基质含水量及天气情况，可用日本山崎甜椒配方 1 个剂量营养液进行喷洒，每次以喷透基质为度。

③ 病虫害防治。每 7~10 d 喷一次 75％百菌清可湿性粉剂 800 倍液或 50％甲基硫菌灵可湿性粉剂 800 倍液进行预防，一般情况下不会发生病害。如果发生猝倒病可用 25％甲霜灵可湿性粉剂 800 倍液，立枯病则用 50％福美双可湿性粉剂 500 倍液，每 3~5 d 喷 1 次。枯萎病可用三乙膦酸铝 350 倍液灌根。

3. 定植和定植后管理

（1）定植。

① 基质准备。基质可选用锯木屑、岩棉、炉渣、草炭、蛭石、河沙、珍珠岩中的一种或几种按一定比例混用均可。使用前将基质用福尔马林 50 倍液均匀喷湿，塑料薄膜密封3~4 d。再把膜打开使甲醛气体挥发掉，然后装袋。

② 定植。按 1.3 m 的行距排列基质袋，用日本山崎甜椒配方 1 个剂量，把基质滴湿，即可定植。为了利于缓苗，一般在下午高温期过后定植，株距 35 cm，即 3 株/m²，定植时育苗块要低于基质表面 1 cm。定植后及时浇营养液，以促进根系发育。

（2）定植后管理。

① 温度管理。缓苗前一般不进行通风换气，以利于缓苗，一般温度保持在 30 ℃左右，不可高于 35 ℃。缓苗后昼夜温度均较缓苗前低 2~3 ℃，以促进根部扩展，一般保持在 25~30 ℃。结果期白天保持在 23~28 ℃，夜间 18~23 ℃，温度过高或过低都会导致畸形

果的产生。

② 湿度管理。基质湿度以 70%～80% 为宜。空气相对湿度以保持在 50%～60% 为好，空气湿度不可过高，否则不利于生长，易感病。

③ 光照管理。甜椒光饱和点为 30 000 lx，光补偿点为 1 500 lx。甜椒怕强光，喜散射光，对日照长短要求不严格。中午阳光充足且温度高的天气，可利用遮阳网进行遮阳降温。

④ 营养液管理。营养液以日本山崎甜椒配方为依据，根据本地水质特点适当调整。pH 6.0～6.3。门椒开花后，营养液应加到 1.2～1.5 个剂量。对椒坐住后，营养液剂量可提高到 2.0，并加入 30 mg/L 磷酸二氢钾，注意调节营养生长与生殖生长的平衡。如果营养生长过旺可降低硝酸钾的用量，加进硫酸钾以补充减少的钾，调整用量不超过 100 mg/L。在收获中后期，可用营养液正常浓度的铁和微量元素进行叶面喷施，以补充铁和其他微量元素，每 15 d 喷一次。

⑤ 植株调整。采用绳子吊蔓方法（同黄瓜）。甜椒分枝能力强，开花前要进行整枝，即留两条健壮枝，其他长出的侧枝应及时抹掉，以免消耗营养，随着植株的生长，要及时把植株绕在吊绳上，一般一周一次。主茎上的第一朵花必须摘除，以促进营养生长，生长过程中要进行疏花疏果，第一次坐果留 4～6 个，多余的和不正常的花果及时疏掉，以集中营养供给，保证正品率。如果主枝坐果太少，可另外在侧枝上留一个果和 3～4 片叶。个别主枝结果后变得细弱失去结果能力，应在摘除果实的同时将该枝摘掉。去掉主枝弱小的不结果枝及各大主枝间的小枝和弱枝。第一杈下部的叶片若变黄失去功能，应及时去掉，老叶、病叶也应及时去掉。果实达到商品成熟时必须及时摘除，以免养分无谓消耗。

六、茄子深液流水培

1. 品种选择 茄子是茄科茄属多年生植物，主要有圆茄类、卵茄类和长茄类 3 种类型，果实的外观颜色有紫色、淡绿色和乳白色 3 种。目前无土栽培的品种主要选择外观亮丽、着色均匀、花蒂和果蒂较小、长势旺盛、正常花比例较高的品种。

2. 育苗和苗期管理 可采用温汤浸种的，可在浸种前先把种子用 20～30 ℃ 温水预浸一下，然后向容器中加入 55～60 ℃ 的温水，倒入茄子种子，搅拌 15 min，然后加冷水使水温降到 30 ℃ 左右。药剂处理可用 50% 多菌灵可湿性粉剂 1 000 倍液浸种 20 min，或用 10% 磷酸三钠溶液浸种 20 min，或用 0.2% 高锰酸钾溶液浸种 30 min。药剂处理后，要用清水将药剂冲洗干净。种子处理后用 20～30 ℃ 清水浸泡 20～24 h，在 12～18 h、28～30 ℃ 和 12～6 h，16～18 ℃ 条件下变温催芽，一般经过 5～6 d 后，种子刚刚露白即可播种。

茄子可采用穴盘播种，基质准备处理及播种方法同甜椒育苗技术。播种后注意保温，出苗期间适宜基质的温度是 20 ℃ 以上，至少应保证在 18～20 ℃。5～6 d 后陆续出苗，当有 70% 左右出苗时应揭去穴盘上面覆盖物。茄子在子叶长出至真叶破心期一般不徒长，基质温度可维持在 18～20 ℃，白天气温 25～28 ℃，夜间 16～17 ℃，不低于 15 ℃。要增加光照，如适当提早揭苫和延迟盖苫，每天保证 6 h 以上直射光。水分管理上以基质保持见干见湿。两片真叶前不需浇灌营养液，两片真叶以后可用华南农业大学果菜配方的 1/2 剂量进行喷淋，幼苗 4 片真叶以上即可移苗定植。在夏季高温季节育苗，用来秋延后栽培或越冬栽培的茄子宜选幼苗龄定植为好，而春茬栽培宜选大苗龄，即 7～8 片真叶定植为好。

3. 定植和定植后管理

（1）定植。移苗时，将幼苗连同育苗基质一起从穴盘中取出，放入定植杯中，用石砾固定住秧苗。定植杯中放入小苗之前，杯底部先铺上无纺布，防止杯中的基质从底部落入定植槽的营养液中。定植时要注意，穴盘基质温度和种植槽中营养液温度差不能超过 5 ℃，否则温差太大易引起伤根。定植株距 40～50 cm，行距 50～60 cm，即长 150 cm、宽 100 cm 的深液流水培泡沫板上可定植 6 株，每 667 m² 大棚种植 1 300～1 500 株。

（2）定植后管理。

① 营养液管理。营养液配方可采用日本园试配方的 1/2 剂量或华南农业大学果菜配方。茄子定植后，营养液的浓度保持在 1.0～1.2 mS/cm 的范围内，结果后可适当提高营养液浓度至 1.2～1.5 mS/cm。经过 4 次分枝后，植株生长旺盛，对养分的需求量增大，此时应该把营养液的浓度提高到 1.5～1.8 mS/cm，并维持到收获结束前一周才停止养分补充。

由于茄子根系非常发达，在水培种植槽中会形成厚厚的一层根垫，这时要保证营养液的循环供给，防止根系腐烂。在植株开花前，白天每小时供液 15 min、停 45 min，夜间每一个半小时供液 15 min、停 75 min。开花后，根系更加发达，白天每隔 30 min 供液 15 min，夜间变为每小时供液 15 min（同开花前白天供液方式）。当然，这些参数要结合植株的长势与气候情况而调整。

② 温光管理。茄子喜温，上午温度应保持在 25～30 ℃，当超过 30 ℃时应适当放风，下午温度应保持在 28～20 ℃，低于 25 ℃时应闭风，但应保持在 20 ℃以上，夜间保持在 15 ℃以上。营养液温度冬季保持在 15～20 ℃，不能低于 13 ℃，夏季不能超过 30 ℃。

茄子喜光，应采取各种措施增光补光。如在温室后墙张挂反光幕，清洁棚膜。在保证温度的前提下早揭晚盖草苫。

③ 植株调整。采用双干整枝方式，只留两个一级侧枝，以下各节发出的侧枝尽早去掉。当对茄开花坐果后，在着生果实的侧枝上，果前保留两片叶摘心，放开未结果枝，反复处理后面发生的侧枝，只留两个主干向上生长，可利用尼龙绳吊秧，将枝条固定。随着植株生长，适当摘除下部病残叶片，以利通风透光。

④ 保花保果。棚室春茬茄子生产，室内温度低，光照弱，果实不易坐住。提高坐果率的措施是加强管理，创造适宜植株生长的环境条件。此外，可采用生长调节剂处理，开花期选用 30～40 mg/L 的番茄灵喷花处理。

⑤ 采收。茄子达到商品成熟度的采收标准是"茄眼睛"（萼片下的一条浅色带）消失，说明果实生长减慢，可以采收。

任务二 叶菜类蔬菜无土栽培

一、叶用莴苣

叶用莴苣即平时所说的生菜，为菊科莴苣属中的变种，一二年生草本植物，原产于中国、印度及近东、地中海沿岸。生菜包括 3 个变种，即长叶生菜、皱叶生菜和结球生菜。长叶生菜叶片狭长直立，一般不结球或卷心呈圆筒状。皱叶生菜叶面皱缩，叶缘深裂，不结球。皱叶生菜按叶色可分为绿叶皱叶生菜和紫叶皱叶生菜。结球生菜顶生叶形成叶球，叶球呈圆球形或扁圆球形等。结球生菜按叶片质地又分为绵叶结球生菜和脆叶结球生菜两个类型。绵叶结球生菜叶片薄，色黄绿，质地绵软，叶球小，耐挤压，耐运输。脆叶结球生菜叶片质地脆嫩，色绿，叶中肋肥大，包球不紧，易折断，不耐挤压运输。

1. 栽培设施结构　保护地内营养液膜栽培设施主要包括贮液池、栽培床、输液管、水泵、定时器等。

（1）贮液池。建造参见深液流水培设施建造。

（2）栽培床。用砖、水泥或硬塑料做成栽培床，栽培床的坡度为每 80～100 m 降低 1 m。床内铺塑料薄膜防渗漏。栽培床内经常保持有一薄层（2～3 mm）营养液。栽培床上覆盖聚苯乙烯板，板上有栽植孔。待将育好的苗子插入栽植孔中时，根系便悬挂或直立于栽培床中，床底的一薄层营养液不断缓慢流动，使生长在栽培床中的根系，处在黑暗和水、气及营养具备的环境中（图 8-1）。

图 8-1　水培生菜

（3）供液系统。供液系统由进液管、回液槽、水泵、定时器和部分管件构成。由定时器控制水泵的工作时间，定时从贮液池中泵出营养液，通过进液管进入栽培床，供作物吸收利用，然后，经回液槽回流到贮液池内。通过间歇式供液方式，满足作物对氧气、水分及养分的需要。

2. 茬次安排　散叶生菜及皱叶生菜的生长期较短，且采收没有严格的标准，所以在 1 年中可生产 10 茬之多。下面的具体安排可供参考应用。

2—5 月每月播种 1 茬，育苗期 25～35 d，3 月下旬至 6 月上旬定植，定植后 30～40 d 收获，于 4 月上旬至 7 月上旬供应；6 月下旬至 8 月下旬播种，育苗期 15～25 d，7 月下旬至 9 月中旬定植，定植后 25～35 d 收获，于 8 月下旬至 10 月中旬供应；9 月下旬至 11 月播种 2 茬，育苗期 30 d，12 月中旬至 2 月中旬定植，定植后 55～60 d 收获，于 12 月中旬至 2 月中旬供应。结球生菜的生长期较长，茬次适当减少。

3. 栽培技术

（1）品种选择。生菜性喜冷凉，最高气温 25 ℃以上时就会造成结球生菜结球困难。所以无土栽培生菜时应选用早熟、耐热、抽薹晚、适应性强的品种，如凯撒、大湖 3 优、爽脆、大湖 659 等，都是较为理想的无土栽培生菜品种。

水培生菜技术

（2）播种育苗。

① 播种前的准备。准备好疏松的 3 cm 厚的海绵块，将其切成 3 cm×3 cm 的小块，切时相互之间连接一点，便于码平。将海绵块清洗干净后，码平于不漏水的育苗盘中备用。

② 播种。将经过消毒处理的种子用手直接抹于海绵块表面即可，每块海绵上抹 2～3 粒，往育苗盘中加足水，至海绵块表面浸透为准，播后覆盖一层无纺布。

③ 苗期管理。播种后的种子保湿非常重要，每天用喷壶喷雾 1～2 次，保持种子表面湿润，正常情况下，3 d 左右可出齐苗，冬季出苗稍晚，要 5～7 d 方可出齐。待第一片真叶生长时，向海绵块上浇施少量的营养液，其浓度可为标准液浓度的 1/3～1/2，真叶顶心后间苗，每个海绵块上只留 1 株。生菜的苗龄一般为 15～30 d。

（3）定植管理。

① 定植前准备。栽培床准备好以后，安装供液系统，先用清水检查营养液循环系统的封闭性能。后进行设施的消毒处理，可选用甲醛-高锰酸钾进行空棚消毒杀菌。将配好的营养液注入贮液池后再进行定植，按 30～40 株/m² 的密度将幼苗定植于聚氯乙烯板的栽培孔内。

② 营养液管理。营养液可选用日本山崎莴苣配方。定植 1 周内的幼苗所用营养液的浓度可仍为标准液浓度的 1/2，定植 1 周后可把营养液浓度调为标准液浓度的 2/3，生长后期则用标准液。EC 值控制在 1.4～1.8 mS/cm，结球生菜在结球期 EC 值可提高到 2.0～2.5 mS/cm，pH 控制在 6.0～7.0，营养液每日循环 4～5 次。

③ 温度管理。生菜生长适温为 15～20 ℃，最适宜在昼夜温差大、夜间温度低的环境中生长。白天气温控制在 18～20 ℃，夜间气温维持在 10～12 ℃。营养液温度以 15～18 ℃ 为宜。

④ 增施 CO_2 气肥。可利用 CO_2 钢瓶或 CO_2 发生器来增施 CO_2 气肥，以补充棚室内的 CO_2，促进植株的光合作用，提高产量。

（4）采收期管理。生菜的采收时间因季节不同而有所不同，一般情况下，冬、春茬生菜生长较慢，从播种到采收需要的时间长些；夏茬生菜生长时间则较短。结球生菜一定要注意采收时期，做到及时采收，如果采收过早会影响产量，采收过晚会抽薹。结球生菜应分期采收，且采收时连根拔出，带根出售，以表示该产品为无土栽培的绿色蔬菜。

该茬采收结束后，随即将已备好的幼苗重新放入定植孔中定植，即"随收随种"。种植 3～4 茬后，应对栽培床进行冲洗，彻底清除残根、残叶及灰尘，且要对供液系统进行清理，对栽培设施进行消毒后重新注入营养液，进行下一茬生产。

（5）病虫害及其防治。生菜无土栽培时几乎不发生病虫害，但有时也会因人为或棚室通风时而传入害虫、病原菌等，从而引起生菜发生病虫害，要及时发现、及时清除带病虫秧苗，并用药防治。

二、茼蒿

茼蒿又名蓬蒿、菊花菜、蒿菜，菊科菊属一二年生草本植物。茼蒿的根、茎、叶及花都可作药，有清血、养心、润肺、清痰等功效。茼蒿的嫩茎叶可生炒、凉拌或做汤食用，具有特殊香味。其栽培方式采用基质培和水培均可，这里介绍一下三层水培栽培方式。

1. 设施构造

（1）设施结构。为了操作方便和植物可较好的采光，栽培架高 1.6～1.7 m，宽 60 cm，长度视温室栽培空间大小而定。设计三层栽培床，两层之间距离 55～60 cm，最底层距离地面 50 cm。栽培床是由聚苯乙烯泡沫板制成，深 7～10 cm，床底铺上一层黑色的聚氯乙烯薄膜防止营养液渗漏，定植板由小块的泡沫板组成，这样方便清洗消毒。营养液通过供液管道先到达顶层，然后流到第二层、最底层，最后通过回流管道流回到贮液池中。每一个供液支管上都安装阀门以控制营养液供液量（图 8-2）。

（2）栽培床准备。在定植板上铺一层厚的无纺布，无纺布的两端从定植板下深入到栽培床的营养液中，这样可吸收一定水分，使无纺布湿润。播种之前，先将无纺布用水浇湿、浇透，然后在无纺布上均匀撒一些消过毒的小石砾，使无纺布能更好地紧贴在定植板上。石砾不可过多，否则泡沫栽培床受重压容易破坏。这种栽培形式除了可栽培茼蒿，其他叶菜类如空心菜、小白菜、莴苣、苦苣等均可种植，但莴苣、苦苣需要单株定植到栽培孔中（图 8-3）。

图 8-2　茼蒿栽培设施　　　　　　　　图 8-3　茼蒿无土栽培床准备

2. 生产技术

（1）品种类型。茼蒿根据其叶片大小可分为大叶茼蒿和小叶茼蒿两种类型。大叶茼蒿又称圆叶茼蒿或板叶茼蒿，叶片宽大，缺刻少而浅，叶厚，茎粗而短，纤维少，节间密，产量高，品质好，耐寒性较差，比较耐热，成熟稍迟，栽培比较普遍。小叶茼蒿又称细叶茼蒿或花叶茼蒿，叶片狭小，缺刻多而且深，叶薄，茎秆细高，生长快，比较耐寒，不耐热，适合北方栽培。

（2）播种及幼苗管理。种子可不用催芽，直接在湿润的无纺布上进行撒播，之后再覆盖一层珍珠岩，最后覆盖一层薄膜进行保湿，如果温度较高，光照强，则需用遮阳网进行遮光。因植株幼苗根系直接生长在无纺布中，珍珠岩对其固定能力较差，植株易倒伏，所以播种密度比土壤播种密度要大。当有 70% 的种子拱出覆盖的珍珠岩时，要及时撤掉薄膜以防烤苗，而且这时幼苗根系还比较弱，遇中午强光时，无纺布很快失水变干，幼苗会出现萎蔫，所以幼苗期时在晴天上午要对栽培床进行喷水，直到根系发达，可从营养液中吸收水分时，就不再进行喷水（图 8-4）。

（3）栽培管理。

① 温光管理。茼蒿喜冷凉，不耐高温，生长适温 17～20 ℃，低于 12 ℃生长缓慢，高于

图 8-4 茼蒿无土栽培播种

29 ℃生长不良。茼蒿对光照要求不严，在较弱光照下也能正常生长，所以适合层架式栽培。

② 营养液管理。

a. 营养液配方。可选用日本山崎茼蒿标准配方。

b. 营养液浓度管理。一般管理浓度以 EC 值 1.5～2.0 mS/cm 为宜，定植初期 EC 值 0.7～1.0 mS/cm，后期浓度逐渐提高。

c. 营养液酸度控制。每周定期测定营养液酸碱度一次。适宜的 pH 为 6.0～6.5，若营养液 pH 超出此范围，应及时调整。

d. 供液方式。每天上、下午定时开启水泵 2～3 次进行供液，每次供液 15 min，夜间不开启水泵。

（4）采收。茼蒿一般播后 40～50 d，植株长到 18～20 cm 时即可采收。如果采收过晚，茎皮老化，品质降低。采收可分一次性采收和分期采收。分期采收可于主茎基部保留 4～5 片叶或 1～2 个侧枝，用刀割去上部幼嫩茎叶，20～30 d 后基部侧枝萌发，可再进行采收。

三、紫背天葵

紫背天葵别名观音菜、血皮菜，为菊科三七草属多年生草本植物。紫背天葵富含黄酮类化合物及铁、锰、锌等对人体有益的微量元素，具有很高的保健价值。以嫩茎叶供食用，可凉拌、做汤、炒食，柔嫩爽滑，风味独特。紫背天葵的无土栽培方法有基质培、DFT 水培、静止水培、立体栽培等模式。

1. 品种类型 紫背天葵有红叶种和紫茎绿叶种两类。红叶种叶背和茎均为紫红色，新叶也为紫红色，随着茎的成熟，逐渐变为绿色。根据叶片大小，又分为大叶种和小叶种。大叶种叶大而细长，先端尖，黏液多，叶背、茎均为紫红色，茎节长；小叶种叶片较少，黏液少，茎紫红色，节长，耐低温，适于冬季较冷地区栽培。紫茎绿叶种，茎基淡紫色，节短，分枝性能差，叶小呈椭圆形，先端渐尖，叶色浓绿，有短茸毛，黏液较少，质地差，但耐热耐湿性强。

2. 繁殖方法 紫背天葵有 3 种繁殖方式：扦插繁殖、分株繁殖和播种繁殖。

（1）扦插繁殖。紫背天葵茎节易生不定根，插条极容易成活，适宜扦插繁殖，这也是生产上常常采用的繁殖方式。一般在 2—3 月和 9—10 月进行。选择健壮无病的植株，剪取6～8 cm 长的嫩枝条，每段带有 3～5 节叶片，将每段基部的 1～2 片叶摘掉，插入事先准备好的苗床或营养钵中。苗床中的基质可用沙子或草炭、蛭石按 2∶1 的比例混合。扦插前要将基质浇透水，扦插后搭小拱棚，用旧薄膜或无纺布覆盖，遮阳保湿。苗期温度控制在20～25 ℃，保持苗床内基质湿润，一般两周左右即可成活。

（2）分株繁殖。分株繁殖一般在植株进入休眠后或恢复生长前（南方地区多在春季萌发前）挖取地下宿根，随切随定植。但分株繁殖的系数低，分株后植株的生长势弱，故生产上一般不采用。

（3）播种繁殖。当气温稳定在 12 ℃ 以上时播种，播后 8～10 d 即可出苗，苗高 10～15 cm 时定植。紫背天葵利用种子繁殖的优点是繁育出的幼苗几乎不带病毒。

3. 紫背天葵立柱盆钵基质栽培技术

（1）设施建造。

① 平整地面，建立柱。先将棚室内地面整平压实，然后用砖和水泥建成长 5 m、宽 1.2 m、深 0.1 m 的栽培槽，槽内竖立两排立柱，排内立柱轴心距离为 0.7 m，营养液从栽培立柱的上端滴入，下渗到栽培槽中，最后流回到贮液池。栽培立柱由栽培钵、插植杯和 PVC 管组成。栽培钵四周有 5 个栽培孔，栽培钵内部有 5 cm 的孔径，这样可通过 PVC 管穿于一体竖立于栽培槽中。孔径外侧的空间里装有用无纺布包裹的珍珠岩，用来吸收水分和营养液供给植株根系吸收生长。插植杯内装有草炭、蛭石、珍珠岩（2∶1∶1）的复合基质，育好的植株幼苗应预先定植于插植杯内，然后放入栽培孔中。栽培钵旋转自如，这样有利于立柱上的苗都能正常接受光照（图 8-5、图 8-6）。

图 8-5　紫背天葵栽培立柱　　　　　　　　图 8-6　紫背天葵立柱栽培

② 循环系统组成。循环系统包括供液管道、回流管道、水泵、定时器等装置。贮液池由水泥和砖砌成，用来存放清水和营养液（图 8-7）。

供液总管一端通过阀门与贮液池水泵相连，另一端通过阀门分别与各排立柱的供液支管相连。在每个立柱上方对应的供液支管处都打一孔安装供液滴管（毛管），滴管盘绕

图 8-7　紫背天葵无土栽培营养液循环系统

在立柱最上方的栽培钵基质内。供液时，营养液经供液总管→供液支管→毛管→栽培钵，流

量由供液支管阀门控制，栽培钵内多余的水分自上而下通过各栽培钵底的小孔依次渗流至栽培槽中，最后流回到贮液池中。

（2）基质的选择与消毒。无土栽培的基质种类有很多，适于立柱式栽培的基质容重不能过大，否则立柱的结构容易被破坏。我们采用的基质是草炭、蛭石、珍珠岩（2∶1∶1）的复合基质。在混配时可拌入 80～100 g/m³ 的多菌灵，浇水拌匀，基质的含水量控制在 60%。

（3）定植。对于扦插繁殖的紫背天葵，当其根系发达时，移入插植杯中预培养 10～15 d。栽植时要注意不要伤害植株根系，而且插植杯里的基质不要装得太紧实，只要保证下端不脱落即可。预培养期间注意遮阳保湿，根据季节视植株生长情况进行浇水，保持插植杯里基质湿润。当插植杯底部有根系露出时即可上柱，上柱之前启动水泵，通过滴灌系统向各立柱浇水，使内部基质湿透。

（4）栽培管理。

① 温湿度调控。紫背天葵耐热、怕霜冻，因此冬春低温季节（11月至翌年3月）保护地栽培注意保温；夏秋季气温较高，应使用遮阳网，并揭膜通风，降低棚内温湿度，减少病虫害发生，提高品质和产量。

② 整枝调整。定植后待植株长至 15 cm 高时摘去生长点，促其腋芽萌发成为营养主枝，立柱栽培一般每株留 4～6 个枝条。

③ 营养液管理。

a. 营养液配方。可选华南农业大学叶菜类通用营养液配方。

b. 营养液浓度管理。基质栽培紫背天葵营养液适应范围很广，在 EC 值 1.5～3.0 mS/cm 范围内都能生长，生理上未见异常。一般管理浓度以 EC 值 2.0～2.5 mS/cm 为宜，定植初期 EC 值 0.7～1.0 mS/cm，后期浓度逐渐提高。贮液池内的营养液每周测定一次 EC 值，EC 值低时要及时加配营养液肥料。

c. 营养液酸度控制。植株在柱上生长时每周测一次 pH，适宜的 pH 为 6.5～6.8。

d. 供液方式。供液量和供液次数与栽培季节有关。高温季节，每天供液 2～3 次，每次 10～15 min；冬季每 3～5 d 供液一次，每次 10～15 min。

④ 定期旋转栽培钵。一般每隔 2～3 d 旋转栽培钵一次，使各栽培钵中紫背天葵苗都能正常接受光照，尽量使秧苗长势一致。

⑤ 定期洗盐处理。紫背天葵栽培过程中要定期通过滴灌系统浇一次清水，清洗插植杯基质表面吸附的沉积的营养元素，以免积盐毒害根系。一般一个月清洗一次，夏季高温季节每隔半个月滴一次清水。

（5）采收。定植后 20～25 d，苗高 20 cm 左右，顶叶尚未展开时采收。采收时，剪取长 10～15 cm、先端具有 5～6 片嫩叶的嫩梢，基部留 2～4 片叶，以便萌生新的侧枝。以后每隔 10～15 d 采收一次，常年均可采收。

四、芹菜

芹菜属伞形科二年生蔬菜，原产于地中海沿岸及瑞典、埃及等地的沼泽地带。芹菜除了富含维生素和矿物质外，还含有挥发性的芹菜油，具有浓郁的香味。由于叶片食用时有苦味，故一般以食用叶柄为主，可炒食、凉拌、做馅，也有人用芹菜叶柄榨汁饮用。近几年的医学研究表明，芹菜对于心血管疾病，如冠心病、动脉粥样硬化、高血压等有一定的辅助治疗效果。

1. 品种选择 栽培上按叶柄形态常将芹菜分为本芹和西芹两种类型。无土栽培的芹菜多选用叶柄较肥厚的西芹。其粗纤维含量较低，食用较脆，口感较好，产量也较高，但西芹的香味不及本芹。代表品种有康乃尔619、佛罗里达683、高优他、荷兰西芹、加州王等。

2. 栽培季节 芹菜虽可一年多茬栽培，但从保护地无土栽培来说，应以产量最高，效益最大的秋冬茬为主。一般于8月上旬播种，9月上旬至10月上旬栽植，12月前后收获。

3. 无土栽培方式 芹菜采用NFT、DFT、岩棉栽培或其他基质栽培等方式均可。这里介绍的是芹菜的DFT栽培形式（图8-8）。

图8-8 芹菜无土栽培

（1）栽培设施。参见深液流水培的设施建造。

（2）育苗和定植。芹菜喜冷凉湿润的环境，生长适温为15～20℃，26℃以上生长不良，纤维含量高，具苦涩味，品质低劣。种子于4℃开始发芽，发芽最适温度为15～20℃，高温下发芽缓慢而不整齐。

芹菜播种前先用48℃的热水浸泡种子30 min，起消毒杀菌作用，然后用冷水浸泡种子24 h，再用湿布将种子包好，放在15～22℃条件下催芽，每天翻动1～2次见光，并用冷水冲洗。西芹经7～12 d催芽，出芽70%以上时进行播种。可采用穴盘或基质育苗床育苗。将草炭、蛭石、珍珠岩按2∶1∶1的比例进行混配，装盘，浇透水，播种，然后撒上一薄层基质，覆薄膜保湿。注意播种密度不要太大，否则清洗幼苗根系时伤根会很严重。

当小苗长至5～6 cm时就可移入定植杯中。将苗从基质中取出，用清水将根系基质冲洗掉，并用50%多菌灵可湿性粉剂500倍液进行消毒，然后将幼苗放入定植杯中，注意将幼苗根系从定植杯孔轻轻拿出，以便接触到营养液。

（3）栽培管理。

① 营养液配方选择。可选用华南农业大学叶菜A配方。

② 温度管理。芹菜为喜冷凉蔬菜，一般来说，苗期对温度适应力较强，而在产品形成阶段，则对温度要求相对严格，一般白天适宜气温保持在 18～25 ℃，夜间 12～15 ℃。营养液温度宜在 18～20 ℃。根系温度长期低于 15 ℃ 不利生长。

③ 营养液管理。在芹菜不同的生育期，营养液浓度有所区别。刚刚定植时，EC 值控制在 1.0～1.5 mS/cm，生长 1 个月左右，EC 值提高到 1.5～2.0 mS/cm，再生长 2～3 周之后，营养液的浓度可提高到 1.8～2.5 mS/cm，这个浓度一直持续到收获前一周，之后不用再加入营养就可维持到收获。这期间的生长 pH 控制在 6.4～7.2。

水泵循环时间，植株封行前白天控制在 10～15 min/h，植株封行后 15～20 min/h；夜间都统一控制在 10～15 min/2 h。

（4）适时收获。芹菜苗定植之后 50～60 d，株高 70～80 cm 时，根据市场需要适时收获。

任务三　芽苗菜无土栽培

凡是利用作物种子或其他营养贮存器官（如根茎、枝条等），在黑暗或光照条件下生长出可供食用的芽苗、芽球、嫩芽、幼茎或幼梢，均可称为芽苗类蔬菜，简称芽菜。芽菜速生、洁净、营养丰富，适于多种栽培方式，且投资少，成本低，见效快，经济效益高，也便于实现工厂化、集约化生产。

根据芽苗菜产品形成所利用的营养来源不同，可将芽苗菜分为种（籽）芽苗菜和体芽苗菜。种（籽）芽苗菜指利用种子中贮存的养分直接培育成幼嫩的芽或芽苗，如黄豆芽、绿豆芽、赤豆芽、蚕豆芽及香椿芽、豌豆芽、萝卜芽、荞麦芽、苜蓿芽等。体芽苗菜指利用二年生或多年生作物的宿根、肉质直根、根茎或枝条中累积的养分，培育出的芽球、嫩芽、幼茎或幼梢。如由肉质直根培育成的菊苣芽球，由宿根培育的蒲公英芽、苦荬芽，由根茎培育成的姜芽，由枝条培育成的树芽香椿、豌豆尖、辣椒尖、佛手尖等。

一、豌豆苗无土栽培

豌豆苗又称龙须菜，叶肉厚，纤维少，品质嫩滑，清香宜人，被誉为菜中珍品。室内采用育苗盘生产豌豆苗，产量高，操作简单，效益好。

1. 生产设备　豌豆苗生产对场地要求不高，可利用大棚或闲置的房舍。为提高场地利用率，充分利用空间，催芽室内可放置多层的立体栽培架，规格为高 1.5～1.8 m、长 1.5 m、宽 50 cm，层间距 30～40 cm。架上摆放育苗盘，规格为外径长 60 cm、宽 24 cm、高 4～6 cm，平底有孔的黑色塑料硬盘。

2. 品种选择　用于生产芽菜的豌豆种子要求纯度高、净度好、粒大、发芽率高，这样才能保证生产的豌豆苗质量好、抗病、高产。一般菜用豌豆在生产过程中易烂种，所以可选用青豌豆、花豌豆、灰豌豆、褐豌豆、麻豌豆等粮用豌豆；夏天以选择抗高温、抗病毒的麻豌豆为好。另外，在购买种子时，除应注意种子质量外，还要考虑货源是否充足、稳定，种子是否清洁、无污染等问题。

3. 种子的清选和浸种　豌豆苗生长的整齐度、商品率及产量与种子质量密切相关。因此，用于豌豆苗生产的种子除必须采用优质种子外，要在播前进行种子消毒，且要剔除虫蛀、残破、畸形、发霉、瘪粒、特小粒和发过芽的种子。

为了促进种子发芽，经过清选的种子还需进行浸种，一般先用 20～30 ℃ 的洁净清水将种子投洗 2～3 遍，然后浸泡种子 20～24 h，水量为种子体积的 2～3 倍。浸种结束后要将种子再投洗 2～3 遍，然后捞出种子，沥干表面水分，便可播种。

4. 播种及叠盘催芽　播前先将苗盘洗刷干净，并用石灰水或漂白粉水消毒，再用清水冲净，最后在盘底铺一层纸，即可播种。每盘播种豌豆 350～450 g，播种时要求撒种均匀，以便芽苗生长整齐。

播种完毕后，要将苗盘叠摞在一起，放在平整的地面上进行叠盘催芽。苗盘叠摞高度不得超过 100 cm，每摞间隔 2～3 cm，以免因过分郁闭、通气不良而造成出苗不齐。为保持适宜的空气湿度，摞盘上要覆盖黑色薄膜或双层遮阳网。催芽应在湿度条件比较稳定的催芽室内进行，催芽室温度应保持在 20～22 ℃，以提高发芽率。叠盘催芽期间每天应喷一次水，水量不要过大，以免发生烂芽。在喷水的同时应进行一次"倒盘"，调换苗盘上下前后的位置，使苗盘所处培养环境尽量均匀，促进芽苗整齐生长。在正常条件下，4 d 左右叠盘催芽即可结束，将苗盘散放在栽培架上进行绿化，上架时豌豆芽高 1～2 cm。夏天温度较高，种子在发芽过程中产生的积温容易造成烂种，可早一点上架以减少烂种，冬天温度低，种子在发芽过程中产生的积温有利于生长，可晚一点上架，只要长的苗不顶上面的盘，都可叠盘催芽。

5. 绿化期管理

(1) 光照管理。为使豌豆苗从叠盘催芽的黑暗、高湿环境安全过渡到新的培养环境，在苗盘移到培养架上时，应有 1 d 空气相对湿度较稳定且弱光的过渡期，以避免芽苗发生萎蔫。为生产出"绿化型产品"，在豌豆苗上市前 2～3 d，苗盘应放置在光照较强的区域，使芽苗更好地绿化。总之，豌豆苗在强光下可长成绿色的大叶苗，在无光的条件下可长成嫩黄色的龙须苗，在弱光条件下长成嫩绿苗。

(2) 温度和通风管理。豌豆苗生长适温为 20 ℃ 左右，超过 30 ℃ 时生长受阻，低于 14 ℃ 时生长十分缓慢。

通风是调节栽培室温度，减少种芽霉烂的重要措施之一。在保证室内温度的前提下，每天至少进行通风换气 1～2 次，即使在室内温度较低时，也要片刻通风。

(3) 水分管理。由于芽菜采用不同于一般无土栽培的苗盘纸床栽培方式，且芽苗本身鲜嫩多汁，因此要经常补水。补水的原则是"小水勤浇"，冬天每天喷淋 2 次，夏天每天喷淋 4～5 次，浇水要均匀，要先浇上层，然后依次浇下层，浇水量掌握在喷淋后苗盘底部不大量滴水。此外，还应注意生长前期水量宜小，生长中后期水量稍大，即苗高 5 cm 之前少浇水，打湿种子和苗盘底部纸张即可，苗高 5 cm 以后多浇水；阴雨、低温天气水量宜少，高温天气稍多；室内空气湿度较大，蒸发量较小时水量宜少些。

6. 采收　在正常栽培管理条件下，豌豆苗播种后 8～9 d、苗高 10～15 cm 时即可收获，收获时顶部小叶已展开，食用时切割梢部 7～9 cm，每盘可产 350～500 g。第一次采收完毕，将苗盘迅速放置强光下培养，待新芽萌发后再置于 2～3 klx 的光照下栽培，苗高 10～15 cm 时再次采收。

7. 注意事项

(1) 两次收获后及时清洗育苗盘，剔去黏附的杂质，并晾干收藏好，以备下茬使用。

（2）每生产1~2批芽苗菜后，对生产场地及用品要用漂白粉或碳酸钙喷雾消毒。

（3）整个生产中要保持水源、场地的清洁。

二、蚕豆芽无土栽培

蚕豆苗中含有调节大脑和神经组织的重要成分（钙、锌、锰、磷脂等），并含有丰富的胆石碱，有增强记忆力的健脑作用，是一种新型保健芽苗菜。蚕豆芽因其味道好，营养价值高，产品绿色无公害，纤维含量少，备受各地消费者的喜爱。

1. 生产设备 蚕豆芽的生产场地和设备准备同豌豆苗一样。

2. 品种选择 蚕豆各地品种较多，就颜色分有红色、灰白色、褐色、紫色、乳白色等；就种子千粒重分为大粒种、中粒种和小粒种。选用小粒种用于蚕豆芽生产更好一些。

3. 种子的清选和浸种 种子要选个粒均匀，成熟度高，发芽率高，籽粒饱满无病害，保存期为12~20个月的新种，浸种前要先除去虫蛀、破残及其他劣质豆。

种子清选后，要进行消毒处理，以免在催芽过程中发生霉烂，然后用温水浸种20~24 h。

4. 催芽及播种 种子浸泡好后要清洗干净，置于20~25 ℃条件下进行催芽，待80%种子露白后进行播种。蚕豆芽可采用沙培法进行生产。

首先将育苗盘清洗干净，进行消毒处理，在苗盘底部铺放一层白纸，白纸上平铺一层2.5 cm厚的消毒处理过的细沙，然后将发好芽的蚕豆种子均匀铺上，铺好豆子，再覆盖一层细沙，之后立即喷水，然后将育苗盘摆放在栽培架上。

5. 上架后的管理 上架后的管理同豌豆苗管理基本相似，但由于细沙具有一定的保水性，所以每天浇水次数依具体情况而定，一般冬季每天1~2次，夏天每天喷淋3~4次即可。其他浇水原则同豌豆苗生产管理。

6. 采收 一般来说，第一茬豆苗播种后10~15 d、大叶苗长到10 cm高时即可采收，龙须苗一般长到15 cm左右采收。

任务四 果树无土栽培

一、草莓高架基质栽培

草莓是我国设施园艺中的主要种类，与其他种类相比，草莓设施栽培具有周期短、见效快、效益高、采摘期长、品质好等特点。但当前生产中主要以薄膜覆盖的保护地内地面起垄栽种为主，长期连作容易造成各种病原菌的累积和土壤的次生盐渍化，产生的土传病害严重制约草莓的产量和品质，影响经济效益。另外，草莓种植需工量大，除种植之前的翻地整地外，育苗、小苗定植、摘除老叶、疏花疏果、采摘果实等都需人工弯腰曲背操作，劳动强度非常大，1 hm² 的草莓生产面积需要20 000~20 500 h的劳动时间。随着我国农业人口老龄化的日趋严重、生产成本的不断提高及劳动力的日益紧缺，急需研发和推广草莓省力化的栽培模式。设施立体栽培正是为缓解连作障碍、实现草莓省力化栽培和清洁生产而产生的一种栽培方法，即通过人为作用改进自然环境和生产条件，利用和发挥整合效应，扩大资源的有效利用空间和时间，提高单位面积和单位时间资

草莓高架基质栽培

源的利用率，发挥有限土地的生产潜力，从而获得显著的成效。设施立体栽培于 20 世纪 90 年代后期开始在日本兴起，目前应用面积约占该国草莓栽培面积的 1/10，近年来在我国台湾、北京、上海、浙江、江苏等地区也有所采用。伴随我国经济的快速发展，人们消费能力增强，以品质优、食用安全、兼具休闲观光等特点的设施立体栽培草莓的市场前景广阔，引进、应用并创新该项技术也具有重要意义。

1. 草莓高架基质栽培意义

（1）节约空间，适种地域广。从单位面积栽培量看，传统栽培模式草莓的栽植密度为 12 万～15 万株/hm²；改用立体无土栽培模式后，栽培总量可达 30 万～45 万株/hm²。从单位面积产量及产值看，常规温室栽培草莓，平均产量 4.5 万 kg/hm² 左右，产值 27 万～30 万元/hm²，最高产量 9 万 kg/hm²，产值 60 万元/hm² 左右；改用立体无土栽培，平均产量 18 万 kg/hm² 左右，产值近 90 万元/hm²，收益明显提高。另外，就土壤条件来讲，草莓对肥水要求较高，用传统方法栽培时，宜选择土壤肥沃的地块。而改用立体无土栽培时，由于营养基质可按要求任意选配，基本不受土壤条件的限制，不管土壤肥沃与否，甚至在荒坡、荒滩或者水泥地等不适合种植的地方也能发展。

（2）有效提高品质，适合发展休闲观光农业。草莓传统栽培模式通常是在同一块土地上连续栽种，易产生连作障碍，对很多农户来说，要想连续种草莓，要么换地块，要么轮作。由于设施草莓立体无土栽培采用的基质主要是泥炭土、草炭、珍珠岩等的混合物，除了能高产、高效，还可重茬式补充营养，从而有效缓解草莓栽种中的重茬难题。同时，可根据草莓的生理特点和不同生长阶段对水肥的需求，调节营养液浓度，调控通风、热能、湿度等生长环境，使草莓生长发育始终处于最佳状态，并有效抑制白粉病、灰霉病、炭疽病以及螨类、蓟马等病虫害的发生，减少农药施用，提高优质果比例。另外，不用弯腰便可以摘到草莓，绿叶红果也非常具有观赏价值，更适合休闲观光农业的发展需要。

2. 设施建造

（1）栽培架搭建。

草莓高架基质栽培槽的建造

① 搭建原则。水稻田待地面干燥后镇压板结，即可搭建架台；旱地浅耕后经过土地平整，镇压板结，方可搭建。架台搭建宜选择接受光照均匀的南北方向，与大棚走向保持一致，架与架间距为 70～80 cm，方便行走作业。棚宽 7 m 的单栋棚或棚宽 6 m 的连栋棚，每栋分别可排放 5 列架台。架台宽度控制在 35 cm，架台长度控制在 50 m 以内，超过 50 m 可分设两段架台。

② 栽培架架式。草莓高架栽培在日本也是从 20 世纪 90 年代后期开始兴起。高架栽培是利用一定的设备将草莓定植在距地表一定距离的栽植床进行栽培管理的一种生产模式。根据栽培设备的不同，可分为支架栽培和吊架栽培，单层平铺式栽培和双层立体式栽培等。下面主要介绍由江苏农林职业技术学院研发的支架型草莓高架基质栽培架（图 8-9）和装配式草莓高架栽培装置（图 8-10）。前者成本低廉，安装方便，能有效解决基质栽培前期基质表层持水能力不足、定植成活率低、草莓生长势弱等难题；后者可实现栽培架高度自由调节，实现基质栽培和深液流水培优势互补，从而有效控制基质持水量，可精准控制草莓生长势，节约肥水，操作方便，管理简单，有效提高草莓产量和改善草莓品质。

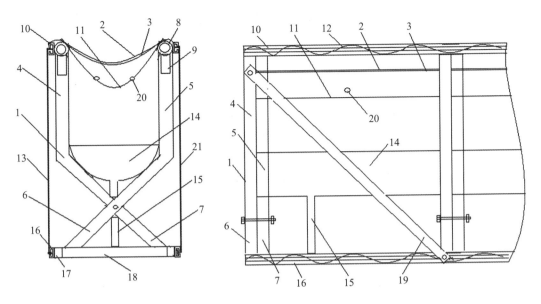

图 8-9 支架型草莓高架基质栽培架

1. 固定架 2. 无纺布 3. 防虫网 4、5. 竖管 6、7. 支撑脚 8. 横管 9. 连接杆 10、16. C 形管
11. 薄膜 12. 卡条 13、21. 控湿膜 14. 回收槽 15. 回水管 17. 侧边支撑杆 18. 端头支撑杆
19. 斜撑杆 20. 漏液孔

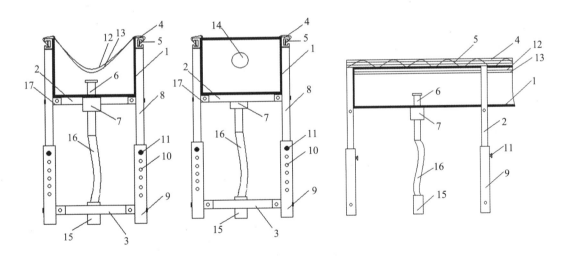

图 8-10 装配式草莓高架栽培装置

1. 栽培槽 2. 第一横杆 3. 第二横杆 4. C 形管 5. 卡条 6. 导流管 7. 管套 8. 上管 9. 下管
10. 第二通孔 11. 锁销 12. 无纺布层 13. 防虫网层 14. 通气孔 15. 排水口
16. 软管 17. 卡接件 18. 第一通孔

（2）栽培基质。

① 基质配制原则。良好的栽培基质应具备如下特点：理化性状稳定，不易分解、腐烂
变性；保水力强，通气性好；价格便宜，来源广泛，取材方便；相对密度小，质量小；安全
性好，对环境污染小等。根据上述要求，栽培基质配比时，一般多选取泥炭、专用有机肥等

有机质为主材料，并搭配珍珠岩、蛭石等无机质材料，辅助一些钙、镁、磷肥，配制技术为适应草莓生长需要。

② 基质配制方法。草莓栽培基质配方采用泥炭：蛭石：珍珠岩＝4：1：1的配方，并加入适量商品有机肥和钙、镁、磷肥。此配方具有良好的基质理化性质，草莓移栽成活率高，草莓生长势强。

③ 基质填装。基质搅拌均匀，将搅拌好的基质通过装运车，托运到高架栽培架上进行上料。

（3）灌溉设施。高架基质栽培采用膜下滴灌技术。滴管可选择硬质橡胶管，也可选择软质塑料滴灌带。滴孔间距为10～15 cm。由于基质空穴度大，水分的垂直渗透性强，水平扩散性差，可在基质表面铺放一层无纺布，无纺布上再铺设滴管，通过无纺布的扩散渗透作用将水均匀渗透到基质中。

3. 生产技术

（1）品种选择。选用适合架式栽培的红颊、章姬、玖香、宁玉等优质早熟品种。

（2）定植。

① 定植时间。定植时间根据草莓苗花芽分化的早迟而定。一般以8月下旬至9月上中旬定植为宜。种苗规格为根颈粗1.0 cm左右、矮壮敦实、无病虫害的穴盘苗。

② 定植密度。单一型高架栽培槽采取双行栽植方式，株距15～20 cm，小行距25～30 cm，植株距离槽边距5 cm左右，一般每667 m² 栽植6 000 株。

③ 定植方法。为了便于管理和采收，种植时使草莓的弓背方向朝向栽培槽外侧，一方面草莓果实生长在通风、光照充足的栽培槽两侧，有利于草莓着色和品质的提升，另一方面花果生长在栽培槽两侧，湿度较小，可减轻病害的发生。

④ 定植深度。定植深度是草莓基质栽培成活的关键之一，栽植时要求苗心基部与基质表面平齐，且压实根系周围基质。定植过浅，基质过松，部分根系外露，吸水困难且易风干；定植过深，生长点埋入基质中，影响新叶发生，时间过长引起植株腐烂死亡。

（3）定植后的管理。

① 水分管理。草莓高架基质栽培定植后1～7 d是水分管理的最关键时期，由于基质表层持水力有限，基质表层极易失水风干，此时草莓苗新根还没生成，所以要采用微喷灌进行整槽喷灌，且要少量多次。另外，栽培槽内液相调节装置调到最高水位，使栽培基质处于饱和的湿度环境中，确保基质表层湿润。经7～10 d草莓新根长出，冒出新叶，此时进行控水，确保基质湿润即可，既要保证有充足的水分，又要保证基质有充足的氧气，协调好基质中水气矛盾问题。等草莓根伸出防虫网，伸向液体时，要逐渐减低液相控制阀，保证栽培槽下部有足够的空间进行供氧。

② 环境湿度管理。定植后1～3 d草莓处于生根阶段，新根还没长出，此时草莓维持生命主要靠空气中的湿度，所以要保证大棚湿度在80%以上，有利于草莓生根。定植后4～10 d可以逐渐降低栽培环境湿度，控制在70%左右，10 d草莓生根后控制环境湿度，尤其开花期，白天相对湿度应控制在60%以下。

③ 光照管理。草莓定植后1～3 d可以进行全天遮光处理，减少太阳光照射带来的叶片水分的蒸发，影响草莓缓苗期和成活率，定植后4～6 d可以早晚逐渐见光，促进草莓新根形成和叶片光合作用，成活后就不需要进行遮光，转入正常管理。

④ 温度管理。草莓定植后至成活前，增加环境温度，保证白天 25～28 ℃，夜晚 20～25 ℃，以促进新根形成；成活后生长阶段，白天 26～28 ℃，夜间 10～15 ℃；现蕾期白天 25～28 ℃，夜间 8～12 ℃；开花期白天 22～25 ℃，夜间 8～10 ℃；果实膨大期和成熟期白天 20～25 ℃，夜间 5～10 ℃，形成大温差，以提高果实品质。

⑤ 施肥管理。基质中营养液浓度检测是利用离子电导率速测仪对渗漏到架台下的渗漏液进行读数（EC 值）判定。当 EC 值高于某个生育阶段的目标浓度时，预示着栽培基质养分浓度过高，可只滴水稀释；当 EC 值低于目标浓度时，预示着栽培基质养分不足，必须配置适当浓度的营养液进行补充。草莓生长最适宜 pH 5.0～6.5，当 pH<4 或>8 时出现草莓生长发育障碍，具体见表 8-1。

表 8-1　不同生育阶段营养液浓度 EC 值和 pH

生育阶段	定植后至开花前	开花期	结果期
EC 值/(mS/cm)	0.5～0.6	0.6～0.7	0.8
pH	整个生育期保持在 5.0～6.5		

⑥ 植株管理。

a. 掰侧芽。红颊、章姬等草莓既有 1 芽的植株也有多芽的植株，一般腋留 2 芽，最多留 3 芽进行植株整理。其他多余侧芽要及时从母株发生处彻底掰除。

b. 摘老叶。定植 2 周后保留 5 张展开叶片，摘除老叶，以促进根颈部初生根的发生。覆盖地膜前后仍然保留 5 片叶进行整理。顶花序出蕾时要确保展开叶达到 5 片。收获期间要尽可能多保留功能叶，只是将老化叶片进行摘除。但为了抑制红蜘蛛和第二次腋花序出蕾时萎枯障碍的发生，在顶果序收获结束时将下垂的叶片尽可能多摘除。

c. 摘花。根据小花情况进行精细地摘花，可以增加大果发生的比例，有利于市场销售。顶花序留 10 个低级次小花；第一批腋花序只有 1 个芽的情况下留 7～10 个小花，有 2 个芽的情况下各留 5～7 个小花；第二批腋花序保留 5 个小花，多余的摘除。另外，从果实品质来看，摘花对果实可溶性固形物含量也有差异。对摘花区、放任区的同级次果实可溶性固形物含量进行比较，发现随着花序发育进程的推进，摘花处理过的果实可溶性固形物含量最高，坐果数多的果实可溶性固形物含量最低。因此，摘花不仅能促进果实膨大，而且对提高果实品质都非常重要。

d. 去花瓣、摘果梗。开花后散落黏附在果实和萼片上的花瓣是滋生病害的良好培养基，很容易造成病毒发生，开花结实后要用弥雾机或其他送风机械定期吹除。一批果序收获结束后，果梗会消耗植株大量养分，要尽量摘除。

⑦ 辅助授粉。冬季草莓棚室内温度低、湿度大、通风少，从而引起的草莓授粉不良，出现大量畸形果，采用放养蜜蜂进行传粉是解决草莓畸形果的关键技术，可以在每 1 000 m² 的温室放养一箱荷兰熊蜂，效果较佳。

⑧ 花果管理。当草莓开花结果时应及时进行疏花疏果，首先将花序高级次的无效花、无效和畸形果摘除，然后根据第一花序保留 3～4 个果，第二、第三花序保留 5～6 个果，第四、第五花序保留 2～3 个果的原则进行疏花疏果。确保草莓产量的同时，应保证草莓品质，提高草莓商品价值。

（4）采收。

① 成熟度把握。当果实发育到一定程度，果皮由青绿色变白色，进而转变成红色，并且从果顶到基部果面都能均匀着色；同时，镶嵌在果面的种子也由青绿色变成褐色，预示着果实已经进入成熟阶段。八成熟以下着色的果实口感差，九十成着色的果实口感好。冬季温度低，应掌控在十成熟采收；春季以后气温上升，为了防止果实软化，应掌握在八九成熟采收。

② 采收时间。冬季一天中无论什么时间都可采收；春季气温回升后，最好在果实温度相对较低的早晨采收。架台两侧分期采收：南北向设置的架台，上午采收悬挂在西侧照不到阳光的果实，下午采收悬挂在东侧照不到阳光的果实。

③ 采收方法。用右手的食指和大拇指掐断果柄，单果采收，果柄长度保留 1 cm 左右，采下的果实放入随身携带的浅塑料筐中，摆放时要防止果柄扎破果皮。

④ 采后处理。冬季采下的果实可直接进行分级包装；春季温度高时采收的果实，要先放入 $-1\sim 0$ ℃冷库预冷，等果实温度下降后才能包装销售。

二、葡萄根域限制无土栽培技术

一般认为果树是多年生作物，只有培养强健高大的树体结构，才能高产长寿，所以人们一直有"根深树大""深耕多肥"的观念。但这种传统方式至少有以下几点不足：①为了培养高大的树体，需要通过重修剪培养形成特定的树形，会造成幼树徒长、成花少、产量低、品质差。②深翻地、广施肥，使根系分布广，难以判断根系确切位置，施肥有一定的盲目性；前期所施的部分肥料有时要到果实品质形成期才移动到根系位置或根系才伸长到肥料存在部位，造成肥效延迟。此时氮素等肥料的过分吸收，会抑制果实上色和糖分积累。③降水多的地区或地下水位高的地方，根系会过多地吸收水分，不仅会诱发前期徒长，也不利于后期糖分的积累，甚至导致裂果。人们在长期的栽培实践中早已认识到传统栽培方式的上述不足，为了克服这些不足，国内外从事果树生产技术研究人员进行了长期不懈的努力，做了众多探索和尝试。根系修剪、生长抑制剂和矮化砧木的应用都是这些探索过程中的成就。但由于矮化砧木资源的局限，不是所有果树都有优良的砧木。同时由于根系修剪的实际可操作性差和人们对生长抑制剂残留引发的产品安全问题的担忧，使这些研究成果的应用受到限制。而且，即使苹果等矮化砧木应用最成功的果树，根系仍然分布在深广的土壤范围内，肥水难以调控的不足仍然没有从根本上得以解决。20 世纪 90 年代以来，人们从根系修剪和传统的东方盆栽艺术中受到启发，开展了根域限制栽培方式的探索，进而运用到葡萄的无土栽培生产中来。在葡萄上的研究表明，根域限制可以克服上述传统栽培方式的不足，在控制地上部营养生长、提高早期产量和果实品质方面都取得肯定的结果，特别在提高果实品质方面，有非常引人注目的效果。

日本、澳大利亚等发达国家已经在葡萄的栽培中开始大面积应用根域限制栽培方式。在根域限制栽培的应用过程中，已经开发出一些简单易行的根域限制无土栽培技术，如日本在葡萄和温室柑橘栽培中开发出了"盛土（raised bed）"方式的无土根域限制栽培方式，即在地表铺设塑料膜，在膜上堆放有机质成垄，再在垄上栽植果树，根系被限定在垄内，简易而有效。王世平等的研究则进一步提出了缓和葡萄树势、促进坐果、提高果实品质的适宜根域容积指标，即每平方米叶片面积有 $0.05\sim 0.06$ m^3 的有效根域容积既可以保证葡萄树体的合理生长，又可以高产优质。这一指标使根域限制栽培技术规范化、数量化，可操作性提高，成为一项更趋成熟的新技术。

1. 限制无土栽培的形式　在降水量 1 000 mm 以上的长江以南地区，土壤含水量过高是影响葡萄品质、诱发裂果的重要原因。采用根域限制无土栽培，根系吸水区域被严格限制在很小的范围内，通过叶片蒸腾可以及时使根域土壤水分含量降低，能有效提高葡萄品质和克服裂果。此类地区根域限制模式可采用垄式、沟槽式和垄槽结合式。

（1）垄式。多雨、无冻土层形成的南方地区可采用垄式进行根域限制栽培。在地面铺垫塑料膜，在其上堆积营养土成垄以种植葡萄。生长季节在垄的表面覆盖黑色或银灰色塑料膜，保持垄内土壤水分和温度的稳定。垄的规格因栽培密度而异，行距在 4～8 m 时，垄应为上宽 50～100 cm、下宽 70～140 cm、高 50 cm（图 8 - 11）。这种方式的优点是操作简单，但根域土壤水分变化不稳定，生长容易衰弱。因此，必须配备良好的滴灌系统。

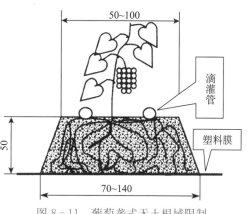

图 8 - 11　葡萄垄式无土根域限制
栽培模式（单位：cm）

在地面上铺垫微孔无纺布或微微隆起的塑料膜后（防止积水），再在其上堆积富含有机质的营养土呈土垄或土堆栽植果树，在日本被称为"盛土"。由于土垄的四周表面暴露在空气中，底面又有隔离膜，根系只能在垄内生长。这一方式操作简单，适合于冬季没有土壤结冻的温暖地域应用。但是夏季根域土壤水分、温度不是太稳定。

（2）沟槽式。采用此模式要做好排水工作。挖深 50 cm、宽 100～140 cm 的定植沟，在沟底再挖宽 15 cm、深 20 cm 的排水暗渠，用厚塑料膜（温室大棚用）铺垫定植沟、排水暗渠的底部与沟壁，排水暗渠内填充河沙与砾石（有条件时可用渗水管代替河沙与砾石），并和两侧的主排水沟（上宽 80～100 cm、下宽 40～50 cm、深 80～100 cm）连通，保证积水能及时流畅地排出（图 8 - 12）。当用无纺布代替塑料膜铺垫定植沟的底侧壁时，由于无纺布具有透水性，不会积水，可以不设排水沟。但无纺布寿命短，2～3 年便会失去限制作用，会有根系突破无纺布而伸长到预设根域以外的土壤。研究表明，沟槽式根域限制无土栽培时，根域土壤水分变化相对较小，很少出现过度胁迫的情况，葡萄新梢和叶片生长中庸健壮，果实品质好。

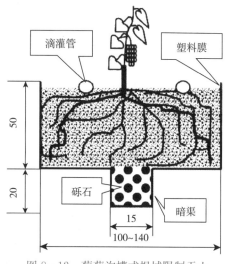

图 8 - 12　葡萄沟槽式根域限制无土
栽培模式（单位：cm）

（3）垄槽结合式。将根域的一部分置于沟槽内，另一部分以垄的方式置于地上。一般以沟槽深 20～30 cm、垄高 30～20 cm 为宜。沟垄规格因行距而异，行距 4～8 m 时，沟宽 70～140 cm，垄的下宽 70～140 cm、上宽 50～100 cm（图 8 - 13）。垄槽结合模式既有沟槽式的根域水分稳定、生长中庸、果实品质好的优点，又有垄式操作简单、排水良好等优点。

（4）箱筐式。在一定容积的箱筐或盆桶内填充营养基质，植果树于其中。由于箱筐易于移动，适合在设施栽培条件下应用。缺点仍然是根域水分、温度不稳定，对低温的抵御能力较差（图8-14）。

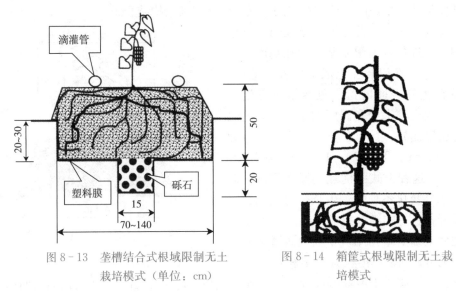

图8-13　垄槽结合式根域限制无土　　　　图8-14　箱筐式根域限制无土栽
　　　　　栽培模式（单位：cm）　　　　　　　　　　　培模式

2. 生产技术

（1）品种选择。

① 夏黑。夏黑属欧美杂交种，原产于日本，日本山梨县果树试验场于1968年杂交所得，经全国20所试验场29年的适应性试验后于1997年8月登录，新品种登录为第9732号。张家港市神园葡萄科技有限公司于2000年2月直接从日本引进该品种。

果穗大多为圆锥形，有部分为双岐肩圆锥形，无副穗。果穗大，穗长16～23 cm，穗宽13.5～16 cm，平均穗重415 g，自然粒重3～3.5 g，赤霉素处理后，果粒大，纵径2.15～2.67 cm，横径2.05～2.70 cm，平均粒重7.5 g，最大粒重12 g，平均穗重608 g，最大穗重940 g。果粒着生紧密或极紧密，果穗大小整齐。果粒近圆形，紫黑色到蓝黑色，颜色浓厚，在夜温高的南方也非常容易着色，着色一致，成熟一致。果皮厚而脆，无涩味，果粉厚，果肉硬脆，无肉囊，果汁紫红色。味浓甜，有浓草莓香味。无种籽，无小青粒。可溶性固形物含量为20%～22%。鲜食品质上等。

② 巨玫瑰。巨玫瑰葡萄是由大连市农业科学院最新选育成功的中熟葡萄新品种，2002年8月通过了国家正式鉴定。该品种为四倍体大粒欧美杂交品种，树势强，结果早，栽后2年株产达4～5 kg，3年进入丰产期。果穗大，平均穗重675 g，最大穗重1 250 g。果粒大，平均粒重9.5～12 g，最大粒重17 g。果皮紫红色，着色好，里外一起红，产量高时照样着色，不像巨峰葡萄那样产量高就不易着色。不落花，不落果，不裂果，穗型整齐，无大小粒现象。果肉较巨峰脆，多汁，无肉囊，口感特别好。具有纯正浓郁的玫瑰香味，香气怡人，可溶性固形物含量为19%～25%，总酸量0.43%，品质极佳，可与玫瑰香媲美。耐高温多湿，抗病性强，易栽培，好管理，适合华北及南方各省份高温多湿地区栽培。耐储藏，耐运输，且储后品质更佳。8月底至9月初成熟。

③ 矢富罗莎。矢富罗莎属欧亚种，由日本著名园艺家东矢富良宗育成，1984年初次结

果，1990 年 11 月进行品种登记。极早熟。果穗大，一般重 450～650 g，最大 1 500 g。果粒长椭圆形，粒重 8～10 g，形状像果查马特，但果端稍尖，粉红至紫红色，皮薄，肉质稍脆，汁多，可溶性固形物为 14%～16%，有清香，含酸量低，风味清甜爽口，品质优。长势强，丰产，抗病力强，果实不裂果，极耐贮运。在张家港 7 月中旬成熟。适宜栽培地区为我国南方高温、多湿地区。

④ 信农乐。信农乐属欧美杂交种，由日本引进。9 月上中旬或更晚成熟。平均穗重 500～600 g。果粒成熟呈金黄色或红色，近圆形，平均粒重 14 g，果肉乳黄汁多，不裂果，不脱粒，耐贮运，可溶性固形物为 15%，有淡香，味甜爽口。

⑤ 魏可。魏可属欧亚种，原产于日本，1987 年由日本育种家志村富男育成。该品种树势强，品质上等，南方上色偏淡，稍有裂果，比甲斐路抗病，容易栽培，成熟后挂在树上的贮藏期也较长，适合延迟栽培。果穗圆锥形。果穗大，穗长 18～25 cm，穗宽 12～14 cm，平均穗重 450 g，最大穗种 575 g，颗粒着生松，果穗大小整齐。果粒卵形，紫红色至紫黑色，成熟一致。果粒大，纵径 2.23～3.63 cm，横径 1.69～2.5 cm，平均粒重 10.5 g，最大粒重 13.4 g。果皮厚度中等，韧性大，无涩味，果粉厚，果肉脆，无肉囊，汁多，果汁绿黄色，极甜。每果粒含种子 1～3 粒，多为 2 粒。种子与果肉易分离。有小青粒。可溶性固形物含量达 20% 以上。

⑥ 白罗莎里奥。白罗莎里奥属欧亚种，原产于日本，是 1976 年日本植原葡萄研究所育成的纯欧洲种，1987 年 8 月品种登录（第 1 405 号）。果穗大，无副穗，穗长 17～20.5 cm，穗宽 12～15 cm，平均穗重 450 g，最大穗重 685 g。果粒着生中等，果穗大小整齐。果粒短椭圆形，黄绿色，着色一致，成熟一致。果粒大，纵径 2.30～3.7 cm，横径 2.25～2.82 cm，平均粒重 8.5 g，最大粒重 14 g。果皮薄而韧，无涩味。果粉厚。果肉质厚而爽脆，无肉囊，果汁多，绿黄色。味纯甜，有香味。每果粒含种子 1～4 粒，多为 2 粒。种子梨形，中等大，褐色，喙中等长而较尖。种子与果肉易分离，无小青粒。可溶性固形物含量为 19%～22%。

（2）葡萄无土栽培的技术要点。

① 大苗培育。提前培育大苗，可以更好地体现根域限制的效果，最简易的方法是用装 20 kg 的塑料袋在底部开两个小孔透水，内填有机基质的混合物，将苗栽植于其中。4—8 月每月施用含氮 15%～20% 的复合肥 30 g，及时充分灌水。萌芽后留 1 新梢生长，各节副梢一律留 1 叶摘心，8 月下旬主梢摘心。

② 栽植与管理。

a. 栽培密度为株距 4～6 m 的倍数，行距 6 m。

b. 根域介质为复合混配有机基质。

c. 根域容积为每平方米树冠投影面积 0.05～0.06 m³，根域厚度 40 cm。假设以株距 1.8 m、行距 5.5 m 栽植巨峰葡萄时，树冠投影面积约为 10 m²，根域容积应为 0.5～0.6 m³，做成 40 cm 的床面时，根域分布面积为 1.25～1.5 m²，即作深 40 cm、宽 100 cm、长 150 cm 的穴或垄就可以满足树体生长和结实的要求。同样道理，如果以株距 3.6 m、行距 5.5 m 栽植巨峰葡萄，树冠投影面积约为 20 m²，根域容积应为 1.0～1.2 m³；做成 40 cm 的床面时，根域分布面积为 2.5～3.0 m²，即作深 40 cm、宽 100 cm、长 300 cm 的穴或垄即可。

d. 营养管理。硬核期以前喷氮液肥，每周 2 次，每次浇灌的营养液量为每立方米的根域容积 60 L。硬核期后营养液浓度降低，施用量和施用次数不变。营养液施用不方便时，可以采用腐熟豆饼等长效的高含氮有机肥，每立方米的根域施用 1.0～1.5 kg，于萌芽前（避雨栽培在 3 月 20 日前后）和采收后（避雨栽培在 8 月中下旬）分 2 次施入。

　　e. 水分管理。根域限制无土栽培使葡萄树的根系被限制在有限的介质空间内，不能自由地从土壤中吸收水分，叶片蒸腾散失的水分要通过灌水来补充，根域介质干燥到何种程度开始补充水分对树体的营养生长和果实发育、成熟都很重要。

　　③ 树形。根域限制无土栽培葡萄生长缓和，适宜多种树形，在上海地区冬季没有低温冻害，不需要埋土越冬。此外，阴雨天气较多，日照少，宜采用日光接受率高的平面或拱形面的棚面架形。平面棚架适用于连栋大棚，拱形面棚架则适用于整形拱棚。平面棚架行多采用 H 行整形或水平龙干形，拱形面棚架多采用拱形龙干或 W 形。

任务五　花卉无土栽培

　　花卉无土栽培是 20 世纪末新兴的花卉栽培技术，是将花卉植物生长发育所需的各种营养配制成营养液，供花卉植物直接吸收利用。由于花卉生长环境较适宜，因而生长迅速，产花周期短，单位面积产花量较高。目前全世界已广泛应用无土栽培技术进行鲜切花、盆花等的生产，如玫瑰、香石竹、唐菖蒲、菊花、非洲菊等。我国主要生产高档鲜切花、盆花和苗木等。

一、切花类花卉无土栽培

　　1. 月季　切花月季又称现代月季，是指由原产于我国的月季花、香水月季、突厥蔷薇、法国蔷薇等蔷薇属种类经反复杂交后形成的一个种系。现栽培的月季品种大致分为杂种香水月季（简称 HT 系）、丰花月季（简称 F_1 系）、壮花月季（简称 Gr 系）、微型月季（简称 Min 系）、藤本月季（简称 C_1 系）和灌木月季（简称 Sh 系），用于切花的多属杂种香水月季和丰花月季。月季由于四季开花，色彩鲜艳，品种繁多，芳香馥郁，因而深受各国人民的喜爱，被列为四大切花之一。

　　(1) 生物学特性。月季为蔷薇科蔷薇属常绿或半常绿灌木，小枝绿色，散生皮刺或无刺，高可达 2 m，其变种最矮者仅 0.3 m 左右。叶互生，奇数羽状复叶，宽卵形或卵状长圆形，小叶 3～5 片，先端渐尖，具尖锯齿。花生于枝顶或几朵聚生成伞房状，稀单生，多数为重瓣花冠，萼片尾状尖长，边缘有羽状裂片；花柱分离，伸出萼筒口外，与雄蕊等长，每子房中有 1 个胚珠，果卵球形或梨形，萼片脱落。花期 4—10 月，条件适宜，四季可开花。月季花色丰富，通常切花月季可分为 6 个色系，即红色系、朱红色系、粉红色系、黄色系、白色系和其他色系。

　　月季对气候、土壤的适应性较强，但以疏松、肥沃、富含有机质、微酸性的壤土较为适宜。性喜温暖，多数品种最适温度昼温为 20～27 ℃、夜温为 12～18 ℃，冬季气温低于 5 ℃即进入休眠，一般能耐 −15 ℃的低温和 35 ℃高温，夏季温度持续 30 ℃以上即进入半休眠状态，虽能孕蕾，但花小瓣少，色淡而无光泽，失去观赏价值。月季喜欢背风向阳、空气流通的环境，每天需要接受 5 h 以上的阳光直射，才能生长良好。对土壤要求不严，喜疏松、肥沃、富含有机质的微酸性土壤，pH 6～7。月季喜肥水，耐干旱，忌积水，土壤应经常保持湿润，尤其从萌芽到放叶、开花阶段，应充分供水，才能使花大而鲜艳，进入休眠期后要适当控制水分。由于生长期不断发芽、抽梢、孕蕾、开花，必须及时施肥，防止树势衰退，使花开不断。

（2）繁殖方法。切花月季在生产上一般采用扦插育苗和嫁接育苗。

① 扦插育苗。月季可采用嫩枝扦插或硬枝扦插，春秋两季均可，春插一般从 4 月下旬开始至 6 月底结束，插后 25 d 左右即能生根，成活率较高；秋插从 8 月下旬开始至 10 月底结束，但因昼夜温差较大，故生根期要比春插延长 10～15 d，成活率也较高。扦插时，用 500～1 000 mg/L 吲哚丁酸或 500 mg/L 吲哚乙酸速蘸插穗下端，促进生根。扦插基质可用砻糠灰、河沙、蛭石、岩棉块等。插穗入基质深度为插穗长的 1/3～1/2。嫩枝扦插需保持基质湿润，也可覆盖小拱棚保温、保湿，防止插穗失水萎蔫，影响成活率。

② 嫁接育苗。嫁接是月季繁殖的主要手段，该法取材容易，操作简便，成苗快，前期产量高，寿命长。嫁接多采用蔷薇属野生种的扦插苗或实生苗作为砧木，常用的有野蔷薇、粉团蔷薇等。一般采用芽接法或枝接法，芽接在 7—8 月进行，采用 T 接法；枝接在 2—3 月进行，主要采用切接法，一般砧木直径 9～13 mm 时，便可嫁接。此外，还可进行组织培养，繁育大量保持原品种特性的组培苗。

砧木育苗技术

（3）营养液管理。营养液管理是切花月季无土栽培过程中最重要最关键的部分。营养液的浓度和供应量应根据月季植株的大小及不同的生长季节适时调整。一般在定植初期，供液量可小些，营养液浓度也应稍低些，每天每株供液约 100 mL，EC 值控制在约 1.5 mS/cm；进入营养旺盛生长期后，要逐渐加大供液量，每日供液平均每株 800～1 200 mL，EC 值可提高至 2.2 mS/cm；进入花期后，可增加

嫁接后管理技术

到每天供液 1 200～1 800 mL，EC 值控制在 2.2～2.6 mS/cm；夏季每天供液 8～11 次，冬季 3～4 次，供液时间主要集中在 8：00—17：00。在整个生长期内营养液的 pH 应控制在 5.5～6.5。切花月季通常采用岩棉培或基质培两种方式，无土栽培的营养液配方见表 8 - 2 和表 8 - 3。

表 8 - 2　切花月季的无土栽培营养液基准配方

（王永平，2014. 无土栽培技术）

单位：mg/L

营养元素	基质槽培	岩棉培	营养元素	基质槽培	岩棉培
$NO_3^- - N$	182	144	Fe	1.40	1.40
P	54	46	Cu	0.05	0.03
$SO_4^- - S$	48	32	Zn	0.23	0.16
$NH_4^+ - N$	10	7	Mn	0.28	0.28
K	235	225	B	0.22	0.22
Ca	180	120	Mo	0.05	0.05
Mg	24	18	EC 值（mS/cm）	2.0	1.5

表 8-3　月季无土栽培营养液配方

（王永平，2014. 无土栽培技术）

化合物名称	用量/(mg/L)
硝酸钙 [Ca (NO₃)₂·4H₂O]	490
硝酸钾（KNO₃）	190
氯化钾（KCl）	150
硝酸铵（NH₄NO₃）	170
硫酸镁（MgSO₄）	120
磷酸（H₃PO₄，85%）	130
螯合铁（EDTA-Na₂Fe）	12
硫酸锰（MnSO₄·4H₂O）	1.5
硫酸铜（CuSO₄·5H₂O）	0.125
硫酸锌（ZnSO₄·7H₂O）	0.85
硼酸（H₃BO₃）	1.24

（4）无土栽培方式。目前我国切花月季主要的无土栽培方式有基质培和岩棉培等方式。

① 基质培。基质培是我国主要的无土栽培方式，有槽式基质培、袋式基质培等。槽式基质培栽培系统由栽培槽、滴管系统、水泵、贮液池和定时器等组成。栽培槽可用砖、生态环保作用秸秆集成模块或预制水泥板等材料制作。栽培槽宽 80 cm，高 25～30 cm，长度以不超过 40 m 为宜。槽内部铺塑料薄膜与外界隔离，再填入基质，厚度为 20～25 cm。采用内嵌式滴管带或软管滴管带，每个栽培槽铺设 1～2 条。采用耐酸、抗腐蚀的自吸式水泵。定植植株采用双行定植方式，株距 25～30 cm，行距 30～35 cm。将成苗从育苗钵中脱出后再种植到基质中，滴管带铺设在种植行之间或每行作物根部附近。

袋式基质培则采用银白色或黑色塑料薄膜袋内装栽培基质，袋长 100 cm、宽 20 cm、高 8 cm，每隔 20 cm 开一个孔径为 10 cm 的种植孔，定植切花月季；营养袋下面两头各开两个 0.5 cm 的排液小孔，袋中装入混合基质。每袋可种植 4 株，水分和营养液的供应均以滴灌方式为主，也可利用喷灌和叶面追肥方法补充水分和营养。

② 岩棉培。岩棉培系统由岩棉种植垫、滴管系统、贮液池、定时器等组成。岩棉培采用长 100 cm、宽 7.5 cm、厚 30 cm 的岩棉种植垫排列成种植畦，岩棉种植垫外面用黑白双色膜包裹，以减少营养液的散失。两条岩棉种植垫为一组，隔开 30 cm 排列成行，两行种植垫之间开一条浅沟用塑料膜覆盖，用来收集栽培床里排出的多余营养液。

定植前先用 pH 5.5～6.5、EC 值为 1.0～1.2 mS/cm 的营养液浸泡一夜，将岩棉的 pH 降到近中性。定植时将岩棉种植垫在靠排液沟一侧割出 2～3 条切口，以便排出多余营养液，在顶部切出与育苗块相吻合的定植孔，将苗置于定植孔处，将滴头管的滴头架设于育苗块之上，使营养液直接滴到种植垫上。每隔 100 cm 长的岩棉种植垫上可种植 6～7 株苗。

（5）整枝修剪技术。切花月季的整枝修剪是贯穿在整个切花生产过程中的重要管理措施，直接影响切花的产量和质量。主要是通过摘心、除蕾、抹芽、折枝、短截等方法，增强树势，培育产花母枝，促进有效花枝的形成和发育。切花月季生产中由于生产栽培方式及生长阶段不同，其整枝修剪的技术有较大差异。

① 幼苗期修剪。定植后的幼苗修剪的主要目的是形成健壮的植株骨架，培育开花母枝。幼苗修剪的主要方法是利用摘心手段控制新梢开花，促使侧芽萌发。由于幼苗初期萌发的枝条多较为瘦弱，需要多次摘心。当营养面积达到一定程度后才能萌生达到一定粗度的枝条。直径 0.6 cm 以上的枝条即可摘心后作为开花母枝（一般应摘去第一或第二片具 5 小叶的复叶以上部位的全部嫩叶），当植株具有 3 个以上开花母枝后就可以作为产花植株进行管理。

② 夏季修剪。切花月季经过一个生长周期后，植株的高度不断升高，使枝条的生长势下降，切花的产量和质量下降，尤其是温室栽培进行冬季产花型生产的植株必须进行株型调整，以利于秋季至冬春季的产花。传统的夏季修剪主要通过短截回缩的方法，但由于夏季植株仍处于生长期，该方法对树体伤害较大，且营养面积大量减少，不利于秋季恢复生长。现多用捻枝和折枝的方法，捻枝是将枝条扭曲下弯而不伤木质部，折枝是将枝条部分折伤下弯，但不撕离母体。捻枝和折枝可减少对树体的伤害，保证充足的营养面积，利于树体的复壮。生产上根据需要也可将捻枝、折枝和短截回缩的方法结合使用。

③ 冬季修剪。冬季修剪是月季冬季休花型栽培中，在植株落叶休眠后，为树体复壮而进行的树体整形修剪。一般在休眠后至萌芽前一个月进行。通常先剪除弱枝、病虫害枝、衰老枝后，用短截的方法回缩主枝（开花母枝），一般保留 3～5 个主枝，每枝条保留高度为40 cm 左右，常视品种不同而异。

④ 日常修剪。切花月季除了苗期修剪和复壮修剪以外，在生长开花期间经常性的修剪也十分重要。日常修剪包括切花枝的修剪、剥蕾、抹芽、去砧木萌蘖及营养枝的修剪等。其中，切花枝的修剪尤其重要，因为切花枝的修剪不仅影响切花的质量，还影响后期花的产量和质量。通常合理的切花剪切部位是在花枝基部留有 2～3 枚 5 小叶复叶以上部位。此外，及时对弱枝摘除花蕾或摘心、短截，以适当保留叶片、增加营养面积也是非常必要的。

（6）病虫害防治。月季是病虫害发生较多的花卉，尤其在大棚、温室等环境中更易诱发。因此，在生产中应贯彻预防为主的原则，加强管理，增强植株的抗御能力。同时应该根据栽培环境特点，有针对性地选择抗性强的品种，清洁环境，控制温度、湿度，并根据病虫害发生的规律及时喷施农药，控制病虫害的发生及蔓延。

通常月季生产中较易发生的病害有黑斑病、白粉病、霜霉病、灰霉病等。可利用粉锈宁、百菌清、硫菌灵、多菌灵、肿·锌·福美双、甲霜灵等防治。常见虫害有螨虫、蚜虫、介壳虫、月季叶蜂、月季茎蜂等。可利用炔螨特、双甲脒、氧化乐果、辛硫磷、杀灭菊酯等喷杀。

2. 菊花 菊花是原产我国的传统花卉，在我国有文字记载的历史已有 3 000 多年，作为人工栽培的记载也有 1 600 多年。菊花在公元 8 世纪（唐代）传入日本，1688 年经由日本传入欧洲，18 世纪末经由欧洲传入美洲。菊花以其色彩清丽、姿态优美、香气宜人、花期持久等特点深受人们喜爱，为位居国际花卉市场产销量前列的四大切花之一，约占切花总量的30%。我国传统的菊花栽培多以艺菊盆栽为主，品种的选育也多为盆栽品种。而在切花菊的品种选育与栽培上起步较晚，与日本、荷兰、美国等国家相比，不仅品种较少，栽培管理的科技含量也较低。而切花菊在国际市场尤其是邻近的日本市场的需求极大，只要我国在改良品种、改进栽培技术、提高产品质量等方面做好工作，切花菊极有望成为我国出口创汇的重要花卉产品。

（1）生物学特性。菊花为菊科、菊属多年生宿根草本，有时长成亚灌木状，茎粗壮，多分枝，末部略木质化，株高 30～200 cm，作为切花栽培的品种，一般株高 80～150 cm。叶互生，叶形大，呈卵形至广披针形，具较大锯齿或缺刻，深浅不一，视品种而异，托叶有或无。头状花序单生或数朵聚生枝顶，花序直径 20～30 cm，由边缘韵舌状花和中心的筒状花组成，筒状花多为黄绿色，舌状花花色极为丰富，有黄、白、粉、红、紫、淡绿、棕黄、复色、间色等，蒲花花型多变，但切花菊多为平盘形、芍药形、莲座形或半球形等整齐圆正的花形。种子（实为瘦果）褐色，细小，种子寿命 3～5 年。

菊花性喜冷凉，具有一定的耐寒性，小菊类耐寒性更强。5 ℃以上地上部萌芽，10 ℃以上新芽伸长，16～21 ℃生长最为适宜。菊花不同类型品种花芽分化与发育对日照长度、温度要求不同。菊花喜阳光充足，也稍耐阴，夏季宜适当遮除烈日照射。喜湿润，也耐旱，但忌积涝。喜富含腐殖质，通气、排水良好，中性或偏酸的沙质土壤，在弱碱性土壤上也能生长，忌连作。菊花花芽分化对日照长度的要求因品种而异，以要求短日照的秋菊品种为主，部分品种花芽分化不受日照长度影响。花期在 4—12 月。

（2）繁殖方法。繁殖方法常用扦插、分株繁殖，也可嫁接、组培或播种繁殖，播种多用于育种。切花生产多采用扦插繁殖，扦插繁殖多在 4—8 月进行，剪取健壮嫩枝顶梢 7～10 cm 长，去除下部叶片备用，插条宜随采随用，如采后不能及时扦插，可放入保湿透气的塑料袋中，于 0～4 ℃低温下储藏。扦插基质多用蛭石、泥炭、珍珠岩、砻糠灰、河沙等。其中，蛭石、泥炭、珍珠岩、砻糠灰等基质温度上升较快，宜用于春季扦插，而河沙则宜用于夏季扦插。插床应尽量采用全光照自动间歇喷雾装置，尤其高温季节应用，可保证成活率，提早生根。插后 2～3 周即可生根，成活后应尽快定植，留床时间过长会导致苗瘦弱、黄化甚至腐烂死亡。

（3）无土栽培技术。菊花品种丰富，全世界有 2 万～2.5 万个。按栽培和应用方式可分为盆栽菊和切花菊；按自然花期可分为春菊（4 月下旬至 6 月中旬）、夏菊（6 月下旬至 9 月上旬）、早秋菊（9—10 月上旬）、秋菊（10 月中下旬至 11 月下旬）和寒菊（12 月上旬至翌年 1 月）；按花序直径大小可分为小菊（<6 cm）、中菊系（6～10 cm）、大菊系（10～20 cm）和特大菊系（>20 cm）。

菊花品种还常按瓣型及花型来进行分类，中国园艺学会和中国花卉盆景协会 1982 年在上海召开的品种分类学术讨论会上，将菊花分为 5 个瓣类，即平瓣、匙瓣、管瓣、桂瓣、畸瓣；花型分为 30 个型和 13 个亚型。切花菊品种多为平瓣、匙瓣类，少量品种为管瓣、桂瓣类，多为整齐圆正的花形。

无土栽培的切花菊花品种应具有其特殊的要求，主要包括以下方面：①植株生长强健，株型高大，直立挺拔，高度在 80 cm 以上；②花枝粗壮、直而坚硬，节间均匀，花梗（茎）短而粗壮、坚硬。

营养液的浓度和供应量应根据切花菊植株的大小及不同的生长季节区别对待，一般在定植初期，供液量可小些，营养液浓度也应稍低些；进入营养旺盛生长期后，要逐渐加大供液量，每日供液 3～4 次，平均每株供液 300～500 mL。阴雨天，供液量要适当减少，晴天供液量要适当加大。此外，要定期测定基质的 pH、γ 和 $NO_3^- - N$。根据测定结果，对营养液进行调整。在菊花定植初期，营养液浓度宜处于较低水平，γ 约为 0.8 mS/cm；随着植株生长，可逐渐增如营养液浓度，γ 可以提高到 1.6～1.8 mS/cm；夏季高温时，由于水分蒸发量大，营养液浓度应适当降低，γ 为 1.2～1.4 mS/cm。此外，营养液的 pH 可用 5% 的稀硝酸溶液调整在 5.5～6.5。

菊花的无土栽培除利用营养液方式进行肥水的供应外，也可通过施入基肥和生长期追肥的方式进行栽培。每立方米混合基质可施入经过腐熟消毒处理的禽粪等有机肥料 5～8 kg、硝酸钾 0.5～1.0 kg 作为基肥。苗定植后，应定期追肥，施肥间隔时间和用量应视苗生长而定，营养生长旺盛期宜多，可每 30 d 追施禽粪等有机肥料 1.5 kg，也可同时施用尿素、硝酸钾和磷酸二铵等。此外，也可结合病虫害防治，采用喷施 0.1%～0.5% 的尿素和磷酸二氢钾进行叶面追肥。

（4）植株管理。

① 摘心、整枝。多本菊栽培方式应在苗定植后 1～2 周摘心，只需摘去顶芽即可。摘心后 2 周左右需整枝，视栽植密度和品种特性，每株保留 2～4 个侧芽，其余剥除。

② 张网。切花菊要求茎秆挺直，但切花菊由于高度较高而极易倒伏。因此，当植株长到一定高度时，应及时张网支撑，防止因植株倒伏使茎秆弯曲而影响质量。支撑网的网孔可因栽植密度或品种差异而定，通常在（10 cm×10 cm）～（15 cm×15 cm）。一般需要用 2～3 层网支撑，网要用支撑杆绷紧、拉平。

③ 抹侧芽、侧蕾。菊花开始花芽分化后，其侧芽就开始萌动，需要及时抹除（多头型小菊品种除外）。上部侧芽抹去后会刺激中下部侧芽的萌发，因此抹侧芽需要分几次进行才能全部抹除。随着花蕾的发育，在中间主蕾四周会形成数个侧蕾，应及时抹除，以保证主蕾的正常生长。抹蕾宜早不宜迟，只要便于操作即可进行，如过迟，茎部木质化程度提高，反而不便于操作。

④ 病虫害防治。菊花是病虫害发生较多的花卉之一，虽然较少形成致命伤害，但极大影响切花品质。因此，在生产中应加强预防管理，增强植株的抗御能力。同时应根据栽培方式选择相应品种，清洁环境，控制温度、湿度，并根据病虫害发生的规律及时喷施农药，控制病虫害的发生和蔓延。此外，轮作也是菊花防治病虫害的重要手段。

菊花常见病害有斑枯病、立枯病、白粉病等，虫害有蚜虫、菊天牛、菊潜叶蛾、白粉虱、红蜘蛛、尺蠖、蛴螬、蜗牛等。应及时采用相应杀菌剂和杀虫剂防治。

3. 百合　百合为百合科百合属的多年生草本宿根花卉，百合花为世界著名的花卉之一，是近年国内外鲜花市场发展较快的一支新秀，是重要的切花材料。百合可盆栽或插花，供室内或布置会场等特殊场合欣赏；可成行栽植，可成簇栽植，也可丛植或成片种植，绿化庭院和花坛、花圃、花园；可食用和药用，集观赏、食用、药用为一身，具有很高的栽培价值。因为百合意味着"百事合意""百年好合"等，象征着吉祥、圣洁、团圆、喜庆、幸福、美满的美好内涵，深受人们喜爱。

百合无土栽培方式有基质槽培、箱式基质培、盆栽和水培等，但主要以基质槽培为主。

（1）生物学特性。百合属于长日照植物，喜凉爽湿润的气候和光照充足的环境，比较耐寒，不喜高温，温度高于 30 ℃会严重影响百合的生长发育，发生落蕾，开花率降低，温度低于 10 ℃则生长近于停滞。喜干燥，怕水涝，根际湿度过高则引起鳞茎腐烂死亡；忌连作，每 3～4 年轮作一次。

（2）品种选择。百合属植物约 100 种，原产于我国的有 30 余种，可供观赏的有 20 余种。目前，国内栽培的主要品种有东方、铁炮、亚洲、铁亚杂交（L/A）和盆栽品种，多数是从荷兰、新西兰等国家进口的优质一代种球。

（3）繁殖方法。生产高质量的百合切花，首要条件是有健壮无病的种球。百合的繁殖通常可分为花后养球、小鳞茎繁殖、鳞片扦插、株芽繁殖、播种和组织培养等。现介绍 4 种主要的繁殖方法。

① 小鳞茎繁殖。百合老鳞茎的茎轴上能长出多个新生的小鳞茎，收集无病植株上的小鳞茎，消毒后按行株距 25 cm×6 cm 播种于草炭、蛭石和细沙按 2∶2∶1 比例配成的复合基质栽培床或畦内。经 1 年的培养，一部分可达种球标准（50 g），较小者，继续培养 1 年再作种球用。1 年以后，再将已长大的小鳞茎种植在栽培床或畦中。小鳞茎的培养需要较多的肥料，施肥的原则是少而勤，同时养分要全。在栽培基质中拌入长效有机肥料，是较理想的施肥方法。在鳞茎第二年的培养中，有些会出现花蕾，应及时摘除这些花蕾，以利于地下鳞茎的培养。小鳞茎经 2 年培养后，即可用作开花种球。在收获以后，应按规格分级，去除感病球并装箱。

② 鳞片扦插。秋季扦插，选健壮无病、肥大的鳞片在 1∶500 的苯菌灵或克菌丹水溶液中浸 30 min，取出后阴干，基部向下，将 1/3～2/3 鳞片插入泥炭∶细沙＝4∶1 或纯草炭的基质床中。密度为（3～4）cm×15 cm，盖草遮阳保湿，忌水温和高温，防止鳞片腐烂。温度维持在 22～25 ℃，空气温度保持在 90% 左右，对日照无特殊要求，但长日照更利于小鳞茎的形成、生长与发育。2～3 周后，鳞片下端切口处便会形成 1～2 个小鳞茎，多者达 3～5个。培育 2～3 年后小鳞茎可重达 50 g。每 667 m² 约需种鳞片 100 kg，所繁殖的小鳞茎能种植 10 000 m² 左右。

③ 花后养球。花后养球也称大球繁殖法。当百合开始开花时，地下的新鳞茎已经形成，但尚未成熟。因此，采收切花时，在保证花枝长度的前提下尽量多留叶片，以利于新球的培养。花后 6～8 周，新的鳞茎便成熟并可收获。以后的促成栽培能否成功完全取决于新鳞茎的成熟程度。

④ 组织培养繁殖。参照植物组织培养相关书籍。

（4）无土栽培技术。

① 栽植前准备。

百合箱式基质
栽培技术

a. 基质选择与处理。目前国内常用的百合栽培基质有沙粒（直径＜3 mm）、天然砾石、浮石、火山岩（直径＞3 mm）、蛭石、珍珠岩（与草炭、沙混合使用的效果更好）和草炭（可与炉渣等混合使用）。此外，炉渣、砖块、木炭、石棉、锯末、蕨根、树皮等都可作百合的基质。基质在使用前应消毒，其消毒方法见项目二中的任务二。

b. 种球选择与处理。生产上主要选用根系发达、个大、鳞片抱合紧密、色白形正、无损伤、无病虫的子鳞茎作种球。亚洲系列的种鳞茎周径必须在 10～12 cm，东方系列的种球周径在 12～14 cm。种球越大，花蕾数越多，但品种不同，花蕾数也有一定差别。外购的种球到货后应立即撕开包装放在 10～15 ℃的阴凉条件下缓慢解冻，待完全解冻后进行消毒。消毒方法为：用硫酸链霉素浸种 30 min 或喷 25% 多菌灵可湿性粉剂 800～1 000 倍液闷 30 min，或用 40% 甲醛水剂 80 倍液浸泡 30 min 进行药剂消毒，在阴凉处晾干后再定植。

② 定植。

a. 建造栽培槽。栽培槽的规格一般为宽 96～120 cm、深 15～25 cm，长势情况灵活确定。槽内衬膜，填入基质。基质最好采用复合基质，如沙子∶炉渣＝1∶2、珍珠岩∶蛭石＝3∶1、珍珠岩∶蛭石∶草炭＝2∶1∶1等。

b. 定植。切花百合一般在春夏季定植，种植深度要求鳞茎顶部距地表 8～10 cm，冬季为 6～8 cm。春夏节可密植，冬季阳光较弱应稀植。开浅穴（8～10 cm）栽种，一般行株距为（25～30）cm×（15～20）cm。不同种群、不同规格百合种球的种植密度见表 8-4。

表 8-4　不同种群、不同规格百合种球的种植密度（以每平方米种球数表示）

单位：cm

品种	规格			
	12～14	14～16	16～18	18～20
亚洲百合	55～65	50～60	40～50	25～35
东方百合	40～50	35～45	25～35	25～30
铁炮百合	45～55	40～50	35～45	25～35

盆栽百合时常用 12～15 cm 的深盆，每盆栽一个种鳞茎，或用 15～18 cm 深盆，每盆栽 3 个鳞茎，开花时会形成茂密的花丛。定植时在盆底多垫些碎瓦片，然后加基质，鳞茎顶芽距离盆口 2 cm，顶芽上覆土 1 cm。目前，在荷兰都采用催芽鳞茎，催芽部分必须露出土面。如果种植前鳞茎已萌发则无须催芽，如尚未发芽，可将鳞茎摆放在盛木屑的木框内催芽。播种时间以 9 月下旬至 10 月为宜。

（5）栽培管理。

① 营养液。营养液配方可选用日本园试配方或荷兰岩棉培花卉通用配方。基质栽培定植初期可只浇灌清水，5～7 d 后当有新叶长出时，改浇营养液，用标准配方的 0.5 个剂量。地上茎出现后改用标准配方的 1 个剂量浇灌，并适当提高营养液中磷、钾的含量，在原配方规定用量的基础之上，磷、钾的含量再增加 100 mg/L。开花结实期用标准配方的 1.5～1.8 个剂量浇灌。在此期间，还可适度进行叶面施肥。水培时营养液浓度的调整与基质栽培类似。

基质栽培时，冬季每 2～3 d 浇灌一次营养液，夏季可每 1～2 d 浇灌一次营养液、一次清水。水培时，采用 DFT 间歇供液的方法，也可不循环。不循环时，需每 15～20 d 更换一次营养液。

② 温度。定植后的 3～4 周内，基质温度必须保持在 12～13 ℃，以利于茎生根的发育，高于 15 ℃ 则会导致茎生根发育不良。生根期之后，东方百合的最佳气温是 15～17 ℃，低于 15 ℃ 则会导致落蕾和黄叶，亚洲百合的气温应控制在 14～25 ℃，铁炮百合的气温应控制在 14～23 ℃。为防止花瓣失色、花蕾畸形和裂苞，昼夜的温度不能低于 14 ℃。

百合可以忍耐一定程度的高温，但是 30 ℃ 以上的持续高温会对其生长发育不利。夏季高温时应加强通风和适当遮阳；昼夜温差以控制在 10 ℃ 为宜。夜温过低易引起落蕾、黄叶和裂苞，夜温过高，则百合花茎短，花苞少，品质降低。

③ 湿度。定植前的基质湿度以手握成团、落地松散为好。高温季节，定植前如有条件应浇一次冷水以降低基质温度，定植后再浇一次水，基质与种球充分接触，为茎生根的发育创造良好的条件。以后的浇水以保持基质湿润为标准，以手握成团但挤不出水为宜。浇水一般选在晴天的上午。环境湿度以 80%～85% 为宜，应避免太大的波动，否则会抑制百合生

长并造成一些敏感的品种（如元帅等）发生叶烧。如果设施内夜间湿度较大，则早晨要分阶段放风，以缓慢降低温度。

④ 植株管理。百合的根系较浅，容易发生倒伏，所以要适时搭建支撑网或用吊绳固定。当苗高 50 cm 左右时搭建第一层支撑网或吊一次，以后至少需要再搭建一层支撑网或吊一次。

另外，要防止百合落蕾。防治方法是喷施 0.463 mmol/L 的硫代硫酸银液（STS 液），也可在刚看到花蕾时喷一些硼酸，对防治落蕾也有一定效果。

（6）病虫害防治。百合的主要病害有黑斑病、灰霉病和锈病，可用 25% 多菌灵可湿性粉剂 500 倍液喷洒防治，虫害有蛴螬、蚜虫，可用 50% 敌敌畏乳油 1 000 倍液喷杀。

（7）切花采收、包装与储藏。当 10 个以上花蕾的植株有 3 个花蕾着色，5～7 个花蕾的植株有 2 个花蕾着色，5 个以下花蕾的植株有 1 个花蕾着色时即可采收。过早采收影响花色，花会显得苍白难看，一些花蕾不能开放；过晚采收会给采收后的处理与包装带来困难，花瓣被花粉弄脏，切花保鲜期缩短，影响销售。采收时间最好在早晨，这样可以减少脱水。采收的百合在温室中放置的时间应限制在 30 min 以内。采收后一般按照花蕾数、花蕾大小、茎的长度和坚硬度以及叶片与花蕾是否畸形来进行分级，然后将百合捆绑成束，摘掉黄叶、伤叶和茎基部 10 cm 的叶片。

成束的切花百合直接插在清洁水中储藏或在百合充分吸收水分后干贮于冷藏室内；切花百合应包装在干燥的带孔盒中，以防止过热及真菌的繁殖。种球储藏前要分级、消毒，储藏时用湿润的锯末或草炭作填充基质。

4. 香石竹 香石竹又名康乃馨，因其具有花朵秀丽、高雅，花期长，产量高，切花耐储藏、保鲜和水养，又便于包装运输等的特点，在世界各地广为栽培，是四大切花之一。

（1）生物学特性。香石竹为石竹科石竹属常绿亚灌木，作宿根花卉栽培。株高 30～80 cm，茎细软，基部木质化，全身披白粉，节间膨大。叶对生，线状披针形，全缘，叶质较厚，基部抱茎。花单生或数朵簇生枝顶，苞片 2～3 层，紧贴萼筒，萼端 5 裂，花瓣多数，具爪。花色极为丰富，有大红、粉红、鹅黄、白、深红等，还有玛瑙等复色及镶边色等。果为蒴果，种子褐色。

香石竹原产于南欧，现世界各地广为栽培，主要产区在意大利、荷兰、波兰、以色列、哥伦比亚、美国等。香石竹性喜温和冷凉环境，不耐寒，最适宜的生长温度昼温为 16～22 ℃，夜温为 10～15 ℃。喜空气流通、干燥的环境，喜光照，为阳性、日中性花卉，但长日照有利于花芽分化和发育。要求排水良好、富含腐殖质的土壤，能耐弱碱，忌连作。自然花期在 5—10 月，保护地栽培可周年开花。

（2）繁殖方法。可采用扦插、组培繁殖。扦插繁殖多在春季或秋冬季，选择中部健壮、节间短的侧枝，长 10～14 cm，具 4～5 对展开叶的插穗。插穗如不能及时扦插，可于 0～2 ℃低温下冷藏，一般可储藏 2～3 个月。扦插基质多用泥炭、珍珠岩、蛭石或砻糠等，可单独使用，也可按一定比例混合使用。扦插前用 500～2 000 mg/L 的萘乙酸、吲哚丁酸或两者混合液处理，可促进生根，处理时间因浓度而异。一般插后 3 周左右生根。组培多用于香石竹脱毒培养，繁殖取穗母株。因其苗期长，前期生长瘦弱，切花生产上较少运用。

（3）无土栽培技术。

① 品种选择。香石竹品种很多，依耐寒性与生态条件可分为露地栽培品种和温室栽培

品种。依花茎上花朵大小与数目，可分为大花型香石竹（又称单花型香石竹、标准型香石竹）和散枝型香石竹（又称多花型香石竹）。大花型香石竹品种根据其杂交亲本的来源有许多品系，生产上常用品系有西姆系和地中海系两个品种群。西姆系又称美洲系，为香石竹自19世纪传入美国后选育出的品种群，其特点是适应性强、生长势旺、节间长、叶片宽、花朵大，花瓣边缘多为圆瓣而少锯齿，但花易裂苞，抗寒性和抗病性较弱，产量较低，适宜温室栽培；地中海系为欧洲国家选育出的杂交品种群，其特点是节间较短，叶片狭长，花色和花型丰富，抗寒性和抗病性较强，产量较高，但花朵略小。香石竹品种繁多，更新也较快，欧美国家的专业育种公司每年会推出新的品种，在此不再介绍。

② 栽培床及其定植。香石竹的无土栽培多采用无土轻型基质，通过栽培床方式进行栽培，栽培基质通常采用泥炭、蛭石、砻糠、珍珠岩、河沙、锯木屑、炉渣等。栽培床宽 120～140 cm、高 20～25 cm。

香石竹定植时间主要根据预定产花期和栽培方式等因素而定，通常从定植至始花期需要110～150 d。因此，一般秋、冬季首次产花的栽培方式多在春季 5—6 月定植，而春、夏季首次产花的栽培方式多在秋季 9—10 月定植；香石竹定植密度依品种习性不同，分枝性强的品种可略稀植，分枝性弱的品种可适当密植，一般定植密度为 30～50 株/m^2，株行距多为15 cm×（15～20）cm，春、夏季开花的可适当密植，秋、冬季开花的宜适当稀植。

③ 营养液及其管理。香石竹栽培的营养液配方见表 8-5。由于香石竹喜较干燥的环境，营养液和水分的供应多用滴灌方式进行。

表 8-5 香石竹无土栽培营养液配方

化合物名称	用量/(mg/L)
硝酸钙 [$Ca(NO_3)_2 \cdot 4H_2O$]	950
硝酸钾 (KNO_3)	500
磷酸二氢钾 (KH_2PO_4)	170
硝酸铵 (NH_4NO_3)	20
硫酸镁 ($MgSO_4$)	250
钼酸铵 [$(NH_4)_6Mo_7O_{24} \cdot 4H_2O$]	0.15
螯合铁 ($EDTA-Na_2Fe$)	10
硫酸锰 ($MnSO_4 \cdot 4H_2O$)	2.2
硫酸铜 ($CuSO_4 \cdot 5H_2O$)	0.2
硫酸锌 ($ZnSO_4 \cdot 7H_2O$)	1.2
硼酸 (H_3BO_3)	1.9
γ 值/(mS/cm)	2.0

营养液的浓度和供应量应视具体情况而定，定植初期，浓度低而量小，旺盛生长期浓度高而量大。每日供液 4～5 次，平均每株日供液 200～400 mL。要定期测定基质的 pH、γ，根据测定结果，对营养液进行调整。定植初期营养液约为 1.0 mS/cm，旺盛生长期至开花期逐渐提高到 1.8～2.0 mS/cm；夏季高温时，由于水分蒸发量大，营养液浓度应适当降低。此外，营养液的 pH 应调整为 6.0～7.0。

此外，也可结合病虫害防治，采用喷施 0.1％～0.5％的尿素、磷酸二氢钾或低浓度硼酸等进行叶面追肥。

（4）植株管理。

① 摘心。定植后 20 d 左右进行第一次摘心。摘心是香石竹栽培中的基本技术措施，不同的摘心方法对产量、品质及开花时间有不同影响。切花生产中常用的有 3 种摘心方式：

a. 单摘心。仅对主茎摘心 1 次，可形成 4～5 个侧枝，从种植到开花时间短。

b. 半单摘心。当第一次摘心后所萌发的侧枝长到 5～6 节时，对一半侧枝做第二次摘心，该法虽使第一批花产量减少，但产花稳定。

c. 双摘心。即主茎摘心后，当侧枝生长到 5～6 节时，对全部侧枝做第二次摘心，该法可使第一批产花量高且集中，但会使第二批花的花茎变弱。

② 张网。侧枝开始生长后，整个植株会内外开张，应尽早立柱张网，否则易导致植株倒伏而影响切花质量。香石竹支撑网的网孔可因栽植密度或品种差异而定，通常在 10 cm×10 cm 和 15 cm×15 cm 之间。第一层网一般距离床面 15 cm 高，通常需要用 3～4 层网支撑，网要用支撑杆绷紧、拉平。

③ 抹侧芽、侧蕾。香石竹开始花芽分化后，其侧芽就开始萌动，需要及时抹除（多头型香石竹品种除外），由于上部侧芽抹去后，会刺激中下部侧芽的萌发，因此，抹侧芽需要分几次进行，才能全部抹除；随着花蕾的发育，在中间主蕾四周会形成数个侧蕾，应及时抹除，以保证主蕾的正常生长，如过迟，茎部木质化程度提高，不便于操作，且对植株损伤也较大，疏蕾操作应及时并反复进行。

（5）病虫害防治。香石竹病害较为严重，5—9 月高温多湿时更甚，主要病害有花叶病、条纹病、杂斑病、环斑病、枯萎病、萎蔫病、茎腐病、锈病等，引起这些病害的病原有病毒、真菌和细菌。香石竹的虫害主要有蚜虫、红蜘蛛、棉铃虫等。在生产中应严格贯彻预防为主的原则，加强管理，增强植株的抗御能力；注意清洁环境，控制温度、湿度；并根据病虫害发生的规律定期喷施农药预防，一般每周喷一次，如病虫害已发生应每 3 d 左右喷一次，及时拔除病株并销毁，以控制病虫害的蔓延。

二、盆栽花卉无土栽培

1. 杜鹃花

（1）生物学特性。杜鹃花为杜鹃花科杜鹃花属花卉，被誉为"花中西施"，是我国闻名的十大名花之一，极具观赏价值。杜鹃花在不同自然环境中形成不同的形态特征，既有常绿乔木、小乔木、灌木，也有落叶灌木，其基本形态是常绿或落叶灌木。分枝多，叶互生，表面深绿色。总状花序，花顶生、腋生或单生，花色丰富多彩，有些种类品种繁多。

杜鹃花分布广泛，遍布于北半球寒温两带，全世界杜鹃花有 900 余种，我国有 650 多种，其垂直分布可由平地至海拔 5 000 m 高的峻岭之上，但以海拔 3 000 m 处最为繁茂。因其喜酸性土壤，是酸性土壤的指示植物，其适宜的 pH 为 4.8～5.2。杜鹃花大都耐阴喜温，最忌烈日暴晒，适宜在光照不太强烈的散射光下生长。其生长的适宜温度为 12～25 ℃，冬季秋鹃为 8～15 ℃，夏鹃为 10 ℃左右，春鹃不低于 5 ℃即可。杜鹃喜干爽，畏水涝，忌积水。

（2）繁殖方法。

① 扦插法。扦插时期以梅雨季节，气温适中时成活率高。插穗选取当年新枝并已木质

化而较硬实的枝条作插穗。每枝插穗长 7~8 cm，摘除下部叶片，保留顶部 3~4 片叶即可。将插穗插入经湿润的基质，然后将扦插床放在通风避阳的地方，或用帘遮阳，晚上开帘。白天只喷 1~2 次水，下雨时注意防积水。扦插后一个月左右即可生根，逐渐炼光后可以上盆。

② 压条法。压条法的优点是所得苗木较大。方法是将母本基部的枝条弯下压入瓮内基质中，经过 5~6 个月的时间，生根之后，断离上盆。如果枝条在上端，无法弯下时，则采用高空压条方法，即用竹筒或薄膜填土保湿（月季、桂花等繁殖相同）。注意经常浇水，七八月后生出新根。

③ 嫁接法。有些杜鹃花品种，如王冠、鬼笑、贺之祝等用扦插法繁殖效果不佳，可用嫁接的方法来繁殖。其砧木宜选用健壮隔年生生命力强、抗寒性好的毛鹃，而接穗多利用花色艳丽、花型较好的西洋杜鹃。

嫁种方法有靠接、劈接和腹接 3 种。

a. 靠接。选定砧木与接穗的杜鹃花各一盆，并排靠在一起，选用生长充实，枝条粗细（砧木和接穗）基本相同的光滑无节部位，各削一刀，削面长 3~4 cm，深达木质部，削面两者要大小相同，然后将两者的形成层对准贴合，再用麻皮或塑料膜带依次捆扎，捆扎松紧适度，经 5~6 个月，伤口愈合并联成一体。然后将接穗断离母体，待翌年春季再解除包扎上盆。

黄瓜靠接法

b. 劈接。选用二年生毛鹃作砧木，把顶端的芽头剪去并截平。在正中劈一刀，深度为 4 mm 左右，然后削取接穗长约 1 cm 的嫩芽。两面都削成同样的楔形，插入砧木，使形成层对准密合，用线捆扎接口处，放置在阴凉架上，20 d 左右可以成活，然后炼苗，一个月后即可上盆。

c. 腹接。取长 4~5 cm 的接穗，顶部留 3~4 片叶，下部叶片全部去掉，在茎的两面用利刀削成楔形，长度 0.5~1 cm，削面要平滑、清洁，防止沾污。然后在砧木基部 6~7 cm 处斜劈一刀，深度比接穗的削面略长，插入接穗时，使两者的形成层对准吻合。然后用线将两者接合处包扎，再用小塑料薄膜袋将接穗连同接口套入袋中，扎紧袋口，既防风又保湿，移到遮阳处后约一个月后可成活上盆。

（3）品种选择。适合无土栽培的品种有以下 5 种。

① 西洋鹃。花叶同放，叶厚有光泽，花大而艳丽，多重瓣，花期为 5—6 月。

② 夏鹃。先展叶而后开花，叶片较小，枝叶茂密，叶形狭尖，密生茸毛。花分单瓣和双层瓣，花较小，花期为 6 月。

③ 映山红。先开花后生长枝叶，耐寒，常以 3 朵花簇生于枝的顶端，花瓣 5 枚、鲜红色，花期为 2—4 月。

④ 王冠。半重瓣，白底红边，花瓣上 3 枚的基部有绿色斑点，非常美丽，被誉为杜鹃花中之王。

⑤ 马银花。四季常绿，花红色或紫白色，花上有斑点。花期为 5—6 月。

（4）无土栽培基质制备。杜鹃花栽培基质以混合基质为好，有多种基质配方可供选用。具体如下：

① 腐叶土 4 份、腐殖酸肥 3 份、黑山土 2 份、过磷酸钙 1 份。

② 泥炭 3 份、锯木屑 2 份、腐叶土 3 份、甘蔗渣 1 份、过磷酸钙 1 份。

③ 枯叶堆积物 5 份、蛭石 2 份、锯木屑 1 份、过磷酸钙 1 份。

④ 地衣4份、砾石2份、塑料泡沫颗粒2份、山黄土2份。

配方基质必须混合均匀，消毒后装盆备用。

（5）栽培要点。

① 上盆。上盆宜在秋季进温室前后或春季出温室时进行。上盆的方法是：用几片碎盆片或瓦片交叉覆盖住排水孔，先在底层填一薄层颗粒砾石，再填入炉渣，然后填粗土粒，最上层放一层细土，将苗置于中央，根系要充分舒展，深浅适当。然后用一只手扶住苗木，另一只手向盆内加入混合均匀的基质，至根颈为止，将盆内基质振实，再加入适量基质至离盆口2～3 cm。然后用喷壶浇灌。第一次浇水要充分，到盆底淌出水为止。杜鹃上盆之后，需经7～10 d伏盆阶段，放入温室半阴处。出房室时应放于室外荫棚下，避免阳光直射，导致植株萎蔫。

② 换盆。上盆后的植株通过旺盛生长成为大苗，枝叶茂密，根系发达。应将植株移到较大的盆钵中。否则，会因为在小盆钵中根系不能舒展，互相缠结在一起，既不能充分吸收肥水，又影响通气排水。植株生长就会衰退。同时，经一段时期后，基质变劣，也需更换新的基质。鉴别是否需要换盆主要看植株的长势，只要树势不发生严重的衰退现象可不换。通常每3年左右换一次盆为好。大型植株往往相应地有较大的盆钵，也可每5年左右换一次。特大的只要长势不衰，也可多年不换。

换盆时用扦子或片刀沿盆的内边扦割，使附着在盆钵内缘的根须剥离，然后提起植株，使之从盆中脱出，去掉根盘底部黏着的碎盆片或瓦片，扦松根盘周围基质，剥去一些边沿宿土，使周围根须散开，但顶面中心部位的基质不能拆散。剪去过长的根和发黑的病根、老根，以促发新根。换新盆的操作与上盆时相同，换盆的季节与上盆时相似，但已进入盛花期的植株宜在花后进行。

③ 浇水。杜鹃花根系细弱，既不耐旱又不耐涝。如果生长期间不及时浇水，根系即萎缩，叶片下垂或卷曲，尖端变成焦黄色，严重者长期不能恢复，日渐枯死。如果浇水过多，通气受阻，则会造成烂根，轻者叶黄、叶落，生长停顿，重者死亡。因此，杜鹃花浇水不能疏忽，气候干燥时要充分浇水，正常生长期间盆土表面干燥时才适当浇水。如果生长不良，叶片灰绿或黄绿，可在施肥水时加用或单用1/1 000硫酸亚铁水浇灌2～3次。

杜鹃花浇水时需要注意水质。必须使用洁净的水源，浇水时注意水温最好与空气温度接近。城市自来水中有漂白粉，对植物有害，需经数天储存后使用。含碱的水不宜使用，北方水质偏碱性，可加硫酸，调整好pH再用。

（6）营养液管理。杜鹃花的营养液要求为强酸性，适宜pH 4.5～5.5。营养液的各种成分要求全面且比例适当以满足杜鹃花生长开花的需要。可选用杜鹃花专用营养液或通用营养液。定植后第一次营养液（稀释3～5倍）要浇透。置半阴处半个月左右缓苗后进入正常管理。平日每隔10 d补液一次，每次中型盆100～150 mL、大型盆200～250 mL。期间补水保持湿润。杜鹃花不耐碱，为调节营养液pH，可用醋精或食用醋调节水的pH，用pH试纸测定营养液的酸碱性。

杜鹃花无土栽培过程中，始终要求半阴环境，春、夏、秋三季均需遮阳。夏季高温闷热常导致杜鹃花叶片黄化脱落，甚至死亡，因此要注意通风降温或喷水降温，冬季室温以10 ℃左右为宜。

2. 仙客来 仙客来又名一品冠、兔子花、萝卜海棠、兔耳花，为报春花科仙客来属多年生球根草本植物。仙客来原产南欧及地中海一带，现已成为世界各地广为栽培的花卉。

（1）生物学特性。仙客来具扁圆形肉质块茎，深褐色。叶着生在块茎顶端的中心，叶心脏形，肉质，叶面深绿色，多有白色或淡绿色斑纹，叶背紫红色，叶缘锯齿状。花单生，花梗细长，花瓣 5 片，向上反卷，形似兔耳。花色有红、紫红、淡红、粉、白、雪青及复色等，有的具芳香。花期冬、春季。目前栽培的仙客来是从原种仙客来经多年培育改良而来的，通常分为大花型、平瓣型、皱瓣型、银叶型、重瓣型、毛边型、芳香型等。

仙客来性喜凉爽、湿润及阳光充足的环境，秋、冬、春季为生长季，夏季高温时进入休眠期。生长发育适温为 15～25 ℃，要求疏松、肥沃、排水良好的栽培基质，适宜 pH 6.0～6.8，要求空气湿度为 60%～70%。仙客来属日中性植物，喜阳光但忌强光照，光照度以 24 000～40 000 lx 为宜。盛花期为 12 月至翌年 4 月。

（2）繁殖方法。仙客来可以用播种、分割块茎和组织培养等方法繁殖，生产上多以种子繁殖为主。播种通常在 9～11 月进行。播种所用的基质可采用珍珠岩、蛭石、煤渣、锯末及其他无土栽培基质。播前需对种子和基质做消毒处理，基质可采用高温或药物消毒，种子需用 30～40 ℃温水浸种一昼夜，带病毒的种子还需做脱毒处理。播种时将种皮搓洗干净，按 1.5～2 cm 的间距点播于浅盆或播种床内，覆盖基质厚 0.5～0.7 cm，浇透水并保持基质湿润。在 20～25 ℃温度条件下，约 20 d 可生根，1 个月左右发芽长出子叶。此时可让幼苗见光，以利于幼苗光合作用。出苗达 75%以上时，每 10 d 追施一次营养液，氮、磷、钾比例为 1∶1∶1。待幼苗长出 2～4 片真叶时，进行第一次分苗（通常在 3—4 月），将小苗移入直径 10 cm 的花盆中，缓苗后进入正常养护管理。分割块茎是在休眠的球茎萌发新芽时（9—10 月），按芽丛数将块茎切成几份，每份切块都有芽，切口处涂草木灰或硫黄粉，放在阴凉处晾干切口，然后做新株栽培。

（3）无土栽培技术。

① 基质盆栽。仙客来无土栽培主要以基质盆栽为主，栽培基质可选用蛭石、泥炭、炉渣、锯末、沙、炭化稻壳等按不同比例混合作基质，如蛭石∶锯末∶沙为 4∶4∶2 或炉渣∶泥炭∶炭化稻壳为 3∶4∶3。苗期宜用泥盆，盆底垫 3～4 cm 厚的粗粒煤渣，上部用混合基质。栽苗时要小心操作，注意勿伤根系，使须根舒展，加基质，轻轻压实，使球茎 1/3 露出，浇透营养液（稀释 3～5 倍）。仙客来喜肥，但需施肥均匀，平日每周浇一次营养液，并根据天气情况每 2～3 d 喷一次清水。由于基质疏松透气、保水保肥，能满足小苗生长的各种需求。仙客来 10 片叶时是一个重要时期，一般出现在 5—6 月，此时进入蕾养生长和生殖生长并进阶段。凉爽地区可于此时进行第二次移栽，栽植于直径为 15 cm 的塑料盆、陶盆或瓷盆中，方法同前。进入夏季要注意降湿、通风，保存已有叶片，控制肥水，以防植株徒长。此外，要注意防病、防虫，可喷洒多菌灵、硫菌灵、乐果、敌敌畏等杀菌杀虫剂。

8 月底随天气渐凉，仙客来逐渐恢复生长，长出许多新叶，此时要注意加强光照和施肥，按正常浓度每周浇一次营养液，每 10 d 左右叶面喷施 0.5%磷酸二氢钾溶液。进入 10～11 月，叶片生长缓慢，花蕾发育明显加快，进入花期，此时适宜的条件为光照 24 000～40 000 lx，温度为 12～20 ℃，湿度为 60%左右。温度是控制花期的主要手段，一般品种在 10 ℃条件下花期可推迟 20～40 d。花期易发生灰霉病，要加强通风和药物防治。

仙客来无土栽培要比在土壤中栽培生长快、开花多、开花早、花大色艳、花期长。仙客来无土栽培营养液推荐配方见表 8 - 6。

表 8-6　仙客来营养液配方

化合物名称	用量/(mg/L)
硝酸钙 [Ca(NO₃)₂·4H₂O]	250
硝酸钾（KNO₃）	400
磷酸二氢钾（KH₂PO₄）	100
尿素 [(NH₂)₂CO]	200
硫酸镁（MgSO₄）	150
硫酸亚铁（FeSO₄·H₂O）	100
硫酸钙（CaSO₄·2H₂O）	50
钼酸铵 [(NH₄)₆Mo₇O₂₄·4H₂O]	10
硫酸锌（ZnSO₄·7H₂O）	10
硼酸（H₃BO₃）	10

营养液可以先配成浓缩液，使用时再根据不同生长时期稀释不同倍数。通常浓缩 10 倍，用时稀释 3～5 倍，pH 调至 6.5 左右。

② 水培技术。将仙客来球茎置于特制的葫芦形容器的颈上部根系自然垂入颈下的大容器中，整株观赏，绿叶白根，相得益彰。

a. 栽植前准备。

幼苗准备：8 月下旬在仙客来休眠后恢复生长前，选择球茎在 3 cm 以上、10 片叶以上、无病虫害、生长健康的植株，挖出洗根后备用。

容器准备：一般 3 cm 以上的球茎选用直径 15 cm 以上的容器。用 2 cm 厚的聚苯硬板作盖板兼定植板。

营养液：配制 1/2 剂量水平的园试配方营养液，pH 6.0～7.0。

b. 定植与管理。将球茎用岩棉或泡沫塑料裹卷好，锚定在定植板中，穿出的根系浸入营养液中。营养液每 30 d 更新一次，也可以根据营养液的清晰程度而定。快速生长阶段处于高温高湿期，注意喷洒多菌灵、硫菌灵、乐果等杀虫剂，每月喷一次。

3. 竹芋　竹芋是竹芋科竹芋属多年生单子叶草本植物。竹芋是竹芋科中具有观赏价值的植物的总称，姿态优美，许多种类的叶片都具有十分醒目的斑纹、美丽斑斓、奇异多变，是当前流行的室内高档观叶花卉。它与兰花、红掌等花卉搭配组合，可编织成各种绿叶红花图案，观赏效果更好。竹芋的无土栽培方式主要以基质盆栽为主。

（1）生物学特性。竹芋大多数种类地下具有根茎或块茎，具较强的分蘖特性。在根颈部位直接分生多个生长点，长出叶片。叶片形状各异，具有各色花纹、茸毛不等。叶上具有十分明显的特征，即它们的叶片基部都有开放的叶鞘，而且在叶片与叶柄连接处有一显著膨大的关节，称为叶枕，其内有储水细胞，有调节叶片方向的作用，晚上水分充足时叶片直立，日间水分不足时叶片展开，这是竹芋科植物的一个特征。花为两性花，左右对称，常生于苞片中，排列成穗状、头状、疏散的圆锥状花序，或花序单独白根茎抽出，果为蒴果、浆果。其花朵虽不大，但花姿优雅。短日照下开花。竹芋的品种特性和栽培技术决定其生长速度，一般从小苗到成品需 6～12 个月。成品苗高度为 40～80 cm，株型丰满，叶片有光泽，无病叶。

竹芋为喜温植物，生长适温为 16～28 ℃，最佳生长温度为白天 22～28 ℃，晚间 18～22 ℃，低于 16 ℃生长缓慢，低于 13 ℃停止生长，10 ℃以下植株受损易发生冷害；适宜的光强为 5 000～20 000 lx，光弱则植株细弱；光照过强则叶片卷曲、灼伤；喜阴，喜湿润，湿度以 65%～70%为宜，湿度过低长势慢，湿度过高易形成斑点；要求基质疏松、保水保肥力强，湿度 60%～70%，pH 4.8～5.5，EC 值 0.8～1.2 mS/cm；要求水的 $\gamma<0.1$，pH 5.5～6.5，不含 Na^+ 和 Cl^-，Cl^- 超标则易发生烧叶现象。竹芋不同品种、同一品种的不同生育期对环境要求有差异。

（2）品种选择。竹芋常见的栽培品种有四大类：

① 肖竹芋属（Calathea）。包括紫背、天鹅绒、玫瑰竹芋等。

② 锦花竹芋属（Ctenanthe）。包括锦竹芋、青苹果等。

③ 卧花竹芋属（Stromanthe）。包括卧花竹芋、三色竹芋等。

④ 竹芋属（Marantn）。包括花叶竹芋等。

肖竹芋属、锦花竹芋属、卧花竹芋属株型高大，容易种植；竹芋属株型较矮，有些品种种植有难度。

（3）繁殖方法。竹芋繁殖方法有扦插、分株、组织培养方法，而以分株和组织培养方式为主。生长数年的成株，茎过于伸长，破坏株型，应及时剪枝。剪下枝叶用于扦插，切取带 2～3 叶的幼茎，插入沙床中，半个月可生根。分株一般在气温达到 15 ℃以上时进行，气温偏低易伤根，影响成活和生长。分株时先去除宿土将根状茎扒出，选取健壮整齐的幼株分别上盆；注意分株不宜过小，每一分割块上要带有较多的叶片和健壮的根，否则会影响新株的生长。由于分株繁殖的种苗易感染根结线虫，而且长势较弱，成苗不齐，只能做小规模栽培，而商品化栽培多采用组培方式繁殖，种苗具有长势好、无病毒、株型好、易控制等特点。

（4）无土栽培技术。

① 栽植前准备。

a. 基质选择与处理。竹芋喜好排水、透气性良好的栽培基质，可采用草炭∶珍珠岩为 2∶1 或珍珠岩∶泥炭∶炉渣为 1∶1∶1 的复合基质，要求以基质 pH 4.7～5.5、γ值0.6～0.8 为最佳。基质充分消毒、杀灭病虫后方可使用。

b. 准备栽培容器。栽培容器根据栽培品种和栽培方式确定，一般为硬质不透明的塑料盆。一般选用直径为 12～14 cm 或 17～19 cm 的塑料盆。

② 定植。定植根据竹芋的品种特性分为 1 次定植和换盆 2 次定植两种情况。常规生长速度快的大株型品种如紫背、青苹果、卧花、猫眼竹芋等可直接定植于直径 17～19 cm 盆中；小株型矮生品种直接定植于直径 12～14 cm 盆中；对生长较慢的大株型竹芋，如双线、孔雀、豹纹等一般换盆 2 次定植。首先定植于直径 10～12 cm 盆中约 6 个月，然后换到直径 17～19 cm 盆中。

竹芋属植物根系较浅，多用浅盆栽植。上盆时盆底铺一层陶粒为排水层，然后放正苗，加入配好的基质至花盆八分满，用手压实，最后在盆上面再加一层陶粒，以防生长藻类和冲走基质或冲倒苗。新株栽种不宜过深，将根全部埋入土壤即可，否则影响新芽的生长。定植后要控制基质的含水量不要太多，但可经常向叶面喷水，以增加空气湿度，长出新根后方可充分浇水。定植后喷一次 50%甲基硫菌灵可湿性粉剂 1 500 倍液＋72%硫酸链霉素可溶粉剂

3 000～4 000 倍液，以防止苗期病害。

③ 栽培管理。

a. 温度。竹芋定植初期要求白天温度保持在 25～27 ℃，夜间为 17～20 ℃；成株期一般在冬季，保证最低温度在 16 ℃以上；超过 35 ℃或低于 10 ℃对其生长不利。所以，夏天高温季节应将竹芋苗放在阴凉处；冬季应注意防寒，将植物移至无风、温暖处越冬。

b. 光照。竹芋忌阳光直射，在间接的辐射光或散射性光下生长较好。生产上应用遮光度 75%～80%的遮阳网遮阳。定植初期适当遮阳，光照度以 5 000～8 000 lx 为宜；幼苗期的光照度为 9 000～15 000 lx，最高 20 000 lx，夏季阳光直射和光照过强易出现卷叶和烧叶边现象，新叶停止生长，叶色变黄，应注意遮阳，但也不能过于荫蔽，否则会造成植株长势弱，某些斑叶品种叶面上的花纹减退，甚至消失，所以最好放在光线明亮又无直射阳光处养护；成株期的光强可适当增强，可以达到 10 000～20 000 lx。

c. 湿度。竹芋对水分反应较为敏感，生长期应充分浇水，以保持盆内基质湿润，但不宜积水，否则会导致烂根并引起病害，甚至植株死亡。适宜的湿度为 65%～80%，高湿度有利于叶片展开；幼苗期如果白天湿度过大（RH＞80%），叶片细胞水分积累过多，容易破裂，叶片上产生棕色斑点，似病斑状，降低观赏价值；成株期的基质不可过湿，勿过多浇水，应保持在 60%～70%即可。新叶抽出期间，若过于干燥，则新叶的叶缘、叶尖均易枯卷，日后畸形，叶片萎蔫后无法恢复。因此，在每年 3—10 月的生长季节需勤浇水，并要经常向叶面喷雾，夏季浇水每天 3～4 次，且要及时；秋后基质应保持稍干；冬季植株处于半休眠状态，控制好越冬温度，置于散射光充足处，保持盆土稍干燥。

d. 肥水管理。竹芋生长前期适当增施氮肥，可每周补一次硝酸钙和硝酸钾（轮换施用），浓度 0.1%浇施，保持基质湿润状态，2～4 周苗已长出新叶后，开始有规律的水肥管理，即在保持基质湿度 50%～70%相对稳定的状态下持续性供应。施肥的总原则是"薄肥勤施"，尽量避免一次性浓度过大。施肥周期一般为每周 1～2 次，因植株大小和需肥量而异。为防止烧"管"现象（"管"指未打开、卷曲的新叶），施肥后用清水冲洗叶片，可采取喷施冲肥法。营养液配方可选用观叶植物营养液配方或氮：磷：钾为 1∶0.4∶1.8，外加微量元素（硼素过多易发生烧叶现象）的营养液。选用观叶植物营养液时，第一次浇营养液要适当稀释，一次浇透，至盆底托盘内有渗出液为止。平时补液每周 1～2 次，每次 100 mL/株；平日补水保持基质湿润；补液时不补水，盆底托盘内不可长时间存水，以利于通气，防止烂根。成株期以增施磷、钾为主，如 0.1%～0.2%的磷酸二氢钾溶液，以增加植物抗性。γ值随着植株的生长而提升，一般 γ 值控制在 0.5～1.5 mS/cm，苗期 γ 值为 0.5～0.8 mS/cm，成株期为 γ 值 0.8～1.5 mS/cm。不同品种间的 pH 要求略有差异，如玫瑰竹芋喜酸，要求 pH 4.8～4.9，双线竹芋 pH 5.1，猫眼和莲花竹芋 pH 5.8～6.0，多数品种为 pH 5.3～5.5，所以生产上对营养液或肥液 pH 的调控目标要因品种而异。

e. 催花处理。多数竹芋以观叶为主，但有些品种也开美丽的花，如金花竹芋、莲花竹芋、天鹅绒竹芋等。还有一些如紫背、玫瑰竹芋等在一定条件下也会开花，但花不漂亮，一般将花打掉或避免它们开花。因竹芋属短日照植物，所以花芽诱导及形成需在短日照条件下进行。催花要点：生长期必须满足 3～4 个月，否则不开花；短日照处理，光照时数少于 12 h/d，持续 5～6 周；温度在 17～21 ℃，过低或过高不利于成花。如果不想竹芋开花，可以在其自然开花季节进行补光，使其日照时数大于 12 h，就能避免成花。

④ 病虫害防治。竹芋常见的病害有叶斑病、叶枯病等，主要发生在叶片，也可以危害叶鞘，影响观赏效果。可采取及时摘除病叶，提前预防的方法进行防治。定期预防可用75%百菌清可湿性粉剂800倍液、50%克菌丹可湿性粉剂500倍液、70%甲基硫菌灵可湿性粉剂800倍液、72%硫酸链霉素可溶粉剂3 000~4 000倍液等每2~3周喷施一次，连续防治2~3次。常见害虫有蓟马、红蜘蛛等。蓟马主要危害竹芋的叶片，导致叶片表现出很多小白点或灰白色斑点，尤其天鹅绒竹芋对蓟马很敏感，可以使用阿维菌素每周喷施1次，连续喷2~4次即可。红蜘蛛危害后表现为叶片变为红褐色或橘黄色，引起植株水分代谢失衡，影响正常生长，可使用阿维菌素等药品处理，每周处理一次，处理2~4次即可。

4. 凤梨 观赏凤梨为凤梨科观赏植物，其株型优美，叶片和花穗色泽艳丽，花形奇特，花期可长达2~6个月，是新一代室内高档盆栽花卉，栽培价值大。凤梨科植物原产于美洲热带、亚热带地区，分地生、附生、气生三大类，是当今最流行的室内观叶植物。它以奇特的花朵、漂亮的花纹使人们啧啧称奇。

（1）生物学特性。凤梨叶莲座状基生，硬革质，带状外曲，叶色有的具深绿色横纹，有的叶褐色具绿色的水花纹样，也有的绿叶具深绿色斑点等。特别临近花期，中心部分叶片变成光亮的深红色、粉色或全叶深红，或仅前端红色。叶缘具细锐齿，叶端有刺。花多为天蓝色或淡紫红色。凤梨性喜每天至少3 h以上的充足阳光照射。大部分凤梨喜阳，耐旱，喜高温、高湿的环境，但也耐半阴，夏季喜凉爽、通风。缺少光照时，叶片及苞片将褪色，且无光泽。春节开花的观赏凤梨必须经过催花处理。凤梨的无土栽培方式主要以基质盆栽为主。

（2）品种选择。凤梨常见的种类和品种主要是珊瑚凤梨属、水塔花属、果子蔓属、彩叶凤梨属、铁兰属和莺歌属这6个类群，如加粉玉扇、步步高、吉利红星、粉菠萝、五彩凤梨、七彩凤梨、斑莺歌、红剑等，多彩多姿，各有千秋。它们以观花为主，也有观叶的种类，其中还有不少种类花叶并茂，既可观花又可观叶。

（3）繁殖方法。观赏凤梨大面积商业性栽培使用组织培养，即试管苗繁殖，经2年栽培可开花。小规模生产和家庭栽花，可用分株繁殖。凤梨原株只能开花一次，花后母株基部叶腋自然分蘖，产生多个吸芽，3~5片叶时可剥离母株，选半阴环境，扦插在粗沙或培养土中，注意保湿、保温，极易成活。分株后的母本可作多次分株繁殖。

（4）无土栽培技术。

① 栽植前准备。

a. 基质选择与处理。凤梨栽培时间较长（从小苗到成品大苗需2~3年），所以栽培基质的选择显得非常重要。栽培基质可选用多孔、通气、易排水的基质，如陶粒、碎瓦片、煤渣、树皮、谷壳等，并与腐叶土混合使用。凤梨喜欢偏酸性的基质，pH以5.5~6.5为最佳。一般选用泥炭土加珍珠岩以10：1的比例混合。基质在使用前必须用40%甲醛水剂100倍液进行密闭消毒，15 d后解除密闭措施，一周后方可使用。

b. 温室消毒。用硫黄对温室进行密闭熏蒸消毒处理，一周左右准备栽植。

② 定植与移植。凤梨种苗到货后，将凤梨种苗从包装中取出，直立在箱内，确保所有植株都有足够的通风条件。最好能在当天种植，否则要给箱子里的植株洒点水，但不要浸透它们。然后依照不同的品种，把种苗定植在相应口径7~9 cm的盆中。种植深度一般保持在1~3 cm。如果太深，基质会进入到种苗心部，影响种苗生长。另外，基质不要压得太紧，尽量保持良好的透气性。种植后立即浇透水，保证根系与土壤的良好结合。种植约10 d后，

施一次单一的低浓度叶面肥，浓度为 0.5 g/L，氮、磷、钾的比例为 2：1：20，尽可能只对植株浇水，确保植株的叶间含有水分。当根系形成后，新根至少长 2 cm 时，才可以有规律地给植株施肥。

凤梨苗在小盆中生长 4～8 个月后（视植株健壮程度）就需要换大盆。一般小红星、紫花凤梨用直径为 11～12 cm 的盆，擎天类品种用直径为 14～16 cm 的盆，粉凤梨用直径为 16 cm 的盆。换盆时，先在盆底放一层泥炭土，再把凤梨从小盆中连土取出，摘除老叶，放在盆中央，在根球四周放入草炭土，轻压以确保植株直立，种植深度以 5 cm 为宜。注意基质不宜压得太紧，尽量保持良好的透气性。移盆种植一段时间后，当根球的外面有一些白色根时，就可以开始施肥。

③ 栽培管理。

a. 水分管理。水质对观赏凤梨非常重要，一般含盐量越低越好。高钙、高钠盐的水质会使叶片失去光泽，妨碍光合作用的进行，并容易引发心腐病和根腐病。γ 值宜控制在 0.3 mS/cm 以下，pH 应在 5.5～6.5，当 pH＞7 时，则会影响植株的营养吸收。

夏秋为观赏凤梨的生长旺季，需水量较多，每 4～5 d 向叶杯内浇一次水，每 15 d 左右向基质中浇一次水，保持叶杯有水，基质湿润。冬季进入休眠期后，每两周向叶杯内浇水一次，基质不干不浇水，太湿易烂根。

b. 肥水管理。观赏凤梨生长发育所需的水分和养分，主要储存在叶基抱合形成的叶杯内，靠叶片基部的鳞片吸收。即使根系受损或无根，只要叶杯内有一定的水分和养分，植株就能正常生长。观赏凤梨对磷肥较敏感，施肥时应以氮肥和钾肥为主，氮、磷、钾的比例以 2：1：4 为宜，浓度为 0.1%～0.2%，可以选用 0.2% 尿素或硝酸钾等，生产上也可以用稀薄的矾肥水（出圃前需要清水冲洗叶丛中心），叶面喷施或施入叶杯内，生长旺季每 1～2 周喷一次，冬季每 3～4 周喷一次。肥液 γ 值宜控制在 0.5～0.8 mS/cm。种植 4 个月后，γ 值调到 1.0 mS/cm 左右。当凤梨自营养生长阶段进入生殖生长阶段，达到可催花状态时，γ 值要增加到 1.2 mS/cm，催花后 γ 值仍以 1.2 mS/cm 为宜。注意催花前后停肥 3 周。

c. 环境调控。观赏凤梨的最适温度为 15～20 ℃，冬季不低于 10 ℃，湿度要保持在 70% 以上。我国北方夏季炎热，冬季严寒，空气较干燥，要使其能正常生长，需人工控制其生长的微环境。夏季可采用遮光法和蒸腾法降温，使环境温度保持在 30 ℃ 以下。5 月在温室棚膜上方 20～30 cm 处加透光率为 50%～70% 的遮阳网，既能降温又能防止凤梨叶片灼伤。在夏季中午前后气温高时，用微喷管向叶面喷水，根据气温、光照而定，一般每隔 1～2 h 喷 5～10 min，使叶面和环境保持湿润，同时加大通风量，通过水分蒸发降低叶面温度，同时又能增加空气湿度。冬季用双层膜覆盖，内部设暖气、热风炉等加温设备维持室内温度在 10 ℃ 以上，凤梨即能安全越冬。

d. 花期控制。观赏凤梨自然花期以春末夏初为主。为使凤梨能在元旦或春节开花，可人工控制花期。用浓度 50～100 mg/kg 的乙烯利水溶液灌入已排干水的凤梨叶杯内，7 d 后倒出，换清洁水倒入叶杯内，处理后 2～4 个月即可开花。也可以选用乙烯饱和溶液进行催花处理。人工催花到凤梨抽花，一般时间为 3 个月。

e. 植株调整。植株调整的内容包括换盆、调整间距、摘除老叶、分级等。凤梨经过一段时间的生长后，植株会显得密度过大，因光照不足最终导致叶片狭长，生长停滞，生长差距拉大。因此，在换盆后2～3个月，需对植株间距进行调整。根据株型大小，需定期对植株进行分级，这样做既有利于改善较小植株的光照，同时也利于管理。及时摘除基部变黄发干的老叶。

④ 病虫害防治。观赏凤梨的病害可分为两大类：一类称为非传染性病害，又称为生理病害，是由于环境条件如光、温、水、肥等不适而引起的。在栽培凤梨时，这类病害更为常见。另一类称为传染性病害，是由于微生物，如真菌、细菌、病毒等侵染所引起的，如心腐病、根腐病、叶尖黄化枯萎病等。

观赏凤梨的主要虫害有介壳虫、红蜘蛛、袋蛾、斜纹夜蛾等，可用25％～50％甲萘威可湿性粉剂400倍液喷雾，忌用乳油剂农药。

思政天地

吃一直是全人类不变的主题。随着人们生活水平的提升，人们的饮食理念已从原始的饱腹即可逐渐转化为对蔬菜的品种、质量及保健功能的高要求。"毒豆芽""苏丹红""瘦肉精""三聚氰胺""地沟油"等食品安全事件的发生，让健康食品成为社会和公众的关注焦点，绿色、营养、新鲜、安全的蔬菜更是受到了广大市民朋友们的青睐。芽苗菜是各种谷类、豆类、菜类种子培育出的可以食用的"活体蔬菜"，其中豆类芽苗菜是芽菜家庭的重要成员。与传统的用激素生产的无根豆芽不同，新型的富氧菜苗采用先进的栽培方式和技术，在较短的生产周期（5～10 d）内就可以生产出口感柔嫩、营养丰富、健康安全的芽苗菜，生产过程中完全不使用化肥、激素和农药，是真正的健康蔬菜，发展前景非常好。芽苗菜成本不高，但销售利润却很可观，一般都在500％以上。芽苗菜的市场需求也很大，从宾馆、饭店到小吃都非常火爆，供不应求。目前"新冠病毒"肆虐全球，对农业生产造成了巨大冲击，对于芽苗菜产业发展也是一个重要契机。另外，在发展芽苗菜生产时也要充分考虑芽苗菜产品柔嫩、容易失水萎蔫的特点，立足本地，确保销路，完善运输方式，切忌盲目大批量生产。

（根据相关报道整理改编而成）

项目小结

【重点难点】

（1）熟悉果菜类无土栽培的不同栽培形式，掌握番茄有机生态型无土栽培、番茄岩棉培、黄瓜有机生态型无土栽培、丝瓜槽式基质培、甜瓜袋培、茄子深液流水培等栽培方法。

（2）熟悉叶菜类无土栽培的不同栽培形式，掌握莴苣深液流水培、茼蒿三层水培、紫背天葵立柱式基质培、芹菜深液流水培等栽培方法。

（3）熟悉芽苗菜无土栽培的不同栽培形式和生产场地及设施准备，掌握豌豆苗和蚕豆芽无土栽培技术。

（4）掌握月季、百合、香石竹、菊花等的繁殖技术和常见盆花类花卉的无土栽培技术。

（5）熟悉草莓优良品种选择与特性，掌握草莓无土栽培条件下营养液的选择与选配，以及栽培介质的配制，掌握草莓无土栽培生产管理技术。

【经验技巧总结】

（1）有机生态型无土栽培操作简单易行，管理方便，在生长过程中不施用无机肥料，使生产的蔬菜符合绿色蔬菜标准。

（2）叶菜类蔬菜无土栽培，其设施结构基本可以通用，栽培管理上要掌握各蔬菜的生物学特性及其栽培管理要点。

（3）营养液管理时，夏季要比冬季浓度高，植物生长后期要比生长初期浓度高。

（4）芽苗菜栽培技术的关键是严防滋生杂菌，控制温度、光照和湿度。

技能训练

技能训练 8-1　京水菜营养液膜栽培技术

一、目的要求

了解 NFT 水培技术的特征，熟练掌握 NFT 水培技术。

二、材料与用具

1. 材料　京水菜幼苗，多菌灵，配制营养液所需的化合物（日本山崎莴苣配方），其配方如下：四水硝酸钙 236 mg/L、硝酸钾 404 mg/L、磷酸二氢铵 57 mg/L、七水硫酸镁 123 mg/L。

2. 用具　酸度计、电导率仪、电子天平、营养液膜水培设施、营养液配制用具等。

三、方法步骤

1. 配制营养液　配制方法见项目三中的相关内容。

2. 洗苗、消毒　如果是基质育的幼苗，先将根系基质冲洗干净，放在 50% 多菌灵可湿性粉剂 500 倍液中浸泡 10 min，再用清水冲洗一遍，准备定植。

3. 定植　选用适宜的营养液膜栽培床，并配备营养液自动供液系统，按栽培床 60～70 株/m² 的密度在定植板上打孔定植。

4. 营养液管理　定植后营养液的浓度逐渐提高，随植株的生长，从 1/2 剂量提高到 2/3 剂量，最后为 1 个剂量。白天每小时供液 15 min，间歇 45 min；夜间每 2 h 供液 15 min，间歇 105 min，由定时器控制。营养液的电导率控制在 1.4～2.2 mS/cm，pH 控制在 5.6～6.2。平时及时补充消耗掉的营养液，每 30 d 将营养液彻底更换一次。

5. 地上部环境调控　由于京水菜也是喜冷凉蔬菜，因此环境调控可参照莴苣无土栽培。

6. 观察记录　将所观察的情况如实记录到表 8-7 中。

表 8-7　NFT 水培管理记录

作物名称：_____　　　记录人：_____

日期	设施环境		营养液		生长状况	处理措施	备注
	温度	湿度	EC 值	pH			

技能训练 8-2　草莓无土栽培

一、目的要求

掌握草莓无土育苗技术、无土栽培槽设计方法和无土栽培生产管理技术。

二、材料与用具

材料与工具包括草莓优良母株苗、繁苗基质、营养钵、栽培槽材料。

三、方法步骤

（1）繁苗地整理、施肥。
（2）定植母株苗。
（3）营养基质配制、装盘。
（4）匍匐茎苗整理，营养钵繁殖。
（5）草莓栽培槽设计、组装。
（6）营养液配制。
（7）草莓无土栽培定植。
（8）草莓无土栽培日常管理。

技能训练 8-3　葡萄根域限制无土栽培

一、目的要求

掌握葡萄无土栽培槽设计方法和无土栽培生产管理技术。

二、材料与用具

材料与工具包括葡萄苗、栽培基质、肥料、栽培槽材料。

三、方法步骤

（1）栽培槽制作。
（2）营养基质配制、装槽。
（3）定植。
（4）葡萄无土栽培日常管理。

拓展任务

【复习思考题】

（1）分析 NFT 水培与 DFT 水培技术的优缺点。
（2）如何预防营养液中藻类大量滋生？
（3）何为有机生态型无土栽培技术？实施此项技术在农业生产上有何意义？

（4）简述豌豆苗生产中种子的处理方法。

（5）简述蚕豆芽培养时的管理要点。

（6）切花月季嫁接后的管理工作主要有哪些？

（7）比较花卉基质培与水培在栽培管理上的异同。

（8）用复合肥配成的溶液是不是营养液？为什么？

（9）切花月季的插穗如何选择？

（10）如何选择与贮藏百合种球？

（11）简述竹芋无土栽培过程中的环境调控技术。

（12）杜鹃盆栽的营养液应如何配置？

（13）葡萄 H 型修剪的步骤是什么？有何好处？

（14）葡萄如何进行疏花疏果？

（15）试叙述植物激素在葡萄果实膨大中的应用。

【案例分析】

1. 情境　某菜农计划利用温室生产萝卜芽 200 盘，春节前上市，请设计萝卜芽生产方案。

（1）安排生产时期。

播种期：＿＿＿＿＿＿＿＿＿＿　　　　采收期：＿＿＿＿＿＿＿＿＿＿

（2）生产准备（种子、育苗盘、培养架等）。

序号	材料名称	规格型号	数量	资金/元

（3）播种。

种子处理方法	播种方法

（4）管理。

叠盘	倒盘	温度	湿度	绿化	病虫害预防

（5）采收（测产）。

2. 生产记录

项目名称：＿＿＿＿＿＿＿＿　　小组：＿＿＿＿＿＿＿＿　　姓名：＿＿＿＿＿＿＿＿

品种名称	播种期	发芽期	采收期	生产面积	单盘产量	总产量	总收入

3. 生产总结

（1）交流成功经验，总结需要改进的措施。

（2）撰写所完成项目的芽菜生产技术方案。

项目九　植物工厂

◆ 知识目标
- 掌握植物工厂的基本概念、意义。
- 掌握植物工厂工艺与系统构成及植物工厂环境调控措施。

◆ 技能目标
- 了解植物工厂的历史、发展概况，能够对植物工厂的环境进行调控。

任务实施

任务一　植物工厂的基本概念及意义

一、植物工厂的概念

植物工厂是一种具有工业化生产流程，能够实现标准化、规范化、规模化的周年稳定生产的商业化人工光型设施，通过设施内高精度环境控制，实现作物周年练习生产的高效农业系统，是由计算机对作物生育过程的温度、湿度、光照、CO_2 浓度以及营养液等环境要素进行自动控制，不受或很少受自然条件制约的省力型生产方式。由于植物工厂充分运用了现代工业、生物科技、营养液栽培和信息技术等，技术高度密集，被国际上公认为设施农业的最高级发展阶段，是衡量一个国家农业科技发展水平的重要标志之一。

关于植物工厂的定义与分类方式还有不少争论，欧美人很少把具有人工补光的温室、内部采用水耕栽培或岩棉培植的蔬菜花卉工厂化生产方式称为太阳光利用型植物工厂，而在亚洲国家，尤其是日本，就将其划分为太阳光利用型植物工厂类型。日本千叶大学的古在丰树教授把植物工厂分为人工光型植物工厂、太阳光型植物工厂及太阳光与人工光并用型植物工厂。普遍认可的是植物工厂可分为两种主要类型，即人工光利用型和太阳能（有补光型和无补光型）利用型植物工厂。人工光植物工厂即完全使用人工光源、进行多层次立体栽培植物的设施，类似于工业化工厂，实现了标准化流程的订单式规模生产。其主要特征为：①建筑结构为全封闭型，密闭性强，屋顶及墙体材料不透光，隔热性较好；②只利用人工光源，光源特性好，如高压钠灯、高频荧光灯（HF）及发光二极管（LED）等；③采用植物在线检测和网络管理技术，对植物生长过程进行联系检测和信息处理；④采用营养液水耕栽培，完全不用土壤甚至基质；⑤可有效地抑制害虫和病原微生物的侵入，实现无污染生产；⑥可对植物生长的各种要素进行精密控制，可任意调节，植物生长较稳定，可实现周年均衡生产；⑦技术装备和设施建设的费用高，能源消耗大，运行成本较高。太阳光利用型植物工厂就是不补光或补光的大型温室设施，在半封闭的温室环境下，主要利用太阳光或短期人工补光及营养液栽培技术，进行作物周年生产的一种方式。其特征有：①温室结构为半封闭式，建筑覆盖材料多为玻璃或塑料（氟素树脂、薄膜、PC 板等）；②光源主要为自然光，也可进行人工补光；③温室内备有多种环境监测和调控设备，包括环境因子的数据采集和环境自动调控系统；④栽培方式以水耕栽培和基质栽培为主；⑤生产环境易受季节和气候变化的影响，生产品种有一定的局限性，主要为叶菜类和茄果类蔬菜，生产存在不稳定性；⑥设施建设成本比人工光利用型植物工厂要低得多，运行费用也相对低一些。

二、发展植物工厂的意义

近年来，植物工厂备受各界人士关注，其原因有很多方面。第一，世界人口的快速增长和耕地的减少带来的食物危机，使资源高效利用型的植物工厂成为解决问题的途径之一；第二，农药残留超标问题日益突出，食品安全备受人们关注，而植物工厂由于其密闭的生产环境，使用农药少或不使用农药，生产的作物安全，无污染；第三，植物工厂舒适的工作环境和工厂化的生产方式，将会吸引有知识的年轻人参与农业生产，优化从事农业生产的劳动者的素质。

此外，植物工厂作为技术高度密集、资源高效利用的农业生产方式，还具有其他农业模式无法比拟的优势，主要表现为：

1. 作物生产计划性强 可在不受外界环境影响的条件下，实现周年生产，叶菜类蔬菜一年可收获 15～18 茬。

2. 单位面积产量高，资源利用率高 叶用莴苣每 1 000 m^2 的年产量可达 150 t，为露地栽培的 30～40 倍。

3. 机械化、自动化程度高 劳动强度低，工作环境舒适，可吸引一大批有知识的年轻人从事农业生产。

4. 不施用农药，产品安全无污染 通过人工环境控制手段，可有效阻止病虫害侵入，生产过程不用或少用农药。

5. 多层式、立体栽培 人工光植物工厂的栽培层数可达 8～10 层，甚至更高，显著地提高了土地利用率。

6. 可在非耕地上生产，不受或很少受土地的限制 在城郊荒地、建筑屋顶、楼群之间空地，或沙漠、戈壁，甚至在空间站及其他星球上都可以进行植物生产。

7. 可建立在城市周边或市区 蔬菜就近生产，就近销售，减少了中间环节，既能保持蔬菜的新鲜度，又可大幅缩短产地到市场的运输距离，减少物流成本和碳排放。

因此，植物工厂被认为是未来解决人口增长、资源紧缺、新生代劳动力不足、食物需求不断提升等问题的重要途径，尤其是以植物工厂为基础的"垂直农业"或"摩天大楼农业"，更是为未来人类的食物供给找到了一条希望之路。

任务二 植物工厂的工艺与系统构成

一、系统概述

目前，植物工厂主要分为两种类型：一类为人工光利用型植物工厂，是在完全密闭的环境下采用人工光源与营养液栽培技术进行植物周年连续生产的一种方式；另一类为太阳光利用型植物工厂，是在半封闭的温室环境下采用自然光或短期人工补光与营养液栽培技术进行植物周年生产的一种方式。广义的植物工厂是对这两类植物工厂的总称，但狭义的植物工厂一般指人工光利用型植物工厂，即完全控制型植物工厂。太阳光利用型植物工厂主要涉及温室工程、环境控制、营养液栽培管理及自动控制等相关技术。我们将重点对狭义植物工厂——人工光利用型植物工厂进行介绍。

人工光利用型植物工厂主要以不透光的绝热材料为维护结构，以人工光作为植物光合作用的唯一光源，并通过计算机系统对植物生长发育过程中的温度、湿度、光照、CO_2浓度及营养液等要素进行自控控制，从而实现植物的周年连续生产。人工光利用型植物工厂按照其不同的功能特征和生产需求，在空间结构上主要由栽培车间、育苗室、收获与贮藏室、机械室（营养液罐、CO_2钢瓶及控制设备等）、管理室（办公与计算机控制系统）等功能室组成。通过这些空间结构与功能布局，实现植物从种子到收获、上市整个产业链的全程管理；同时，在系统结构上，这类植物工厂以外围护结构及各功能单元为基础，通过营养液循环与控制系统、多层立体水耕栽培系统、空气调节和净化系统、CO_2气肥释放系统、人工光源系统及计算机自动控制系统等各子系统的构建，全天候保障植物工厂的运行与智能化管理。

二、植物工厂生产工艺流程

人工光植物工厂按照作物从种子到收获、上市全过程的生产要求，其基本工艺流程包括播种、催芽、育苗、栽培、收获、包装与贮藏、上市等，这些流程都是在人工可控的环境下进行的，而且必须保证蔬菜洁净无污染工艺的要求，其系统结构也将围绕这一目标来设计。

1. 播种、催芽 大型植物工厂的播种与催芽都是在一个独立的车间或在植物工厂栽培室一个独立的区域内完成的。播种的床板一般由海绵垫和白色塑料泡沫制成，通过专用机械或人工海绵垫浸泡在箱板内。使用播种盘或板式育苗播种机将种子播入海绵垫上的凹处。每个海绵垫播种 300 粒（25 穴 12 列）。床板尺寸为 300 mm×600 mm。播种后，将穴盘内洒足营养液，置放在多层式育苗床上，送到催芽室内，通过温湿度调节催芽 2～3 d 后发芽。催芽室内的环境条件为：无光、恒温（23 ℃）、恒湿（相对湿度 95％～100％）。

2. 育苗 出芽后的植物种苗移动到多层（一般 3～4 层）人工光育苗装置中，在完全人工光环境下，经过一周左右的时间使其绿化。所谓绿化就是通过光照，促进在暗期发过芽的植物形成叶绿体，为光合成做好准备。植物体经过绿化开始光合成之后，再将这些绿化过的幼苗移植到含有营养液的栽培床中生长。播种用的海绵垫被平均切割成一块块，每一小块上的植物都被分离开来移植到水培用的苗床之中，再经过 2 周左右的时间就可以作为小苗来使用。移植密度考虑苗化结束时的单株大小，在 585 mm×880 mm 的床板上可以种植 120 株（15 株×8 列），即密度为 233.1 株/m²。

苗化期的环境控制包括温度、光环境及营养液浓度（EC 值）、营养液温度等。温度控制的手段主要是换气、制冷与制热，而光环境的控制则是用荧光灯或 LED 来实现。

3. 栽培 苗化结束后，将小植株连同海绵块一起移植到栽培室内进行定植，通过人工将小植株定植于带孔的栽培浮板上，在人工光环境下经过 3 周左右的培育，叶用莴苣就可以收获。所采用的人工光源目前主要为荧光灯或发光二极管（LED），属于冷光源，不仅可以使栽培层的间距缩小（仅为 40 cm 左右），提高栽培空间利用率，而且不会烤伤作物造成伤害。这些冷光源下，植物工厂的栽培层数一般设计为 3～4 层，也有些达到 8～10 层，生菜从定植到收获期的栽培密度一般设计为每个 585 mm×885 mm 栽培板种植 12 株（4 株×3 列），即 23.2 株/m²。

4. 收获 经过 3 周左右的栽培后，将成熟期的蔬菜种植槽移动到收获室进行采收、包装和贮藏等作业，收获过程中采用人工或机械手协助，一边切断作物根部，一边清洗种植槽，随后将蔬菜放置在塑料箱内用手推车搬运到包装车间进行包装冷藏。

5. 包装与贮藏 蔬菜收获后被搬运到收获与贮藏室，采用塑料袋进行包装。包装好的蔬菜送到保鲜库进行预冷，预冷是蔬菜运输或贮藏前进行适当降温处理的有效措施。通过预冷可以降低活体温度，抑制蔬菜采后的生理生化活动，减少微生物的侵染和营养物质的损失，提高保鲜效果。预冷室温度控制在 4～5 ℃，相对湿度接近 100%，常年不变。

6. 上市 植物工厂的蔬菜上市都是按计划完成的，在生产进行之前，一般应有一定的销售计划，通过与有关批发商达成供销协议，对产品的数量、规格、上市日期等应有详尽的合同，整个产品将围绕这些合同来进行。出售时一般都是每天用保鲜冷藏车运货，有时也通过快递公司运送。

三、植物工厂系统构成

1. 外围护材料 人工光利用型植物工厂是在完全封闭的条件下进行植物周年高效生产的一种方式，尽可能减少系统内的物质、能量和资源消耗，获取更多的终端产品是其努力实现的目标。因此，为了减少室内外物质、能量交换，隔断室外光照、热量对室内环境的影响，在外围护结构上应选择隔热、避光与防风效果较好的建筑材料。目前，在生产上使用较多的外围护材料有聚乙烯彩钢夹芯板、聚氨酯夹芯板洁净板材等，这些材料是通过在两层成型金属面板（或其他材料面板）和直接在面板中间发泡、熟化成型的高分子隔热内芯（聚乙烯或聚氨酯）构建而成，具有洁净、防腐、防潮、保温隔热等特征，能满足植物工厂内部的高湿环境及清洗消毒灯操作的需要。

2. 植物工厂系统构成 外围护结构是保障植物工厂环境稳定的基础，但要实现植物工厂的周年连续生产还必须配置相应的配套系统，包括营养液循环与控制系统、环境控制系统、立体水耕栽培系统、人工光源系统及计算机智能控制系统等。

（1）营养液循环与控制系统。营养液栽培室人工光植物工厂的主要栽培方式：目前使用最为普及的有深液流和雾培两种栽培模式，这两种模式均可采用封闭式营养液自动循环系统进行植物栽培的全过程管理。封闭式营养液自动循环系统主要由营养液池（罐）、检测传感器（EC 值、pH、DO 和夜温等）、循环水泵、过滤与消毒装置、电磁阀与连接管路、栽培床及自动控制装置等部分组成。在系统运行过程中，通过各传感器在线实时检测营养液池（罐）的 EC 值、pH、DO 和夜温等参数，并由控制软件确定是否需要进行调整。如果需要调整，则由电磁阀控制与营养液池（罐）相连的调配罐组合（包括大量元素、微量元素、酸液、碱液罐等），实现对营养液的自动调配；营养液的液温则是通过加热或制冷装置来控制，溶氧量的提升主要是通过搅拌装置或加强培养液的循环流动来调节。配置好的营养液由循环管路直接送到栽培床或由雾化装置送到作物根部，持续不断地为作物提供营养；回液在经过过滤与消毒后，再次回到营养液池（罐）中，完成一个完整的循环过程。

（2）立体水耕栽培系统。早期的植物工厂由于使用高压钠灯等发热量大的人工光源，栽培床架多数仅有一层，即使采用两层结构，其层架之间的距离也在 1 m 以上。随着荧光灯、LED 等冷光源的应用，使得栽培层架之间的距离缩小为 0.3～0.4 m，植物工厂的栽培层数可达 3～4 层，有些甚至达 10 层以上，形成多层立体水耕栽培系统。这种立体水耕栽培系统一般由固定支架、人工光源架、栽培槽、防水塑料膜、带孔泡沫栽培板、进水管、溢水管、循环管路等组成，通过循环管路与营养液自动循环系统连接，实现植物工厂的立体多层栽培，大幅度提高空间利用率和单位面积产量。

（3）环境控制系统。环境控制系统是植物工厂的重要子系统之一，包括对植物工厂的温度、相对湿度、CO_2 浓度、光照度和光照周期等根上部环境因子，以及根际环境因子（EC 值、pH、DO 和夜温等）的综合控制。环境控制系统由传感器、控制器和执行机构三部分组成。

传感器是获取环境信息的重要工具，植物工厂传感器类型一般根据所需采集的环境因子来选定，主要包括温度传感器、湿度传感器、照度传感器、CO_2 浓度传感器、营养液酸碱度（pH）传感器、营养液浓度（EC 值）传感器、液温传感器和溶氧（DO 值）传感器等。将传感器所采集的模拟信号经过 A/D 转换器转换为控制单元所需的数字信号，并通过对被控参数（或状态）与给定值进行比较，根据两者的偏差来控制有关执行机构，达到自动调节被控量（或状态）的目的。执行机构主要包括空调系统、液温控制器和增氧装置等。

（4）人工光源系统。光源即植物光合作用等基本生理活动的能量源，也是植物形态建成和生长过程控制的信息源。因此，光环境（光强、光质和光周期）的调节与控制显得尤为重要。在密闭式植物工厂中，植物生长发育主要依赖人工光源，早期在植物工厂使用的人工光源主要有高压钠灯和荧光灯等，这些光源的突出缺点就是能耗大、运行费用高，能耗费用占全部运行成本的 50%～60%。近年来，随着发光二极管（LED）技术的发展，使 LED 在植物工厂的应用成为可能。LED 不仅具有体积小、寿命长、能耗低、发热低、可近距离照明等优点，而且还能根据植物的需要进行发光光质（红/蓝光比例或红/远红光比例等）的精确组合，显著促进植物的生长发育，提高其产量和品质。LED 既可以实现节能，又可以使栽培层间距进一步缩小，大幅度提高空间利用率。一般植物工厂的人工光源系统主要由灯具、调压整流装置、控制装置等部分组成，可根据植物生长发育的需要进行精确调控。

（5）计算机控制系统。计算机控制系统是植物工厂的心脏，所有环节信息通过传感器进入计算机系统进行贮存、显示，并通过控制软件进行分析、判断，再指挥相关的执行机构完成对系统的控制。计算机控制系统主要由三部分组成，数据采集单元、控制器和执行机构。各传感器对植物工厂内的温度、湿度、CO_2 浓度、光照以及营养液等参数进行实时检测，经 A/D 转换后送入单片机，完成数据采集；采用 PLC 为核心控制器，PC 机与组态软件作为监控模块，两者通过串口进行通信来控制系统的执行部件，从而实现整个过程的智能化、人性化控制。

<h1>任务三　植物工厂的环境调控</h1>

环境控制系统是植物工厂的关键子系统之一，是实现植物周年连续生产的重要保障。植物工厂的主要环境要素包括空气温度、相对湿度、气体（CO_2等）浓度、光照及根际环境因子（EC值、pH、液温和溶氧）等。此外，部分植物工厂将空气的洁净度也置于环境控制系统之列。

<h2>一、植物工厂温度调节</h2>

1. 温度对植物光合生理的影响　温度与作物生长的关系极为密切，作物生长、发育和最终产量均受温度的影响，特别是极端低温和极端高温对作物的影响更大。植物在一定温度下，才能进行体内生理活动及其生化反应。温度升高，生理生化反应加速；温度降低，生理生化反应变慢，作物生长发育迟缓，当温度低于或高于作物生理极限时，其发育就会受阻甚至死亡。温度对植物的影响主要看三基点温度，即最低温度、最适温度和最高温度。一般作物光合作用的最低温度为 0 ℃，最适温度为 20～30 ℃，最高温度为 40 ℃。在最适温度下，植物的生长、生理活动能够正常进行，并且具有较高的光合产物积累速率。此外，温度的变化还会引起综合环境中其他因子的变化，如湿度。而这种变化又会影响作物的生长发育。因此，植物工厂温度环境的调控对保障作物的高效生产极为重要。

2. 植物工厂温度调节　植物工厂温度调控是通过一定的工程技术手段进行室内温度环境的人为调节，以维持作物生长发育过程的动态适温，并实现在空间上的均匀分布、时间上的平缓变化，以保障植物工厂的高效生产。目前，植物工厂温度的主要调节与控制措施如下。

（1）降温控制。由于人工光利用型植物工厂属于完全封闭式结构，屋顶和四周围护材料的隔热性能较好，因此，室外的气候对室内环境的影响不大。但是，由于人工光源的发热，以及从栽培床、构造物等释放出来的热量都能提高室内的温度。因此，必须采取降温措施，强制排出室内产生的热量，以保持植物生长所需的温度。

降温一般采用空调制冷机组来完成，通过控制继电器的闭合与断开，实现空调制冷机组的开启与关闭。首先是由温度传感器进行数据采集输出模拟信号，经 A/D 转换器后转换成数字信号输入单片机，并与设定值比较，确定是否需要调节；其次，是通过计算机系统与执行机构进行调控。当植物工厂内温度高于设定值的上限时，单片机给出控制信号闭合继电器，开启空调制冷，当植物工厂内温度达到设定值时，单片机给出控制信号断开继电器，制冷结束，从而实现对植物工厂温度环境的自动调控。植物工厂由于是多层立体栽培，空调系统的气流分布也极为重要，国内外众多单位也进行了很多尝试，通过合理的气流分布以保证室内空气温度在空间上的均匀一致。

（2）加温控制。在冬季，室外温度较低，室内暗期的温度往往低于作物正常生长所需的温度，此时就需要通过增温措施来增加植物工厂的热量，以维持适宜的室温。

寒冷地区的植物工厂的增温一般采用热水供暖系统。供暖系统由热水锅炉、供热管道和散热器组成。水通过锅炉加热后经供热管道进入散热器，热水通过散热器加热空气，冷却后的热水回流到锅炉中重复使用。一般采用低温热水供暖（供、回水温度分布为95 ℃和70 ℃）。由于热水采暖系统的锅炉与散热器垂直高度差较小（<3 m），因此，一般不采用重力循环的方式，仅采用机械循环的方式，即在回水总管上安装循环水泵。在系统管道和散热器的连接上采用单管式或双管式。根据室内湿度高的特点，多用热浸镀锌圆翼型散热器，散热面积大，防腐性能好。散热器一般布置在维护结构的四周，散热器的规格的确定要以满足供暖设计热负荷要求为原则，在室内均匀布置以期获得均匀的温度分布。

温度或温热带地区的植物工厂冬季需要的加热负荷不大，一般采取空调系统增温即可，通过与降温系统同样的管路系统，均匀地向植物工厂供应热风，以维持植物暗期适宜温度。

为保持作物根部适宜的生长温度，冬季采用热水管道或电加热的方式对营养液进行加温，以保持营养液和作物根际环境的稳定。

二、植物工厂湿度调节

植物工厂内空气相对湿度决定了作物叶面和周围空气之间的水蒸气压力差，影响作物叶面的蒸发。湿度的大小不仅影响作物蒸腾与地面蒸发量，还直接影响作物光合强度与病害发生。湿度低，作物叶面蒸发量大，严重时导致根部供水不足，作物体内水分减少，细胞缩小，气孔率降低，光合产物减少；湿度高，作物叶面的蒸发量小，严重时体内水分过多，导致茎叶增大，影响产量。在25%～80%的相对湿度下，作物能够正常生长。湿度高于90%时，作物会因高湿而产生病害；在湿度过低时，作物容易发生白粉病及虫害。不同的作物对空气中相对湿度的要求也不尽相同，因此，应根据不用的作物品种及所处的生长期对空气湿度进行调节。

1. 降湿调节 植物工厂内降湿调控可采用加热、通风和除湿等方法。加热不仅可提高室内温度，而且在空气含湿量一定的情况下，相对湿度也会自然下降；适当通风将室外干燥的空气送入室内，排除室内高湿空气，也可以降低室内相对湿度；直接采用固态或液态的吸湿剂吸收空气中的水汽也是一种降低空气湿度的方法，但成本相对高一些。

为了控制室内过高的相对湿度，植物工厂通常采用以下几种降湿方法：

（1）通风换气降湿。植物工厂内造成高湿的主要原因是密闭。为了防止室内高温高湿，可采取强制通风换气的方法，以降低室内湿度。室内相对湿度控制标准因季节、作物种类不同而异，一般以控制在50%～85%为宜。通风换气量的大小与作物蒸发、蒸腾的大小及室内外的温湿度条件有关。

（2）加温降湿。在一定的室外气象条件与室内蒸腾蒸发及换气条件下，室内相对湿度与室内温度呈负相关。因此，适当提高室内温度也是降低室内相对湿度的有效措施之一。加温时除了要考虑作物生长需要的温度条件外，还应考虑室内的湿度条件，一般以保持叶片不结露为宜。

（3）热泵降湿。利用压缩机对制冷工质压缩做功，使制冷工质通过蒸发器蒸发时从低温热源吸取蒸发潜热，经压缩后再通过高温散热器，将从低温热源吸取的热量与压缩机压缩做功的热量一起放热于高温加热间，这是热泵正常的工作程序。如将热泵的蒸发器置于栽培室，蒸发盘管的温度可降到5 ℃左右，远低于室内空气的露点温度。据研究，利用热泵降湿，一般可使夜间室内湿度降到85%以下。

2. 加湿调节 在干燥季节，当室内相对湿度低于40%时就需要加湿。在一定的风速条件下，适当增加一部分湿度可增大气孔开度，提高作物的光合强度。常用的加湿方法有喷雾加湿与超声波加湿等。超声波加湿不会出现因加湿而打湿叶片的现象，已经在植物工厂中广泛应用。

三、植物工厂光照调节

1. 植物对人工光源的要求 植物对人工光源的要求主要体现在 3 个方面，即光谱性能、发光效率及使用寿命等。在光谱性能方面，要求光源具有富含 400~500 nm 蓝紫光和 600~700 nm 红橙光、适当的红光蓝色光比例（R/B）、适当的红光（600~700 nm）远红光（700~800 nm）比例（R/FR）及具有其他特定要求的光谱成分（如补充紫外光不足等），既要保证植物光合对光质的需求，又要尽可能减少无效光谱和能源消耗。

发光效率方面，要求发出的光合有效辐射量与消耗功率之比达到较高水平。在其他性能要求方面，希望使用寿命长，光衰小，价格相对低等。

到目前为止，植物工厂所使用的人工光源主要有高压钠灯、金属卤化物灯、荧光灯、发光二极管（LED）和激光（LD）等。其中发光二极管（LED）以其节能、环保、寿命长、单色光、冷光源等优势，被认为是密闭式植物工厂的理想光源。它的应用能够降低密闭植物工厂的能源消耗和运行成本，提高光能利用率和光环境的控制精度，促进密闭植物工厂的应用与推广，同时对解决环境污染、提高植物工厂的空间利用率、减少温室效应都有十分重要的意义。

2. LED 光源装置及控制方式 目前，针对植物工厂不同应用途径的要求，已经开发出了管状、板式等多种形式的 LED 光源装置。

（1）管状 LED 光源装置。为了更好地与 T8、T5 荧光灯灯管互换，目前已经研制出可以替代 T8、T5 荧光灯的管状 LED 光源。这类光源由灯架、灯管、灯头灯组成，灯架内安装有特定的整流器，可直接将 220 V 交流电转化成可供 LED 使用的直流电，灯架两端各封接一个电极，并设置与普通荧光灯管同样标准的灯头，在完全不改变其他结构的条件下，就可用管状 LED 光源直接替换现有的荧光灯，安装使用方便。这种管状 LED 光源，是在灯架内表面按一定比例均匀设置 660 nm 红光、450 nm 蓝光和 730 nm 远红光 LED 灯珠，根据光环境优化参数的研究结果，如叶用莴苣栽培设定 LED 红光、蓝光、远红光的比例（R/B/FR）为 8：1：1，黄瓜育苗设定 R/B/FR 为 7：1：1 等，进行合理配置。管状 LED 光源装置可以独立应用于植物工厂的生产，也可与荧光灯配合使用，是植物工厂应用最为普遍的光源系统。

（2）LED 光源板及其配套装置。板式 LED 平板光源也是植物工厂重要的光源形式之一，由超高亮度的红光 LED 和蓝光 LED 两种光源组成。其中，红光 LED 的峰值波长为 660 nm，蓝光 LED 的峰值波长为 450 nm，通过板面设计进行均匀交叉分布。为保持温度相对恒定，在光源板中部设有温度传感器，对光源板的中央温度进行实时监控，采用专用散热片与轴流风扇结合进行散热，以提高 LED 工作效率及稳定性。光源的发光强度采用 PWM 控制方式，红、蓝 LED 两种光源的发光强度可实现分别调控，以满足不同植物对光环境的需求。LED 光源板可以用于植物工厂的叶菜栽培、育苗等，也可用于植物组培等。

（3）LED 光源控制方式及效果。LED 光源装置与计算机之间采用 RS-485 通信方式连接，通过外接计算机控制 LED 光源板的发光强度、发光频率及开关时间。LED 光环境调控装置另外还外接 1 个控制盒，单色光的发光强度、发光频率可通过控制盒实现手动控制。

LED 光环境控制装置实行 PWM 控制方式，由于其占空比与 LED 光源的发光强度之间呈线性关系，因此，在进行不同红蓝光比例（R/B）调控时，可以按照控制比例计算对应的占空比，实现单色光发光强度的调节。

四、植物工厂 CO_2 调节

1. CO_2 浓度与植物的光合成　CO_2 是作物生长的重要原料。绿色植物在光照条件下，由叶绿体将 H_2O 和空气中的 CO_2 合成有机质并释放 O_2 的过程称为光合作用。植物通过光合作用将光能转变为贮藏在有机质中的化学能，又通过呼吸作用，即糖类的氧化作用，为植物体内各种生物或化学反应过程提供能量。

用于光合作用的 CO_2 有 3 种来源，即叶片周围空气中的 CO_2、叶内组织呼吸作用产生的 CO_2 及作物根部吸收的 CO_2，后者仅占作物吸收 CO_2 总重的 $1\%\sim2\%$，绝大部分 CO_2 来自于叶边界层和叶内组织的呼出，并通过扩散途径由表皮或气孔进入叶肉细胞的叶绿体。在光合过程中，CO_2 因不断被叶绿体消耗，浓度不断降低，并与周边环境形成 CO_2 浓度梯度，导致 CO_2 向叶绿体扩散。

2. CO_2 气源及其调控技术　大气中 CO_2 浓度平均能达到 330 mL/L 左右，即 $0.65 \ g/m^3$，远低于作物所需的理想值，CO_2 施肥已经成为植物工厂高效生产必不可少的重要措施。从 CO_2 的饱和点来看，一般为 $800\sim1\ 000$ mL/L 或更高，光照越强，饱和点越高。但施用 CO_2 浓度越高，其成本也越高。因此，植物工厂一般选择较为经济的增施浓度，如 $800\sim1\ 000$ mL/L。目前，CO_2 施肥的方式有很多，主要包括如下 3 种：

（1）瓶装液态 CO_2。通过酒精酿造工业的副产品可以获得纯度 99% 以上的气态、液态和固态 CO_2。将气态 CO_2 压缩于钢瓶内成为液态，打开阀门即可使用，方便、安全，浓度容易控制，且原料来源丰富，费用也较低，为人工光利用型植物工厂 CO_2 气源的首选。

（2）碳氢化合物燃烧产生 CO_2。煤油、液化石油气、天然气、丙烷、石蜡等物质的燃烧可生成较纯净的 CO_2，通过管道送入植物工厂。1 kg 天然气可产生 3 kg CO_2，1 kg 的煤油可产生 2.5 kg CO_2。燃烧后气体中的 SO_2 及 CO 等有害气体不能超过对植物产生危害的浓度，因此要求燃料纯净，并采用专用的 CO_2 发生器。这种方法便于自动控制，但运行成本相对较高。该方法在国外的温室和太阳光利用型植物工厂采用较多，在人工光利用型植物工厂中较少使用。

（3）化学反应法产生 CO_2。用 $CaCO_3$（或 Na_2CO_3）加 HCl（或 H_2SO_4）经化学反应后可产生纯净的 CO_2，使用方便，原料丰富且价廉。但由于原料含有一些杂质，需注意减少化学反应的残渣余液（如硫化氢、氯化氢等）对环境的污染，同时强酸易对人体造成危害，操作时要注意安全。由于对化学反应产生的 CO_2 控制精度较难把握，一般在温室和太阳光利用型植物工厂使用，在人工光利用型植物工厂内也较少使用。

植物工厂 CO_2 肥源的选择需根据具体情况来定，一般需要考虑资源丰富、取材方便、纯净无害、成本低廉、设备简单、便于自控、使用便捷等条件。

任务四　植物工厂典型案例

一、长春智能数字植物工厂

植物工厂是国际上公认的设施农业最高级发展阶段，是一种技术高度密集、不受或很少

受自然条件制约的全新生产方式。由于植物工厂不占用农用耕地，产品安全无污染，操作省力，机械化程度高，单位面积产量可达露地的几十倍甚至上百倍，因此被认为是 21 世纪解决人口、资源、环境问题的重要途径，也是未来航天工程、月球和其他星球探索过程中实现食物自给的重要手段。目前，仅有日本、美国、荷兰等少数发达国家掌握这项技术。2009 年 9 月 7 日，中国第一例以智能控制为核心的 LED 植物工厂由中国农业科学院农业环境与可持续发展研究所研发成功，并在吉林省长春农博园投入运行，即长春智能数字植物工厂。

长春智能数字植物工厂是国内第一家以智能控制为核心的生产型植物工厂，它的建成标志着我国在植物工厂领域已取得重大技术突破，成为继美国、日本、欧盟之后少数掌握植物工厂核心技术的国家和组织，必将对我国现代农业的发展产生深远的影响。

该植物工厂建筑面积 200 m^2，由植物苗工厂和蔬菜工厂两部分组成，以节能植物生长灯和 LED 为人工光源，采用制冷-加热双向调温控湿、光照调控、CO_2 耦联光合调控、营养液（EC 值、pH、DO 和液温等）在线检测与控制、环境数据采集与自动控制等 13 个相互关联的控制子系统，可实时对植物工厂的温度、湿度、光照、CO_2 浓度及营养液等环境要素进行自动监控，实现智能化管理。所研制的植物苗工厂由双列五层育苗架组成，种苗均匀健壮，品质好，单位面积育苗效率可达常规育苗的 40 倍以上；蔬菜工厂采用 5 层栽培床立体种植，所栽培的叶用莴苣从定植到采收仅用 16～18 d 时间，比常规栽培周期缩短 40%，单位面积产量为露地栽培的 25 倍以上，产品清洁无污染，商品价值高（图 9-1）。

图 9-1　长春智能数字植物工厂

二、上海世博会"低碳·智能·家庭植物工厂"

2010 年 4 月 20 日，距上海世博会正式开幕倒计时 10 d 之际，全球首款"低碳智能厨房"暨"家庭植物工厂"全球首发仪式在上海隆重举行，从而标志着国际上首例"低碳·智能·家庭植物工厂"成功推出。

这款"家庭植物工厂"设置在上海世博会"天下一家"主题馆"低碳智能厨房"内，为全封闭智能环控型植物生产系统，电源采用"风光互补新能源发电系统"，利用取之不尽的可再生自然能源风能和太阳能发电为系统提供能量；栽培光源全部采用节能 LED 组合灯管，比普通光源可节能 60%～80%；蔬菜种植在多层 MFT 水耕栽培床上，营养液通过智能检测系统按需供给；系统内的温度、湿度、光照、风速等由计算机系统进行智能调控，CO_2 由人居生活环境自然供给。"家庭植物工厂"还设置有物联网功能，人们可以通过远程监控系统，在任何地点利用手机、网络等工具随时了解蔬菜长势，调整控制参数，实现远程控制。

"低碳·智能·家庭植物工厂"充分体现了"自给自足式植物生产功能"，是一个现实版的"开心农场"和"天然氧吧"。系统拥有的蔬菜种植空间，可年产叶菜等 $200\sim250$ kg/m^2，既可满足家庭对安全、卫生、绿色蔬菜的部分需求，还可以吸收生活中人们排出的 CO_2，放出大量的氧气，为家庭创造"天然氧吧"。

智能控制系统包括传感器、PLC（可编程逻辑控制器）、人机交互界面和执行机构，传感器、人机交互界面和执行机构分别与 PLC 相连。所述的传感器包括 pH 传感器、EC（电导率）传感器、液位传感器、液温传感器、湿度传感器、温度传感器、CO_2 传感器、光照传感器等。所述的人机交互界面为 HMI（人机界面）显示屏。所述的执行机构包括补光装置、供回液和给排水装置及环境控制装置等。智能控制系统还包括摄像头和监控器，摄像头通过网络与监控器相连。摄像头安装在智能型家庭植物工厂的栽培室内，通过监视器实现远端监控。

智能型家庭植物工厂属于农业机械领域的蔬菜生产装置，该装置的柜体内设置水耕栽培及营养液自动循环系统、空调系统、人工补光系统和智能控制系统，柜体包括明室、暗室、底层和背部夹层，人工补光系统采用由红光 LED、蓝光 LED 和绿光 LED 构成的 LED 植物光源板进行人工补光。该家庭植物工厂种植品种广，包括各类叶菜、果菜、苗芽菜、食用菌类、药草香料类和观赏类植物等。叶类植物的生育期大幅度缩短，果类植物的始收期提早、收获期延长、产量显著提高。叶菜类生长间适合约 50 棵叶菜生长，生长期 $20\sim25$ d；育苗间可同步育苗 70 棵，育苗时间 20 d 左右；蘑菇间生长时间 30 d 左右，可月产鲜蘑菇 $1.5\sim2.5$ kg。

三、山东寿光 LED 植物工厂

2009 年 4 月 20 日，在第十届中国（寿光）国际蔬菜科技博览会上，新推出的国际前沿蔬菜种植"植物工厂"受到游客和媒体记者的追捧，曝光率迅速提升，一时成为菜博会上最耀眼的明星（图 9-2）。

图 9-2　山东寿光植物工厂

"植物工厂"采用的是无土栽培模式。翻开用来固定蔬菜根系的板子，一棵棵根系发达的蔬菜"喝"着营养液，在水肥系统的控制下，营养液可以"瞄准"植物根系输送养分。而且利用远程控制系统，技术人员点击手机或电脑屏幕就能完成浇水、施肥等步骤。因此，植物工厂就是现实中的"开心农场"。植物工厂的能量源就是光伏太阳能发电。光伏发电系统由太阳能电池组件和逆变器组成,可为温室大棚提供可靠的常备电源,通过 LED 灯为植物补光,所发电力还能用于农业设备的日常运行,也可并网发电。植物工厂的能量源就是光伏太阳能的利用,将光伏太阳能发电应用到植物工厂中,除可应用到 LED 植物补光系统外,还可应用到营养液循环系统、生物杀虫灯和自动化控制系统等,有效降低了植物工厂的成本。

植物工厂技术基本上是室内作业,它是相对密闭的一个环境,灭菌、消毒基本上也是用物理方式,病虫害非常少,从食品安全的角度来讲具有很大的优势。此外,植物工厂利用物联网系统对植物生育的温度、湿度、光照及营养液 pH 等进行实时监测和自动控制,使设施内植物生育不受或少受自然条件制约。在 LED 灯光的照射下,农作物可以不间断地生长,一年内多批次产出。

寿光菜博会展厅配备了物联网操控系统及技术运用展示平台,温室环境智能操控系统可对室内温度、湿度、土壤温湿度、CO_2 浓度进行监测,若出现异常,"温室娃娃"会自动报警。此外,安全生产监控系统对于厅内所发生的一切事情都有存档,植物的长势情况也能看得到,通过云台放大之后,某一时段植物生长情况可以随时调出,还可以通过互联网进行传输,登录网址,画面就能切换到监控系统的画面。

四、江苏溧水蔬菜植物工厂

2020 年是特殊的一年,一场突如其来的新冠肺炎疫情,给全国、全世界人民带来了严峻考验。自新冠肺炎疫情发生以来,"菜篮子"是否供应充足牵动着所有人的心。为了确保蔬菜供应,各地多措并举确保蔬菜不断档、不脱销。其中,位于溧水的南控公司植物工厂全年 365 天连续生产,成为蔬菜生产中的一大亮点,为江苏一季度"菜篮子"的充足供应做出了重要贡献(图 9-3)。

图 9-3 江苏溧水植物工厂

南控公司植物工厂隶属于南控白马农光互补太阳能发电项目。该项目是南京市最大的农业+光伏互补项目,一地多用,同步发展高效生态农业、观光旅游、科普教育,实现土地资源的高效复合利用。植物工厂采用立体化生产的方式,通过高精度环境控制技术,智能化控制温度、湿度、CO_2、照明等植物生长相关的因素,模拟植物生长环境,在节约生产用地的同时,使得植物工厂中的植物比大棚蔬菜种植时间节约 20 d 左右,实现了农作物全年连续生产。满产状态下日产蔬菜约 246 kg,年产量超 90 t,是同等面积室外蔬菜产量的 30 倍,已成为江苏地区最大的新鲜蔬菜生产基地。

"植物工厂"技术属于世界前沿的蔬菜种植科技，但由于植物工厂的能源消耗比较大，其发展受到了很大限制。此外，植物工厂智能化管控的实现及蔬菜品质的大幅度提升也是植物工厂面临的现实问题。因此，突破植物工厂系统能耗大、运行成本高等关键技术瓶颈，实现节能环境控制技术，同时有效提升蔬菜品质是进行植物工厂快速普及与大面积应用推广的关键。

思政天地

　　传统农业的载体和根本是土壤，面朝黄土背朝天是人们对农业的第一印象。随着科技的飞速发展，特别是先进的种植技术在农业上的应用，科学家们提出了"垂直农业"的概念，即在适宜的条件下，给予植物适宜生长的光、温、水、气及营养等生长环境条件，就可以实现植物的室内种植，把一幢幢高楼大厦变成一座座农场，这种植物产品生产的工厂化农业系统也被称之为"植物工厂"。出于市场规模和社会责任，巨头企业纷纷发力"植物工厂"，2018年京东植物工厂在北京落成，2019年京东方和百度合作推出AI植物工厂，中国科学院和福建三安更是合力打造全球最大植物工厂。然而，大多数植物工厂的布局者都是产业巨头或资本大佬，成本是目前植物工厂发展的瓶颈问题之一，除此之外，植物工厂的产品价格也非常高，造成植物工厂的盈利困难。《福布斯》杂志就曾报道称，日本的植物工厂有大约70%无法实现盈利，有人甚至认为，这一数字应该接近90%。因此，植物工厂在尝试获得民众认可的同时也在积极开拓其他的跨界发展方向，比如在亲子教育、休闲农业、采摘活动、休闲体验等模式上挖掘用户对植物工厂深层次的需求等。虽然我国植物工厂发展时间尚短，还处于科研、试验、示范阶段，但植物工厂作为一种新兴农业生产模式，相信在立足本国国情，适应市场需求的前提下，努力探索创新，未来必将在现代农业发展中发挥重要作用。

（根据相关报道整理而成）

项目小结

（1）掌握植物工厂的主要系统组成、类型。
（2）掌握目前世界上植物工厂的主要类型。
（3）掌握我国植物工厂的典型案例。

拓展任务

（1）植物工厂是什么？它有哪些特点？主要类型有哪些？
（2）目前世界上植物工厂发展及应用水平如何？其发展前景如何？
（3）我国植物工厂的典型案例有哪些？
（4）植物工厂的环境调控系统是怎样实现的？
（5）人工光利用型植物工厂的光源是如何解决的？

项目十　家庭园艺无土栽培技术应用

学习目标

◆ 知识目标
- 了解家庭园艺发展史。
- 掌握家庭园艺无土栽培技术。
- 熟悉家庭园艺无土栽培的主要形式。
◆ 技能目标
- 能够综合运用所学理论知识和技能，独立从事家庭园艺无土栽培。
- 能够掌握家庭园艺无土栽培的管理。

任务实施

任务一　家庭园艺无土栽培简介

　　家庭园艺是指在室内、阳台或是庭院等空间范围内，从事园艺植物栽培和装饰的活动。因其传达了健康细致的生活理念，增添了生活乐趣，并且经中国室内环境监测工作委员会研究发现，室内的绿色植物枝叶有净化室内空气的作用，同时还有吸收生活废气、调节空气湿度和降低噪声等作用。

　　尽管国内家庭园艺兴起时间不长，但这种潮流在国外早已发展成熟。1964年，英国就开展用鲜花和绿植创造美丽街道景观的活动，名为"花开美丽英国"。2008年，英国多家机构共同发起一场"自己种菜"的运动，主题为如何把阳台变成丰产的菜园，此项活动命名为"伦敦食品先锋计划"。目前在法国，"阳台上的果园"已经成为近几年开始的流行语。在瑞典大约有65％的成年人利用部分闲暇时间从事园艺活动，家庭园艺成为瑞典居民最普遍的娱乐活动之一。在美国，园艺种植是最受欢迎的户外闲暇活动之一。据调查，在美国从事园艺种植的家庭中，平均每户园艺占地面积有55 m²，根据美国《有机园艺》杂志报道，在美国有7 800万人热衷于从事园艺活动，占美国成年人口40％之多。

　　国外的园艺营销渠道也相当成熟。近年来，欧洲的园艺中心已经发展至全国连锁，家庭园艺产业链发展完善、科技化程度高、科研水平高，产业秩序已十分稳定。美国由于国土面积远远大于欧洲各国，并没有形成类似欧洲的覆盖全国的连锁园艺中心。而是形成了几百个独立运营的地方多功能园艺中心。这些园艺中心的功能与欧洲类似，也提供包括手工具、灌溉、园艺资料、花园家具等在内的各种园艺用品，并且提供简单的餐饮。在欧洲各国和美国园艺中心，从种子、种苗、树木、土壤、肥料到花园家具、雕塑甚至小温室都可以买到，家庭园艺产品购买方便。

我国正处于经济转型期，快速的工业化和城市化给环境带来诸多问题，不仅室外污染，室内污染也成了人类健康的最大威胁之一。国际环保专家已将"室内空气污染"列为继"煤烟型污染""光化学烟雾型污染"之后的第三代空气污染问题。按照《环境空气质量标准》（GB 3095—2012）评价，2014 年京津冀地区重度污染及以上的天数达到 17％，雾霾天气越来越严重，人们无法像往常一样打开窗户，让室内外空气流通。据中国室内环境监测工作委员会研究发现，室内的绿色植物枝叶可以净化室内污染、提高氧气含量、降低 CO_2 含量，整体改善室内环境条件。

随着经济的持续快速增长，人们的生活水平得到不断提高，居民的"衣食住行"消费次序发生了明显的变化，消费结构也从以前的"温饱型"转变为"发展型"和"享受型"，并且住房条件也不断得到改善，人们已不再满足"居而有其所"的简单生活，越来越多的人渴望与大自然亲密接触，对室内盆栽花木的需求持续增长。室内盆栽花木不仅可以美化室内环境、净化空气，还可以陶冶情操，使人精神愉悦。因此，近年来家庭园艺产品需求增加，越来越多的企业进行家庭园艺产品的开发、应用及推广。城区都市农业发展需求是经济社会发展的必然趋势，最早把都市农业纳入城市发展规划的也只是在一些经济发达的大城市，如北京、上海等。而 10 余年来，我国的都市农业发展迅速，都市农业现已成为我国各大城市发展的主题，呈现出良好的发展态势。家庭园艺作为都市农业的一部分，不仅可以增加城市居民的就业率，还起到绿化城市环境的作用。并且面对高压力、高污染和快节奏的当今社会，人们的身心健康问题日益凸显。对现代家庭及办公场所内空置空间进行利用，开展家庭园艺种植，具有生态环保、降尘除噪、吸附空气中的有害物质、增加负氧离子含量的作用，符合都市农业发展要求。

在北京、上海、天津等城市，家庭蔬菜种植机、阳台农业等家庭园艺产品悄然兴起。2008 年 1 月，中国华南地区首个面向高端客户提供家庭花园产品和服务的主题商场——友家花园生活广州旗舰店试营业。"2008 中国家庭园艺生活元年"活动同步启动，标志着中国家庭园艺已开始走向产业时代。菜园景观化、情趣化也为家庭园艺发展提供了更多方向，现已有人对阳台种菜进行研究，从种植蔬菜的品种、播期、种植模式、种菜器皿、基质的筛选、肥料、病虫害的发生与防治、灌水设施等方面展开探索，研发出的阳台菜园装置有梯架式、壁挂式、立柱式等，还有家用蔬菜栽培机等小型产品，既节省了空间，又达到了美化的目的。

近年来，国内已有多家企业开发生产家庭园艺产品，如北京京鹏环球科技股份有限公司的家庭菜园，注重的是植物工厂的概念，主张家里空出一块空间，可无须考虑家里的光照、温度、土壤条件，就能利用设备提供给蔬菜需要的环境；北京中环易达设施园艺科技有限公司推出的水培蔬菜架、蔬菜台灯和加湿器等产品更注重设计的时尚感和使用的方便性；广州苗欣园艺作物种植技术有限公司推出的是用太阳光转换成 LED 灯能量的植物灯蔬菜栽植架；北京金福腾科技有限公司研发的智能蔬菜种植机则用电脑系统控制蔬菜的供水、施肥，管理十分方便。并有一些企业开始研制鱼菜共生产品，鱼缸上方安装一体式栽培槽，遵循"种菜不用浇水，养鱼不换水"的原则；这些产品在全国各大园艺展会、蔬菜博览会等进行宣传推广，购买产品的消费者络绎不绝。

任务二　家庭园艺无土栽培主要形式

无土栽培具有产量高、品质好、安全无污染、无杂草、清洁卫生、栽培场所不受限制等优势，是家庭园艺理想的栽培方式，是未来城市家庭园艺的发展方向。无土栽培可分为水培和基质培两种类型，水培是将植物根系直接接触营养液的一种无土栽培方式；基质培是将植物栽种于具有良好物理结构、稳定的化学性质的基质中，供以营养液的来满足植物生长需要的无土栽培方法。基质培具有简单、经济、管理容易的特点，是家庭园艺无土栽培主要采用的方式。基质的作用是固定植株、保水、保肥、透气、缓冲离子浓度等作用。无土栽培所用基质种类很多，一般家庭园艺所用基质要求轻便美观、安全、干净、有足够的强度和适当结构以满足根系生长的需要，不宜使用有异味的、易滋生蚊虫的有机基质。所以，适合家庭园艺无土栽培的基质主要有岩棉、蛭石、珍珠岩、草炭等无机基质。营养液的配方和制备是无土栽培成败的关键所在，每种植物所需的营养液配方都不完全相同，甚至同一种植物不同生育期也不一样，但家庭无土栽培受条件限制，不可能每一种植物都配有专用营养液，一般都用通用配方（日本园试配方）或蔬菜常用营养液配方（山崎营养液配方）。

一、家庭园艺基质容器栽培种植模式

家庭园艺无土栽培的种植区域在室内、阳台、庭院等城市楼房建筑内，通常为水泥结构，植物无法在其上生长，在室内进行园艺活动，最常用的就是利用容器进行植物的种植。容器栽培是家庭园艺无土栽培的主要种植模式。容器栽培就是利用容器种植植物的一种生产方式，它与露地栽培的最大区别是，容器栽培不受土地的影响，根系基本上在容器中生长。家庭园艺所用的容器多种多样，有盆钵、框篮、袋式容器等，可以根据所栽种植物种类、大小及阳台空间特点进行选择，家庭生活淘汰的盆、钵等器具可以废物利用，也是很好的阳台栽培容器。理想的家庭园艺栽培容器应具有经济、轻便、搬运方便、耐用、不易破碎、透气、排水性好等特点。

1. 家庭园艺基质栽培容器类型

（1）盆钵类容器。盆钵类容器种类很多，尺寸多样，通常按使用材料来称呼，如泥盆、瓷盆、紫砂盆、塑料盆、木盆等。泥盆也称素烧盆、瓦盆，是由黏土烧制而成，有红、灰两种，质地粗，经济耐用，非常适合阳台种植；瓷盆、紫砂盆色泽好、美观、质地细腻，但透气、排水性较差；塑料盆轻便、价格便宜，但通气性和排水性差，容易老化；木盆装饰效果好，通气性好，但没涂抹防腐剂的部位易于发霉腐烂。

盆钵类容器形状以圆形居多，尺寸多样，规格很多，花木种植可根据植物大小选择合适的容器，蔬菜种植和盆栽果树一般应选择直径 20 cm 以上的盆钵容器。

（2）箱、槽类容器。箱、槽类容器的材料一般源于废弃的包装木箱、塑料筐或泡沫苯乙烯箱，也可专门制备阳台蔬菜用的栽培箱（槽），制作材料可用塑料板、木板、竹片等。泡沫苯乙烯箱常用于市场上装鱼贝及蔬菜等，轻便结实，而且隔热和保温性能良好，非常适合作为栽培容器。木箱（槽）应在里面做防腐处理或铺一层塑料薄膜减少土壤水分的腐蚀。箱、槽类容器一般为长方形，在阳台摆放或悬挂都比较节省面积和空间，特别适用于蔬菜种植。箱、槽类容器宽度宜为 20 cm 左右，高 15～20 cm，长度依阳台的大小而定。

（3）袋式容器类。以内盛栽培基质进行栽培的各种塑料袋称为袋式容器。袋式容器的最大优点是经济、简易、灵活，塑料袋的大小、形状、放置方式可随场地空间而改变，特别适用于立体空间，进行多层次、多组合的阳台园艺。例如，小型袋式容器可以挂放在阳台的支架、墙上，也可放在其他容器的间隙，充分利用光能和空间。小型袋式容器也适用于阳台食用菌种植。

2. 多层基质栽培种植模式　大多数城市楼房室内种植面积有限，一般只有几平方米，怎样合理利用空间，增加种植面积，获得更大收成是家庭园艺首要考虑的问题。最直接的科学利用空间的种植模式就是多层栽培种植模式。多层栽培种植就是在室内容器栽培的基础上，利用各种支架把栽培植物的槽、箱、盆、袋等容器多层架起来或由特别的容器相互堆积形成多层次的栽培组合。多层栽培种植有书架式多层栽培、阶梯式多层栽培、附壁式多层栽培、柱式多层栽培和容器堆积多层栽培等数种栽培方式。

（1）书架式多层栽培。书架式多层栽培架结构简单，制作容易，制作材料可用铝合金、木材、塑料等，一般 3～6 层，每层高度可调，适用于阳光充足的阳台园艺蔬果和观赏植物栽培，也可用于阳台食用菌类种植。书架式多层栽培优点是占地小，增加空间大，这种模式能最大限度地利用阳台空间，每增加 1 层就等于阳台面积增加了 1 倍。缺点是当栽培植物比较茂密时，下层光照较弱，影响植物生长，可以选择上层种植阳性植物，下层种植耐阴植物以避免下层植物生长不良的情况（图 10 - 1）。

図 10 - 1　多层栽培架

（2）A 式（半 A 式）多层栽培。A 式多层栽培是书架式多层栽培的变型，从截面看像大写字母 A 一样，故称 A 式多层栽培。这种栽培架的优点是各层向外错开，每层都能获得充足的光照，缺点是相对于书架式多层栽培占地较大。半 A 式多层栽培只有一侧支架，适合小阳台园艺生产（图 10 - 2）。

现在市场上有用 PVC（聚氯乙烯）管作为容器和不锈钢支架制作的半 A 式多层栽培，非常实用（图 10 - 3）。

（3）柱式多层栽培。柱式多层栽培也称为塔形多层栽培，是中央用一根支柱固定，四周将圆形、方形、多边形等各种形态的栽培盘层层布置的一种多层栽培方式（图 10 - 4）。该方式的优点是占地小，增加空间大，能最大限度地利用空间。柱式多层栽培现多用于无土栽培，制作材料一般选用泡沫塑料和 PVC 管。

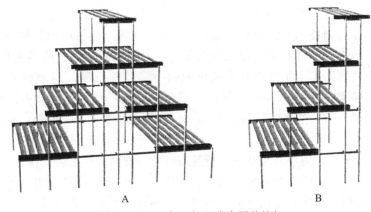

图 10-2 A式、半A式多层栽培架

A. A式多层栽培架 B. 半A式多层栽培架

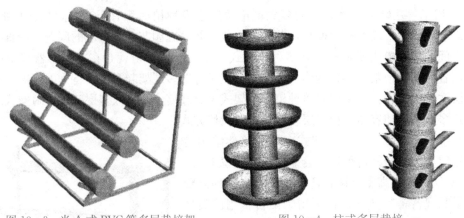

图 10-3 半A式PVC管多层栽培架　　　　图 10-4 柱式多层栽培

(4) 容器堆积多层栽培。容器堆积多层栽培是将特别制作的容器层层放置，错落有致，每层容器都可暴露在外以种植蔬果。这种多层栽培的优点是可以随意调整层数，便于移动，缺点是下层容器容积被上层容器遮蔽，得不到充分利用。容器堆积多层栽培有凸型盆堆积多层栽培和墙式容器堆积多层栽培等方式，现在市场中已有容器堆积多层栽培的专利产品（图 10-5）。

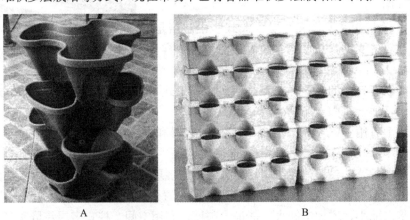

图 10-5 容器堆积多层栽培

二、家庭园艺水培种植模式

1. 静水简易无土栽培 静水简易无土栽培是最简单的一种无土栽培方式，一般指营养液不流动，靠栽培植物的根深入营养液中的吸附作用使植物获得矿质营养和水分。静水简易无土栽培有很多种形式，可以根据实际条件制作适宜的装置，简易浮床无土栽培就是典型代表（图 10-6）。

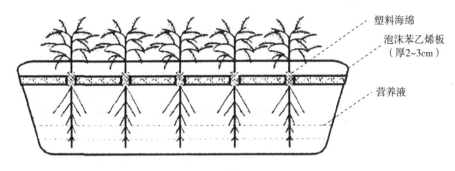

图 10-6 简易浮床无土栽培

2. 柱式无土栽培 柱式无土栽培属于多层栽培，装置中间是立柱，可通营养液，围绕立柱有很多栽培孔，可以种植叶菜、草莓、花卉等植物。柱式无土栽培占地小，种植量大，非常适合阳台园艺。现在市场上有标准柱式无土栽培装置出售。标准柱是组合式的，由数个泡沫苯乙烯盆钵组装而成，每个盆钵有 5 个由 PVC（聚氯乙烯）管组成的栽培孔，内有蛭石等基质和泡沫材料。标准柱立在集液盆中，盆内有小型电机，通电后可将营养液输送到标准柱内，形成一个循环，可以保证立柱上的植物有充足的营养（图 10-7）。

3. 管式无土栽培 管式无土栽培属于多层栽培，高低不同几层管道连接在一起，中通营养液，管道上有孔，可以种植叶菜、草莓等植物。现在市场上称为蔬菜机的无土栽培设备就是一种简易管式无土栽培装置，它是由粗细不同的 PVC（聚氯乙烯）管连接而成。出管口有集液盆，内有小型电机，通电后可将营养液输送到最上面的进管口，形成一个循环，可以保证横管孔上的植物营养供应（图 10-8）。

图 10-7 柱式无土栽培装置

图 10-8 管式无土栽培装置

任务三　家庭园艺无土栽培日常管理

一、家庭园艺无土栽培基质

1. 基质的要求

(1) 安全卫生无土基质可以是有机的也可以是无机的，但总的要求必须是周围环境没有污染。有些化学物质不断地散发出难闻的气味，或释放一些对人体、植物有害的物质，这些物质绝对不能作为无土栽培基质。土壤的一个缺点就是尘土污染，选用的基质必须克服土壤的这一缺陷。不论是花卉生产者还是花卉消费者都应该了解一些无土栽培基质的基本物理和化学性质，然后选择绝对安全卫生的基质种植花卉和蔬菜。

(2) 轻便美观无土栽培是一种高雅的技术和艺术。无土栽培花卉必须适应室内装饰的需要。因此，必须选择一些质量小、结构好，搬运方便，外形与花卉造型、摆设、环境相协调的材料，以克服土壤黏重、搬运困难的不足。

(3) 有足够的强度和适当的结构。这是从基质要支撑适当大小的植物躯体和保持良好的根系环境来考虑的。只有基质有足够的强度才不至于使植物东倒西歪；只有基质有适当的结构才能使其具有适当的水、气、养分的比例，使根系处于最佳的环境状态，最终枝叶繁茂，花姿优美。有的基质能提供给植物适当的营养成分，这种基质当然很好，但是如果没有这种能力，只要有适当的保水、保肥、通气能力，提供根系良好的环境，仍然是适合的。因为植物生长所需的营养完全可以按照科学配方制成营养液来供给。不同的植物根系要求的最佳环境不同，不同的基质所能提供的水、气、养分比例也不同。因此，我们可以根据植物根系的生理需要，选择合适的基质，也可以配制混合基质。

2. 基质的选择　家庭园艺无土栽培基质的选择应考虑3个方面：根系的适应性，即能满足根系生长需要；实用性，即质轻、性良、安全；经济性，即能就地取材，或在市场上价格便宜。

(1) 根系的适应性。无土栽培基质的优点之一是可以创造植物根系生长所需要的最佳环境条件，即最佳的水、气比例。气生根和肉质根需要很好的通气性，同时需要保持根系周围的湿度达80%以上。粗壮根系要求湿度达80%以上，通气较好。纤细根系（如杜鹃花根系）要求根系环境湿度达80%以上，甚至100%，同时要求通气良好。在空气湿度大的地区，一些透气性良好的基质如松针、锯末非常合适，而在大气干燥的北方地区，这种基质的透气性过大，根系容易风干。

(2) 实用性。北方的水质一般偏碱性，要求基质具有一定的氢离子浓度调节能力，选用泥炭混合基质的效果就比较好。基质容重小，需要考虑无土栽培花卉搬运方便。首选的基质包括陶粒、蛭石、珍珠岩、岩棉、锯末、脲醛和泥炭及其混合的基质。

无论使用哪种基质，都必须满足植物根系所需的环境要求。因此，在选用基质时应当注意：第一，如果当地只有某种基质，就应该以这种基质为基础，选择适合于这种基质上生长的花卉来种植；第二，如果已有某种花卉，就应该根据这种花卉的生物学特性选择适合该花卉种植基质。如已有君子兰，就应该选择泥炭与蛭石或珍珠岩或沙配成的复合基质。无土栽培基质还必须对人类健康没有危害，必须无毒无味，最好选用天然的无机基质。一些有机基质虽然对植物生长是良好的，但它在分解过程中所释放的物质难以预测和无法保证无害，特别是有小孩的家庭在选用无土栽培基质时，更应该注意这一点。有些合成的基质虽然性能良好，但如果散发异味，也不该作为家庭无土栽培的基质。正因为如此，栽培花卉的基质与栽培蔬菜的基质相比，更应该注意安全卫生。

（3）经济性。选用无土基质一个重要的问题就是尽量少花钱，最好就地取材。这不仅是为了降低成本，也是为了突出自己的特色。

二、蔬菜在家庭园艺中的应用

1. 家庭种植蔬菜场所

（1）阳台。大多城市居民住宅都会有一个或两个阳台，阳台是蔬菜无土栽培选择最多的地方。适合阳台种植的蔬菜，要根据阳台本身的朝向、阳台的空间大小及阳台的环境条件来决定。每一种蔬菜都有它适合的栽培环境。阳台种植蔬菜在南方也有差异，对于南方来说，朝阳的阳台光照比较充足，只要空间足够大，一年四季都可以种植喜温的瓜果类；一些喜冷凉的叶菜类以春、秋、冬三季种比较好，如小白菜、菜心、芹菜、芫荽等；有些耐热的蔬菜也可以在夏季种，如苋菜、空心菜等。对于北方来说，则只能在夏季种植喜温果菜类。如果想冬天种植则必须有加温设施，因为北方冬天阳台内多数光照不足，即使有加温设施，也只适合种植耐弱光和生长期短的一些蔬菜。

家庭阳台蔬菜
水培种植技术

（2）窗台。如果家庭居室的窗台很宽，也可以用来种植蔬菜，但窗台种植蔬菜一般应选择一些植株较矮的、生长期短的速生蔬菜，以防高大植株遮挡阳光，影响室内光照。室内窗台不宜摆放过多蔬菜，多以绿叶菜为主，如小白菜、小萝卜等。

（3）客厅。客厅的茶几和角落或落地窗旁边均可以种植蔬菜。一般客厅阳光不会太足，则以种植耐阴的蔬菜为好。种植的蔬菜也不宜太高大，否则会使客厅显得拥挤。如一些耐弱光的绿叶菜，除供食用外，还可以置茶几上供观赏。

（4）天台或露台。天台或露台因为光温充足，可以开辟成真正意义上的小菜园。可种植的蔬菜种类也最多。南方的天台一年四季可种植蔬菜，蔬菜种类可根据季节来选择，如果天台足够大，可以在天台上种植任何种类的蔬菜，布局上可以根据植株的高矮、颜色进行搭配。北方的天台，冬天因为天气冷，只能在春、夏、秋季应用，最主要的种植季节是夏季。

（5）庭院。居住平房和楼层较低的居民，房前屋后如果有空地，则可开垦成小菜园，既可美化环境，又可吃到新鲜的蔬菜，可谓亦食亦赏，使生活充满乐趣。庭院种菜也要根据空地的大小、朝向来确定，菜地要离居民窗户有一段距离，以防遮挡室内光照。如果是南向的空地，可种植喜光的蔬菜，如果空地处于阴面，则以种植耐阴的蔬菜为主。如果空地较大，可多选择一些植株高矮、采收期不同的种类进行搭配。如果空地较小，则以种植矮生的蔬菜为主。不宜在紧靠窗边种高大的蔬菜。

2. 家庭种植蔬菜常用的工具

为了家庭种植蔬菜播种、育苗、移植等管理过程更加容易操作，需要一些简单的工具。主要有以下几种：

（1）喷水壶。粗孔喷壶：一般喷嘴的出水孔较大，水均匀地从喷嘴的小孔中喷出，多用于较大蔬菜的日常浇水。细孔喷壶：也称喷雾水壶，喷嘴的出水孔较小，水以微小雾滴状从喷嘴中喷出，多用于蔬菜刚播种后浇水或蔬菜苗较小时浇水用。

（2）起苗铲。用于移苗时将小苗从土中起出。

（3）移植铲。可用于混匀土壤，装土上盆，还可以用来挖坑。

（4）小苗耙。有大小不同类型，主要用于给蔬菜松土。

（5）小镐。用于蔬菜松土或锄草。

（6）油性笔及标签。油性笔也称防水笔，此种笔写在塑料标签上的字迹，遇水后不会被冲洗掉。标签用于记录播种时间等。

3. 蔬菜在庭院、露台的应用　在现代家庭园艺中，庭院、露台较为接近自然的环境，为突出观赏性应有效利用空间进行平面或者立体种植，也可根据个人爱好设计出各种各样的摆放效果，制造出别具一格的景观。每个家庭的庭院、露台不可能完全一致，可以根据具体情况来设计适宜的模式。一般而言，庭院、露台有长方形和正方形，为了更好地展现观赏效果，可以把各种观赏蔬菜和庭院、露台有机地结合起来。

（1）长方形的庭院、露台。可以在院落正中以道路为中轴搭建凉棚，然后种植观赏性较强的藤蔓植物。在道路两边则可以安排种植观果类和观叶类的观赏蔬菜，这样的设计有曲径通幽之效，穿过凉棚之后又可以看到两侧五彩缤纷的各种观果及观叶蔬菜。

（2）正方形的庭院、露台。可以在庭院、露台正中搭建正方形的凉棚，种植观赏性藤蔓植物。在庭院、露台四周种植观果类和观叶类观赏蔬菜。

以上两种庭院、露台的设计方法不仅在炎炎夏日带来一片清凉，还扮靓了我们的庭院、露台，而且在观赏美景的同时给我们带来可以食用的蔬菜或瓜果。

4. 蔬菜在阳台和室内的应用　在阳台和室内种植观赏蔬菜主要是为了扮靓我们的居室，有时还可以提供新鲜可食的无公害产品，给业余生活带来了无尽的生机和活力。在阳台和室内种植的观赏蔬菜应选择株型小、适宜盆栽的品种。

由于阳台和室内的特殊环境，观赏蔬菜在室内的种植难度稍大。因此，在种植时往往把阳台和室内有效结合起来，以利于植株的生长。大多数观赏蔬菜是喜光耐阴类的，在室内的弱光条件下生长发育不良，最突出的表现是落叶、落花、落果。为了解决观赏蔬菜在室内种植中存在的问题，可以采用阳台种植和室内观赏相结合的方法。具体方法：把各种观赏蔬菜做成小盆栽，待其进入观赏期时可以把它移至室内，摆放在客厅、餐厅、窗台等。需要注意的是在室内摆放时应该每隔 $1\sim2$ d 换一次。这样可以保证各种观赏蔬菜的良好生长。

三、家庭园艺无土栽培新技术

1. 陶粒种植植物　无土栽培除了传统的水培，近年来又出现了一种流行的用"陶化营养土"（又称陶粒栽培）作为栽培基质的新方式。这种栽培基质含有钾、硫、钙、镁等多种矿质元素，为植物的生长提供所需的肥料，是一种真正的无土栽培基质。它适合栽植须根植物、肉质根植物（兰花、君子兰、大蕙兰花、金钱树等）、木本质植物（牡丹、茉莉等）。可广泛应用于盆花的种植以及作为屋顶花园的栽培基质，为无土栽培开辟了一条新道路。陶化营养土比泥土轻，透气利水，不板结，无粉尘，浸泡后也不会解体，没有病虫害。陶化营养土虽然添加了很多营养元素，但是植物对氮、磷、钾、硫、钙、镁等大量元素消耗比较大，需要不断补充，所以在无土栽培过程中也需要添加营养液。

一般较易进行陶粒无土栽培的有米兰、君子兰、山茶花、月季、茉莉、杜鹃、金梧、紫罗兰、蝴蝶兰、倒挂金钟、五针松、喜树蕉、橡胶榕、巴西铁、秋海棠类、蕨类植物、棕榈科植物等。还有各种观叶植物，如天南星科的丛生春芋、银包芋、火鹤花、广东万年青、龟背竹、绿巨人、银皇后、合果芋，鸭趾草科的淡竹芋、吊竹梅；百合科的芦荟、吊兰、银边万年青，景天科类的莲花掌、芙蓉掌及其他类的兜兰、蟹爪兰、富贵竹、吊凤梨、银叶菊、常春藤、彩叶草等百余种。

栽培方法如下：

（1）脱盆用手指从盆底孔把根系连土顶出。

（2）洗根需把带土的根系放在和环境温度接近的水中浸泡，将根系泥土洗净，在清洗的过程中，要保持根部的完整。

（3）浸液是将洗净的根放在配好的营养液中浸泡约 10 min，让其充分吸收养分。

（4）装盆和灌液需首先将玻璃容器洗净，在玻璃容器的底部覆盖少量的无土栽培陶粒，然后将花卉坐在玻璃容器相应的位置中。覆盖无土栽培陶粒前需采用直径为 2～4 mm 的小陶粒加固根系，然后采用直径为 4～8 mm 的小陶粒进行覆盖，直至覆盖到主根系的顶端，在覆盖的过程中保证主根系和其他子根系之间有充足的陶粒灌满。根据主根系和玻璃容器的高度，整个玻璃容器容量的 50% 采用直径为 2～4 mm 的陶粒灌注，剩余部分的 2/3 采用直径为 4～8 mm 的陶粒灌注，玻璃容器的顶部采用直径为 8～12 mm 的陶粒覆盖，所有的陶粒覆盖完成以后，再添加容器高度 1/3 的水分。

（5）日常管理。无土栽培的花卉盆景对光照、温度等条件的要求与有土栽培无异。植株生长期每周浇一次营养液，用量根据植株大小而定，叶面生长慢的花卉用量酌减；冬天或休眠期半月至一月浇一次。室内观叶植物可在弱光条件下生存，应减少营养液用量。营养液也可用于叶面喷施，平时要注意适时浇水。

陶化营养土无泥水、无尘埃、无臭气、不滋生蚊蝇，清洁卫生、维护方便，植物在其中生长良好，是花卉尤其是室内花卉理想的栽培基质，也是现代时尚生活的最佳选择。

2. 水晶泥种植植物 水晶泥吸水后晶莹剔透、色泽艳丽，极似水晶。主要以无色透明、红色、蓝色、黄色、绿色为主，可以单独使用，也可以混合使用以组成各种不同的色彩效果，具有很高的观赏价值。同时，水晶泥也是代替土壤来种植植物的新型无土栽培基质。它是以农林用的高吸水性树脂为基础加工而成的，是一种储存水分、养分及微量元素的高吸水性载体。水晶泥在几小时内能够吸收高达自身质量 50～100 倍的水分，并能缓慢释放出来供应植物生长。水晶泥用来种植室内各种阴生植物，即使一个多月不浇水，植物也能安然无恙。它还含有氮、磷、钾和微量元素等成分，能保证植物数月生长所需。水晶泥无毒、无味、清洁环保，使用起来简单方便，只需吸水饱和就能维持植物数周生长所需要的水分和养分。

使用水晶泥种植花卉的效果非常明显，它不但可以省去使用泥土养花时常浇水、施肥的麻烦，还可以做到轻轻松松地营造一个属于自己的干干净净的室内花园。放在梳妆台、书桌、电脑桌、茶几、卫生间等处，可以给家居生活增添一道风景。水晶泥是采用高科技方法合成的一种胶体状物质，可根据植物的特性，将胶体制成不同形状、大小的颗粒，水晶泥没有气味，可为植物生长提供充足的营养、水分和氧气，对环境无污染。用纯净水或蒸馏水浸泡 24 h 后的水晶泥胶体透明有光泽。

思政天地

　　北京花儿朵朵花仙子农业有限公司位于通州国际科技种业园区，其创始人曹玉美以独特的市场眼光，基于"互联网＋现代农业"的思想，采用OTO将线下商务的机会与互联网相结合模式，建设了"一花网"电子商务平台，为都市家庭提供专业的园艺产品供应商及最大的园艺社区。花仙子万花园为线下体验店提供交互式产销模式，跨领域建立线下加盟店。公司还与数家汽车4S店、银行、咖啡店、高档餐厅等建立了合作关系，建成了近100家花卉园艺OTO模式线下体验加盟店。开辟"花开了"App社区服务软件粘合用户，通过"花开了"手机App，将花卉的科学知识、园艺相关产品销售、园艺产品售后服务、园艺产品展示等服务便捷安全地提供给消费者，通过互联网为消费者提供更加多样化和及时性、便利性的购买渠道，消费者足不出户即可选购和打造自己的美丽家园。"一花网"的这种OTO营销模式，以及"花开了"App社区软件的普及及应用，为都市家庭提供专业的园艺产品和园艺社区服务，是高素质农民创业创新的优秀案例。

（根据相关报道整理改编而成）

项目小结

【重点难点】

（1）掌握家庭园艺无土栽培方式。

（2）掌握家庭园艺无土栽培日常管理。

【经验技巧总结】

　　无土栽培技术能够解决家庭园艺中不能实现的问题，使庭院种植更清洁干净、改善庭院的小气候、绿化城市空间、提高空气质量。

技能训练

家庭阳台简易蔬菜无土栽培

一、目的要求

　　了解简易蔬菜无土栽培的特征；掌握家庭阳台简易蔬菜无土栽培的步骤。

二、材料与用具

　　1. 材料　适合无土栽培的果菜类，如番茄、黄瓜、苦瓜、草莓、樱桃萝卜等；叶菜类，如叶用莴苣、芹菜、芫荽、小白菜、小油菜、空心菜、茼蒿等。

　　2. 用具　塑料花盆或泡沫盒（底部带孔）、砾石、珍珠岩（或蛭石、草炭、岩棉）、浓缩营养液、空塑料瓶（2个，稀释营养液用）。

三、方法步骤

1. 播种 用塑料杯装满浸泡好的基质，手指挖穴，每穴 2 粒种子，用基质覆盖后轻压，盖上塑料袋或薄膜等待出苗。

2. 管理

（1）浇液。出苗后每天浇稀释营养液 1～2 次，浇液量以塑料花盆或泡沫盒底部刚渗出液体为宜。

（2）疏苗。小苗长出 2 片叶子时开始疏苗，每穴只留一棵苗，多余的苗拔掉。

3. 换盆 小苗长到 3～5 片真叶时换大盆。先在盆底部铺一层浸泡的砾石，以利于排水，然后铺珍珠岩，把小苗连同基质一起移植到大盆里，最后在珍珠岩上盖一层砾石。换好盆后浇液。

4. 浇液 叶菜类每 2 d 浇一次营养液，每天浇 2 次水；果菜类不浇水只浇营养液，每天浇 2 次。

四、注意事项

1. 配制营养液前的准备

（1）选用正确的营养液配方。根据栽培作物的种类、无土栽培方式及成本的大小正确选用营养液配方。

（2）选用适当的肥料（无机盐类）。既要考虑肥料中可供营养元素的浓度和比例，又要选择溶解度高、纯度高、杂质少、价格低的肥料。

（3）计算肥料用量。根据配方中各营养元素的浓度比例，分别计算出各种肥料的用量，再换算成每吨水中各种肥料的实际需要量。

（4）准备好贮液罐。营养液一般配成浓缩 100～1 000 倍的母液备用。母液罐的容积以 25 kg 或 50 kg 为宜，以深色不透光的为好，罐的下方可安装水龙头，供放母液之用。

（5）选择并备好用水。配制营养液的用水对水质要求比较严格。井水、河水、泉水、自来水、雨水均能用于配制营养液，但应用要求不含重金属化合物和病菌、虫卵及其他有毒污染物。未经净化的海水、工业污水均不可用。雨水含盐量低，用于无土栽培较为理想，但常含有铜和锌等微量元素，故配制营养液时可不加或少加；自来水含有氯以及过多的碳酸盐，应加以处理后使用；井水为地下水，含铁、锰、钙、镁、硫、铵离子多，在配制营养液前应对用水进行分析。

2. 营养液的配制方法

（1）称取。分别称取各种肥料，置于干净容器或塑料薄膜袋以及平摊地面的塑料薄膜上，待用。

（2）混合与溶解。要注意肥料加入的，把 Ca_2^+ 和 SO_4^{2-}、PO_4^{3-} 分开，即硝酸钙不能与硝酸钾以外的几种肥料如硫酸镁等硫酸盐类、磷酸二氢铵等混合，以免产生钙的沉淀。

3. 营养液的使用要点

（1）及时调整和补充营养液。由于作物生育的需要，不断选择吸收养分并大量吸收水分，加之栽培床面水分的蒸发与消耗，营养液浓度发生了变化。因此要定期检查，予以调整和补充，同时注意定期更换废营养液，以保持营养液的稳定。

（2）经常检测 pH 的变化并予以调整。在作物的生育期中，营养液的 pH 变化很大，直接影响到作物对养分的吸收与生长发育，还会影响矿质盐类的溶解度。因此，应经常检测营养液的 pH，并分别予以调整。不同的作物对 pH 的适应围不一，应严格掌握。

（3）防止营养失调症状的发生。由于作物对不同离子的选择吸收及 pH 的变化会导致营养液中或作物体养分失调，出现相应症状，影响作物正常生长发育和产量，因此要准确诊断并予以防治。

拓展任务

【复习思考题】
（1）家庭园艺无土栽培有哪些方式？
（2）家庭无土水培有哪些优点？
【案例分析】

物联网操控无土栽培

随着现代农业技术的发展，气候等因素对传统农业的限制正在逐渐被打破，无土栽培技术的应用正是现代农业技术应用的突出表现。物联网技术的应用可以准确测试出栽培环境的温度、湿度及植物培养过程中的 pH 和养分状况等，有助于无土栽培得以集约性、高效性发展。物联网技术将在无土栽培过程中获得的各种信息传送给有关研究人员，他们可以实时把控植物的生长状况，并根据状况做出调控措施。

首先要根据设施植物对环境条件的要求，进行相关指标的精确设定，其中温度、湿度、pH、CO_2、养分、光照及栽培室外的气候条件等都是需要重点考虑的指标内容，对这些指标进行监测和记录，以探求最合适的植物生长状况。利用感知层中各种各样的传感器进行信息采集，在终端的作用下对所获取的指标参数进行及时分析；利用网络层快速实现信息传递，使相应的操作接口准确实行已更改的命令，从而有效调控各类指标。相关人员可以对不同数值因素的阈值进行设定，让物联网技术下的无土栽培可以顺利实现智能化调节功能。

随着物联网技术的应用和推广，其在农业生产及农产品的销售等方面发挥着越来越重要的作用，在很大程度上改变了传统农业的发展模式，推动农业朝着高效化、智能化的方向发展。在无土栽培过程中应用物联网技术是无土栽培技术与物联网技术的结合，有利于农业现代化的发展。物联网技术在无土栽培过程中的应用在很大程度上提升了无土栽培的智能化程度，这不仅可以降低无土栽培过程中的人力劳动，而且有助于提升无土栽培的质量，进而使无土栽培能够生产出更多绿色无污染的农产品，这对于保障人们的食品安全具有十分重要的意义。另外，物联网技术在无土栽培中的应用还可以实现对无土栽培环境的智能化控制，使无土栽培环境更加符合不同植物及植物不同生长阶段的需求，进而实现了农业生产的精准化种植，促进了现代农业的发展。所以，物联网技术在无土栽培中的应用有着十分广阔的前景和发展空间。

主 要 参 考 文 献

曹维荣，2015. 无土栽培教程 ［M］. 北京：中国农业大学出版社.

陈杏禹，2011. 稀特蔬菜栽培 ［M］. 北京：中国农业大学出版社.

陈忠辉，2010. 植物与植物生理 ［M］. 北京：中国农业出版社.

董清华，2008. 草莓栽培技术问答 ［M］. 北京：中国农业大学出版社.

段彦丹，樊力强，吴志刚，等 .2008. 蔬菜无土栽培现状及发展前景 ［J］. 北方园艺（8）：63-65.

范双喜，李光晨 .2007. 园艺植物栽培学 ［M］. 北京：中国农业大学出版社.

冯社章，2007. 果树生产技术（北方本）［M］. 北京：化学工业出版社.

高国人，2007. 蔬菜无土栽培技术操作规程 ［M］. 北京：金盾出版社.

郭世荣，2011. 无土栽培学 ［M］.2 版 . 北京：中国农业出版社.

韩世栋，2011. 蔬菜生产技术（北方本）［M］. 北京：中国农业出版社.

蒋光灯，2004. 谈调查报告写作的基本步骤和方法 ［J］. 东南民族师范高等专科学校学报，10（5）：33-34.

蒋卫杰，2008. 蔬菜无土栽培 ［M］. 北京：金盾出版社.

李春俭，2008. 高级植物营养学 ［M］.2 版 . 北京：中国农业大学出版社.

连兆煌，2000. 无土栽培原理与技术 ［M］. 北京：中国农业出版社.

刘滨，2007. 穴盘苗生产原理与技术 ［M］. 北京：化学工业出版社.

刘士哲，2004. 现代实用无土栽培技术 ［M］.2 版 . 北京：中国农业大学出版社.

刘增鑫，1997. 常见蔬菜无土栽培实用技术 ［M］. 北京：中国农业出版社.

柳军，陶建平，孟力力，等，2016. 基于物联网技术的温室环境监控系统设计 ［J］. 中国农机化学报，37（12）：179-182.

陆景陵，2003. 植物营养学（上册）［M］.2 版 . 北京：中国农业大学出版社.

马骏，2005. 果树生产技术（北方本）［M］. 北京：中国农业出版社.

马宁，鲍顺淑，2016. 家庭园艺发展现状 ［J］. 农业工程技术，36（4）：65-67.

裴孝伯，2010. 有机蔬菜无土栽培技术大全 ［M］. 北京：化学工业出版社.

覃馨慧，2015. 无土栽培技术 ［M］. 重庆：重庆大学出版社.

唐雪松，2012. 成都市阳台园艺种植模式研究 ［D］. 成都：四川农业大学.

万军，2011. 国内外无土栽培技术现状及发展趋势 ［J］. 科技创新导报（3）：11.

汪兴汉，1998. 无土栽培蔬菜生产技术问答 ［M］. 北京：中国农业出版社.

王汉荣，茹水江，贝亚维，等，2001. 浙江省无土栽培系统内果菜类病害发生种类调查 ［J］. 中国蔬菜（1）：38-39.

王鹄生，1993. 花卉蔬菜无土栽培技术 ［M］. 长沙：湖南科学技术出版社.

王华芳，1997. 花卉无土栽培 ［M］. 北京：金盾出版社.

王久兴，2011. 图解蔬菜无土栽培 ［M］. 北京：金盾出版社.

王永平，2014. 无土栽培技术 [M]. 北京：中国农业出版社.

王振龙，2014. 无土栽培教程 [M]. 2版. 北京：中国农业大学出版社.

韦三立，2001. 花卉无土栽培 [M]. 北京：中国林业出版社.

邢禹贤，2002. 新编无土栽培原理与技术 [M]. 北京：中国农业出版社.

徐卫红，2013. 家庭蔬菜无土栽培技术 [M]. 北京：化学工业出版社.

颜志明，孙锦，郭世荣，等，2013. 外源脯氨酸对盐胁迫下甜瓜幼苗生长、光合作用和光和荧光参数的影响 [J]. 江苏农业学报，29 (5)：1125 - 1130.

颜志明，孙锦，郭世荣，等，2011. 外源脯氨酸对 NaCl 胁迫下甜瓜幼苗生长和活性氧物质代谢的影响 [J]. 江苏农业学报，27 (1)：141 - 145.

颜志明，孙锦，郭世荣，等，2014. 外源脯氨酸对盐胁迫下甜瓜幼苗根系抗坏血酸-谷胱甘肽循环的影响 [J]. 植物科学学报，32 (5)：502 - 508.

颜志明，史红林，蔡善亚，等，2016. 两种阳台水培装置的开发和应用 [J]. 南方园艺，27 (1)：35 - 39.

杨凤军，李天来，臧忠婧，等，2010. 外源钙施用时期对缓解盐胁迫番茄幼苗伤害的作用 [J]. 中国农业科学，43 (6)：1181 - 1188.

杨家书，1995. 无土栽培实用技术 [M]. 沈阳：辽宁科学技术出版社.

杨振超，2005. 温室大棚无土栽培新技术 [M]. 杨凌：西北农林科技大学出版社.

张文庆，1999. 家庭花卉无土栽培 500 问 [M]. 北京：中国农业出版社.

张英，徐建华，李万良，2008. 无土栽培的现状及发展趋势 [J]. 农业展望 (5)：40 - 42.

赵亚夫，2005. 草莓栽培技术图说 [M]. 南京：江苏科学出版社.

周厚成，2008. 草莓标准化生产技术 [M]. 北京：金盾出版社.

附　录

附录一　植物营养大量元素化合物及辅助材料的性质与要求

用途	序号	名称	分子式	相对分子质量	色泽形状	溶解度①	酸碱性 化学	酸碱性 生理	元素含量/%	纯度要求②/%
配方中直接使用的化合物	1	四水硝酸钙	Ca(NO₃)₂·4H₂O	236.15	白色；小晶	129.3	中性	碱性	N 11.86, Ca 16.97	农用 90
	2	硝酸钾	KNO₃	101.10	白色；小晶	31.6	中性	弱碱性	N 13.85, K 38.67	农用 98
	3	硝酸钠	NaNO₃	85.01	白色；小晶	88.0	中性	强碱性	N 16.50, Na 27.00	农用 98
	4	硝酸铵	NH₄NO₃	80.05	白色；小晶	192.0	水解酸性	酸性	N 35.0	农用 98.5
	5	硫酸铵	(NH₄)₂SO₄	132.15	白色；小晶	75.4	水解酸性	强酸性	N 21.20, S 24.26	农用 98
	6	氯化铵	NH₄Cl	53.49	白色；小晶	37.2	水解酸性	强酸性	N 26.17, Cl 66.27	农用 96
	7	尿素	CO(NH₂)₂	60.03	白色；小晶	105.0	中性	酸性	N 46.64	农用 98.5
	8	磷酸二氢铵	NH₄H₂PO₄	115.05	灰色；粉末	36.8	水解酸性	不明显	N 12.18, P 26.92	农用 >90
	9	磷酸氢二铵	(NH₄)₂HPO₄	132.07	灰色；粉末	68.6	水解酸性	不明显	N 21.22, P 23.45	农用 >90
	10	磷酸二氢钾	KH₂PO₄	136.07	白色；小晶	22.6	水解酸性	不明显	N 22.76, K 28.73	农用 96
	11	磷酸氢二钾	K₂HPO₄	174.18	白色；小晶	167.0	水解酸性	不明显	P 17.78, K 44.90	工业用 98
	12	磷酸二氢钠	NaH₂PO₄·2H₂O	119.97	白色；小晶	85.2	水解酸性	不明显	P 25.81, Na 19.16	工业用 98
	13	磷酸氢二钠	Na₂HPO₄·2H₂O	141.96	白色；小晶	80.2(50)	水解酸性	不明显	P 21.82, Na 32.39	工业用 98
	14	重过磷酸钙	Ca(H₂PO₄)₂·H₂O	252.02	灰色；粉末	15.4(25)	强酸性	不明显	P 24.6, Ca 15.9	农用 92
	15	硫酸钾	K₂SO₄	174.26	白色；小晶	11.1	中性	强酸性	K 44.88, S 18.40	农用 95
	16	氯化钾	KCl	74.55	白色；小晶	34.0	中性	强酸性	K 52.45, Cl 47.55	农用 95
	17	氯化钙	CaCl₂	110.98	白色；小晶	74.5	中性	酸性	Ca 36.11, Cl 47.55	工业用 98
	18	硫酸钙	CaSO₄·2H₂O	172.17	白色；粉末	0.204	中性	酸性	Ca 36.11, S 18.62	工业用 98
	19	硫酸镁	MgSO₄·7H₂O	246.48	白色；小晶	35.5	中性	酸性	Mg 9.86, S 13.01	工业用 98
辅助性原料	20	碳酸氢铵	NH₄HCO₃	79.04	白色；小晶	31.0	碱性	弱酸	N 17.70	农用 95
	21	碳酸钾	K₂CO₃	138.20	白色；小晶	110.5	强碱性	不计	K 56.58	工业用 98
	22	碳酸氢钾	KHCO₃	100.11	白色；小晶	33.3	强碱性	不计	K 39.06	工业用 98
	23	碳酸钙	CaCO₃	100.08	白色；粉末	6.5×10⁻¹³	碱性	不计	Ca 40.05	工业用 98
	24	氢氧化钙	Ca(OH)₂	74.10	白色；粉末	0.165	强碱性	不	Ca 54.09	工业用 98
	25	氢氧化钾	KOH	56.11	白色；块状	112.0	强碱性	不计	K 69.69	工业用 98
	26	氢氧化钠	NaOH	40.00	白色；块状	109.0	强碱性	不计	Na 57.48	工业用 98
	27	磷酸	H₃PO₄	97.99	淡黄色液体	可溶	酸性	不计	P 31.60	工业用 98③
	28	硝酸	HNO₃	63.01	淡黄色液体	可溶	强酸性	不计	N 22.22	工业用 98③
	29	硫酸	H₂SO₄	98.08	淡黄色液体	可溶	强酸性	不计	S 57.48	工业用 98③

注：①溶解度：在 20 ℃，100 mL 水中最多溶解的克数（以无水化合物计），括号内数字为另一温度。

②纯度要求：每 100 g 固体物质中含有本物的克数，即质量%。本物以外的为杂质。

③指明三种酸（H₃PO₄、HNO₃、H₂SO₄）皆为液体，每 100 g 液体中含有本物的克数，即质量 100%，本物以外的主要是水分，也会含微量的杂质，其中有害物质的限制同注②。

附录二　植物营养微量元素化合物的性质与要求

序号	名称	分子式	相对分子质量	色泽	形状	溶解度①	酸碱性	元素含量/%	纯度要求②/%
1	硫酸亚铁	$FeSO_4 \cdot 7H_2O$	278.02	浅青	小晶	26.5	水解酸性	Fe 20.9	工业用 98
2	三氯化铁	$FeCl_3 \cdot 6H_2O$	270.30	黄棕	晶块	91.9	水解酸性	Fe 20.66	工业用 98
3	EDTA-Na_2	$Na_2C_{10}H_{14}O_8N_2 \cdot 2H_2O$	372.42	白色	小晶	11.1 (22)	微碱		化学纯 99
4	EDTA-Na_2Fe	$Na_2FeC_{10}H_{12}O_8N_2$	389.93	黄色	小晶	易溶	微碱	Fe 14.32	化学纯 99
5	EDTA-NaFe	$NaFeC_{10}H_{12}O_8N_2$	366.94	黄色	小晶	易溶	微碱	Fe 15.22	化学纯 99
6	硼酸	H_3BO_3	61.83	白色	小晶	5.0	微碱	B 17.48	化学纯 99
7	硼砂	$Na_2B_4O_7 \cdot 10H_2O$	381.37	白色	粉末	2.7	碱性	B 11.34	化学纯 99
8	硫酸锰	$MnSO_4 \cdot H_2O$	223.06	粉红	小晶	62.9	水解酸性	Mn 24.63	化学纯 99
9	氯化锰	$MnSO_4 \cdot H_2O$	197.09	粉红	小晶	73.9	水解酸性	Mn 27.76	化学纯 99
10	硫酸锌	$ZnSO_4 \cdot 7H_2O$	287.54	白色	小晶	54.4	水解酸性	Zn 22.74	化学纯 99
11	氯化锌	$ZnCl_2$	174.51	白色	小晶	367.3	水解酸性	Zn 37.45	化学纯 99
12	硫酸铜	$CuSO_4 \cdot 5H_2O$	249.69	蓝色	小晶	20.7	水解酸性	Cu 25.45	化学纯 99
13	氯化铜	$CuCl_2 \cdot 2H_2O$	170.48	蓝绿色	小晶	72.7	水解酸性	Cu 37.28	化学纯 99
14	钼酸钠	$Na_2MoO_4 \cdot 2H_2O$	241.95	白色	小晶	65.0	水解酸性	Mo 39.65	化学纯 99
15	钼酸铵	$(NH_4)_6Mo_7O_{24} \cdot 4H_2O$	1 235.86	浅黄色	晶块	易溶		Mo 54.34	化学纯 99

注：①溶解度：在 20 ℃，100 mL 水中最多溶解的克数（以无水化合物计），括号内数字为另一温度。

②纯度要求：每 100 g 固体物质中含有本物的克数，即质量%。

附录三　一些难溶化合物的溶度积常数（Ksp，18～25 ℃）

化合物的化学式	Ksp	化合物的化学式	Ksp
$CaCO_3$	2.8×10^{-9}	$MgNH_4PO_4$	2.5×10^{-13}
CaC_2H_4	2.6×10^{-9}	$Mg(OH)_2$	1.8×10^{-11}
$Ca(OH)_2$	5.5×10^{-8}	$MnCO_3$	1.8×10^{-11}
$CaHPO_4$	1.0×10^{-7}	$Mn(OH)_2$	1.9×10^{-13}
$Ca_3(PO_4)_2$	2.0×10^{-29}	MnS 晶体	2.0×10^{-13}
$CaSO_4$	9.1×10^{-6}	$ZnCO_3$	1.4×10^{-11}
$CuCl$	1.2×10^{-6}	$Zn(OH)_2$	1.2×10^{-17}
$CuOH$	1.0×10^{-14}	$Zn(PO_4)_2$	9.1×10^{-33}
Cu_2S	2.0×10^{-48}	ZnS	2.0×10^{-22}
CuS	6.0×10^{-36}	$FeCO_3$	3.2×10^{-11}
$CuCO_3$	1.4×10^{-10}	$Fe(OH)_2$	8.0×10^{-16}
$Cu(OH)_2$	2.0×10^{-20}	$Fe(OH)_3$	4.0×10^{-38}
$MgCO_3$	3.5×10^{-8}	$FePO_4$	1.3×10^{-22}
$MgCO_3 \cdot 3H_2O$	2.1×10^{-5}	FeS	6.3×10^{-18}

注："Ksp，18～25 ℃"表示 18～25 ℃条件下的沉淀平衡常数。

读者意见反馈

亲爱的读者：

感谢您选用中国农业出版社出版的职业教育规划教材。为了提升我们的服务质量，为职业教育提供更加优质的教材，敬请您在百忙之中抽出时间对我们的教材提出宝贵意见。我们将根据您的反馈信息改进工作，以优质的服务和高质量的教材回报您的支持和爱护。

地　　　址：北京市朝阳区麦子店街 18 号楼（100125）

中国农业出版社职业教育出版分社

联系方式：QQ（1492997993）

教材名称：＿＿＿＿＿＿＿＿　　ISBN：＿＿＿＿＿＿＿＿

个人资料

姓名：＿＿＿＿＿＿＿＿＿＿　所在院校及所学专业：＿＿＿＿＿＿＿＿＿

通信地址：＿＿＿＿＿＿＿＿＿＿＿＿＿＿＿＿＿＿＿＿＿＿＿＿＿

联系电话：＿＿＿＿＿＿＿＿＿＿＿　电子信箱：＿＿＿＿＿＿＿＿＿＿

您使用本教材是作为：□指定教材□选用教材□辅导教材□自学教材

您对本教材的总体满意度：

　从内容质量角度看□很满意□满意□一般□不满意

　　改进意见：＿＿＿＿＿＿＿＿＿＿＿＿＿＿＿＿＿＿＿＿＿＿＿

　从印装质量角度看□很满意□满意□一般□不满意

　　改进意见：＿＿＿＿＿＿＿＿＿＿＿＿＿＿＿＿＿＿＿＿＿＿＿

本教材最令您满意的是：

　□指导明确□内容充实□讲解详尽□实例丰富□技术先进实用□其他＿＿＿＿＿＿＿＿＿

　您认为本教材在哪些方面需要改进？（可另附页）

　□封面设计□版式设计□印装质量□内容□其他＿＿＿＿＿＿＿＿＿

您认为本教材在内容上哪些地方应进行修改？（可另附页）

＿＿＿＿＿＿＿＿＿＿＿＿＿＿＿＿＿＿＿＿＿＿＿＿＿＿＿＿＿＿＿

本教材存在的错误：（可另附页）

第＿＿＿页，第＿＿＿行：＿＿＿＿＿　应改为：＿＿＿＿＿＿＿

第＿＿＿页，第＿＿＿行：＿＿＿＿＿　应改为：＿＿＿＿＿＿＿

第＿＿＿页，第＿＿＿行：＿＿＿＿＿　应改为：＿＿＿＿＿＿＿

您提供的勘误信息可通过 QQ 发给我们，我们会安排编辑尽快核实改正，所提问题一经采纳，会有精美小礼品赠送。非常感谢您对我社工作的大力支持！

欢迎访问"全国农业教育教材网"http://www.qgnyjc.com（此表可在网上下载）

欢迎登录"中国农业教育在线"http://www.ccapedu.com 查看更多网络学习资源

欢迎登录"智农书苑"read.ccapedu.com 阅读更多纸数融合教材

图书在版编目（CIP）数据

无土栽培技术／颜志明主编．—2版．—北京：
中国农业出版社，2022.9
高等职业教育农业农村部"十三五"规划教材 "十
三五"江苏省高等学校重点教材
ISBN 978-7-109-30091-0

Ⅰ.①无… Ⅱ.①颜… Ⅲ.①无土栽培－高等职业教
育－教材 Ⅳ.①S317

中国版本图书馆 CIP 数据核字（2022）第 178527 号

中国农业出版社出版

地址：北京市朝阳区麦子店街 18 号楼
邮编：100125
责任编辑：吴　凯
版式设计：王　晨　　责任校对：周丽芳
印刷：北京通州皇家印刷厂
版次：2017 年 9 月第 1 版　　2022 年 9 月第 2 版
印次：2022 年 9 月第 2 版北京第 1 次印刷
发行：新华书店北京发行所
开本：787mm×1092mm　1/16
印张：19.25
字数：480 千字
定价：56.00 元